南昌航空大学学术文库

分析中的若干问题剖析

郑华盛　袁达明　著

科学出版社

北　京

内 容 简 介

　　本书主要是对数学分析和数值分析中的若干问题与方法进行探究和剖析，是作者近年来在该方面研究工作的积累和总结. 其主要内容包括：一种生成迭代数列的新方法、含中介值微分等式证明题的构造新策略、数值微分公式的对偶校正公式、几个典型数列极限问题的推广、不定积分的解法探究、关于几个定积分问题的探究与拓展、几类积分不等式的构造问题探究、有关和式问题的探究、高阶常系数线性微分方程的逆特征算子分解法、二阶变系数线性微分方程的解法探究等.

　　本书可作为数学分析和数值分析提高的参考书，供本科高年级学生、理工类各专业研究生、大学数学教师及数学工作者参考.

图书在版编目(CIP)数据

　　分析中的若干问题剖析/郑华盛, 袁达明著. —北京：科学出版社, 2022.6
　　ISBN 978-7-03-072526-4

　　Ⅰ. ①分… Ⅱ. ①郑… ②袁… Ⅲ. ①数值分析 ②数学分析 Ⅳ. ①O241 ②O17

中国版本图书馆 CIP 数据核字(2022) 第 100953 号

责任编辑：张中兴　梁　清　孙翠勤 / 责任校对：杨聪敏
责任印制：张　伟 / 封面设计：蓝正设计

科 学 出 版 社 出版
北京东黄城根北街 16 号
邮政编码：100717
http://www.sciencep.com
北京建宏印刷有限公司 印刷
科学出版社发行　各地新华书店经销
*
2022 年 6 月第 一 版　开本：720×1000　1/16
2022 年 9 月第二次印刷　印张：16 3/4
字数：338 000
定价：98.00 元
(如有印装质量问题，我社负责调换)

P 前 言

　　数学分析是数学、统计学及金融学等专业本科生的一门重要的必修基础课程，其中蕴含了大量的数学分析的思想、方法与技巧. 数值分析是工科研究生各专业的一门重要必修基础课，也是本科数学专业和工科本科相关专业高年级学生的一门重要的数学基础课程. 两者有一定的关联. 它们都是学习理工科专业理论不可或缺的数学工具，也是培养学生的抽象数学思维能力、创新能力、逻辑思维能力、缜密概括能力、数值计算能力和初步的科学研究能力的重要手段.

　　针对数学分析和数值分析中的相关内容，如何深化所学知识并有效地提出问题，然后围绕问题进行探究并剖析与解决问题，对于培养和提高创新能力和研究工作能力具有重要的作用和意义. 有鉴于此，结合自己的相关研究工作，本书在这方面作一些有益的探索和总结.

　　本书主要是对数学分析和数值分析中的若干问题进行探究和剖析，是作者近年来对该方面研究工作的总结. 全书共有十章，其主要内容包括：一种生成迭代数列的新方法，含中介值微分等式证明题的构造新策略，数值微分公式的对偶校正公式，几个典型数列极限问题的推广，不定积分的解法探究，关于几个定积分问题的探究与拓展，几类积分不等式的构造问题探究，有关和式问题的探究，高阶常系数线性微分方程的逆特征算子分解法及二阶变系数线性微分方程的解法探究等.

　　本书前三章分别对数值分析中迭代数列的构造生成方法、数值微分公式的构造生成策略等问题进行探究和剖析. 其中，第 1 章利用相对误差的思想，提出了一种构造一类含待定参数迭代数列的新方法，并讨论其收敛阶. 第 2 章通过引入数值微分公式代数精度的概念，探究如何构造生成新的数值微分公式，即如何构造生成新的含中介值的微分等式证明题，提出了两种构造新策略. 第 3 章将对偶的思想引入数值微分公式中，给出数值微分公式对偶公式及对偶校正公式的概念，提出了构造数值微分公式的对偶公式及其对偶校正公式的方法，即构造生成含中介值微分等式证明题的新方法. 第 4 章至第 10 章分别对数学分析中的三个典型数列极限的推广、不定积分的求解新方法、定积分等式与被积函数零点的关系、定积分等式与不等式的拓展、定积分与二重积分不等式的构造生成、新的和式不等式与极限及界的估计的构造生成、任意高阶常系数齐次和非齐次线性微分方程通解的普适性的求解新方法 (逆特征算子分解法)、二阶变系数齐次与非齐次线性微分方程的特解形式的确定及解法归类等问题进行了探究与剖析.

　　通过阅读本书, 一方面读者可以自己构造或编制生成一些新题, 深刻领会问题的实质, 知其然并知其所以然, 拓展数学思维能力; 另一方面掌握问题的提出及解决的方法与过程, 为培养和提高创新能力及探究能力打下坚实的基础.

　　作者多年来一直从事工科各专业研究生和数学专业研究生与高年级本科生数值分析及微分方程数值解法课程、大学数学等课程的教学及对数值计算方法和数学分析的研究工作. 特别专注于数值算法的研究及对数学分析和高等数学一题多解的探究, 在此过程中对数学分析和数值分析中的一些问题与方法进行了深入的探究和剖析, 取得了一些研究成果. 两位作者合作科研多年, 已联合申报成功国家自然科学基金两项, 本书汇集了两位作者近年来对数学分析和数值分析中若干问题的研究成果.

　　本书的出版得到了南昌航空大学学术文库及国家自然科学基金 (项目编号: 11261040, 11861039) 的资助, 也得到了南昌航空大学科技处的大力支持, 在此一并致谢!

　　本书在出版过程中, 得到了科学出版社策划编辑张中兴老师和梁清老师的大力支持和帮助, 借此表示衷心的感谢和诚挚的谢意! 也对为本书付出辛勤劳动的其他相关工作人员表示感谢! 最后, 还要特别感谢作者家人的支持和理解.

　　本书由郑华盛和袁达明撰写. 其中第 6 章 6.3 节和第 8 章由江西师范大学袁达明副教授执笔, 其余各章节由南昌航空大学郑华盛教授执笔, 全书由郑华盛教授统稿. 虽然作者尽了最大的努力, 以完成本书的撰写、修改及校对等各项工作, 但限于作者水平及时间仓促, 书中难免会出现纰漏之处, 恳请读者批评指正.

作　者

2020 年 10 月于南昌

目　录

CONTENTS

第 1 章 一种生成迭代数列的新方法

CHAPTER

1.1 问题的提出

迭代数列是一类重要的数列, 也可以看成一类差分方程, 在非线性方程的数值计算中具有广泛的应用. 目前, 一些有关数值分析和数学分析的书籍和论文文献 [1-4] 中, 分别给出了收敛于 $\sqrt{a}$ 和 $\sqrt[3]{a}$ 的两个典型迭代数列 $\{u_n\}$, 即

(1) 对任意 $a > 0$, $u_1 > 0$, $u_{n+1} = \dfrac{1}{2}\left(u_n + \dfrac{a}{u_n}\right)$, $n = 1, 2, \cdots$;

(2) 对任意 $a > 0$, $u_1 > 0$, $u_{n+1} = \dfrac{1}{2}\left(u_n + \dfrac{a}{u_n^2}\right)$, $n = 1, 2, \cdots$.

显然, 它们是基于牛顿迭代法而构造得到的. 那么是否存在其他收敛于 $\sqrt{a}$ 和 $\sqrt[3]{a}$ 的迭代数列 $\{u_n\}$? 如果存在的话, 又应该如何构造?

本章主要是探究分别收敛于 $\sqrt{a}$ 和 $\sqrt[3]{a}$ 的迭代数列 $\{u_n\}$ 的一般性构造方法, 提出一种构造一类迭代数列的新方法.

为此, 提出以下两个主要问题:

问题 1 如何构造收敛于 $\sqrt{a}$ 和 $\sqrt[3]{a}$ 的一类新的迭代数列?

问题 2 构造思想是否可以推广用于构造收敛于 $\sqrt[m]{a}(m > 3)$ 的迭代数列?

为了回答上述两个问题, 我们作如下探讨.

1.2 收敛于 $\sqrt{a}$ 的迭代数列 $\{u_n\}$ 的构造

下面, 首先给出迭代数列 $\{u_n\}$ 收敛阶的定义, 然后再分别给出收敛于 $\sqrt{a}$ 和 $\sqrt[3]{a}$ 的迭代数列 $\{u_n\}$ 的构造方法.

定义 1.1[1] 设数列 $\{u_n\}$ 收敛于 A, 若存在常数 $p > 0$, $C \neq 0$, 使

$$\lim_{n \to \infty} \frac{u_{n+1} - A}{(u_n - A)^p} = C \neq 0,$$

则称数列 $\{u_n\}$ 的收敛阶为 p, 也称数列 $\{u_n\}$ 为 p 阶收敛于 A.

显然, p 越大, 数列 $\{u_n\}$ 收敛于 A 的速度便越快.

令 $f(x) = x^2 - a$, 则对于非线性方程 $f(x) = x^2 - a = 0$, 由牛顿迭代法可构造得到收敛于 $\sqrt{a}$ 的迭代数列 $\{u_n\}$:

$$u_{n+1} = \frac{1}{2}\left(u_n + \frac{a}{u_n}\right), \quad n = 1, 2, \cdots,$$

其中 $a > 0$, $u_1 > 0$.

下面, 我们给出收敛于 $\sqrt{a}$ 的一类迭代数列的一种新的构造方法.

设 $a > 0$, $u_1 > 0$, $\{u_n\}$ 收敛于 $\sqrt{a}$, 相对误差 $\left|\dfrac{u_n - \sqrt{a}}{\sqrt{a}}\right| \ll 1$, 为了构造 $\{u_n\}$, 可令

$$\left(\frac{u_n - \sqrt{a}}{\sqrt{a}}\right)^2 + k \cdot \frac{u_n - \sqrt{a}}{\sqrt{a}} \approx 0,$$

其中 k 为实常数, 且 $|k| \leqslant 1$. 化简整理得

$$u_n^2 + (k-2)\sqrt{a}u_n + a(1-k) \approx 0,$$

从而得

$$\sqrt{a} \approx \frac{u_n^2 + a(1-k)}{(2-k)u_n} = \frac{1}{2-k}\left(u_n + \frac{a(1-k)}{u_n}\right),$$

于是令

$$u_{n+1} = \frac{1}{2-k}\left(u_n + \frac{a(1-k)}{u_n}\right),$$

即得计算 $\sqrt{a}$ 的迭代数列 $\{u_n\}$.

为了使迭代数列 $\{u_n\}$ 收敛于 $\sqrt{a}$, 须使 $u_n > 0$, 而这只需使 $\begin{cases} 2 - k > 0, \\ 1 - k > 0. \end{cases}$

又 $|k| \leqslant 1$, 故取 $-1 \leqslant k < 1$ 即可.

特别地, 取 $k = 0$, 即得

$$u_{n+1} = \frac{1}{2}\left(u_n + \frac{a}{u_n}\right),$$

此即为文献 [1]-[4] 中收敛于 $\sqrt{a}$ 的典型迭代数列.

下面主要探讨所构造迭代数列 $\{u_n\}$:

$$u_{n+1} = \frac{1}{2-k}\left(u_n + \frac{a(1-k)}{u_n}\right), \quad 其中\ u_1 > 0, \quad a > 0$$

的收敛性问题, 即当 k 取何值时数列 $\{u_n\}$ 收敛于 $\sqrt{a}$? 若收敛, 何时达到二阶收敛于 $\sqrt{a}$?

注意到

$$u_{n+1} - \sqrt{a} = \frac{1}{2-k}\left(u_n + \frac{a(1-k)}{u_n}\right) - \sqrt{a} = \frac{u_n^2 - (2-k)\sqrt{a}u_n + a(1-k)}{(2-k)u_n}$$
$$= \frac{(u_n - \sqrt{a}) \cdot [u_n - (1-k)\sqrt{a}]}{(2-k)u_n},$$

且

$$u_{n+1} - u_n = \frac{1}{2-k}\left(u_n + \frac{a(1-k)}{u_n}\right) - u_n = -\frac{(1-k)(u_n^2 - a)}{(2-k)u_n},$$

故当且仅当 $1-k=1$, 即 $k=0$ 时, 有

$$u_{n+1} - \sqrt{a} = \frac{(u_n - \sqrt{a})^2}{(2-k)u_n},$$

此时才可能达到二阶收敛.

事实上, 利用柯西 (Cauchy) 收敛准则, 我们可以证明得到数列 $\{u_n\}$ 收敛的一般性结论.

定理 1.1 设数列 $\{u_n\}$ 满足 $u_1 > 0$, 且 $u_{n+1} = \dfrac{1}{2-k}\left(u_n + \dfrac{a(1-k)}{u_n}\right)$, $n = 1, 2, \cdots$, 其中 $a > 0$, k 为实常数, 则当 $-1 \leqslant k < 1$ 时, 数列 $\{u_n\}$ 收敛, 且 $\lim\limits_{n \to \infty} u_n = \sqrt{a}$.

特别地, 有

当 $k = 0$ 时, 数列 $\{u_n\}$ 二阶收敛于 $\sqrt{a}$, 此时 $u_{n+1} = \dfrac{1}{2}\left(u_n + \dfrac{a}{u_n}\right)$;

当 $k \in [-1, 0) \cup (0, 1)$ 时, 数列 $\{u_n\}$ 一阶收敛于 $\sqrt{a}$.

证明 由题设, 当 $-1 \leqslant k < 1$ 时, 易知 $u_n > 0 (n \in \mathbf{N}_+)$, 且有

$$u_n \geqslant \frac{2}{2-k}\sqrt{a(1-k)}.$$

于是, 当 $n \geqslant 2$ 时, 有

$$0 < \frac{a(1-k)}{u_n u_{n-1}} \leqslant \frac{a(1-k)}{\dfrac{4a(1-k)}{(2-k)^2}} = \frac{(2-k)^2}{4},$$

从而有

$$-\frac{1}{2-k} < \frac{1}{2-k}\left(\frac{a(1-k)}{u_n u_{n-1}} - 1\right) \leqslant \frac{1}{2-k}\left(\frac{(2-k)^2}{4} - 1\right).$$

下面分三种情况考虑.

(1) 当 $\dfrac{(2-k)^2}{4} - 1 \leqslant 0$ 且 $-1 \leqslant k < 1$ 时, 解得 $0 \leqslant k < 1$, 于是有 $\dfrac{1}{2} \leqslant \dfrac{1}{2-k} < 1$, $-\dfrac{3}{4} < \dfrac{(2-k)^2}{4} - 1 \leqslant 0$, 此时取 $\lambda = \dfrac{1}{2-k}$;

(2) 当 $0 < \dfrac{(2-k)^2}{4} - 1 \leqslant 1$ 且 $-1 \leqslant k < 1$ 时, 解得 $2 - 2\sqrt{2} \leqslant k < 0$, 于是有 $\dfrac{1}{2\sqrt{2}} < \dfrac{1}{2-k} < \dfrac{1}{2}$, 此时取 $\lambda = \dfrac{1}{2-k}$;

(3) 当 $1 < \dfrac{(2-k)^2}{4} - 1 < 2 - k$ 且 $-1 \leqslant k < 1$ 时, 解得 $-1 \leqslant k < 2 - 2\sqrt{2}$, 于是有 $\dfrac{1}{3} \leqslant \dfrac{1}{2-k} < \dfrac{1}{2\sqrt{2}}$, 此时取 $\lambda = \dfrac{1}{2-k}\left(\dfrac{(2-k)^2}{4} - 1\right)$.

由上知, 当 $-1 \leqslant k < 1$ 时, 有

$$\dfrac{1}{2-k} \cdot \left| \dfrac{a(1-k)}{u_n u_{n-1}} - 1 \right| \leqslant \lambda < 1.$$

又由迭代关系式得

$$\begin{aligned}
|u_{n+1} - u_n| &= \dfrac{1}{2-k} \left| 1 - \dfrac{a(1-k)}{u_n u_{n-1}} \right| \cdot |u_n - u_{n-1}| \\
&\leqslant \lambda |u_n - u_{n-1}| \leqslant \cdots \leqslant \lambda^{n-1} |u_2 - u_1|,
\end{aligned}$$

于是对任意 $p \in \mathbf{N}$, 有

$$\begin{aligned}
|u_{n+p} - u_n| &\leqslant \sum_{i=1}^{p} |u_{n+i} - u_{n+i-1}| \leqslant \sum_{i=1}^{p} \lambda^{n+i-2} |u_2 - u_1| \\
&\leqslant \dfrac{\lambda^{n-1}(1 - \lambda^p)}{1 - \lambda} \cdot |u_2 - u_1| \to 0 \quad (n \to \infty).
\end{aligned}$$

故由数列极限的柯西收敛准则得 $\{u_n\}$ 收敛.

不妨设 $\lim\limits_{n \to \infty} u_n = l$, 则由递推关系式两边取极限, 得

$$l = \dfrac{1}{2-k}\left(l + \dfrac{a(1-k)}{l} \right),$$

解得 $l = \sqrt{a}$, 即得 $\lim\limits_{n \to \infty} u_n = \sqrt{a}$.

又由递推关系式, 有

$$u_{n+1} - \sqrt{a} = \dfrac{1}{2-k}\left(u_n + \dfrac{a(1-k)}{u_n} \right) - \dfrac{1}{2-k}\left(\sqrt{a} + \dfrac{a(1-k)}{\sqrt{a}} \right)$$

$$= \frac{1}{2-k}(u_n - \sqrt{a})\left(1 - \frac{(1-k)\cdot\sqrt{a}}{u_n}\right)$$

$$= \frac{1}{2-k}(u_n - \sqrt{a})\frac{u_n - (1-k)\sqrt{a}}{u_n},$$

故

(1) 当且仅当 $k = 0$ 时, 有

$$u_{n+1} - \sqrt{a} = \left(u_n - \sqrt{a}\right)^2 \frac{1}{2u_n},$$

从而

$$\lim_{n\to\infty} \frac{u_{n+1} - \sqrt{a}}{\left(u_n - \sqrt{a}\right)^2} = \lim_{n\to\infty} \frac{1}{2u_n} = \frac{1}{2\sqrt{a}},$$

此时数列 $\{u_n\}$: $u_{n+1} = \frac{1}{2}\left(u_n + \frac{a}{u_n}\right)$ 二阶收敛于 $\sqrt{a}$.

(2) 当 $k \in [-1, 0) \cup (0, 1)$ 时, 有

$$\lim_{n\to\infty} \frac{u_{n+1} - \sqrt{a}}{u_n - \sqrt{a}} = \lim_{n\to\infty} \frac{u_n - (1-k)\sqrt{a}}{(2-k)u_n} = \frac{k}{2-k} \neq 0,$$

此时数列 $\{u_n\}$ 一阶收敛于 $\sqrt{a}$.

[注记 1]　由定理 1.1 的证明可知, 当 $-2\sqrt{2} < k < 1$ 时, 定理 1.1 的结论仍然成立.

类似地, 为了构造得到更高阶收敛于 $\sqrt{a}$ 的其他迭代数列 $\{u_n\}$, 可令

$$k\left(\frac{u_n - \sqrt{a}}{\sqrt{a}}\right)^3 + k_1\left(\frac{u_n - \sqrt{a}}{\sqrt{a}}\right)^2 + k_2\frac{u_n - \sqrt{a}}{\sqrt{a}} \approx 0,$$

其中 k, k_1, k_2 为实常数, $|k_2| \leqslant 1$. 化简整理得

$$ku_n^3 + (k_1 - 3k)\sqrt{a}u_n^2 + a(3k - 2k_1 + k_2)u_n - a\sqrt{a}(k - k_1 + k_2) \approx 0,$$

从而得

$$\sqrt{a} \approx \frac{ku_n^3 + a(3k - 2k_1 + k_2)u_n}{(3k - k_1)u_n^2 + a(k - k_1 + k_2)}.$$

于是令

$$u_{n+1} = \frac{ku_n^3 + a(3k - 2k_1 + k_2)u_n}{(3k - k_1)u_n^2 + a(k - k_1 + k_2)},$$

即得计算 $\sqrt{a}$ 的另一类新的迭代数列 $\{u_n\}$.

为了使迭代数列 $\{u_n\}$ 收敛于 $\sqrt{a}$, 须使 $u_n > 0$, 而这只需使

$$3k - k_1 > 0, \quad k - k_1 + k_2 \geqslant 0, \quad 3k + k_2 - 2k_1 > 0.$$

特别地, 取 $k = 1$ 且 $1 - k_1 + k_2 = 0$, 即得

$$u_{n+1} = \frac{u_n^3 + a(2 - k_1)u_n}{(3 - k_1)u_n^2} = \frac{1}{3 - k_1}\left(u_n + \frac{a(2 - k_1)}{u_n}\right),$$

再记上式中的 $k_1 = 1 + k$, 即得

$$u_{n+1} = \frac{1}{2 - k}\left(u_n + \frac{a(1 - k)}{u_n}\right),$$

此即为定理 1.1 中收敛于 $\sqrt{a}$ 的迭代数列 $\{u_n\}$.

类似于定理 1.1 的讨论, 对于迭代数列

$$u_{n+1} = \frac{1}{3 - k_1}\left(u_n + \frac{a(2 - k_1)}{u_n}\right),$$

有

$$
\begin{aligned}
u_{n+1} - \sqrt{a} &= \frac{1}{3 - k_1}\left(u_n + \frac{a(2 - k_1)}{u_n}\right) - \frac{1}{3 - k_1}\left(\sqrt{a} + \frac{a(2 - k_1)}{\sqrt{a}}\right) \\
&= \frac{1}{3 - k_1}(u_n - \sqrt{a})\left(1 - \frac{(2 - k_1)\sqrt{a}}{u_n}\right) \\
&= \frac{1}{3 - k_1}(u_n - \sqrt{a})\frac{u_n - (2 - k_1)\sqrt{a}}{u_n},
\end{aligned}
$$

故

(i) 当且仅当 $2 - k_1 = 1$, 即 $k_1 = 1$ 时, 有

$$\lim_{n \to \infty} \frac{u_{n+1} - \sqrt{a}}{(u_n - \sqrt{a})^2} = \lim_{n \to \infty} \frac{1}{2u_n} = \frac{1}{2\sqrt{a}},$$

此时数列 $\{u_n\}$: $u_{n+1} = \frac{1}{2}\left(u_n + \frac{a}{u_n}\right)$ 二阶收敛于 $\sqrt{a}$.

(ii) 当 $k_1 \neq 1$ 时, 有

$$\lim_{n \to \infty} \frac{u_{n+1} - \sqrt{a}}{u_n - \sqrt{a}} = \lim_{n \to \infty} \frac{u_n - (2 - k_1)\sqrt{a}}{(3 - k_1)u_n} = \frac{k_1 - 1}{3 - k_1} \neq 0,$$

此时数列 $\{u_n\}$ 一阶收敛于 $\sqrt{a}$.

下面讨论上述构造所得到的一般形式迭代数列 $\{u_n\}$:

$$u_{n+1} = \frac{ku_n^3 + a(3k - 2k_1 + k_2)u_n}{(3k - k_1)u_n^2 + a(k - k_1 + k_2)}$$

是否有三阶收敛于 $\sqrt{a}$ 的数列? 如果有, 其中的参数如何确定?

因为 k, k_1, k_2 为实常数, 所以不妨取 $k = 1$, 于是迭代数列 $\{u_n\}$ 为

$$u_{n+1} = \frac{u_n^3 + a(3 - 2k_1 + k_2)u_n}{(3 - k_1)u_n^2 + a(1 - k_1 + k_2)},$$

其中 $3 - k_1 > 0, 1 - k_1 + k_2 \geqslant 0, 3 + k_2 - 2k_1 > 0$. 从而

$$\begin{aligned} u_{n+1} - \sqrt{a} &= \frac{u_n^3 + a(3 - 2k_1 + k_2)u_n}{(3 - k_1)u_n^2 + a(1 - k_1 + k_2)} - \sqrt{a} \\ &= \frac{u_n^3 + a(3 - 2k_1 + k_2)u_n - (3 - k_1)\sqrt{a}u_n^2 - a\sqrt{a}(1 - k_1 + k_2)}{(3 - k_1)u_n^2 + a(1 - k_1 + k_2)}. \end{aligned}$$

为了使上述迭代数列 $\{u_n\}$ 三阶收敛于 $\sqrt{a}$, 须满足

$$u_n^3 + a(3 - 2k_1 + k_2)u_n - (3 - k_1)\sqrt{a}u_n^2 - a\sqrt{a}(1 - k_1 + k_2) = \left(u_n - \sqrt{a}\right)^3.$$

为此, 分下列两步进行. 首先令

$$\begin{aligned} &u_n^3 + a(3 - 2k_1 + k_2)u_n - (3 - k_1)\sqrt{a}u_n^2 - a\sqrt{a}(1 - k_1 + k_2) \\ &= (u_n - \sqrt{a})(u_n^2 + pu_n + a(1 - k_1 + k_2)), \end{aligned}$$

比较等式两边对应项的系数, 得

$$\begin{cases} p - \sqrt{a} = -(3 - k_1)\sqrt{a}, \\ a(1 - k_1 + k_2) - p\sqrt{a} = a(3 - 2k_1 + k_2). \end{cases}$$

解得

$$p = (k_1 - 2)\sqrt{a}.$$

此时有

$$u_{n+1} - \sqrt{a} = (u_n - \sqrt{a}) \cdot \frac{u_n^2 + (k_1 - 2)\sqrt{a} + a(1 - k_1 + k_2)}{(3 - k_1)u_n^2 + a(1 - k_1 + k_2)}.$$

其次再令

$$u_n^2 + (k_1 - 2)\sqrt{a}u_n + a(1 - k_1 + k_2) = (u_n - \sqrt{a})(u_n + t),$$

比较等式两边对应项的系数, 得

$$\begin{cases} t - \sqrt{a} = (k_1 - 2)\sqrt{a}, \\ -t\sqrt{a} = a(1 - k_1 + k_2). \end{cases}$$

于是得 $t = (k_1 - 1)\sqrt{a} = (k_1 - 1 - k_2)\sqrt{a}$, 解得 $k_2 = 0$, $t = (k_1 - 1)\sqrt{a}$, 此时迭代数列 $\{u_n\}$ 化为

$$u_{n+1} = \frac{u_n^3 + a(3 - 2k_1)u_n}{(3 - k_1)u_n^2 + a(1 - k_1)},$$

它满足

$$u_{n+1} - \sqrt{a} = \left(u_n - \sqrt{a}\right)^2 \cdot \frac{u_n + (k_1 - 1)\sqrt{a}}{(3 - k_1)u_n^2 + a(1 - k_1)}, \quad \text{其中 } k_1 \leqslant 1.$$

特别地, 当 $k_1 = 1$ 时, 数列 $\{u_n\}$ 化为

$$u_{n+1} = \frac{1}{2}\left(u_n + \frac{a}{u_n}\right).$$

又由上可知, 当且仅当 $k_1 - 1 = -1$, 即 $k_1 = 0$ 时, 有

$$u_{n+1} - \sqrt{a} = \left(u_n - \sqrt{a}\right)^3 \cdot \frac{1}{3u_n^2 + a},$$

此时迭代数列 $\{u_n\}$ 化为

$$u_{n+1} = \frac{u_n(u_n^2 + 3a)}{3u_n^2 + a}.$$

可以证明得到如下结论.

定理 1.2　设数列 $\{u_n\}$ 满足 $u_1 > 0$, 且 $u_{n+1} = \dfrac{u_n^3 + a(3 - 2k_1)u_n}{(3 - k_1)u_n^2 + a(1 - k_1)}$, $n = 1, 2, \cdots$, 其中 $a > 0$, $k_1 \leqslant 1$, 则有

(1) 当 $k_1 = 0$ 时, 数列 $\{u_n\}$ 为 $u_{n+1} = \dfrac{u_n(u_n^2 + 3a)}{3u_n^2 + a}$, 它三阶收敛于 $\sqrt{a}$.

(2) 当满足下列三个条件之一:

(i) $k_1 = 1$;　(ii) $0 < k_1 < 1$, 且 $u_1 \geqslant \sqrt{a}$;　(iii) $k_1 < 0$, 且 $0 < u_1 < \sqrt{a}$ 时, 数列 $\{u_n\}$ 二阶收敛于 $\sqrt{a}$.

证明　由已知递推关系式, 易知当 $k_1 \leqslant 1$ 时, $u_n > 0 (n \in \mathbf{N}_+)$, 且有

$$u_{n+1} - \sqrt{a} = \left(u_n - \sqrt{a}\right)^2 \cdot \frac{u_n + (k_1 - 1)\sqrt{a}}{(3 - k_1)u_n^2 + a(1 - k_1)},$$

$$u_{n+1} + \sqrt{a} = \left(u_n + \sqrt{a}\right)^2 \cdot \frac{u_n + (1 - k_1)\sqrt{a}}{(3 - k_1)u_n^2 + a(1 - k_1)}.$$

(1) 当 $k_1 = 0$ 时, 数列 $\{u_n\}$ 化为 $u_{n+1} = \dfrac{u_n(u_n^2 + 3a)}{3u_n^2 + a}$, 且有

$$u_{n+1} - \sqrt{a} = \frac{(u_n - \sqrt{a})^3}{3u_n^2 + a},$$

$$u_{n+1} + \sqrt{a} = \frac{(u_n + \sqrt{a})^3}{3u_n^2 + a},$$

于是得

$$\frac{u_{n+1} - \sqrt{a}}{u_{n+1} + \sqrt{a}} = \left(\frac{u_n - \sqrt{a}}{u_n + \sqrt{a}}\right)^3 = \cdots = \left(\frac{u_1 - \sqrt{a}}{u_1 + \sqrt{a}}\right)^{3^n}.$$

又由题设 $u_1 > 0$, $a > 0$ 知, 当 $u_1 \geqslant \sqrt{a}$ 时, 有 $0 \leqslant \dfrac{u_1 - \sqrt{a}}{u_1 + \sqrt{a}} < 1$; 当 $0 < u_1 < \sqrt{a}$ 时, 有 $-1 < \dfrac{u_1 - \sqrt{a}}{u_1 + \sqrt{a}} < 0$. 所以总有 $\left|\dfrac{u_1 - \sqrt{a}}{u_1 + \sqrt{a}}\right| < 1$.

不妨记 $v_n = \dfrac{u_n - \sqrt{a}}{u_n + \sqrt{a}}$, 则 $v_{n+1} = v_n^3 = \cdots = v_1^{3^n}$, 其中 $|v_1| < 1$, 于是得

$\lim\limits_{n \to \infty} v_n = 0$, 从而得 $\lim\limits_{n \to \infty} u_n = \lim\limits_{n \to \infty} \dfrac{1 + v_n}{1 - v_n}\sqrt{a} = \sqrt{a}$, 且有

$$\lim_{n \to \infty} \frac{u_{n+1} - \sqrt{a}}{(u_n - \sqrt{a})^3} = \lim_{n \to \infty} \frac{1}{3u_n^2 + a} = \frac{1}{4a} > 0,$$

故由定义 1.1 即得该数列 $\{u_n\}$ 三阶收敛于 $\sqrt{a}$.

(2) **情形一** 当 $k_1 = 1$ 时, $u_{n+1} = \dfrac{1}{2}\left(u_n + \dfrac{a}{u_n}\right)$, 此时有

$$\frac{u_{n+1} - \sqrt{a}}{u_{n+1} + \sqrt{a}} = \left(\frac{u_n - \sqrt{a}}{u_n + \sqrt{a}}\right)^2.$$

类似于 (1) 的证明易证得, 或由定理 1.1 知该数列二阶收敛于 $\sqrt{a}$.

情形二 当 $0 < k_1 < 1$, 且 $u_1 \geqslant \sqrt{a}$ 时, 由

$$u_{n+1} - \sqrt{a} = (u_n - \sqrt{a})^2 \cdot \frac{u_n + (k_1 - 1)\sqrt{a}}{(3 - k_1)u_n^2 + a(1 - k_1)}$$

知 $u_2 \geqslant \sqrt{a}$, 于是由数学归纳法知 $u_n \geqslant \sqrt{a}$, 从而 $0 \leqslant \dfrac{u_n + (k_1 - 1)\sqrt{a}}{u_n + (1 - k_1)\sqrt{a}} < 1$. 故得

$$\left|\frac{u_{n+1} - \sqrt{a}}{u_{n+1} + \sqrt{a}}\right| = \left|\frac{u_n - \sqrt{a}}{u_n + \sqrt{a}}\right|^2 \cdot \left|\frac{u_n + (k_1 - 1)\sqrt{a}}{u_n + (1 - k_1)\sqrt{a}}\right|$$

$$< \left| \frac{u_n - \sqrt{a}}{u_n + \sqrt{a}} \right|^2 < \cdots < \left| \frac{u_1 - \sqrt{a}}{u_1 + \sqrt{a}} \right|^{2^n}.$$

因为 $u_1 \geqslant \sqrt{a}$, 所以有 $0 \leqslant \dfrac{u_1 - \sqrt{a}}{u_1 + \sqrt{a}} < 1$, 于是对上式由夹逼准则得 $\lim\limits_{n \to \infty} \dfrac{u_n - \sqrt{a}}{u_n + \sqrt{a}}$

$= 0$, 即得 $\lim\limits_{n \to \infty} u_n = \sqrt{a}$. 又

$$\lim_{n \to \infty} \frac{u_{n+1} - \sqrt{a}}{(u_n - \sqrt{a})^2} = \lim_{n \to \infty} \frac{u_n + (k_1 - 1)\sqrt{a}}{(3 - k_1)u_n^2 + a(1 - k_1)} = \frac{k_1}{(4 - 2k_1)\sqrt{a}} > 0,$$

所以数列 $\{u_n\}$ 至少二阶收敛于 $\sqrt{a}$.

情形三　当 $k_1 < 0$, 且 $0 < u_1 < \sqrt{a}$ 时, 由

$$u_{n+1} - \sqrt{a} = (u_n - \sqrt{a})^2 \cdot \frac{u_n + (k_1 - 1)\sqrt{a}}{(3 - k_1)u_n^2 + a(1 - k_1)}$$

知 $0 < u_2 < \sqrt{a}$, 于是由数学归纳法知 $0 < u_n < \sqrt{a}$, 从而 $-1 < \dfrac{u_n + (k_1 - 1)\sqrt{a}}{u_n + (1 - k_1)\sqrt{a}}$

< 0. 故得

$$\left| \frac{u_{n+1} - \sqrt{a}}{u_{n+1} + \sqrt{a}} \right| = \left| \frac{u_n - \sqrt{a}}{u_n + \sqrt{a}} \right|^2 \cdot \left| \frac{u_n + (k_1 - 1)\sqrt{a}}{u_n + (1 - k_1)\sqrt{a}} \right|$$

$$< \left| \frac{u_n - \sqrt{a}}{u_n + \sqrt{a}} \right|^2 < \cdots < \left| \frac{u_1 - \sqrt{a}}{u_1 + \sqrt{a}} \right|^{2^n}.$$

因为 $0 < u_1 < \sqrt{a}$, 所以有 $-1 < \dfrac{u_1 - \sqrt{a}}{u_1 + \sqrt{a}} < 0$, 于是对上式由夹逼准则得

$\lim\limits_{n \to \infty} \dfrac{u_n - \sqrt{a}}{u_n + \sqrt{a}} = 0$, 即得 $\lim\limits_{n \to \infty} u_n = \sqrt{a}$. 又

$$\lim_{n \to \infty} \frac{u_{n+1} - \sqrt{a}}{(u_n - \sqrt{a})^2} = \lim_{n \to \infty} \frac{u_n + (k_1 - 1)\sqrt{a}}{(3 - k_1)u_n^2 + a(1 - k_1)} = \frac{k_1}{(4 - 2k_1)\sqrt{a}} > 0,$$

所以数列 $\{u_n\}$ 至少二阶收敛于 $\sqrt{a}$.

进一步地, 我们还可如下构造更高阶收敛于 $\sqrt{a}$ 的其他迭代数列 $\{u_n\}$, 即令

$$\left(\frac{u_n - \sqrt{a}}{\sqrt{a}} \right)^4 + k_1 \left(\frac{u_n - \sqrt{a}}{\sqrt{a}} \right)^3 + k_2 \left(\frac{u_n - \sqrt{a}}{\sqrt{a}} \right)^2 + k_3 \frac{u_n - \sqrt{a}}{\sqrt{a}} \approx 0,$$

其中 k_1, k_2, k_3 为实常数, $|k_3| \leqslant 1$. 化简整理得

$$u_n^4 + (k_1 - 4)\sqrt{a}u_n^3 + (6 - 3k_1 + k_2)au_n^2 + (-4 + 3k_1 - 2k_2 + k_3)a\sqrt{a}u_n$$

$$+ a^2(1 - k_1 + k_2 - k_3) \approx 0,$$

从而得

$$\sqrt{a} \approx \frac{u_n^4 + (6 - 3k_1 + k_2)au_n^2 + a^2(1 - k_1 + k_2 - k_3)}{(4 - k_1)u_n^3 + (4 - 3k_1 + 2k_2 - k_3)au_n}.$$

于是令

$$u_{n+1} = \frac{u_n^4 + (6 - 3k_1 + k_2)au_n^2 + a^2(1 - k_1 + k_2 - k_3)}{(4 - k_1)u_n^3 + (4 - 3k_1 + 2k_2 - k_3)au_n},$$

即得计算 $\sqrt{a}$ 的另一类新的迭代数列 $\{u_n\}$.

为了使迭代数列 $\{u_n\}$ 收敛于 $\sqrt{a}$, 须使 $u_n > 0$, 这只需使

$$4 - k_1 > 0, \quad 6 - 3k_1 + k_2 > 0, \quad 1 - k_1 + k_2 - k_3 \geqslant 0, \quad 4 - 3k_1 + 2k_2 - k_3 > 0.$$

下面讨论上述构造所得到的新的数列 $\{u_n\}$ 的收敛性. 注意到

$$u_{n+1} - \sqrt{a} = \frac{u_n^4 + (6 - 3k_1 + k_2)au_n^2 + a^2(1 - k_1 + k_2 - k_3)}{(4 - k_1)u_n^3 + (4 - 3k_1 + 2k_2 - k_3)au_n} - \sqrt{a}$$

$$= \frac{u_n^4 - (4 - k_1)\sqrt{a}u_n^3 + (6 - 3k_1 + k_2)au_n^2 - (4 - 3k_1 + 2k_2 - k_3)a\sqrt{a}u_n}{(4 - k_1)u_n^3 + (4 - 3k_1 + 2k_2 - k_3)au_n}$$

$$+ \frac{a^2(1 - k_1 + k_2 - k_3)}{(4 - k_1)u_n^3 + (4 - 3k_1 + 2k_2 - k_3)au_n}.$$

为了使上述迭代数列 $\{u_n\}$ 收敛于 $\sqrt{a}$, 须满足

$$u_n^4 - (4 - k_1)\sqrt{a}u_n^3 + (6 - 3k_1 + k_2)au_n^2$$
$$- (4 - 3k_1 + 2k_2 - k_3)a\sqrt{a}u_n + a^2(1 - k_1 + k_2 - k_3)$$
$$= (u_n - \sqrt{a}) \cdot \left[u_n^3 + pu_n^2 + qu_n - a\sqrt{a}(1 - k_1 + k_2 - k_3) \right].$$

比较上式两边对应项的系数, 得

$$\begin{cases} p - \sqrt{a} = -(4 - k_1)\sqrt{a}, \\ q - p\sqrt{a} = (6 - 3k_1 + k_2)a, \\ -a\sqrt{a}(1 - k_1 + k_2 - k_3) - q\sqrt{a} = -a\sqrt{a}(4 - 3k_1 + 2k_2 - k_3). \end{cases}$$

解得

$$p = (k_1 - 3)\sqrt{a}, \quad q = (3 - 2k_1 + k_2)a.$$

其次, 为了使 $\{u_n\}$ 二阶收敛于 $\sqrt{a}$, 须再设

$$u_n^3 + (k_1 - 3)\sqrt{a}u_n^2 + (3 - 2k_1 + k_2)au_n - a\sqrt{a}(1 - k_1 + k_2 - k_3)$$

$$= (u_n - \sqrt{a})(u_n^2 + su_n + a(1 - k_1 + k_2 - k_3)),$$

比较上式两边对应项的系数, 得

$$\begin{cases} s - \sqrt{a} = (k_1 - 3)\sqrt{a}, \\ a(1 - k_1 + k_2 - k_3) - s\sqrt{a} = (3 - 2k_1 + k_2)a. \end{cases}$$

解得

$$s = (k_1 - 2)\sqrt{a}, \quad k_3 = 0.$$

然后, 为了使 $\{u_n\}$ 三阶收敛于 $\sqrt{a}$, 须再设

$$u_n^2 + (k_1 - 2)\sqrt{a}u_n + a(1 - k_1 + k_2) = (u_n - \sqrt{a})(u_n + t),$$

比较上式两边对应项的系数, 得

$$\begin{cases} t - \sqrt{a} = (k_1 - 2)\sqrt{a}, \\ -t\sqrt{a} = a(1 - k_1 + k_2). \end{cases}$$

解得

$$t = (k_1 - 1)\sqrt{a} = (k_1 - k_2 - 1)\sqrt{a},$$

从而得 $k_2 = 0$. 此时由 $k_2 = k_3 = 0$, 得到迭代数列 $\{u_n\}$:

$$u_{n+1} = \frac{u_n^4 + (6 - 3k_1)au_n^2 + a^2(1 - k_1)}{(4 - k_1)u_n^3 + (4 - 3k_1)au_n},$$

它满足

$$u_{n+1} - \sqrt{a} = (u_n - \sqrt{a})^3 \cdot \frac{u_n + (k_1 - 1)\sqrt{a}}{(4 - k_1)u_n^3 + (4 - 3k_1)au_n}.$$

为了使 $u_n > 0$, 只需使

$$4 - k_1 > 0, \quad 6 - 3k_1 > 0, \quad 1 - k_1 \geqslant 0, \quad 4 - 3k_1 > 0$$

同时成立, 解得 $k_1 \leqslant 1$.

特别地, 当 $k_1 = 1$ 时, 数列 $\{u_n\}$ 化为 $u_{n+1} = \dfrac{u_n(u_n^2 + 3a)}{3u_n^2 + a}$, 由定理 1.2 可知, 它三阶收敛于 $\sqrt{a}$.

又由上式可知, 当且仅当 $k_1 - 1 = -1$, 即 $k_1 = 0$ 时,

$$u_{n+1} - \sqrt{a} = \frac{(u_n - \sqrt{a})^4}{(4 - k_1)u_n^3 + (4 - 3k_1)au_n},$$

此时迭代数列 $\{u_n\}$ 化为

$$u_{n+1} = \frac{u_n^4 + 6au_n^2 + a^2}{4u_n^3 + 4au_n}.$$

对于上述迭代数列 $\{u_n\}$, 有如下收敛性结论.

定理 1.3 设数列 $\{u_n\}$ 满足 $u_1 > 0$, 且

$$u_{n+1} = \frac{u_n^4 + (6 - 3k_1)au_n^2 + a^2(1 - k_1)}{(4 - k_1)u_n^3 + (4 - 3k_1)au_n}, \quad n = 1, 2, \cdots,$$

其中 $a > 0$, $k_1 \leqslant 1$, 则

(1) 当 $0 < k_1 \leqslant 1$ 且 $u_1 \geqslant \sqrt{a}$ 时, 数列 $\{u_n\}$ 三阶收敛于 $\sqrt{a}$;

(2) 当 $k_1 = 0$ 时, 数列 $\{u_n\}$: $u_{n+1} = \dfrac{u_n^4 + 6au_n^2 + a^2}{4u_n^3 + 4au_n}$ 四阶收敛于 $\sqrt{a}$.

证明 由已知递推关系式 $u_{n+1} = \dfrac{u_n^4 + (6 - 3k_1)au_n^2 + a^2(1 - k_1)}{(4 - k_1)u_n^3 + (4 - 3k_1)au_n}$, 易知, 当

$k_1 \leqslant 1$ 时, $u_n > 0(n \in \mathbf{N}_+)$, 且有

$$u_{n+1} - \sqrt{a} = \frac{(u_n - \sqrt{a})^3 \cdot [u_n + (k_1 - 1)\sqrt{a}]}{(4 - k_1)u_n^3 + (4 - 3k_1)au_n},$$

$$u_{n+1} + \sqrt{a} = \frac{(u_n + \sqrt{a})^3 \cdot [u_n + (1 - k_1)\sqrt{a}]}{(4 - k_1)u_n^3 + (4 - 3k_1)au_n},$$

$$u_{n+1} - u_n = \frac{u_n^4 + (6 - 3k_1)au_n^2 + a^2(1 - k_1)}{(4 - k_1)u_n^3 + (4 - 3k_1)au_n} - u_n$$

$$= \frac{-[(3 - k_1)u_n^2 + (1 - k_1)a] \cdot (u_n^2 - a)}{(4 - k_1)u_n^3 + (4 - 3k_1)au_n},$$

于是有

(1) 当 $0 < k_1 \leqslant 1$ 且 $u_1 \geqslant \sqrt{a}$ 时, 则 $u_2 \geqslant \sqrt{a}$, 由数学归纳法及上式得 $u_n \geqslant \sqrt{a} \ (n = 1, 2, \cdots)$, 从而得 $u_{n+1} - u_n \leqslant 0$, 即数列 $\{u_n\}$ 单调减少, 故由单调有界原理知数列 $\{u_n\}$ 收敛.

不妨设 $\lim\limits_{n \to \infty} u_n = l$, 则在递推关系式

$$u_{n+1} = \frac{u_n^4 + (6 - 3k_1)au_n^2 + a^2(1 - k_1)}{(4 - k_1)u_n^3 + (4 - 3k_1)au_n}$$

两边取极限, 得

$$l = \frac{l^4 + (6 - 3k_1)al^2 + a^2(1 - k_1)}{(4 - k_1)l^3 + (4 - 3k_1)al},$$

解得 $l = \sqrt{a}$, 即 $\lim\limits_{n \to \infty} u_n = \sqrt{a}$. 又当 $0 < k_1 \leqslant 1$ 时, 有

$$\lim_{n \to \infty} \frac{u_{n+1} - \sqrt{a}}{(u_n - \sqrt{a})^3} = \lim_{n \to \infty} \frac{u_n + (k_1 - 1)\sqrt{a}}{(4 - k_1)u_n^3 + (4 - 3k_1)au_n} = \frac{k_1}{(8 - 4k_1)a} > 0,$$

所以当 $0 < k_1 \leqslant 1$ 时, 数列 $\{u_n\}$ 三阶收敛于 $\sqrt{a}$.

(2) 当 $k_1 = 0$ 时, 数列 $\{u_n\}$ 为

$$u_{n+1} = \frac{u_n^4 + 6au_n^2 + a^2}{4u_n^3 + 4au_n},$$

此时有

$$u_{n+1} - \sqrt{a} = \frac{(u_n - \sqrt{a})^4}{4u_n^3 + 4au_n},$$

且

$$u_{n+1} - u_n = \frac{-(3u_n^2 + a) \cdot (u_n^2 - a)}{4u_n^3 + 4au_n}.$$

于是对于任何 $u_1 > 0$, 由数学归纳法及上式得 $u_n \geqslant \sqrt{a}\,(n = 1, 2, \cdots)$, 从而知数列 $\{u_n\}$ 单调减少, 故由单调有界原理知数列 $\{u_n\}$ 收敛.

不妨设 $\lim\limits_{n \to \infty} u_n = l$, 则在递推关系式两边取极限, 即得 $l = \sqrt{a}$, 亦即 $\lim\limits_{n \to \infty} u_n = \sqrt{a}$. 再由

$$\lim_{n \to \infty} \frac{u_{n+1} - \sqrt{a}}{(u_n - \sqrt{a})^4} = \lim_{n \to \infty} \frac{1}{4u_n^3 + 4au_n} = \frac{1}{8a\sqrt{a}} > 0,$$

知当 $k_1 = 0$ 时, 数列 $\{u_n\}$ 四阶收敛于 $\sqrt{a}$.

[**注记 2**]　定理 1.3 也可类似于定理 1.2 给予证明. 由上可知, 收敛于 $\sqrt{a}$ 的迭代数列 $\{u_n\}$ 是不唯一的. 一般地, 也可如下直接构造任意 k 阶收敛于 $\sqrt{a}$ 的迭代数列 $\{u_n\}$.

任给 $k \geqslant 2, k \in \mathbf{N}_+$, 由

$$\left(\frac{u_n - \sqrt{a}}{\sqrt{a}} \right)^k \approx 0,$$

可得

$$u_n^k + \sum_{i=1}^{\left[\frac{k}{2}\right]} C_k^{2i} u_n^{k-2i} a^i - \sqrt{a} \sum_{i=0}^{\left[\frac{k-1}{2}\right]} C_k^{2i+1} u_n^{k-2i-1} a^i \approx 0,$$

化简整理得

$$\sqrt{a} \approx \frac{u_n^k + \sum\limits_{i=1}^{\left\lfloor \frac{k}{2} \right\rfloor} C_k^{2i} u_n^{k-2i} a^i}{\sum\limits_{i=0}^{\left[\frac{k-1}{2} \right]} C_k^{2i+1} u_n^{k-2i-1} a^i},$$

于是令

$$u_{n+1} = \frac{u_n^k + \sum\limits_{i=1}^{\left[\frac{k}{2} \right]} C_k^{2i} u_n^{k-2i} a^i}{\sum\limits_{i=0}^{\left[\frac{k-1}{2} \right]} C_k^{2i+1} u_n^{k-2i-1} a^i},$$

即得计算 $\sqrt{a}$ 的迭代数列 $\{u_n\}$. 可以验证对于 $u_1 > 0$, 它是 k 阶收敛于 $\sqrt{a}$ 的迭代数列. 事实上, 由于

$$\frac{u_{n+1} - \sqrt{a}}{u_{n+1} + \sqrt{a}} = \left(\frac{u_n - \sqrt{a}}{u_n + \sqrt{a}} \right)^k = \cdots = \left(\frac{u_1 - \sqrt{a}}{u_1 + \sqrt{a}} \right)^{k^n},$$

不妨记 $\lambda = \dfrac{u_1 - \sqrt{a}}{u_1 + \sqrt{a}}$, 则 $|\lambda| < 1$, 且有

$$u_{n+1} - \sqrt{a} = 2\sqrt{a} \frac{\lambda^{k^n}}{1 - \lambda^{k^n}} \to 0 \quad (n \to \infty),$$

于是

$$\lim_{n \to \infty} \frac{u_{n+1} - \sqrt{a}}{(u_n - \sqrt{a})^k} = \lim_{n \to \infty} \frac{u_{n+1} + \sqrt{a}}{(u_n + \sqrt{a})^k} = \frac{1}{(2\sqrt{a})^{k-1}} > 0,$$

故迭代数列 $\{u_n\}$ k 阶收敛于 $\sqrt{a}$.

1.3 收敛于 $\sqrt[3]{a}$ 的迭代数列 $\{u_n\}$ 的构造

令 $f(x) = x^3 - a$, 则对于非线性方程 $f(x) = x^3 - a = 0$, 由牛顿迭代法可构造得到收敛于 $\sqrt[3]{a}$ 的一个迭代数列 $\{u_n\}$:

$$u_{n+1} = \frac{1}{3} \left(2u_n + \frac{a}{u_n^2} \right), \quad n = 1, 2, \cdots,$$

其中 $a > 0, u_1 > 0$.

下面, 我们主要给出收敛于 $\sqrt[3]{a}$ 的一类迭代数列的一种新的构造方法.

设 $a > 0$, $u_1 > 0$, $\{u_n\}$ 收敛于 $\sqrt[3]{a}$, 相对误差 $\left| \dfrac{u_n - \sqrt[3]{a}}{\sqrt[3]{a}} \right| \ll 1$, 为了构造 $\{u_n\}$, 可令

$$k \left(\frac{u_n - \sqrt[3]{a}}{\sqrt[3]{a}} \right)^3 + k_1 \left(\frac{u_n - \sqrt[3]{a}}{\sqrt[3]{a}} \right)^2 + k_2 \frac{u_n - \sqrt[3]{a}}{\sqrt[3]{a}} \approx 0,$$

其中 k, k_1, k_2 为实常数, $|k_2| < 1$. 化简整理得

$$k u_n^3 + \sqrt[3]{a}(-3k + k_1)u_n^2 + \sqrt[3]{a^2}(3k - 2k_1 + k_2)u_n + a(k_1 - k_2 - k) \approx 0,$$

注意到上式左边 u_n 的系数中含有因子 $\sqrt[3]{a^2}$, 为了构造收敛于 $\sqrt[3]{a}$ 的迭代数列, 不妨令

$$3k - 2k_1 + k_2 = 0,$$

则得

$$k u_n^3 + \sqrt[3]{a}(-3k + k_1)u_n^2 + a(2k - k_1) \approx 0,$$

从而有

$$\sqrt[3]{a} \approx \frac{k u_n^3 + a(2k - k_1)}{(3k - k_1)u_n^2}.$$

于是令

$$u_{n+1} = \frac{k u_n^3 + a(2k - k_1)}{(3k - k_1)u_n^2},$$

即得计算 $\sqrt[3]{a}$ 的迭代数列 $\{u_n\}$.

特别地,

(1) 取 $k = 1$, 则迭代数列 $\{u_n\}$ 化为

$$u_{n+1} = \frac{1}{3 - k_1} \left(u_n + \frac{a(2 - k_1)}{u_n^2} \right).$$

为了使迭代数列 $\{u_n\}$ 收敛于 $\sqrt[3]{a}$, 须使 $u_n > 0$, 而这只需使

$$3 - k_1 > 0, \quad 2 - k_1 > 0,$$

因而取 $k_1 < 2$ 即可. 不妨取 $k_1 = 1$, 即得迭代数列 $\{u_n\}$:

$$u_{n+1} = \frac{1}{2} \left(u_n + \frac{a}{u_n^2} \right),$$

此即为本章前面所给出的收敛于 $\sqrt[3]{a}$ 的典型迭代数列.

(2) 取 $3k - k_1 = 3$, 则迭代数列 $\{u_n\}$ 化为

$$u_{n+1} = \frac{ku_n^3 + a(3-k)}{3u_n^2} = \frac{1}{3}\left(ku_n + \frac{a(3-k)}{u_n^2}\right).$$

为了使迭代数列 $\{u_n\}$ 收敛于 $\sqrt[3]{a}$, 须使 $u_n > 0$, 而这只需使

$$3 - k > 0, \quad k > 0,$$

因而取 $0 < k < 3$ 即可. 不妨取 $k = 2$, 则 $k_1 = 3$, $k_2 = 0$, 此时得迭代数列 $\{u_n\}$:

$$u_{n+1} = \frac{1}{3}\left(2u_n + \frac{a}{u_n^2}\right),$$

由单调有界原理或柯西收敛准则, 可以证明该迭代数列 $\{u_n\}$ 收敛于 $\sqrt[3]{a}$. 该迭代数列也可由牛顿迭代法得到.

关于上述所构造迭代数列 $\{u_n\}$ 的收敛性问题, 我们有如下结论.

定理 1.4 设数列 $\{u_n\}$ 满足 $u_1 > 0$, 且 $u_{n+1} = \dfrac{1}{3-k_1}\left(u_n + \dfrac{a(2-k_1)}{u_n^2}\right)$, $n = 1, 2, \cdots$, 其中 $a > 0$, k_1 为实常数, 则当 $k_1 < 2$ 且 $\dfrac{8}{27}(3-k_1)^3 < 4 - k_1$ 时, 数列 $\{u_n\}$ 收敛, 且 $\lim\limits_{n\to\infty} u_n = \sqrt[3]{a}$.

特别地, 有

(1) 当且仅当 $k_1 = \dfrac{3}{2}$ 时, 数列 $\{u_n\}$ 二阶收敛于 $\sqrt[3]{a}$, 此时数列 $\{u_n\}$: $u_{n+1} = \dfrac{2}{3}\left(u_n + \dfrac{a}{2u_n^2}\right)$;

(2) 当 $k_1 \neq \dfrac{3}{2}$ 时, 数列 $\{u_n\}$ 一阶收敛于 $\sqrt[3]{a}$.

证明 由 $k_1 < 2$ 及递推关系式 $u_{n+1} = \dfrac{1}{3-k_1}\left(u_n + \dfrac{a(2-k_1)}{u_n^2}\right)$, $u_1 > 0$, 易知 $u_n > 0 (n \in \mathbf{N}_+)$, 且有

$$u_{n+1} = \frac{1}{3-k_1}\left(\frac{1}{2}u_n + \frac{1}{2}u_n + \frac{a(2-k_1)}{u_n^2}\right) \geqslant \frac{3}{3-k_1}\sqrt[3]{\frac{(2-k_1)a}{4}}.$$

因为当 $n \geqslant 2$ 时, 有

$$0 < a\frac{u_n + u_{n-1}}{u_n^2 u_{n-1}^2} = \frac{a}{u_n u_{n-1}}\left(\frac{1}{u_{n-1}} + \frac{1}{u_n}\right)$$

$$\leqslant \frac{a}{\left(\dfrac{3}{3-k_1}\sqrt[3]{\dfrac{(2-k_1)a}{4}}\right)^2} \cdot \frac{2}{\left(\dfrac{3}{3-k_1}\sqrt[3]{\dfrac{(2-k_1)a}{4}}\right)}$$

$$= \frac{8}{27} \cdot \frac{(3-k_1)^3}{2-k_1},$$

所以有

$$-1 < -\frac{1}{3-k_1} < \frac{1}{3-k_1}\left((2-k_1)a\frac{u_n+u_{n-1}}{u_n^2 u_{n-1}^2}-1\right) < \frac{1}{3-k_1}\left[\frac{8(3-k_1)^3}{27}-1\right].$$

下面分三种情况考虑:

(1) 当 $\dfrac{8}{27}(3-k_1)^3-1 \leqslant 0$, 即 $\dfrac{3}{2} \leqslant k_1 < 2$ 时, 取 $\lambda = \dfrac{1}{3-k_1}$;

(2) 当 $0 < \dfrac{8}{27}(3-k_1)^3-1 \leqslant 1$, 即 $3-\dfrac{3}{2}\sqrt[3]{2} \leqslant k_1 < \dfrac{3}{2}$ 时, 取 $\lambda = \dfrac{1}{3-k_1}$;

(3) 当 $1 < \dfrac{8}{27}(3-k_1)^3-1 < 3-k_1$, 即 $k_1 < 3-\dfrac{3}{2}\sqrt[3]{2}$ 且 $\dfrac{8}{27}(3-k_1)^3 < 4-k_1$,

亦即 $3-\dfrac{3}{2}\sqrt[3]{4-k_1} < k_1 < 3-\dfrac{3}{2}\sqrt[3]{2}$ 时, 取

$$\lambda = \frac{1}{3-k_1}\left[\frac{8(3-k_1)^3}{27}-1\right].$$

则由上即得

$$\left|\frac{1}{3-k_1}\left((2-k_1)a\frac{u_n+u_{n-1}}{u_n^2 u_{n-1}^2}-1\right)\right| \leqslant \lambda < 1.$$

又由迭代关系式得

$$|u_{n+1}-u_n| = \left|\frac{1}{3-k_1}\left((2-k_1)a\frac{u_n+u_{n-1}}{u_n^2 u_{n-1}^2}-1\right)\right| \cdot |u_n-u_{n-1}|$$

$$\leqslant \lambda |u_n-u_{n-1}| \leqslant \cdots \leqslant \lambda^{n-1}|u_2-u_1|,$$

于是对任意 $p \in \mathbf{N}_+$, 有

$$|u_{n+p}-u_n| \leqslant \sum_{i=1}^{p}|u_{n+i}-u_{n+i-1}| \leqslant \sum_{i=1}^{p}\lambda^{n+i-2}|u_2-u_1|$$

$$< \frac{1}{1-\lambda}\cdot\lambda^{n-1}|u_2-u_1| \to 0 \quad (n\to\infty),$$

故由柯西收敛准则得数列 $\{u_n\}$ 收敛.

不妨设 $\lim\limits_{n\to\infty} u_n = l$, 则由递推关系式两边取极限, 得

$$l = \frac{1}{3 - k_1}\left(l + \frac{a(2 - k_1)}{l^2}\right),$$

解得 $l = \sqrt[3]{a}$, 即得 $\lim_{n \to \infty} u_n = \sqrt[3]{a}$. 又由递推关系式, 有

$$
\begin{aligned}
u_{n+1} - \sqrt[3]{a} &= \frac{1}{3 - k_1}\left(u_n + \frac{a(2 - k_1)}{u_n^2}\right) - \frac{1}{3 - k_1}\left(\sqrt[3]{a} + \frac{a(2 - k_1)}{\sqrt[3]{a^2}}\right) \\
&= \frac{1}{3 - k_1}(u_n - \sqrt[3]{a})\left(1 - (2 - k_1) \cdot \sqrt[3]{a} \cdot \frac{u_n + \sqrt[3]{a}}{u_n^2}\right) \\
&= \frac{1}{3 - k_1}(u_n - \sqrt[3]{a}) \cdot \frac{u_n^2 - (2 - k_1)\sqrt[3]{a}\,u_n - (2 - k_1)\sqrt[3]{a^2}}{u_n^2},
\end{aligned}
$$

不妨设

$$u_n^2 - (2 - k_1)\sqrt[3]{a}\,u_n - (2 - k_1)\sqrt[3]{a^2} = (u_n - \sqrt[3]{a})(u_n + t),$$

则比较上式两边对应项的系数, 得

$$
\begin{cases}
t - \sqrt[3]{a} = -(2 - k_1)\sqrt[3]{a}, \\
t = (2 - k_1)\sqrt[3]{a}.
\end{cases}
$$

解得 $k_1 = \dfrac{3}{2}$, $t = \dfrac{1}{2}\sqrt[3]{a}$. 此时迭代数列 $\{u_n\}$ 为

$$u_{n+1} = \frac{2}{3}\left(u_n + \frac{a}{2u_n^2}\right),$$

且有

$$u_{n+1} - \sqrt[3]{a} = \frac{2}{3}\left(u_n - \sqrt[3]{a}\right)^2 \cdot \frac{u_n + \dfrac{1}{2}\sqrt[3]{a}}{u_n^2}.$$

故

(1) 当且仅当 $k_1 = \dfrac{3}{2}$ 时, 有

$$\lim_{n \to \infty} \frac{u_{n+1} - \sqrt[3]{a}}{(u_n - \sqrt[3]{a})^2} = \frac{2}{3}\lim_{n \to \infty} \frac{u_n + \dfrac{1}{2}\sqrt[3]{a}}{u_n^2} = \frac{1}{\sqrt[3]{a}} > 0,$$

此时迭代数列 $\{u_n\}$: $u_{n+1} = \dfrac{2}{3}\left(u_n + \dfrac{a}{2u_n^2}\right)$ 二阶收敛于 $\sqrt[3]{a}$.

(2) 当 $k_1 \ne \dfrac{3}{2}$ 时, 有

$$\lim_{n \to \infty} \frac{u_{n+1} - \sqrt[3]{a}}{u_n - \sqrt[3]{a}} = \lim_{n \to \infty} \frac{1}{3 - k_1} \cdot \frac{u_n^2 - (2 - k_1)\sqrt[3]{a}\,u_n - (2 - k_1)\sqrt[3]{a^2}}{u_n^2}$$

$$= \frac{2k_1 - 3}{3 - k_1} \neq 0,$$

此时数列 $\{u_n\}$ 一阶收敛于 $\sqrt[3]{a}$.

特别地, 取 $k_1 = 1$, 则由定理 1.4 有如下推论.

推论 1.1　设数列 $\{u_n\}$ 满足 $u_1 > 0$, 且 $u_{n+1} = \frac{1}{2}\left(u_n + \frac{a}{u_n^2}\right)$, $n = 1, 2, \cdots$,

其中 $a > 0$, 则数列 $\{u_n\}$ 一阶收敛于 $\sqrt[3]{a}$.

证明　由递推关系式 $u_{n+1} = \frac{1}{2}\left(u_n + \frac{a}{u_n^2}\right)$ 及 $u_1 > 0$, 易知

$$u_n > 0 \quad (n \in \mathbf{N}_+),$$

且有

$$u_{n+1} = \frac{1}{2}\left(\frac{1}{2}u_n + \frac{1}{2}u_n + \frac{a}{u_n^2}\right) \geqslant \frac{3}{2}\sqrt[3]{\frac{a}{4}} = \frac{3}{4}\sqrt[3]{2a}.$$

因为当 $n \geqslant 2$ 时, 有

$$a\frac{u_n + u_{n-1}}{u_n^2 u_{n-1}^2} = \frac{a}{u_n u_{n-1}}\left(\frac{1}{u_{n-1}} + \frac{1}{u_n}\right) \leqslant \frac{a}{\left(\frac{3}{4}\sqrt[3]{2a}\right)^2} \cdot \frac{2}{\frac{3}{4}\sqrt[3]{2a}} = \left(\frac{4}{3}\right)^3,$$

所以有

$$-\frac{37}{54} < -\frac{1}{2} < \frac{1}{2}\left(a\frac{u_n + u_{n-1}}{u_n^2 u_{n-1}^2} - 1\right) \leqslant \frac{37}{54},$$

即得

$$\left|\frac{1}{2}\left(a\frac{u_n + u_{n-1}}{u_n^2 u_{n-1}^2} - 1\right)\right| \leqslant \frac{37}{54} < 1.$$

又由迭代关系式得

$$|u_{n+1} - u_n| = \left|\frac{1}{2}\left(a\frac{u_n + u_{n-1}}{u_n^2 u_{n-1}^2} - 1\right)\right| \cdot |u_n - u_{n-1}|$$

$$\leqslant \frac{37}{54}|u_n - u_{n-1}| \leqslant \cdots \leqslant \left(\frac{37}{54}\right)^{n-1}|u_2 - u_1|,$$

于是对任意 $p \in \mathbf{N}_+$, 有

$$|u_{n+p} - u_n| \leqslant \sum_{i=1}^{p}|u_{n+i} - u_{n+i-1}| \leqslant \sum_{i=1}^{p}\left(\frac{37}{54}\right)^{n+i-2}|u_2 - u_1|$$

$$< \frac{37}{17} \cdot \left(\frac{37}{54}\right)^{n-2}|u_2 - u_1| \to 0 \quad (n \to \infty),$$

故由柯西收敛准则得数列 $\{u_n\}$ 收敛.

不妨设 $\lim\limits_{n\to\infty} u_n = l$, 则由递推关系式 $u_{n+1} = \dfrac{1}{2}\left(u_n + \dfrac{a}{u_n^2}\right)$ 两边取极限, 得

$$l = \frac{1}{2}\left(l + \frac{a}{l^2}\right),$$

解得 $l = \sqrt[3]{a}$, 即得 $\lim\limits_{n\to\infty} u_n = \sqrt[3]{a}$. 又由递推关系式得

$$u_{n+1} - \sqrt[3]{a} = (u_n - \sqrt[3]{a}) \cdot \frac{u_n^2 - \sqrt[3]{a}u_n - \sqrt[3]{a^2}}{2u_n^2},$$

于是

$$\lim_{n\to\infty} \frac{u_{n+1} - \sqrt[3]{a}}{u_n - \sqrt[3]{a}} = \lim_{n\to\infty} \frac{u_n^2 - \sqrt[3]{a}u_n - \sqrt[3]{a^2}}{2u_n^2} = \frac{1}{2},$$

故由收敛阶的定义, 数列 $\{u_n\}$: $u_{n+1} = \dfrac{1}{2}\left(u_n + \dfrac{a}{u_n^2}\right)$ 一阶收敛于 $\sqrt[3]{a}$.

定理 1.5 设数列 $\{u_n\}$ 满足 $u_1 > 0$, 且 $u_{n+1} = \dfrac{1}{3}\left(ku_n + \dfrac{a(3-k)}{u_n^2}\right)$, $n = 1, 2, \cdots$, 其中 $a > 0$, 实常数 $0 < k < 3$, 则当 $\max\left\{\dfrac{8}{k^2} - 3, 0\right\} < k < 3$ 时, 数列 $\{u_n\}$ 收敛, 且 $\lim\limits_{n\to\infty} u_n = \sqrt[3]{a}$.

特别地, 有

(1) 当且仅当 $k = 2$ 时, 数列 $\{u_n\}$ 二阶收敛于 $\sqrt[3]{a}$, 此时数列 $\{u_n\}$ 为 $u_{n+1} = \dfrac{1}{3}\left(2u_n + \dfrac{a}{u_n^2}\right)$;

(2) 当 $k \neq 2$ 时, 数列 $\{u_n\}$ 一阶收敛于 $\sqrt[3]{a}$.

证明 由 $0 < k < 3$ 及递推关系式 $u_{n+1} = \dfrac{1}{3}\left(ku_n + \dfrac{a(3-k)}{u_n^2}\right)$, $u_1 > 0$, 易知

$$u_n > 0 \quad (n \in \mathbf{N}_+),$$

且有

$$u_{n+1} = \frac{1}{3}\left(\frac{k}{2}u_n + \frac{k}{2}u_n + \frac{a(3-k)}{u_n^2}\right) \geqslant \sqrt[3]{\frac{k^2(3-k)a}{4}}.$$

因为当 $n \geqslant 2$ 时, 有

$$0 < a\frac{u_n + u_{n-1}}{u_n^2 u_{n-1}^2} = \frac{a}{u_n u_{n-1}}\left(\frac{1}{u_{n-1}} + \frac{1}{u_n}\right)$$

$$\leqslant \frac{a}{\left(\sqrt[3]{\dfrac{k^2(3-k)a}{4}}\right)^2} \cdot \frac{2}{\left(\sqrt[3]{\dfrac{k^2(3-k)a}{4}}\right)} = \frac{8}{k^2(3-k)},$$

所以有

$$-1 < -\frac{k}{3} < \frac{1}{3}\left((3-k)a\frac{u_n+u_{n-1}}{u_n^2 u_{n-1}^2} - k\right) < \frac{1}{3}\left(\frac{8}{k^2} - k\right).$$

下面分三种情况考虑:

① 当 $\dfrac{8}{k^2} - k \leqslant 0$, 即 $2 \leqslant k < 3$ 时, 取 $\gamma = \dfrac{k}{3}$;

② 当 $0 < \dfrac{8}{k^2} - k \leqslant k$, 即 $\sqrt[3]{4} \leqslant k < 2$ 时, 取 $\gamma = \dfrac{k}{3}$;

③ 当 $k < \dfrac{8}{k^2} - k < 3$, 即 $8 - 3k^2 < k^3 \leqslant 4$ 时, 取 $\gamma = \dfrac{1}{3}\left(\dfrac{8}{k^2} - k\right)$.

则由上即得

$$\left|\frac{1}{3}\left((3-k)a\frac{u_n+u_{n-1}}{u_n^2 u_{n-1}^2} - k\right)\right| \leqslant \gamma < 1.$$

又由迭代关系式得

$$|u_{n+1} - u_n| = \left|\frac{1}{3}\left((3-k)a\frac{u_n+u_{n-1}}{u_n^2 u_{n-1}^2} - k\right)\right| \cdot |u_n - u_{n-1}|$$

$$\leqslant \gamma |u_n - u_{n-1}| \leqslant \cdots \leqslant \gamma^{n-1}|u_2 - u_1|,$$

于是对任意 $p \in \mathbf{N}_+$, 有

$$|u_{n+p} - u_n| \leqslant \sum_{i=1}^{p}|u_{n+i} - u_{n+i-1}| \leqslant \sum_{i=1}^{p}\gamma^{n+i-2} \cdot |u_2 - u_1|$$

$$< \frac{1}{1-\gamma} \cdot \gamma^{n-1}|u_2 - u_1| \to 0 \quad (n \to \infty),$$

故由柯西收敛准则得数列 $\{u_n\}$ 收敛.

不妨设 $\lim\limits_{n \to \infty} u_n = l$, 则对递推关系式 $u_{n+1} = \dfrac{1}{3}\left(ku_n + \dfrac{a(3-k)}{u_n^2}\right)$ 两边取极限, 得

$$l = \frac{1}{3}\left(kl_n + \frac{a(3-k)}{l^2}\right),$$

解得 $l = \sqrt[3]{a}$, 即得 $\lim\limits_{n \to \infty} u_n = \sqrt[3]{a}$. 又由递推关系式, 有

$$u_{n+1} - \sqrt[3]{a} = \frac{1}{3}\left(ku_n + \frac{a(3-k)}{u_n^2}\right) - \frac{1}{3}\left(k \cdot \sqrt[3]{a} + \frac{a(3-k)}{\sqrt[3]{a^2}}\right)$$

$$= \frac{1}{3}(u_n - \sqrt[3]{a})\left(k - (3-k)\cdot\sqrt[3]{a}\cdot\frac{u_n + \sqrt[3]{u}}{u_n^2}\right)$$

$$= \frac{1}{3}\cdot\frac{ku_n^2 - (3-k)\sqrt[3]{a}u_n - (3-k)\sqrt[3]{a^2}}{u_n^2}(u_n - \sqrt[3]{a}).$$

不妨设

$$ku_n^2 - (3-k)\sqrt[3]{a}u_n - (3-k)\sqrt[3]{a^2} = (u_n - \sqrt[3]{a})(ku_n + p),$$

则比较上式两边对应项的系数, 得

$$\begin{cases} p - k\sqrt[3]{a} = -(3-k)\sqrt[3]{a}, \\ p = (3-k)\sqrt[3]{a}. \end{cases}$$

解得 $k = 2$, $p = \sqrt[3]{a}$. 故

(1) 当且仅当 $k = 2$ 时, 有

$$\lim_{n\to\infty}\frac{u_{n+1} - \sqrt[3]{a}}{(u_n - \sqrt[3]{a})^2} = \lim_{n\to\infty}\frac{2u_n + \sqrt[3]{a}}{3u_n^2} = \frac{1}{\sqrt[3]{a}},$$

此时数列 $\{u_n\}$: $u_{n+1} = \frac{1}{3}\left(2u_n + \frac{a}{u_n^2}\right)$, 它二阶收敛于 $\sqrt[3]{a}$.

(2) 当 $k \neq 2$ 时, 有

$$\lim_{n\to\infty}\frac{u_{n+1} - \sqrt[3]{a}}{u_n - \sqrt[3]{a}} = \lim_{n\to\infty}\frac{ku_n^2 - (3-k)\sqrt[3]{a}u_n - (3-k)\sqrt[3]{a^2}}{3u_n^2} = k - 2 \neq 0,$$

此时数列 $\{u_n\}$ 一阶收敛于 $\sqrt[3]{a}$.

[注记 3] 当取 $k = \dfrac{3}{3 - k_1}$ 时, 定理 1.5 中的迭代数列 $\{u_n\}$ 即为定理 1.4 中的数列 $\{u_n\}$.

特别地, 取 $k = 2$, 则由定理 1.5 有如下推论.

推论 1.2 设数列 $\{u_n\}$ 满足 $u_1 > 0$, 且 $u_{n+1} = \dfrac{1}{3}\left(2u_n + \dfrac{a}{u_n^2}\right)$, $n = 1, 2, \cdots$, 其中 $a > 0$, 则数列 $\{u_n\}$ 二阶收敛于 $\sqrt[3]{a}$.

证法 1 由递推关系式得

$$u_{n+1} - \sqrt[3]{a} = \frac{1}{3u_n^2}\left(u_n - \sqrt[3]{a}\right)^2\left(2u_n + \sqrt[3]{a}\right),$$

而因为 $2u_1 + \sqrt[3]{a} > 0$, 于是 $u_2 \geqslant \sqrt[3]{a}$, 从而有 $u_n \geqslant \sqrt[3]{a}$. 或

$$u_{n+1} = \frac{1}{3}\left(u_n + u_n + \frac{a}{u_n^2}\right) \geqslant \sqrt[3]{u_n\cdot u_n\cdot\frac{a}{u_n^2}} = \sqrt[3]{a}.$$

又因为 $u_{n+1} = \dfrac{1}{3}\left(2u_n + \dfrac{a}{u_n^2}\right) \leqslant \dfrac{1}{3}\left(2u_n + \sqrt[3]{a}\right) \leqslant u_n$, 所以数列 $\{u_n\}$ 单调减少, 从而由单调有界原理知数列 $\{u_n\}$ 收敛.

不妨设 $\lim\limits_{n\to\infty} u_n = b$, 则在递推关系式两边取极限, 得

$$b = \frac{1}{3}\left(2b + \frac{a}{b^2}\right),$$

解得 $b = \sqrt[3]{a}$, 即 $\lim\limits_{n\to\infty} u_n = \sqrt[3]{a}$.

又因为

$$\lim_{n\to\infty} \frac{u_{n+1} - \sqrt[3]{a}}{\left(u_n - \sqrt[3]{a}\right)^2} = \lim_{n\to\infty} \frac{2u_n + \sqrt[3]{a}}{3u_n^2} = \frac{1}{\sqrt[3]{a}},$$

故由收敛阶的定义知, 数列 $\{u_n\}$ 二阶收敛于 $\sqrt[3]{a}$.

证法 2　由递推关系式 $u_{n+1} = \dfrac{1}{3}\left(2u_n + \dfrac{a}{u_n^2}\right)$, $u_1 > 0$, 易知

$$u_n > 0 \quad (n \in \mathbf{N}_+),$$

且有

$$u_{n+1} = \frac{1}{3}\left(u_n + u_n + \frac{a}{u_n^2}\right) \geqslant \sqrt[3]{a}.$$

因为当 $n \geqslant 2$ 时, 有

$$0 < a\frac{u_n + u_{n-1}}{u_n^2 u_{n-1}^2} = \frac{a}{u_n u_{n-1}}\left(\frac{1}{u_{n-1}} + \frac{1}{u_n}\right) \leqslant \frac{a}{\left(\sqrt[3]{a}\right)^2} \cdot \frac{2}{\left(\sqrt[3]{a}\right)} = 2,$$

所以有

$$-\frac{2}{3} < \frac{1}{3}\left(a\frac{u_n + u_{n-1}}{u_n^2 u_{n-1}^2} - 2\right) < 0 < \frac{2}{3},$$

取 $\gamma = \dfrac{2}{3}$, 即得

$$\left|\frac{1}{3}\left(a\frac{u_n + u_{n-1}}{u_n^2 u_{n-1}^2} - 2\right)\right| < \gamma < 1.$$

又由迭代关系式得

$$|u_{n+1} - u_n| = \left|\frac{1}{3}\left(a\frac{u_n + u_{n-1}}{u_n^2 u_{n-1}^2} - 2\right)\right| \cdot |u_n - u_{n-1}|$$
$$< \gamma |u_n - u_{n-1}| < \cdots < \gamma^{n-1} |u_2 - u_1|,$$

于是对任意 $p \in \mathbf{N}_+$, 有

$$|u_{n+p} - u_n| \leqslant \sum_{i=1}^{p} |u_{n+i} - u_{n+i-1}| \leqslant \sum_{i=1}^{p} \gamma^{n+i-2} |u_2 - u_1|$$

$$< \frac{1}{1-\gamma} \cdot \gamma^{n-1} |u_2 - u_1| \to 0 \quad (n \to \infty),$$

故由柯西收敛准则得数列 $\{u_n\}$ 收敛.

不妨设 $\lim\limits_{n\to\infty} u_n = b$, 则在递推关系式两边取极限, 得

$$b = \frac{1}{3}\left(2b + \frac{a}{b^2}\right),$$

解得 $b = \sqrt[3]{a}$, 即 $\lim\limits_{n\to\infty} u_n = \sqrt[3]{a}$.

数列 $\{u_n\}$ 的二阶收敛性证明, 同证法 1.

证法 3 由递推关系式 $u_{n+1} = \frac{1}{3}\left(2u_n + \frac{a}{u_n^2}\right)$, $u_1 > 0$, 易知

$$u_n > 0 \quad (n \in \mathbf{N}_+),$$

且有

$$u_{n+1} = \frac{1}{3}\left(u_n + u_n + \frac{a}{u_n^2}\right) \geqslant \sqrt[3]{a}.$$

因为当 $n \geqslant 2$ 时, 有

$$0 < a\frac{u_n + u_{n-1}}{u_n^2 u_{n-1}^2} = a\frac{\dfrac{1}{3}\left(2u_{n-1} + \dfrac{a}{u_{n-1}^2}\right) + u_{n-1}}{\dfrac{1}{9}\left(2u_{n-1} + \dfrac{a}{u_{n-1}^2}\right)^2 u_{n-1}^2}$$

$$= a\frac{15 + \dfrac{3a}{u_{n-1}^3}}{4u_{n-1}^3 + \dfrac{a^2}{u_{n-1}^3} + 4a} \leqslant a\frac{15 + \dfrac{3a}{a}}{4a + 4a} = \frac{9}{4},$$

所以有

$$-\frac{2}{3} < \frac{1}{3}\left(a\frac{u_n + u_{n-1}}{u_n^2 u_{n-1}^2} - 2\right) < \frac{1}{12} < \frac{2}{3},$$

取 $\gamma = \frac{2}{3}$, 即得

$$\left|\frac{1}{3}\left(a\frac{u_n + u_{n-1}}{u_n^2 u_{n-1}^2} - 2\right)\right| < \gamma < 1.$$

又由迭代关系式得

$$|u_{n+1} - u_n| = \left|\frac{1}{3}\left(a\frac{u_n + u_{n-1}}{u_n^2 u_{n-1}^2} - 2\right)\right| \cdot |u_n - u_{n-1}|$$

$$< \gamma |u_n - u_{n-1}| < \cdots < \gamma^{n-1} |u_2 - u_1|,$$

于是由正项级数的比较判别法知, 级数 $\sum\limits_{n=1}^{\infty} |u_{n+1} - u_n|$ 收敛, 从而级数 $\sum\limits_{n=1}^{\infty}(u_{n+1} -$

$u_n)$ 收敛. 又 $S_n = \sum\limits_{k=1}^{n}(u_{k+1} - u_k) = u_{n+1} - u_1$, 故由级数收敛的定义知数列 $\{u_n\}$

收敛.

不妨设 $\lim\limits_{n\to\infty} u_n = b$, 则在递推关系式两边取极限, 得

$$b = \frac{1}{3}\left(2b + \frac{a}{b^2}\right),$$

解得 $b = \sqrt[3]{a}$, 即 $\lim\limits_{n\to\infty} u_n = \sqrt[3]{a}$.

数列 $\{u_n\}$ 的二阶收敛性证明, 同证法 1.

下面再探讨三阶收敛于 $\sqrt[3]{a}$ 的迭代数列 $\{u_n\}$ 的构造方法.

令

$$\left(\frac{u_n - \sqrt[3]{a}}{\sqrt[3]{a}}\right)^4 + k_1\left(\frac{u_n - \sqrt[3]{a}}{\sqrt[3]{a}}\right)^3 + k_2\left(\frac{u_n - \sqrt[3]{a}}{\sqrt[3]{a}}\right)^2 + k_3\frac{u_n - \sqrt[3]{a}}{\sqrt[3]{a}} \approx 0,$$

其中 k_1, k_2, k_3 为实常数, $|k_3| \leqslant 1$. 经化简整理得

$$u_n^4 + \sqrt[3]{a}[u_n^3(-4 + k_1) + a(1 - k_1 + k_2 - k_3)] + \sqrt[3]{a^2}(6 - 3k_1 + k_2)u_n^2$$
$$+ a(-4 + 3k_1 - 2k_2 + k_3)u_n \approx 0,$$

注意到上式左边 u_n^2 的系数中含有因子 $\sqrt[3]{a^2}$, 为了构造收敛于 $\sqrt[3]{a}$ 的迭代数列, 不妨令

$$6 - 3k_1 + k_2 = 0,$$

则得

$$\sqrt[3]{a} \approx \frac{u_n^4 + a(-4 + 3k_1 - 2k_2 + k_3)u_n}{(4 - k_1)u_n^3 + a(k_1 + k_3 - k_2 - 1)} = \frac{u_n^4 + a(8 - 3k_1 + k_3)u_n}{(4 - k_1)u_n^3 + a(5 - 2k_1 + k_3)},$$

于是令

$$u_{n+1} = \frac{u_n^4 + a(8 - 3k_1 + k_3)u_n}{(4 - k_1)u_n^3 + a(5 - 2k_1 + k_3)},$$

即得计算 $\sqrt[3]{a}$ 的迭代数列 $\{u_n\}$.

为了使迭代数列 $\{u_n\}$ 收敛于 $\sqrt[3]{a}$, 须使 $u_n > 0$, 而这只需使

$$4 - k_1 > 0, \quad 8 - 3k_1 + k_3 \geqslant 0, \quad 5 - 2k_1 + k_3 \geqslant 0.$$

特别地, 取 $k_1 = 2$, $k_3 = -1$, 即得迭代数列 $\{u_n\}$:

$$u_{n+1} = \frac{u_n^4 + au_n}{2u_n^3} = \frac{1}{2}\left(u_n + \frac{a}{u_n^2}\right),$$

此即为本章前面所给出的收敛于 $\sqrt[3]{a}$ 的典型迭代数列.

以下主要探讨如何构造三阶收敛于 $\sqrt[3]{a}$ 的迭代数列 $\{u_n\}$.

为了使上述构造所得到的迭代数列 $\{u_n\}$:

$$u_{n+1} = \frac{u_n^4 + a(8 - 3k_1 + k_3)u_n}{(4 - k_1)u_n^3 + a(5 - 2k_1 + k_3)}$$

三阶收敛于 $\sqrt[3]{a}$, 须使

$$\lim_{n\to\infty} \frac{u_{n+1} - \sqrt[3]{a}}{\left(u_n - \sqrt[3]{a}\right)^3} = C \neq 0.$$

于是要求满足

$$\begin{aligned}
u_{n+1} - \sqrt[3]{a} &= \frac{u_n^4 + a(8 - 3k_1 + k_3)u_n}{(4 - k_1)u_n^3 + a(5 - 2k_1 + k_3)} - \sqrt[3]{a} \\
&= \frac{u_n^4 + a(8 - 3k_1 + k_3)u_n - (4 - k_1)\sqrt[3]{a}u_n^3 - a\sqrt[3]{a}(5 - 2k_1 + k_3)}{(4 - k_1)u_n^3 + a(5 - 2k_1 + k_3)} \\
&= \frac{(u_n - \sqrt[3]{a})^3(u_n + t)}{(4 - k_1)u_n^3 + a(5 - 2k_1 + k_3)},
\end{aligned}$$

即满足

$$u_n^4 + a(8 - 3k_1 + k_3)u_n - (4 - k_1)\sqrt[3]{a}u_n^3 - a\sqrt[3]{a}(5 - 2k_1 + k_3) = \left(u_n - \sqrt[3]{a}\right)^3 (u_n + t).$$

为此, 首先, 令

$$\begin{aligned}
&u_n^4 + a(8 - 3k_1 + k_3)u_n - (4 - k_1)\sqrt[3]{a}u_n^3 - a\sqrt[3]{a}(5 - 2k_1 + k_3) \\
&= (u_n - \sqrt[3]{a}) \cdot [u_n^3 + pu_n^2 + qu_n + a(5 - 2k_1 + k_3)],
\end{aligned}$$

比较上式两边对应项的系数, 得

$$\begin{cases}
p - \sqrt[3]{a} = -(4 - k_1)\sqrt[3]{a}, \\
q - p\sqrt[3]{a} = 0, \\
a(5 - 2k_1 + k_3) - q\sqrt[3]{a} = a(8 - 3k_1 + k_3).
\end{cases}$$

解得

$$p = (k_1 - 3)\sqrt[3]{a}, \quad q = (k_1 - 3)\sqrt[3]{a^2}.$$

即得迭代数列 $\{u_n\}$ 满足

$$u_{n+1} - \sqrt[3]{a} = (u_n - \sqrt[3]{a}) \cdot \frac{u_n^3 + (k_1 - 3)\sqrt[3]{a}u_n^2 + (k_1 - 3)\sqrt[3]{a^2}u_n + a(5 - 2k_1 + k_3)}{(4 - k_1)u_n^3 + a(5 - 2k_1 + k_3)}.$$

其次, 为了提高迭代数列 $\{u_n\}$ 的收敛阶, 再令

$$u_n^3 + (k_1 - 3)\sqrt[3]{a}u_n^2 + (k_1 - 3)\sqrt[3]{a^2}u_n + a(5 - 2k_1 + k_3)$$
$$= (u_n - \sqrt[3]{a})(u_n^2 + su_n - \sqrt[3]{a^2}(5 - 2k_1 + k_3)),$$

比较上式两边对应项的系数, 得

$$\begin{cases} s - \sqrt[3]{a} = (k_1 - 3)\sqrt[3]{a}, \\ (5 - 2k_1 + k_3)\sqrt[3]{a^2} + s\sqrt[3]{a} = (3 - k_1)\sqrt[3]{a^2}. \end{cases}$$

解得

$$s = (k_1 - 2)\sqrt[3]{a}, \quad k_3 = 0.$$

此时得迭代数列 $\{u_n\}$:

$$u_{n+1} = \frac{u_n^4 + a(8 - 3k_1)u_n}{(4 - k_1)u_n^3 + a(5 - 2k_1)},$$

它满足

$$u_{n+1} - \sqrt[3]{a} = (u_n - \sqrt[3]{a})^2 \cdot \frac{u_n^2 + (k_1 - 2)\sqrt[3]{a}u_n - \sqrt[3]{a^2}(5 - 2k_1)}{(4 - k_1)u_n^3 + a(5 - 2k_1)}.$$

为了使 $u_n > 0$, 只需使

$$4 - k_1 > 0, \quad 8 - 3k_1 \geqslant 0, \quad 5 - 2k_1 \geqslant 0,$$

同时成立, 解得 $k_1 \leqslant \dfrac{5}{2}$.

特别地, 取 $5 - 2k_1 = 0$, 即 $k_1 = \dfrac{5}{2}$, 则迭代数列 $\{u_n\}$ 为

$$u_{n+1} = \frac{2u_n^3 + a}{3u_n^2} = \frac{1}{3}\left(2u_n + \frac{a}{u_n^2}\right),$$

此即为推论 1.2 中的数列.

然后, 为了使迭代数列 $\{u_n\}$ 三阶收敛于 $\sqrt[3]{a}$, 再令

$$u_n^2 + (k_1 - 2)\sqrt[3]{a}u_n - (5 - 2k_1)\sqrt[3]{a^2} = (u_n - \sqrt[3]{a})(u_n + t),$$

比较上式两边对应项的系数, 得

$$\begin{cases} t - \sqrt[3]{a} = (k_1 - 2)\sqrt[3]{a}, \\ t = (5 - 2k_1)\sqrt[3]{a}. \end{cases}$$

于是得

$$t = (k_1 - 1)\sqrt[3]{a}, \quad k_1 - 1 = 5 - 2k_1,$$

解得

$$k_1 = 2, \quad t = \sqrt[3]{a}.$$

故得到迭代数列 $\{u_n\}$:

$$u_{n+1} = \frac{u_n^4 + 2au_n}{2u_n^3 + a},$$

它满足

$$u_{n+1} - \sqrt[3]{a} = \frac{\left(u_n - \sqrt[3]{a}\right)^3 \left(u_n + \sqrt[3]{a}\right)}{2u_n^3 + a}.$$

关于该迭代数列的收敛性, 有如下结论.

定理 1.6 设数列 $\{u_n\}$ 满足 $u_1 > 0$, 且 $u_{n+1} = \dfrac{u_n^4 + 2au_n}{2u_n^3 + a}$, $n = 1, 2, \cdots$, 其中 $a > 0$, 则数列 $\{u_n\}$ 三阶收敛于 $\sqrt[3]{a}$.

证明 由已知递推关系式 $u_{n+1} = \dfrac{u_n^4 + 2au_n}{2u_n^3 + a}$, 易知

$$u_n > 0 \quad (n \in \mathbf{N}_+),$$

$$u_{n+1} - \sqrt[3]{a} = \frac{\left(u_n - \sqrt[3]{a}\right)^3 \left(u_n + \sqrt[3]{a}\right)}{2u_n^3 + a},$$

且

$$u_{n+1} - u_n = \frac{u_n^4 + 2au_n}{2u_n^3 + a} - u_n = \frac{-u_n(u_n^3 - a)}{2u_n^3 + a},$$

于是有

(i) 若 $0 < u_1 < \sqrt[3]{a}$, 则 $0 < u_2 < \sqrt[3]{a}$, 由数学归纳法及上式得 $0 < u_n < \sqrt[3]{a}$ $(n = 1, 2, \cdots)$, 且数列 $\{u_n\}$ 单调增加;

(ii) 若 $u_1 \geqslant \sqrt[3]{a}$, 则 $u_2 \geqslant \sqrt[3]{a}$, 由数学归纳法及上式得 $u_n \geqslant \sqrt[3]{a}$ $(n = 1, 2, \cdots)$, 且数列 $\{u_n\}$ 单调减少.

故由单调有界原理知数列 $\{u_n\}$ 收敛.

不妨设 $\lim\limits_{n\to\infty} u_n = l$, 则在递推关系式 $u_{n+1} = \dfrac{u_n^4 + 2au_n}{2u_n^3 + a}$ 两边取极限, 得

$$l = \frac{l^4 + 2al}{2l^3 + a},$$

解得 $l = \sqrt[3]{a}$, 即 $\lim\limits_{n\to\infty} u_n = \sqrt[3]{a}$.

又因为

$$\lim_{n\to\infty} \frac{u_{n+1} - \sqrt[3]{a}}{(u_n - \sqrt[3]{a})^3} = \lim_{n\to\infty} \frac{u_n + \sqrt[3]{a}}{2u_n^3 + a} = \frac{2}{3\sqrt[3]{a^2}} > 0,$$

故数列 $\{u_n\}$ 三阶收敛于 $\sqrt[3]{a}$.

1.4　问题的拓展

利用牛顿切线法可构造收敛于 $\sqrt[m]{a}$ 的一个迭代数列 $\{u_n\}$:

$$u_{n+1} = \frac{1}{m}\left[(m-1)u_n + \frac{a}{u_n^{m-1}}\right],$$

其中 $m > 1$, $u_1 > 0$.

下面, 我们将上述收敛于 $\sqrt{a}$ 和 $\sqrt[3]{a}$ 的一类迭代数列的构造思想进行推广, 探讨收敛于 $\sqrt[m]{a}(m > 3)$ 的一类迭代数列的构造问题. 例如, 当 $m = 4$ 时, 考虑收敛于 $\sqrt[4]{a}$ 的一类迭代数列的构造问题.

令

$$\left(\frac{u_n - \sqrt[4]{a}}{\sqrt[4]{a}}\right)^4 + k_1\left(\frac{u_n - \sqrt[4]{a}}{\sqrt[4]{a}}\right)^3 + k_2\left(\frac{u_n - \sqrt[4]{a}}{\sqrt[4]{a}}\right)^2 + k_3\frac{u_n - \sqrt[4]{a}}{\sqrt[4]{a}} \approx 0,$$

其中 k_1, k_2, k_3 为实常数, $|k_3| < 1$. 化简整理得

$$u_n^4 + (k_1 - 4)\sqrt[4]{a}u_n^3 + (6 - 3k_1 + k_2)\sqrt[4]{a^2}u_n^2 + (-4 + 3k_1 - 2k_2 + k_3)\sqrt[4]{a^3}u_n$$
$$+ a(1 - k_1 + k_2 - k_3) \approx 0,$$

注意到上式左边 u_n^2 和 u_n 的系数中分别含有因子 $\sqrt[4]{a^2}$ 和 $\sqrt[4]{a^3}$, 为了构造收敛于 $\sqrt[4]{a}$ 的迭代数列, 不妨令

$$6 - 3k_1 + k_2 = 0 \quad \text{且} \quad -4 + 3k_1 - 2k_2 + k_3 = 0,$$

则得

$$k_1 = \frac{8 + k_3}{3}, \quad k_2 = 2 + k_3,$$

代入上式, 整理得

$$3u_n^4 + (k_3 - 4)\sqrt[4]{a}u_n^3 + a(1 - k_3) \approx 0,$$

即得

$$\sqrt[4]{a} \approx \frac{3u_n^4 + a(1 - k_3)}{(4 - k_3)u_n^3},$$

于是令

$$u_{n+1} = \frac{3u_n^4 + a(1 - k_3)}{(4 - k_3)u_n^3},$$

即得计算 $\sqrt[4]{a}$ 的一类迭代数列 $\{u_n\}$.

为了使迭代数列 $\{u_n\}$ 收敛于 $\sqrt[4]{a}$, 须使 $u_n > 0$, 而这只需使

$$4 - k_3 > 0, \quad 1 - k_3 > 0,$$

同时成立, 因此取 $k_3 < 1$ 即可.

下面研究上述所构造的迭代数列 $\{u_n\}$ 的收敛性及收敛阶.

为了使所构造的迭代数列 $\{u_n\}$ 收敛于 $\sqrt[4]{a}$, 须使

$$u_{n+1} - \sqrt[4]{a} = \frac{3u_n^4 + a(1 - k_3)}{(4 - k_3)u_n^3} - \sqrt[4]{a} = \frac{3u_n^4 - (4 - k_3)\sqrt[4]{a}u_n^3 + a(1 - k_3)}{(4 - k_3)u_n^3}$$

$$= \frac{(u_n - \sqrt[4]{a}) \cdot \left[3u_n^3 + pu_n^2 + qu_n - (1 - k_3)\sqrt[4]{a^3}\right]}{(4 - k_3)u_n^3},$$

即满足

$$3u_n^4 - (4 - k_3)\sqrt[4]{a}u_n^3 + a(1 - k_3) = (u_n - \sqrt[4]{a}) \cdot \left[3u_n^3 + pu_n^2 + qu_n - (1 - k_3)\sqrt[4]{a^3}\right],$$

比较上式两边对应项的系数, 得

$$\begin{cases} p - 3\sqrt[4]{a} = -(4 - k_3)\sqrt[4]{a}, \\ q - p\sqrt[4]{a} = 0, \\ -(1 - k_3)\sqrt[4]{a^3} - q\sqrt[4]{a} = 0. \end{cases}$$

解得

$$p = (k_3 - 1)\sqrt[4]{a}, \quad q = (k_3 - 1)\sqrt[4]{a^2}.$$

此时迭代数列 $\{u_n\}$ 满足

$$u_{n+1} - \sqrt[4]{a} = \frac{(u_n - \sqrt[4]{a}) \cdot \left[3u_n^3 + (k_3 - 1)\sqrt[4]{a}u_n^2 + (k_3 - 1)\sqrt[4]{a^2}u_n - (1 - k_3)\sqrt[4]{a^3}\right]}{(4 - k_3)u_n^3}.$$

为了提高迭代数列 $\{u_n\}$ 的收敛阶, 再令

$$3u_n^3 + (k_3 - 1)\sqrt[4]{a}u_n^2 + (k_3 - 1)\sqrt[4]{a^2}u_n - (1 - k_3)\sqrt[4]{a^3}$$
$$= (u_n - \sqrt[4]{a})[3u_n^2 + su_n + (1 - k_3)\sqrt[4]{a^2}],$$

比较上式两边对应项的系数, 得

$$\begin{cases} s - 3\sqrt[4]{a} = (k_3 - 1)\sqrt[4]{a}, \\ (1 - k_3)\sqrt[4]{a^2} - s\sqrt[4]{a} = (k_3 - 1)\sqrt[4]{a^2}. \end{cases}$$

于是得

$$s = (k_3 + 2)\sqrt[4]{a} = (2 - 2k_3)\sqrt[4]{a},$$

解得

$$k_3 = 0, \quad s = 2\sqrt[4]{a}.$$

故得到迭代数列 $\{u_n\}$:

$$u_{n+1} = \frac{3u_n^4 + a}{4u_n^3},$$

它满足

$$u_{n+1} - \sqrt[4]{a} = \frac{(u_n - \sqrt[4]{a})^2 \left[(u_n + \sqrt[4]{a})^2 + 2u_n^2\right]}{4u_n^3}.$$

关于该迭代数列的收敛性, 有如下结论.

定理 1.7　设数列 $\{u_n\}$ 满足 $u_1 > 0$, 且 $u_{n+1} = \dfrac{3u_n^4 + a}{4u_n^3}$ $(n = 1, 2, \cdots)$, 其中 $a > 0$, 则数列 $\{u_n\}$ 二阶收敛于 $\sqrt[4]{a}$.

证明　由已知递推关系式 $u_{n+1} = \dfrac{3u_n^4 + a}{4u_n^3}$, 易知

$$u_n > 0 \quad (n \in \mathbf{N}_+),$$

$$u_{n+1} - \sqrt[4]{a} = \frac{(u_n - \sqrt[4]{a})^2 \left(3u_n^2 + 2\sqrt[4]{a}u_n + \sqrt[4]{a^2}\right)}{4u_n^3}$$
$$= \frac{(u_n - \sqrt[4]{a})^2 \left[(u_n + \sqrt[4]{a})^2 + 2u_n^2\right]}{4u_n^3},$$

且

$$u_{n+1} - u_n = \frac{3u_n^4 + a}{4u_n^3} - u_n = -\frac{u_n^4 - a}{4u_n^3},$$

于是得 $u_n \geqslant \sqrt[4]{a}(n=1,2,\cdots)$, 且数列 $\{u_n\}$ 单调减少, 从而由单调有界原理知 $\{u_n\}$ 收敛.

不妨设 $\lim\limits_{n\to\infty} u_n = l$, 则在递推关系式 $u_{n+1} = \dfrac{3u_n^4 + a}{4u_n^3}$ 两边取极限, 得

$$l = \frac{3l^4 + a}{4l^3},$$

解得 $l = \sqrt[4]{a}$, 即 $\lim\limits_{n\to\infty} u_n = \sqrt[4]{a}$.

又因为

$$\lim_{n\to\infty} \frac{u_{n+1} - \sqrt[4]{a}}{(u_n - \sqrt[4]{a})^2} = \lim_{n\to\infty} \frac{3u_n^2 + 2\sqrt[4]{a}u_n + \sqrt[4]{a^2}}{4u_n^3} = \frac{3}{2\sqrt[4]{a}} > 0,$$

故数列 $\{u_n\}$ 二阶收敛于 $\sqrt[4]{a}$.

下面继续研究三阶收敛于 $\sqrt[4]{a}$ 的迭代数列 $\{u_n\}$ 的构造问题.

令

$$\left(\frac{u_n - \sqrt[4]{a}}{\sqrt[4]{a}}\right)^5 + k_1 \left(\frac{u_n - \sqrt[4]{a}}{\sqrt[4]{a}}\right)^4 + k_2 \left(\frac{u_n - \sqrt[4]{a}}{\sqrt[4]{a}}\right)^3$$

$$+ k_3 \left(\frac{u_n - \sqrt[4]{a}}{\sqrt[4]{a}}\right)^2 + k_4 \frac{u_n - \sqrt[4]{a}}{\sqrt[4]{a}} \approx 0,$$

其中 k_1, k_2, k_3, k_4 为实常数, $|k_4| < 1$. 化简整理得

$$u_n^5 + (k_1 - 5)\sqrt[4]{a}u_n^4 + (10 - 4k_1 + k_2)\sqrt[4]{a^2}u_n^3 + (-10 + 6k_1 - 3k_2 + k_3)\sqrt[4]{a^3}u_n^2$$

$$+ (5 - 4k_1 + 3k_2 - 2k_3 + k_4)au_n - (1 - k_1 + k_2 - k_3 + k_4)a\sqrt[4]{a} \approx 0,$$

注意到上式左边 u_n^3 和 u_n^2 的系数中分别含有因子 $\sqrt[4]{a^2}$ 及 $\sqrt[4]{a^3}$, 为了构造收敛于 $\sqrt[4]{a}$ 的迭代数列, 不妨令

$$\begin{cases} 10 - 4k_1 + k_2 = 0, \\ -10 + 6k_1 - 3k_2 + k_3 = 0. \end{cases}$$

解得

$$k_1 = \frac{20 + k_3}{6}, \quad k_2 = \frac{10 + 2k_3}{3},$$

代入上式, 得

$$u_n^5 + \frac{k_3 - 10}{6}\sqrt[4]{a}u_n^4 + \left(\frac{-2k_3 + 5}{3} + k_4\right)au_n - \left(\frac{2 - k_3}{2} + k_4\right)a\sqrt[4]{a} \approx 0,$$

整理即得

$$\sqrt[4]{a} \approx \frac{u_n^5 + \left(\dfrac{-2k_3 + 5}{3} + k_4\right) a u_n}{\dfrac{10 - k_3}{6} u_n^4 + \left(\dfrac{2 - k_3}{2} + k_4\right) a} = \frac{6u_n^5 + (10 - 4k_3 + 6k_4) a u_n}{(10 - k_3) u_n^4 + (6 - 3k_3 + 6k_4) a},$$

于是令

$$u_{n+1} = \frac{6u_n^5 + (10 - 4k_3 + 6k_4) a u_n}{(10 - k_3) u_n^4 + (6 - 3k_3 + 6k_4) a},$$

即得计算 $\sqrt[4]{a}$ 的一类迭代数列 $\{u_n\}$.

为了使迭代数列 $\{u_n\}$ 收敛于 $\sqrt[4]{a}$, 须使 $u_n > 0$, 而这只需使

$$10 - k_3 > 0, \quad 10 - 4k_3 + 6k_4 \geqslant 0, \quad 6 - 3k_3 + 6k_4 \geqslant 0.$$

下面继续研究上述构造的迭代数列 $\{u_n\}$ 的收敛性及收敛阶.

注意到

$$u_{n+1} - \sqrt[4]{a}$$

$$= \frac{6u_n^5 + (10 - 4k_3 + 6k_4) a u_n}{(10 - k_3) u_n^4 + (6 - 3k_3 + 6k_4) a} - \sqrt[4]{a}$$

$$= \frac{6u_n^5 + (10 - 4k_3 + 6k_4) a u_n - (10 - k_3) \sqrt[4]{a} u_n^4 - (6 - 3k_3 + 6k_4) a \sqrt[4]{a}}{(10 - k_3) u_n^4 + (6 - 3k_3 + 6k_4) a},$$

为了使所构造的迭代数列 $\{u_n\}$ 收敛于 $\sqrt[4]{a}$, 须使

$$6u_n^5 + (10 - 4k_3 + 6k_4) a u_n - (10 - k_3) \sqrt[4]{a} u_n^4 - (6 - 3k_3 + 6k_4) a \sqrt[4]{a}$$
$$= (u_n - \sqrt[4]{a}) \cdot [6u_n^4 + p u_n^3 + q u_n^2 + s u_n + a(6 - 3k_3 + 6k_4)],$$

比较上式两边对应项的系数, 得

$$\begin{cases} p - 6\sqrt[4]{a} = -(10 - k_3)\sqrt[4]{a}, \\ q - p\sqrt[4]{a} = 0, \\ s - q\sqrt[4]{a} = 0, \\ a(6 - 3k_3 + 6k_4) - s\sqrt[4]{a} = (10 - 4k_3 + 6k_4)a. \end{cases}$$

解得

$$p = (k_3 - 4)\sqrt[4]{a}, \quad q = (k_3 - 4)\sqrt[4]{a^2}, \quad s = (k_3 - 4)\sqrt[4]{a^3}.$$

其次, 为了使迭代数列 $\{u_n\}$ 二阶收敛于 $\sqrt[4]{a}$, 令

$$6u_n^4 + (k_3 - 4)\sqrt[4]{a}u_n^3 + (k_3 - 4)\sqrt[4]{a^2}u_n^2 + (k_3 - 4)\sqrt[4]{a^3}u_n + a(6 - 3k_3 + 6k_4)$$

$$= (u_n - \sqrt[4]{a}) \cdot \left[6u_n^3 + p_1 u_n^2 + q_1 u_n - (6 - 3k_3 + 6k_4)\sqrt[4]{a^3}\right],$$

比较上式两边对应项的系数, 得

$$\begin{cases} p_1 - 6\sqrt[4]{a} = (k_3 - 4)\sqrt[4]{a}, \\ q_1 - p_1\sqrt[4]{a} = (k_3 - 4)\sqrt[4]{a^2}, \\ -(6 - 3k_3 + 6k_4)\sqrt[4]{a^3} - q_1\sqrt[4]{a} = (k_3 - 4)\sqrt[4]{a^3}. \end{cases}$$

解得

$$p_1 = (k_3 + 2)\sqrt[4]{a}, \quad q_1 = (2k_3 - 2)\sqrt[4]{a^2}, \quad k_4 = 0.$$

此时迭代数列 $\{u_n\}$ 为

$$u_{n+1} = \frac{6u_n^5 + (10 - 4k_3)au_n}{(10 - k_3)u_n^4 + (6 - 3k_3)a}.$$

为了使 $u_n > 0$, 须使

$$10 - k_3 > 0, \quad 10 - 4k_3 \geqslant 0, \quad 6 - 3k_3 \geqslant 0,$$

因而取 $k_3 \leqslant 2$ 即可.

特别地, 取 $k_3 = 2$, 则迭代数列 $\{u_n\}$ 为 $u_{n+1} = \dfrac{3u_n^4 + a}{4u_n^3}$, 此即为定理 1.7 中的迭代数列, 它二阶收敛于 $\sqrt[4]{a}$.

进一步地, 为了使迭代数列 $\{u_n\}$ 三阶收敛于 $\sqrt[4]{a}$, 再令

$$6u_n^3 + (k_3 + 2)\sqrt[4]{a}u_n^2 + (2k_3 - 2)\sqrt[4]{a^2}u_n - (6 - 3k_3)\sqrt[4]{a^3}$$

$$= (u_n - \sqrt[4]{a}) \cdot \left[6u_n^2 + s_1 u_n + (6 - 3k_3)\sqrt[4]{a^2}\right],$$

比较上式两边对应项的系数, 得

$$\begin{cases} s_1 - 6\sqrt[4]{a} = (k_3 + 2)\sqrt[4]{a}, \\ (6 - 3k_3)\sqrt[4]{a^2} - s_1\sqrt[4]{a} = (2k_3 - 2)\sqrt[4]{a^2}. \end{cases}$$

即得

$$s_1 = (k_3 + 8)\sqrt[4]{a}, \quad 6 - 3k_3 - (k_3 + 8) = 2k_3 - 2,$$

解得 $k_3 = 0$, $s_1 = 8\sqrt[4]{a}$.

此时得到迭代数列 $\{u_n\}$: $u_{n+1} = \dfrac{3u_n^5 + 5au_n}{5u_n^4 + 3a}$, 它满足

$$u_{n+1} - \sqrt[4]{a} = \frac{(u_n - \sqrt[4]{a})^3 \left(6u_n^2 + 8\sqrt[4]{a}u_n + 6\sqrt[4]{a^2}\right)}{10u_n^4 + 6a}$$

$$= \frac{(u_n - \sqrt[4]{a})^3 \cdot \left[6\left(u_n + \dfrac{2}{3}\sqrt[4]{a}\right)^2 + \dfrac{10}{3}\sqrt[4]{a^2}\right]}{10u_n^4 + 6a}.$$

由上述关于迭代数列收敛性的讨论, 可得如下结论.

定理 1.8　设数列 $\{u_n\}$ 满足 $u_1 > 0$, 且 $u_{n+1} = \dfrac{3u_n^5 + 5au_n}{5u_n^4 + 3a}$, $n = 1, 2, \cdots$, 其中 $a > 0$, 则数列 $\{u_n\}$ 三阶收敛于 $\sqrt[4]{a}$.

证明　由已知递推关系式 $u_{n+1} = \dfrac{3u_n^5 + 5au_n}{5u_n^4 + 3a}$, 易知

$$u_n > 0 \quad (n \in \mathbf{N}_+),$$

$$u_{n+1} - \sqrt[4]{a} = \frac{(u_n - \sqrt[4]{a})^3 \cdot \left[6\left(u_n + \dfrac{2}{3}\sqrt[4]{a}\right)^2 + \dfrac{10}{3}\sqrt[4]{a^2}\right]}{10u_n^4 + 6a},$$

且

$$u_{n+1} - u_n = \frac{3u_n^5 + 5au_n}{5u_n^4 + 3a} - u_n = -\frac{2u_n(u_n^4 - a)}{5u_n^4 + 3a},$$

于是有

(i) 若 $0 < u_1 < \sqrt[4]{a}$, 则 $0 < u_2 < \sqrt[4]{a}$, 由数学归纳法及上式得 $0 < u_n < \sqrt[4]{a}$ $(n = 1, 2, \cdots)$, 且数列 $\{u_n\}$ 单调增加;

(ii) 若 $u_1 \geqslant \sqrt[4]{a}$, 则 $u_2 \geqslant \sqrt[4]{a}$, 由数学归纳法及上式得 $u_n \geqslant \sqrt[4]{a}$ $(n = 1, 2, \cdots)$, 且数列 $\{u_n\}$ 单调减少.

从而, 由单调有界原理知, 数列 $\{u_n\}$ 收敛.

不妨设 $\lim\limits_{n \to \infty} u_n = l$, 则在递推关系式 $u_{n+1} = \dfrac{3u_n^5 + 5au_n}{5u_n^4 + 3a}$ 两边取极限, 得

$$l = \frac{3l^5 + 5al}{5l^4 + 3a},$$

解得 $l = \sqrt[4]{a}$, 即 $\lim\limits_{n \to \infty} u_n = \sqrt[4]{a}$. 又

$$\lim_{n \to \infty} \frac{u_{n+1} - \sqrt[4]{a}}{(u_n - \sqrt[4]{a})^3} = \lim_{n \to \infty} \frac{6u_n^2 + 8\sqrt[4]{a}u_n + 6\sqrt[4]{a^2}}{10u_n^4 + 6a} = \frac{5}{4\sqrt[4]{a^2}} > 0,$$

故数列 $\{u_n\}$ 三阶收敛于 $\sqrt[3]{a}$.

类似地, 还可构造四阶及以上阶收敛于 $\sqrt[3]{a}$ 的迭代数列 $\{u_n\}$, 此处略.

1.5　小　　结

本章提出的构造一类收敛的迭代数列的思想, 理论上可推广用于构造更高阶收敛于 $\sqrt[m]{a}(a > 0)$ 的迭代数列 $\{u_n\}$, 并可进行理论分析和证明. 该方法不失为一种生成迭代数列的新方法. 该方法是否可以推广应用于其他类型迭代数列的构造, 有待进一步探索.

第 2 章 含中介值微分等式证明题的构造新策略

C HAPTER

2.1 引 言

众所周知, 含中介值微分等式证明问题是微积分学中的一类重要问题. 现有的文献主要是给出含中介值微分等式证明题的一些常用证明方法, 而没有涉及如何编制和构造生成含中介值的微分等式证明题.

本章主要探究如何构造生成新的含中介值微分等式的证明题. 注意到包含余项的数值微分公式实际上就是一个含中介值的微分等式, 因此可考虑通过构造和生成新的数值微分公式的方法来达到编制和构造生成含中介值微分等式证明题的目的.

本章主要内容包括: 首先引入数值微分公式代数精度的概念, 并利用它结合插值理论, 给出几个主要结论; 其次提出两种构造新的含中介值微分等式证明题的新策略, 一方面给出几个低阶数值微分公式的重构生成过程, 另一方面给出一系列实例, 以低阶的数值微分公式为基本的构筑模块, 演示新的含中介值微分等式证明题的构造生成过程.

2.2 几个主要结论

下面首先给出有关数值微分公式的几个概念.

定义 2.1 设有节点 $a = x_0 < x_1 < x_2 < \cdots < x_{n-1} < x_n = b$, 函数 $f(x)$ 在闭区间 $[a, b]$ 上具有 m 阶导数, $J(f; a, b)$ 为函数 $f(x)$ 在节点处的函数值及其各阶导数值的线性表达式, 称形如 $f^{(l)}(x_j) \approx J(f; a, b)$ 的表达式为数值微分公式, 其中 $l \in \{0, 1, 2, \cdots, m\}$, $j \in \{0, 1, 2, \cdots, n\}$. 特别地, $f^{(0)}(x_j) = f(x_j)$.

类似于数值积分方法, 数值微分方法也是一种近似方法. 为使其具有较高的精度, 我们希望数值微分公式能对 "尽可能多" 的函数精确成立, 为此将数值积分公式代数精度的概念进行推广, 提出数值微分公式的代数精度的概念.

定义 2.2[6] 如果某个数值微分公式对于次数不超过 m 的多项式均能准确地成立, 但对 $m + 1$ 次多项式不准确成立, 则称该数值微分公式的代数精度为 m.

一般地, 如果分别取函数 $f(x) = 1, x, x^2, \cdots, x^m$ 时, 都能使得数值微分公式精确成立 (即等式成立), 但取 $f(x) = x^{m+1}$ 时, 数值微分公式不精确成立, 则该数值微分公式的代数精度为 m.

由埃尔米特 (Hermite) 插值理论及重节点差商理论 [7-8], 有

引理 2.1 设函数 $f(x)$ 在 $[a,b]$ 上 $n+k+1$ 阶可导, $k \in \mathbf{N}_+$, 且含有 $n+k$ 个节点 $x_0,x_1,x_2,\cdots,x_{n+k-1} \in [a,b]$(其中节点可相重), 则有

(1) 对于 $\forall x \in [a,b]$, $\dfrac{f^{(n+k)}(\xi_x)}{(n+k)!} = f[x_0,x_1,\cdots,x_{n+k-1},x]$, 其中 $\xi_x \in (a,b)$ 且依赖于 x;

(2) $\dfrac{\mathrm{d}}{\mathrm{d}x}\left\{\dfrac{f^{(n+k)}(\xi_x)}{(n+k)!}\right\} = \dfrac{f^{(n+k+1)}(\xi_k)}{(n+k+1)!}$, 其中 ξ_k 介于 $x_0,x_1,x_2,\cdots,x_{n+k-1},x$ 之间.

证明 (1) 若节点 $x_0,x_1,x_2,\cdots,x_{n+k-1}$ 互异, 则由拉格朗日插值多项式和牛顿插值多项式的余项比较, 即得

$$\forall x \in [a,b], \quad \frac{f^{(n+k)}(\xi_x)}{(n+k)!} = f[x_0,x_1,\cdots,x_{n+k-1},x].$$

若节点 $x_0,x_1,x_2,\cdots,x_{n+k-1}$ 中有重点, 不妨设仅含有 l 个互异的节点 $x_0,x_1,\cdots,x_l$, 其中 $x_0(m_0$ 重), $x_1(m_1$ 重), $\cdots$, $x_l(m_l$ 重), $\displaystyle\sum_{i=0}^{l} m_i = n+k$.

记 $f(x)$ 在节点 $x_0,x_1,\cdots,x_l$ 处分别具有 m_0 重, m_1 重, $\cdots$, m_l 重的 $n+k$ 阶差商为 $f[\underbrace{x_0,x_0,\cdots,x_0}_{m_0};\underbrace{x_1,x_1,\cdots,x_1}_{m_1};\cdots;\underbrace{x_l,x_l,\cdots,x_l}_{m_l}]$, 则得 $f(x)$ 在节点 $x_0,x_1,\cdots,x_l$ 满足插值条件 $f^{(j)}(x_i) = H^{(j)}(x_i)(j=0,1,2,\cdots,m_i-1; i=0,1,2,\cdots,l; \displaystyle\sum_{i=0}^{l} m_i = n+k)$ 的 $n+k-1$ 次埃尔米特插值多项式为

$$H(x) = f(x_0) + (x-x_0)f[x_0,x_0] + \cdots + (x-x_0)^{m_0-1}f[\underbrace{x_0,x_0,\cdots,x_0}_{m_0}]$$

$$+ (x-x_0)^{m_0}f[\underbrace{x_0,x_0,\cdots,x_0}_{m_0};x_1] + \cdots$$

$$+ (x-x_0)^{m_0}(x-x_1)^{m_1-1}f[\underbrace{x_0,x_0,\cdots,x_0}_{m_0};\underbrace{x_1,x_1,\cdots,x_1}_{m_1}] + \cdots$$

$$+ (x-x_0)^{m_0}(x-x_1)^{m_1}\cdots(x-x_{l-1})^{m_{l-1}}(x-x_l)^{m_l-1}$$

$$\cdot f[\underbrace{x_0,x_0,\cdots,x_0}_{m_0};\cdots;\underbrace{x_l,x_l,\cdots,x_l}_{m_l}],$$

记余项 $R(x) = f(x) - H(x)$, 则 $R^{(j)}(x_i) = 0(j = 0, 1, 2, \cdots, m_i - 1; i = 0, 1, 2, \cdots, l; \sum\limits_{i=0}^{l} m_i = n + k)$, 于是可设 $R(x) = k(x)(x - x_0)^{m_0}(x - x_1)^{m_1} \cdots (x - x_l)^{m_l}$, 其中 $k(x)$ 是与 x 有关的待定函数.

现把 x 看成 $[a, b]$ 上的一个固定点, 不妨设 $x \neq x_0$ $(i = 0, 1, 2, \cdots, l)$, 作函数

$$\Phi(t) = f(t) - H(t) - k(x)(t - x_0)^{m_0}(t - x_1)^{m_1} \cdots (t - x_l)^{m_l},$$

则

$$\Phi(x) = 0,$$

$$\Phi^{(j)}(x_i) = 0 \left(j = 0, 1, 2, \cdots, m_i - 1; i = 0, 1, 2, \cdots, l; \sum_{i=0}^{l} m_i = n + k \right),$$

分别对 $\Phi^{(j)}(x)(j = 0, 1, 2, \cdots, m_i - 1; i = 0, 1, 2, \cdots, l)$ 逐次用罗尔 (Rolle) 定理知, 至少存在一点 $\xi_x \in (a, b)$, 使得

$$\Phi^{(n+k)}(\xi_x) = f^{(n+k)}(\xi_x) - (n + k)!k(x) = 0,$$

即得 $k(x) = \dfrac{f^{(n+k)}(\xi_x)}{(n+k)!}$, 从而

$$f(x) - H(x) = \frac{f^{(n+k)}(\xi_x)}{(n+k)!} \prod_{i=0}^{l} (x - x_i)^{m_i}, \tag{2.1}$$

对函数 $f(t)$ 作关于 $x_0(m_0 \text{ 重})$, $x_1(m_1 \text{ 重})$, $\cdots$, $x_l(m_l \text{ 重})$, $x(\text{单重})$ 的 $n + k$ 次埃尔米特插值多项式, 记之为 $\widetilde{\Phi}(t)$, 则

$$\widetilde{\Phi}(t) = f(x_0) + (t - x_0)f[x_0, x_0] + \cdots + (t - x_0)^{m_0 - 1}f\underbrace{[x_0, x_0, \cdots, x_0]}_{m_0}$$

$$+ (t - x_0)^{m_0}f[\underbrace{x_0, x_0, \cdots, x_0}_{m_0}; x_1] + \cdots$$

$$+ (t - x_0)^{m_0}(t - x_1)^{m_1 - 1}f[\underbrace{x_0, x_0, \cdots, x_0}_{m_0}; \underbrace{x_1, x_1, \cdots, x_1}_{m_1}] + \cdots$$

$$+ (t - x_0)^{m_0}(t - x_1)^{m_1} \cdots (t - x_{l-1})^{m_{l-1}}(t - x_l)^{m_l - 1}f[\underbrace{x_0, x_0, \cdots, x_0}_{m_0}; \cdots;$$

$$\underbrace{x_l, x_l, \cdots, x_l]}_{m_l}$$

$$+ (t - x_0)^{m_0}(t - x_1)^{m_1} \cdots (t - x_{l-1})^{m_{l-1}}(t - x_l)^{m_l} f\big[\underbrace{x_0, x_0, \cdots, x_0}_{m_0}; \cdots ;$$

$$\underbrace{x_l, x_l, \cdots, x_l}_{m_l}; x\big],$$

上式中令 $t = x$, 由插值的定义, 左端 $\widetilde{\Phi}(x)$ 等于 $f(x)$, 而其右端除去最后一项外, 其前面所有项的和恰好等于 $H(x)$, 于是得

$$f(x) - H(x) = \left(\prod_{i=0}^{l}(x - x_i)^{m_i}\right) \cdot f\big[\underbrace{x_0, x_0, \cdots, x_0}_{m_0}; \cdots ; \underbrace{x_l, x_l, \cdots, x_l}_{m_l}; x\big], \quad (2.2)$$

比较 (2.1) 式和 (2.2) 式, 即得

$$\frac{f^{(n+k)}(\xi_x)}{(n+k)!} = f\big[\underbrace{x_0, x_0, \cdots, x_0}_{m_0}; \cdots ; \underbrace{x_l, x_l, \cdots, x_l}_{m_l}; x\big].$$

综合上述, 得

$$\frac{f^{(n+k)}(\xi_x)}{(n+k)!} = f[x_0, x_1, \cdots, x_{n+k-1}, x].$$

(2) 由导数的定义及 (1) 中的结论, 有

$$\frac{\mathrm{d}}{\mathrm{d}x}\left\{\frac{f^{(n+k)}(\xi_x)}{(n+k)!}\right\} = \lim_{t \to x}\frac{f[x_0, x_1, \cdots, x_{n+k-1}, t] - f[x_0, x_1, \cdots, x_{n+k-1}, x]}{t - x}$$

$$= \lim_{t \to x} f[x_0, x_1, \cdots, x_{n+k-1}, x, t]$$

$$= \lim_{t \to x}\frac{f^{(n+k+1)}(\xi_1)}{(n+k+1)!} = \frac{f^{(n+k+1)}(\xi_k)}{(n+k+1)!},$$

其中 ξ_1 介于 $x_0, x_1, x_2, \cdots, x_{n+k-1}, x, t$ 之间, ξ_k 介于 $x_0, x_1, x_2, \cdots, x_{n+k-1}, x$ 之间.

特别地, 由引理 2.1 及埃尔米特插值理论, 有

推论 2.1　对于给定的实数 $a \leqslant x_0 < x_1 < \cdots < x_n \leqslant b$, $k \in \mathbf{N}_+$, $H(x)$ 为满足插值条件

$$H(x_i) = f(x_i) \quad (i = 0, 1, 2, \cdots, n),$$

$$H^{(j)}(x_l) = f^{(j)}(x_l) \quad (l \in \{0, 1, 2, \cdots, n\}, j = 1, 2, \cdots, k - 1)$$

的埃尔米特插值多项式, 则 $H(x)$ 存在唯一, 次数不超过 $n + k - 1$, 且其差商型余项为

$$f(x) - H(x) = \left(\prod_{\substack{i=0 \\ i \neq l}}^{n}(x - x_i)\right)$$

$$\cdot (x - x_l)^k f[x_0, x_1, \cdots, x_{l-1}, \underbrace{x_l, \cdots, x_l}_{k}, x_{l+1}, \cdots, x_n, x].$$

当函数 $f(x)$ 在 $[a, b]$ 上 $n + k$ 阶可导时, 其微分型余项为

$$f(x) - H(x) = \frac{f^{(n+k)}(\xi_x)}{(n+k)!} \left(\prod_{\substack{i=0 \\ i \neq l}}^{n} (x - x_i) \right) \cdot (x - x_l)^k,$$

其中 ξ_x 介于 $x_0, x_1, x_2, \cdots, x_{n+k-1}, x$ 之间.

当函数 $f(x)$ 在 $[a, b]$ 上 $n + k + 1$ 阶可导时, 有

$$\frac{\mathrm{d}}{\mathrm{d}x} \left\{ \frac{f^{(n+k)}(\xi_x)}{(n+k)!} \right\} = \frac{f^{(n+k+1)}(\xi_k)}{(n+k+1)!},$$

其中 ξ_k 介于 $x_0, x_1, x_2, \cdots, x_{n+k-1}, x$ 之间.

引理 2.2　设函数 $f(x)$ 在 $[a, b]$ 上 n 阶可导, 节点 $a \leqslant x_0 < x_1 < \cdots < x_n \leqslant b$, 数值公式 $f(x_j) \approx \sum_{i=0}^{n} A_{ji}^0 f(x_i)$ 的代数精度为 $m = n - 1$, 其中 $A_{ji}^0(i, j = 0, 1, 2, \cdots, n)$ 为常数, $j \in \{0, 1, 2, \cdots, n\}$, 则其余项表达式为

$$R(x_j) = f(x_j) - \sum_{i=0}^{n} A_{ji}^0 f(x_i) = \frac{f^{(n)}(\xi_j)}{n!} \prod_{\substack{i=0 \\ i \neq j}}^{n} (x_j - x_i),$$

其中 $\xi_j \in [x_0, x_n] \subset (a, b)$.

证明　由节点 $x_0, x_1, \cdots, x_{j-1}, x_{j+1}, \cdots, x_n$ 构作 $n-1$ 次插值多项式 $P_0(x)$, 使得

$$P_0(x_i) = f(x_i) \quad (i = 0, 1, 2, \cdots, n; i \neq j),$$

则由插值理论知, $P_0(x)$ 存在唯一, 且有

$$R(x) = f(x) - P_0(x) = \frac{f^{(n)}(\xi_x)}{n!} \left(\prod_{\substack{i=0 \\ i \neq j}}^{n} (x - x_i) \right),$$

其中 ξ_x 介于 $x_0, x_1, \cdots, x_n$ 与 x 之间且依赖于 x.

又因为 $P_0(x)$ 的次数不超过 $n-1$, 所以数值公式对 $P_0(x)$ 精确成立, 即

$$P_0(x_j) = \sum_{i=0}^{n} A_{ji}^0 P_0(x_i) = \sum_{i=0}^{n} A_{ji}^0 f(x_i),$$

故

$$R(x_j) = f(x_j) - \sum_{i=0}^{n} A_{ji}^0 f(x_i) = \frac{1}{n!} f^{(n)}(\xi_j) \cdot \prod_{\substack{i=0 \\ i \neq j}}^{n} (x_j - x_i).$$

其中 $f^{(n)}(\xi_j) = f^{(n)}(\xi_x)\big|_{x=x_j}$, $\xi_j \in [x_0, x_n] \subset (a, b)$.

定理 2.1 设函数 $f(x)$ 在 $[a, b]$ 上 $n + k$ 阶可导, 节点 $a \leqslant x_0 < x_1 < \cdots <$ $x_n \leqslant b$, 数值微分公式 $f^{(k)}(x_j) \approx \sum_{i=0}^{n} A_{ji} f(x_i)$ 的代数精度至少为 $m = n + k - 1$, 其中 $A_{ji}(i, j = 0, 1, 2, \cdots, n)$ 为常数, $j \in \{0, 1, 2, \cdots, n\}$, $k \in \mathbf{N}_+$, 则其余项表达式为

$$R_k(x_j) = f^{(k)}(x_j) - \sum_{i=0}^{n} A_{ji} f(x_i) = K_0 f^{(n+k)}(\xi_{jk}),$$

其中 $K_0 = \dfrac{k!}{(n+k)!} \prod_{\substack{i=0 \\ i \neq j}}^{n} (x_j - x_i)$, $\xi_{jk} \in [x_0, x_n] \subset (a, b)$.

证明 构作 $n + k - 1$ 次插值多项式 $P(x)$, 使得

$$P(x_i) = f(x_i) \quad (i = 0, 1, 2, \cdots, n),$$
$$P'(x_j) = f'(x_j), \quad \cdots, \quad P^{(k-1)}(x_j) = f^{(k-1)}(x_j),$$

则由插值理论知, $P(x)$ 存在唯一, 且有

$$f(x) - P(x) = \frac{f^{(n+k)}(\xi_x)}{(n+k)!} \left(\prod_{\substack{i=0 \\ i \neq j}}^{n} (x - x_i) \right) \cdot (x - x_j)^k = \varphi_k(x) \cdot (x - x_j)^k,$$

其中 $\varphi_k(x) = \dfrac{f^{(n+k)}(\xi_x)}{(n+k)!} \prod_{\substack{i=0 \\ i \neq j}}^{n} (x - x_i)$, ξ_x 介于 $x_0, x_1, \cdots, x_n$ 与 x 之间且依赖于 x.

于是由莱布尼茨 (Leibniz) 公式, 有

$$f^{(k)}(x) - P^{(k)}(x) = \left(\phi_k(x) \cdot (x - x_j)^k \right)^{(k)} = \sum_{l=0}^{k} \mathrm{C}_k^l \left((x - x_j)^k \right)^{(l)} \cdot \phi_k^{(k-l)}(x),$$

从而 $f^{(k)}(x_j) - P^{(k)}(x_j) = k! \varphi_k(x_j)$.

又 $P(x)$ 的次数不超过 $n + k - 1$, 所以数值微分公式对 $P(x)$ 精确成立, 即

$$P^{(k)}(x_j) = \sum_{i=0}^{n} A_{ji} P(x_i) = \sum_{i=0}^{n} A_{ji} f(x_i),$$

故

$$R_k(x_j) = f^{(k)}(x_j) - \sum_{i=0}^{n} A_{ji}f(x_i) = k!\varphi_k(x_j) = \frac{k!}{(n+k)!}f^{(n+k)}(\xi_{jk}) \cdot \prod_{\substack{i=0 \\ i \neq j}}^{n}(x_j - x_i).$$

改写为

$$R_k(x_j) = f^{(k)}(x_j) - \sum_{i=0}^{n} A_{ji}f(x_i) = K_0 f^{(n+k)}(\xi_{jk}),$$

其中 $K_0 = \dfrac{k!}{(n+k)!}\prod\limits_{\substack{i=0 \\ i \neq j}}^{n}(x_j - x_i)$, $f^{(n+k)}(\xi_{jk}) = f^{(n+k)}(\xi_x)\big|_{x=x_j}$, $\xi_{jk} \in [x_0, x_n] \subset$

(a, b).

[注记 1]　在定理 2.1 中, 余项表达式中的 $K_0 = \dfrac{k!}{(n+k)!}\prod\limits_{\substack{i=0 \\ i \neq j}}^{n}(x_j - x_i)$,

或 K_0 也可以通过取 $f(x) = x^{n+k}$ 代入 $R_k(x_j) = f^{(k)}(x_j) - \sum\limits_{i=0}^{n} A_{ji}f(x_i) =$

$K_0 f^{(n+k)}(\xi_{jk})$ 中而得到.

定理 2.2　设函数 $f(x)$ 在 $[a,b]$ 上 $n+4$ 阶可导, 节点 $a \leqslant x_0 < x_1 < \cdots < x_n \leqslant b$, 数值微分公式 $f''(x_j) \approx \sum\limits_{i=0}^{n} A_{ji}^{(1)}f(x_i) + B_{1j}f'(x_l)$ 的代数精度至少

为 $m_1 = n+1$, 其中 $A_{ji}^{(1)}$ $(i,j = 0,1,2,\cdots,n)$, $B_{1j} \neq 0$ $(j = 0,1,2,\cdots,n)$ 为

常数, $j,l \in \{0,1,2,\cdots,n\}$, $w_n(x) = \prod\limits_{\substack{i=0 \\ i \neq l}}^{n}(x - x_i)$, 则其余项表达式为

$$R_1(x_j) = f''(x_j) - \left[\sum_{i=0}^{n} A_{ji}^{(1)}f(x_i) + B_{1j}f'(x_l)\right]$$

$$= \begin{cases} K_{11}f^{(n+2)}(\xi_j), & j = l, \\ K_{12}f^{(n+2)}(\xi_j) + K_{13}f^{(n+3)}(\eta_j), & j \neq l, \end{cases}$$

其中

$$K_{11} = \frac{2}{(n+2)!}w_n(x_j), \quad K_{12} = \frac{(x_j - x_l)^2}{(n+2)!}w_n''(x_j) + \frac{4(x_j - x_l)}{(n+2)!}w_n'(x_j),$$

$$K_{13} = \frac{2(x_j - x_l)^2}{(n+3)!}w_n'(x_j), \quad \xi_j, \eta_j \in (x_0, x_n) \subset (a, b).$$

证明 构造 $n+1$ 次插值多项式 $H(x)$, 使得

$$H(x_i) = f(x_i) \; (i = 0, 1, 2, \cdots, n), \quad H'(x_l) = f'(x_l),$$

则由插值理论知, $H(x)$ 存在唯一, 且有

$$f(x) - H(x) = \frac{f^{(n+2)}(\xi_x)}{(n+2)!} \left(\prod_{\substack{i=0 \\ i \neq l}}^{n} (x - x_i) \right) \cdot (x - x_l)^2 = \varphi(x) \cdot (x - x_l)^2,$$

其中 $\varphi(x) = \dfrac{f^{(n+2)}(\xi_x)}{(n+2)!} \prod_{\substack{i=0 \\ i \neq l}}^{n} (x - x_i) = \dfrac{f^{(n+2)}(\xi_x)}{(n+2)!} w_n(x)$, ξ_x 介于 $x_0, x_1, \cdots, x_n$ 与

x 之间. 上式两边分别对 x 求二阶导数, 得

$$f''(x) - H''(x) = \varphi''(x) \cdot (x - x_l)^2 + 4\varphi'(x) \cdot (x - x_l) + 2\varphi(x).$$

又 $H(x)$ 的次数不超过 $n+1$, 于是有

$$H''(x_j) = \sum_{i=0}^{n} A_{ji}^{(1)} H(x_i) + B_{1j} H'(x_l) = \sum_{i=0}^{n} A_{ji}^{(1)} f(x_i) + B_{1j} f'(x_l),$$

从而得

$$R_1(x_j) = f''(x_j) - \left[\sum_{i=0}^{n} A_{ji}^{(1)} f(x_i) + B_{1j} f'(x_l) \right]$$

$$= \varphi''(x_j) \cdot (x_j - x_l)^2 + 4\varphi'(x_j) \cdot (x_j - x_l) + 2\varphi(x_j).$$

当 $j = l$ 时, 由上式有

$$R_1(x_j) = 2\varphi(x_j) = K_{11} f^{(n+2)}(\xi_j),$$

其中 $K_{11} = \dfrac{2}{(n+2)!} w_n(x_j)$, $f^{(n+2)}(\xi_j) = f^{(n+2)}(\xi_x) \big|_{x=x_j}$.

当 $j \neq l$ 时, 由推论 2.1, 有

$$\varphi'(x) = \frac{\mathrm{d}}{\mathrm{d}x} \left\{ \frac{f^{(n+2)}(\xi_x)}{(n+2)!} \right\} \cdot w_n(x) + \frac{f^{(n+2)}(\xi_x)}{(n+2)!} \cdot w_n'(x)$$

$$= \frac{f^{(n+3)}(\xi_1)}{(n+3)!} \cdot w_n(x) + \frac{f^{(n+2)}(\xi_x)}{(n+2)!} \cdot w_n'(x),$$

$$\varphi''(x) = \frac{\mathrm{d}}{\mathrm{d}x} \left\{ \frac{f^{(n+3)}(\xi_1)}{(n+3)!} \right\} \cdot w_n(x) + 2 \frac{f^{(n+3)}(\xi_1)}{(n+3)!} \cdot w_n'(x) + \frac{f^{(n+2)}(\xi_x)}{(n+2)!} \cdot w_n''(x)$$

$$= \frac{f^{(n+4)}(\xi_2)}{(n+4)!} \cdot w_n(x) + 2\frac{f^{(n+3)}(\xi_1)}{(n+3)!} \cdot w_n'(x) + \frac{f^{(n+2)}(\xi_x)}{(n+2)!} \cdot w_n''(x),$$

其中 ξ_1, ξ_2 介于 $x_0, x_1, \cdots, x_n$ 与 x 之间. 代入式中, 即得

$$R_1(x_j) = K_{12}f^{(n+2)}(\xi_j) + K_{13}f^{(n+3)}(\eta_j),$$

其中

$$K_{12} = \frac{(x_j - x_l)^2}{(n+2)!} w_n''(x_j) + \frac{4(x_j - x_l)}{(n+2)!} w_n'(x_j), \quad K_{13} = \frac{2(x_j - x_l)^2}{(n+3)!} w_n'(x_j),$$

$$f^{(n+3)}(\eta_j) = f^{(n+3)}(\xi_1)\big|_{x=x_j}, \quad \xi_j, \eta_j \in (x_0, x_n) \subset (a, b).$$

类似于定理 2.2, 我们有以下结论.

定理 2.3　设函数 $f(x)$ 在 $[a,b]$ 上 $n+4$ 阶可导, 节点 $a \leqslant x_0 < x_1 < \cdots < x_n \leqslant b$, 数值微分公式 $f'''(x_j) \approx \sum\limits_{i=0}^{n} A_{ji}^{(2)} f(x_i) + B_{2j}f'(x_l)$ 的代数精度至少为 $m_2 = n+1$, 其中 $A_{ji}^{(2)}$ $(i,j = 0,1,2,\cdots,n)$, $B_{2j} \neq 0$ $(j = 0,1,2,\cdots,n)$ 为常数, $j, l \in \{0,1,2,\cdots,n\}$, $w_n(x) = \prod\limits_{\substack{i=0 \\ i \neq l}}^{n} (x - x_i)$, 则其余项表达式为

$$R_2(x_j) = f'''(x_j) - \left[\sum_{i=0}^{n} A_{ji}^{(2)} f(x_i) + B_{2j}f'(x_l)\right]$$

$$= \begin{cases} K_{21}f^{(n+2)}(\xi_{1j}) + K_{22}f^{(n+3)}(\eta_{1j}), & j = l, \\ K_{23}f^{(n+2)}(\xi_{1j}) + K_{24}f^{(n+3)}(\eta_{1j}) + K_{25}f^{(n+4)}(\varsigma_{1j}), & j \neq l, \end{cases}$$

其中

$$K_{21} = \frac{6}{(n+2)!} w_n'(x_j), \quad K_{22} = \frac{6}{(n+3)!} w_n(x_j),$$

$$K_{23} = \frac{6}{(n+2)!} w_n'(x_j) + \frac{6(x_j - x_l)}{(n+2)!} w_n''(x_j) + \frac{(x_j - x_l)^2}{(n+2)!} w_n'''(x_j),$$

$$K_{24} = \frac{12(x_j - x_l)}{(n+3)!} w_n'(x_j) + \frac{3(x_j - x_l)^2}{(n+3)!} w_n''(x_j), \quad K_{25} = \frac{3(x_j - x_l)^2}{(n+4)!} w_n'(x_j),$$

$$\xi_{1j}, \eta_{1j}, \varsigma_{1j} \in (x_0, x_n) \subset (a, b).$$

证明　构作次数不超过 $n+1$ 的埃尔米特插值多项式 $H_1(x)$, 使得

$$H_1(x_i) = f(x_i)(i = 0,1,2,\cdots,n), \quad H_1'(x_l) = f'(x_l),$$

则由插值理论知, $H_1(x)$ 存在唯一, 且有

$$f(x) - H_1(x) = \frac{f^{(n+2)}(\xi_x)}{(n+2)!} \left(\prod_{\substack{i=0 \\ i \neq l}}^{n} (x - x_i) \right) \cdot (x - x_l)^2 = \varphi(x) \cdot (x - x_l)^2,$$

其中 $\varphi(x) = \dfrac{f^{(n+2)}(\xi_x)}{(n+2)!} \displaystyle\prod_{\substack{i=0 \\ i \neq l}}^{n} (x - x_i) = \dfrac{f^{(n+2)}(\xi_x)}{(n+2)!} w_n(x)$, ξ_x 介于 $x_0, x_1, \cdots, x_n$ 与

x 之间. 两边对 x 求三阶导数, 再由推论 2.1, 类似于定理 2.2, 经过一系列计算即可得

$$\begin{aligned}
R_2(x_j) &= f'''(x_j) - \left[\sum_{i=0}^{n} A_{ji}^{(2)} f(x_i) + B_{2j} f'(x_l) \right] \\
&= \begin{cases} K_{21} f^{(n+2)}(\xi_{1j}) + K_{22} f^{(n+3)}(\eta_{1j}), & j = l, \\ K_{23} f^{(n+2)}(\xi_{1j}) + K_{24} f^{(n+3)}(\eta_{1j}) + K_{25} f^{(n+4)}(\varsigma_{1j}), & j \neq l. \end{cases}
\end{aligned}$$

定理 2.4 设函数 $f(x)$ 在 $[a,b]$ 上 $n+4$ 阶可导, 节点 $a \leqslant x_0 < x_1 < \cdots < x_n \leqslant b$, 数值微分公式 $f^{(4)}(x_j) \approx \displaystyle\sum_{i=0}^{n} A_{ji}^{(3)} f(x_i) + B_{3j} f'(x_j)$ 的代数精度至少为 $m_3 = n + 1$, 其中

$$A_{ji}^{(3)} \ (i, j = 0, 1, 2, \cdots, n), \quad B_{3j} \neq 0 \ (j = 0, 1, 2, \cdots, n)$$

为常数, $j \in \{0, 1, 2, \cdots, n\}$, $w_n(x) = \displaystyle\prod_{\substack{i=0 \\ i \neq j}}^{n} (x - x_i)$, 则其余项表达式为

$$\begin{aligned}
R_3(x_j) &= f^{(4)}(x_j) - \left[\sum_{i=0}^{n} A_{ji}^{(3)} f(x_i) + B_{3j} f'(x_j) \right] \\
&= K_{31} f^{(n+2)}(\xi_{2j}) + K_{32} f^{(n+3)}(\eta_{2j}) + K_{33} f^{(n+4)}(\varsigma_{2j}),
\end{aligned}$$

其中

$$K_{31} = \frac{12}{(n+2)!} w_n''(x_j), \quad K_{32} = \frac{24}{(n+3)!} w_n'(x_j), \quad K_{33} = \frac{12}{(n+4)!} w_n(x_j),$$

$$\xi_{1j}, \eta_{1j}, \varsigma_{1j} \in (x_0, x_n) \subset (a, b).$$

证明 构作次数不超过 $n+1$ 的埃尔米特插值多项式 $H_2(x)$, 使得

$$H_2(x_i) = f(x_i) \ (i = 0, 1, 2, \cdots, n), \quad H_2'(x_j) = f'(x_j),$$

则由插值理论知, $H_2(x)$ 存在唯一, 且有

$$f(x) - H_2(x) = \frac{f^{(n+2)}(\xi_x)}{(n+2)!} \left(\prod_{\substack{i=0 \\ i \neq j}}^{n} (x - x_i) \right) \cdot (x - x_j)^2 = \varphi(x) \cdot (x - x_j)^2,$$

其中 $\varphi(x) = \dfrac{f^{(n+2)}(\xi_x)}{(n+2)!} \prod\limits_{\substack{i=0 \\ i \neq j}}^{n} (x - x_i) = \dfrac{f^{(n+2)}(\xi_x)}{(n+2)!} w_n(x)$, ξ_x 介于 $x_0, x_1, \cdots, x_n$ 与

x 之间. 两边对 x 求四阶导数, 得

$$\begin{aligned}
f^{(4)}(x) - H_2^{(4)}(x) &= \left(\varphi(x)(x - x_j)^2 \right)^{(4)} \\
&= \varphi^{(4)}(x)(x - x_j)^2 + C_4^1 \varphi^{(3)}(x) \cdot 2(x - x_j) \\
&\quad + 2C_4^2 \varphi^{(2)}(x) + C_4^3 \varphi'(x) \cdot 0 \\
&= \varphi^{(4)}(x)(x - x_j)^2 + 8\varphi^{(3)}(x)(x - x_j) + 12\varphi^{(2)}(x),
\end{aligned}$$

取 $x = x_j$, 代入上式, 再由推论 2.1, 经过一系列计算即可得

$$\begin{aligned}
R_3(x_j) &= f^{(4)}(x_j) - \left[\sum_{i=0}^{n} A_{ji}^{(3)} f(x_i) + B_{3j} f'(x_j) \right] \\
&= \frac{12}{(n+2)!} w_n''(x_j) f^{(n+2)}(\xi_{2j}) + \frac{24}{(n+3)!} w_n'(x_j) f^{(n+3)}(\eta_{2j}) \\
&\quad + \frac{12}{(n+4)!} w_n(x_j) f^{(n+4)}(\varsigma_{2j}) \\
&= K_{31} f^{(n+2)}(\xi_{2j}) + K_{32} f^{(n+3)}(\eta_{2j}) + K_{33} f^{(n+4)}(\varsigma_{2j}).
\end{aligned}$$

定理 2.5　设函数 $f(x)$ 在 $[a, b]$ 上 $n + 6$ 阶可导, 节点 $a \leqslant x_0 < x_1 < \cdots <$

$x_n \leqslant b$, 数值微分公式 $f^{(4)}(x_j) \approx \sum\limits_{i=0}^{n} A_{ji}^{(4)} f(x_i) + B_{4j} f''(x_l)$ 的代数精度至少为

$m_4 = n + 2$, 其中

$$A_{ji}^{(4)}\ (i, j = 0, 1, 2, \cdots, n), \quad B_{4j} \neq 0\ (j = 0, 1, 2, \cdots, n)$$

为常数, $j, l \in \{0, 1, 2, \cdots, n\}$, $w_n(x) = \prod\limits_{\substack{i=0 \\ i \neq l}}^{n} (x - x_i)$, 则其余项表达式为

$$\begin{aligned}
&R_4(x_j) \\
&= f^{(4)}(x_j) - \left[\sum_{i=0}^{n} A_{ji}^{(4)} f(x_i) + B_{4j} f''(x_l) \right]
\end{aligned}$$

$$
= \begin{cases} K_{41}f^{(n+3)}(\eta_{1j}) + K_{42}f^{(n+4)}(\eta_{2j}), & j = l, \\ K_{43}f^{(n+3)}(\eta_{1j}) + K_{44}f^{(n+4)}(\eta_{2j}) + K_{45}f^{(n+5)}(\eta_{3j}) + K_{46}f^{(n+6)}(\eta_{4j}), & j \neq l, \end{cases}
$$

其中

$$
K_{41} = \frac{24}{(n+3)!}w_n'(x_j), \quad K_{42} = \frac{24}{(n+4)!}w_n(x_j),
$$

$$
K_{43} = \frac{24}{(n+3)!}w_n'(x_j) + \frac{36(x_j - x_l)}{(n+3)!}w_n''(x_j)
$$

$$
+ \frac{12(x_j - x_l)^2}{(n+3)!}w_n'''(x_j) + \frac{(x_j - x_l)^3}{(n+3)!}w_n^{(4)}(x_j),
$$

$$
K_{44} = \frac{72(x_j - x_l)}{(n+4)!}w_n'(x_j) + \frac{36(x_j - x_l)^2}{(n+4)!}w_n''(x_j) + \frac{4(x_j - x_l)^3}{(n+4)!}w_n'''(x_j),
$$

$$
K_{45} = \frac{36(x_j - x_l)^2}{(n+5)!}w_n'(x_j) + \frac{6(x_j - x_l)^3}{(n+5)!}w_n''(x_j), \quad K_{46} = \frac{4(x_j - x_l)^3}{(n+6)!}w_n'(x_j),
$$

$$
\eta_{1j}, \eta_{2j}, \eta_{3j}, \eta_{4j} \in (x_0, x_n) \subset (a, b).
$$

证明　构作次数不超过 $n+2$ 的埃尔米特插值多项式 $H_3(x)$, 使得

$$
H_3(x_i) = f(x_i) \ (i = 0, 1, 2, \cdots, n), \quad H_3'(x_l) = f'(x_l), \quad H_3''(x_l) = f''(x_l),
$$

则由插值理论知, $H_3(x)$ 存在唯一, 且有

$$
f(x) - H_3(x) = \frac{f^{(n+3)}(\xi_x)}{(n+3)!} \left(\prod_{\substack{i=0 \\ i \neq l}}^{n} (x - x_i) \right) \cdot (x - x_l)^3 = \varphi(x) \cdot (x - x_l)^3,
$$

其中 $\varphi(x) = \dfrac{f^{(n+3)}(\xi_x)}{(n+3)!} \displaystyle\prod_{\substack{i=0 \\ i \neq l}}^{n} (x - x_i) = \dfrac{f^{(n+3)}(\xi_x)}{(n+3)!} w_n(x)$, ξ_x 介于 $x_0, x_1, \cdots, x_n$ 与

x 之间. 两边对 x 求四阶导数, 再由推论 2.1, 类似于定理 2.2 和定理 2.3, 经过一系列计算即可得

$$
R_4(x_j)
$$

$$
= f^{(4)}(x_j) - \left[\sum_{i=0}^{n} A_{ji}^{(4)} f(x_i) + B_{4j}f''(x_l) \right]
$$

$$
= \begin{cases} K_{41}f^{(n+3)}(\eta_{1j}) + K_{42}f^{(n+4)}(\eta_{2j}), & j = l, \\ K_{43}f^{(n+3)}(\eta_{1j}) + K_{44}f^{(n+4)}(\eta_{2j}) + K_{45}f^{(n+5)}(\eta_{3j}) + K_{46}f^{(n+6)}(\eta_{4j}), & j \neq l. \end{cases}
$$

定理 2.6　设函数 $f(x)$ 在 $[a,b]$ 上 $n+5$ 阶可导, 节点 $a \leqslant x_0 < x_1 < \cdots <$

$x_n \leqslant b$, 数值微分公式 $f^{(5)}(x_j) \approx \sum\limits_{i=0}^{n} A_{ji}^{(5)} f(x_i) + B_{5j}f'(x_j) + C_{5j}f'''(x_j)$ 的代数

精度至少为 $m_5 = n + 3$, 其中 $A_{ji}^{(5)}$ $(i, j = 0, 1, 2, \cdots, n)$, $B_{5j} \neq 0, C_{5j} \neq 0$ $(j = 0, 1, 2, \cdots, n)$ 为常数, $j \in \{0, 1, 2, \cdots, n\}$, $w_n(x) = \prod\limits_{\substack{i=0 \\ i \neq j}}^{n} (x - x_i)$, 则其余项表达式为

$$R_5(x_j) = f^{(5)}(x_j) - \left[\sum_{i=0}^{n} A_{ji}^{(5)} f(x_i) + B_{5j}f'(x_j) + C_{5j}f'''(x_j) \right]$$
$$= K_{51}f^{(n+4)}(\widetilde{\eta_{1j}}) + K_{52}f^{(n+5)}(\widetilde{\eta_{2j}})$$

其中 $K_{51} = \dfrac{120}{(n+4)!}w_n'(x_j)$, $K_{52} = \dfrac{120}{(n+5)!}w_n(x_j)$, $\widetilde{\eta_{1j}}, \widetilde{\eta_{2j}} \in (x_0, x_n) \subset (a, b)$.

证明　构作次数不超过 $n + 3$ 的埃尔米特插值多项式 $H_4(x)$, 使得

$$H_4(x_i) = f(x_i) \ (i = 0, 1, 2, \cdots, n), \quad H_4'(x_j) = f'(x_j),$$
$$H_4''(x_j) = f''(x_j), \quad H_4'''(x_j) = f'''(x_j),$$

则由插值理论知, $H_3(x)$ 存在唯一, 且有

$$f(x) - H_4(x) = \frac{f^{(n+4)}(\xi_x)}{(n+4)!} \left(\prod_{\substack{i=0 \\ i \neq j}}^{n} (x - x_i) \right) \cdot (x - x_j)^4 = \varphi(x) \cdot (x - x_j)^4,$$

其中 $\varphi(x) = \dfrac{f^{(n+4)}(\xi_x)}{(n+4)!} \prod\limits_{\substack{i=0 \\ i \neq j}}^{n} (x - x_i) = \dfrac{f^{(n+4)}(\xi_x)}{(n+4)!}w_n(x)$, ξ_x 介于 $x_0, x_1, \cdots, x_n$ 与

x 之间. 上式两边分别对 x 求五阶导数, 由高阶导数的莱布尼茨公式, 得

$$f^{(5)}(x) - H_4^{(5)}(x) = \left\{ \varphi(x)(x - x_j)^4 \right\}^{(5)}$$
$$= \varphi^{(5)}(x) \cdot (x - x_j)^4 + C_5^1 \varphi^{(4)}(x) \cdot 4(x - x_j)^3$$
$$+ C_5^2 \varphi^{(3)}(x) \cdot 12(x - x_j)^2$$
$$+ C_5^3 \varphi''(x) \cdot 24(x - x_j) + C_5^4 \varphi'(x) \cdot 24 + \varphi(x) \cdot 0,$$

又 $H_4(x)$ 的次数不超过 $n + 3$, 于是有

$$H_4^{(5)}(x_j) = \sum_{i=0}^{n} A_{ji}^{(5)} H_4(x_i) + B_{5j}H_4'(x_j) + C_{5j}H_4'''(x_j)$$

$$= \sum_{i=0}^{n} A_{ji}^{(5)} f(x_i) + B_{5j} f'(x_j) + C_{5j} f'''(x_j),$$

从而得

$$
\begin{aligned}
R_5(x_j) &= f^{(5)}(x_j) - \left[\sum_{i=0}^{n} A_{ji}^{(5)} f(x_i) + B_{5j} f'(x_j) + C_{5j} f'''(x_j) \right] \\
&= f^{(5)}(x_j) - H_4^{(5)}(x_j) \\
&= 120 \varphi'(x_j) = K_{51} f^{(n+4)}(\widetilde{\eta_{1j}}) + K_{52} f^{(n+5)}(\widetilde{\eta_{2j}}),
\end{aligned}
$$

其中 $K_{51} = \dfrac{120}{(n+4)!} w_n'(x_j)$, $K_{52} = \dfrac{120}{(n+5)!} w_n(x_j)$, $\widetilde{\eta_{1j}}, \widetilde{\eta_{2j}} \in (x_0, x_n) \subset (a,b)$.

定理 2.7 设函数 $f(x)$ 在 $[a,b]$ 上 $n+6$ 阶可导, 节点 $a \leqslant x_0 < x_1 < \cdots < x_n \leqslant b$, 数值微分公式 $f^{(6)}(x_j) \approx \sum_{i=0}^{n} A_{ji}^{(6)} f(x_i) + B_{6j} f''(x_j) + C_{6j} f^{(4)}(x_j)$

的代数精度至少为 $m_6 = n + 4$, 其中 $A_{ji}^{(6)}$ $(i, j = 0, 1, 2, \cdots, n)$, $B_{6j} \neq 0, C_{6j} \neq 0$ $(j = 0, 1, 2, \cdots, n)$ 为常数, $j \in \{0, 1, 2, \cdots, n\}$, $w_n(x) = \prod\limits_{\substack{i=0 \\ i \neq j}}^{n} (x - x_i)$, 则其余项

表达式为

$$
\begin{aligned}
R_6(x_j) &= f^{(6)}(x_j) - \left[\sum_{i=0}^{n} A_{ji}^{(6)} f(x_i) + B_{6j} f''(x_j) + C_{6j} f^{(4)}(x_j) \right] \\
&= K_{61} f^{(n+5)}(\overline{\eta_{1j}}) + K_{62} f^{(n+6)}(\overline{\eta_{2j}}),
\end{aligned}
$$

其中 $K_{61} = \dfrac{720}{(n+5)!} w_n'(x_j)$, $K_{62} = \dfrac{720}{(n+6)!} w_n(x_j)$, $\overline{\eta_{1j}}, \overline{\eta_{2j}} \in (x_0, x_n) \subset (a,b)$.

证明 构作次数不超过 $n+4$ 的埃尔米特插值多项式 $H_5(x)$, 使得

$$H_5(x_i) = f(x_i) \ (i = 0, 1, 2, \cdots, n), \quad H_5^{(l)}(x_j) = f^{(l)}(x_j) \ (l = 1, 2, 3, 4),$$

则由插值理论知, $H_5(x)$ 存在唯一, 且有

$$f(x) - H_5(x) = \frac{f^{(n+5)}(\xi_x)}{(n+5)!} \left(\prod_{\substack{i=0 \\ i \neq j}}^{n} (x - x_i) \right) \cdot (x - x_j)^5 = \varphi(x) \cdot (x - x_j)^5,$$

其中 $\varphi(x) = \dfrac{f^{(n+5)}(\xi_x)}{(n+5)!} \prod\limits_{\substack{i=0 \\ i \neq j}}^{n} (x - x_i) = \dfrac{f^{(n+5)}(\xi_x)}{(n+5)!} w_n(x)$, ξ_x 介于 $x_0, x_1, \cdots, x_n$ 与

x 之间. 上式两边分别对 x 求六阶导数, 由高阶导数的莱布尼茨公式, 得

$$f^{(6)}(x) - H_5^{(6)}(x)$$
$$= \left\{\varphi(x)(x-x_j)^5\right\}^{(6)}$$
$$= \varphi^{(6)}(x) \cdot (x-x_j)^5 + C_6^1\varphi^{(5)}(x) \cdot 5(x-x_j)^4 + C_6^2\varphi^{(4)}(x) \cdot 20(x-x_j)^3$$
$$+ C_6^3\varphi^{(3)}(x) \cdot 60(x-x_j)^2 + C_6^4\varphi''(x) \cdot 120(x-x_j) + C_6^5\varphi'(x) \cdot 120,$$

又 $H_5(x)$ 的次数不超过 $n+4$, 于是有

$$H_5^{(6)}(x_j) = \sum_{i=0}^n A_{ji}^{(6)} H_5(x_i) + B_{6j}H_5''(x_j) + C_{6j}H_5^{(4)}(x_j)$$
$$= \sum_{i=0}^n A_{ji}^{(6)} f(x_i) + B_{6j}f''(x_j) + C_{6j}f^{(4)}(x_j),$$

从而得

$$R_6(x_j) = f^{(6)}(x_j) - \left[\sum_{i=0}^n A_{ji}^{(6)} f(x_i) + B_{6j}f''(x_j) + C_{6j}f^{(4)}(x_j)\right]$$
$$= f^{(6)}(x_j) - H_5^{(6)}(x_j)$$
$$= 720\varphi'(x_j) = K_{61}f^{(n+5)}\left(\overline{\eta_{1j}}\right) + K_{62}f^{(n+6)}\left(\overline{\eta_{2j}}\right),$$

其中 $K_{61} = \dfrac{720}{(n+5)!}w_n'(x_j)$, $K_{62} = \dfrac{720}{(n+6)!}w_n(x_j)$, $\overline{\eta_{1j}}, \overline{\eta_{2j}} \in (x_0, x_n) \subset (a,b)$.

定理 2.8　设函数 $f(x)$ 在 $[a,b]$ 上 $n+k$ 阶可导, 节点 $a \leqslant x_0 < x_1 < \cdots < x_n \leqslant b$, 数值微分公式 $f^{(k)}(x_j) \approx \sum_{i=0}^n A_{ji}^{(7)} f(x_i) + \sum_{l=0}^{k-1} B_{jl}^{(7)} f^{(l)}(x_j)$ 的代数精度为 $m_7 = n+k-1$, 其中 $A_{ji}^{(7)}$ $(i,j = 0,1,2,\cdots,n)$, $B_{jl}^{(7)}$ $(l=1,2,\cdots,k-1)$ 为常数, $j \in \{0,1,2,\cdots,n\}$, $k \geqslant 1$ 为正整数, 则余项表达式为

$$R_k(x_j) = f^{(k)}(x_j) - \left[\sum_{i=0}^n A_{ji}^{(7)} f(x_i) + \sum_{l=1}^{k-1} B_{jl}^{(7)} f^{(l)}(x_j)\right]$$
$$= \frac{k!}{(n+k)!}f^{(n+k)}(\xi_{jk}) \cdot \prod_{\substack{i=0 \\ i \neq j}}^n (x_j - x_i),$$

且它的最优估计式为

$$|R_k(x_j)| = \left|f^{(k)}(x_j) - \left[\sum_{i=0}^n A_{ji}^{(7)} f(x_i) + \sum_{l=1}^{k-1} B_{jl}^{(7)} f^{(l)}(x_j)\right]\right|$$

$$\leqslant K_{\mathrm{opt}} \cdot \max_{x\in[a,b]} \left| f^{(n+k)}(x) \right| \cdot (b-a)^n,$$

其中 $\xi_{jk} \in (x_0, x_n) \subset (a, b)$, $f^{(0)}(x_j) = f(x_j)$, $K_{\mathrm{opt}} > 0$ 为最佳常数, 即它不能被改进为更小的常数, 且有

$$K_{\mathrm{opt}} = \frac{\left| \dfrac{k!}{(n+k)!} \cdot \prod_{\substack{i=0 \\ i\neq j}}^{n} (x_j - x_i) \right|}{(b-a)^n}.$$

证明 构作 $n+k-1$ 次插值多项式 $P_1(x)$, 使得

$$P_1(x_i) = f(x_i) \quad (i = 0, 1, 2, \cdots, n),$$
$$P_1'(x_j) = f'(x_j), \quad \cdots, \quad P_1^{(k-1)}(x_j) = f^{(k-1)}(x_j),$$

则由插值理论知, $P_1(x)$ 存在唯一, 且有

$$f(x) - P_1(x) = \frac{f^{(n+k)}(\xi_x)}{(n+k)!} \left(\prod_{\substack{i=0 \\ i\neq j}}^{n} (x - x_i) \right) \cdot (x - x_j)^k = \varphi_k(x) \cdot (x - x_j)^k,$$

其中 $\varphi_k(x) = \dfrac{f^{(n+k)}(\xi_x)}{(n+k)!} \displaystyle\prod_{\substack{i=0 \\ i\neq j}}^{n} (x - x_i)$. 于是由上式两边用莱布尼茨公式求 k 阶导数, 得

$$f^{(k)}(x) - P_1^{(k)}(x) = \left(\varphi_k(x) \cdot (x - x_j)^k \right)^{(k)} = \sum_{l=0}^{k} \mathrm{C}_k^l \left((x - x_j)^k \right)^{(l)} \cdot \varphi_k^{(k-l)}(x),$$

即得 $f^{(k)}(x_j) - P_1^{(k)}(x_j) = k! \cdot \varphi_k(x_j)$. 而 $P_1(x)$ 的次数不超过 $n+k-1$, 所以

$$P_1^{(k)}(x_j) = \sum_{i=0}^{n} A_{ji}^{(7)} P_1(x_i) + \sum_{l=1}^{k-1} B_{jl}^{(7)} P_1^{(l)}(x_j) = \sum_{i=0}^{n} A_{ji}^{(7)} f(x_i) + \sum_{l=1}^{k-1} B_{jl}^{(7)} f^{(l)}(x_j),$$

故

$$R_k(x_j) = f^{(k)}(x_j) - \left[\sum_{i=0}^{n} A_{ji}^{(7)} f(x_i) + \sum_{l=1}^{k-1} B_{jl}^{(7)} f^{(l)}(x_j) \right] = k!\varphi_k(x_j)$$

$$= \frac{k!}{(n+k)!} f^{(n+k)}(\xi_{jk}) \cdot \prod_{\substack{i=0 \\ i\neq j}}^{n} (x_j - x_i).$$

其中 $f^{(n+k)}(\xi_{jk}) = f^{(n+k)}(\xi_x)|_{x=x_j}$.

由上述余项表达式, 可得其下列估计式:

$$|R_k(x_j)| = \left| f^{(k)}(x_j) - \left[\sum_{i=0}^{n} A_{ji}^{(7)} f(x_i) + \sum_{l=1}^{k-1} B_{jl}^{(7)} f^{(l)}(x_j) \right] \right|$$

$$\leqslant K \cdot \max_{x \in [a,b]} \left| f^{(n+k)}(x) \right| \cdot (b-a)^n,$$

其中 $K > 0$ 为常数.

由已知, 数值微分公式的代数精度为 $m = n+k-1$, 分别取 $f(x) = 1, x, x^2, \cdots,$ x^{n+k-1}, $\forall K > 0$ 上式等号恒成立. 再取 $f(x) = x^{n+k}$, 由上式可解得 K 的范围为 $K \geqslant K_{\text{opt}}$, 其中

$$K_{\text{opt}} = \frac{\left| \dfrac{k!}{(n+k)!} \cdot \prod_{\substack{i=0 \\ i \neq j}}^{n} (x_j - x_i) \right|}{(b-a)^n}.$$

因此, 存在最佳常数 $K = K_{\text{opt}}$, 使上式达到最优估计式.

[注记 2]　在定理 2.8 中, 余项表达式也可以写为

$$R_k(x_j) = f^{(k)}(x_j) - \left[\sum_{i=0}^{n} A_{ji}^{(7)} \cdot f(x_i) + \sum_{l=1}^{k-1} B_{jl}^{(7)} \cdot f^{(l)}(x_j) \right] = K_1 f^{(n+k)}(\xi_{jk}),$$

其中 $K_1 = \dfrac{k!}{(n+k)!} \prod_{\substack{i=0 \\ i \neq j}}^{n} (x_j - x_i)$, K_1 也可以通过取 $f(x) = x^{n+k}$ 代入上式得到.

2.3　两种构造含中介值微分等式证明题的新策略

下面给出构造含中介值微分等式证明题的两种新策略.

2.3.1　第一种构造策略

其主要构造思想是

(1) 首先写出拟构造的数值微分公式形式, 确定其中的待定系数, 使数值微分公式具有尽可能高的代数精度;

(2) 其次依据数值微分公式的具体形式, 由 2.2 节中对应的定理确定其余项表达式, 如此即可构造得到新的含中介值的微分等式, 它具有更高阶代数精度.

2.3.2 第二种构造策略

其主要构造思想是

(1) 首先选取已知的或易得到的简单形式低阶数值微分公式作为基本的构筑模块;

(2) 其次确定其余项中所含中介值点的具体取值, 使数值微分公式具有更高阶的代数精度;

(3) 然后根据 (2) 中所得到的具有高阶代数精度数值微分公式的形式, 由 2.2 节中对应的定理确定其余项表达式, 如此即可构造生成新的含中介值的微分等式, 它具有更高阶代数精度.

如果构造得到的含中介值的微分等式仍然满足定理的条件, 则还可进一步地构造具有更高次代数精度的数值微分公式. 该方法将低阶精度数值微分公式改进为高阶精度数值微分公式, 是一种构造生成含中介值的微分等式的普适性的新方法. 理论上来说, 只要满足条件, 它就可进行有限多次构造生成含中介值的新的微分等式.

2.4 应用实例

下面, 利用前面介绍的主要结论及构造策略, 通过一些具体的应用实例进行说明. 首先给出几个含低阶导数的中介值微分等式证明题的重构过程, 其次结合实例说明如何从最简单形式的数值微分公式构造生成对应新的数值微分公式, 并给出详细证明, 其推导证明过程即为构造生成新的数值微分公式, 即含中介值的微分等式证明题的过程.

2.4.1 第一种构造策略的应用

下面用第一种构造策略重构几个含低阶导数的中介值微分等式证明题.

例 2.1 试推导下列含两点的微分等式证明题.

设函数 $f(x)$ 在 $[a, b]$ 上二阶可导, 则有

(1) 存在 $\xi_1 \in (a, b)$, 使得

$$f(b) = f(a) + f'(a)(b - a) + \frac{1}{2}f''(\xi_1)(b - a)^2; \tag{2.3}$$

(2) 存在 $\xi_2 \in (a, b)$, 使得

$$f(b) = f(a) + f'(b)(b - a) - \frac{1}{2}f''(\xi_2)(b - a)^2. \tag{2.4}$$

证明　取 $k = 1, n = 1$, 构造形如

$$f'(x_j) \approx \sum_{i=0}^{1} A_{ji} f(x_i) = A_{j0} f(x_0) + A_{j1} f(x_1)$$

的数值微分公式, 使其至少具有 $m = n + k - 1 = 1$ 阶代数精度.

取 $x_0 = a, x_1 = b$.

(1) 当 $j = 0$ 时, $x_j = a$, 分别取 $f(x) = 1, x$, 使数值积分公式精确成立, 即有

$$\begin{cases} 0 = A_{00} + A_{01}, \\ 1 = A_{00}a + A_{01}b. \end{cases}$$

解得

$$A_{00} = \frac{1}{a-b}, \quad A_{01} = \frac{1}{b-a}.$$

于是得数值微分公式

$$f'(a) \approx \frac{f(b) - f(a)}{b-a},$$

从而由定理 2.1 得余项

$$f'(a) - \frac{f(b) - f(a)}{b-a} = \frac{1}{2} f''(\xi_1)(a-b),$$

即

$$f(b) = f(a) + f'(a)(b-a) + \frac{1}{2} f''(\xi_1)(b-a)^2,$$

其中 $\xi_1 \in (a, b)$.

(2) 当 $j = 1$ 时, $x_j = b$, 分别取 $f(x) = 1, x$, 使数值积分公式精确成立, 即有

$$\begin{cases} 0 = A_{10} + A_{11}, \\ 1 = A_{10}a + A_{11}b. \end{cases}$$

解得

$$A_{10} = \frac{1}{a-b}, \quad A_{11} = \frac{1}{b-a}.$$

于是得数值微分公式

$$f'(b) \approx \frac{f(b) - f(a)}{b-a},$$

从而由定理 2.1 得余项

$$f'(b) - \frac{f(b) - f(a)}{b-a} = \frac{1}{2} f''(\xi_2)(b-a),$$

即

$$f(b) = f(a) + f'(b)(b-a) - \frac{1}{2}f''(\xi_2)(b-a)^2,$$

其中 $\xi_2 \in (a,b)$.

[注记 3] 此题亦可直接由泰勒展开公式得到. 这里是从另一个角度对泰勒展开公式的验证.

例 2.2 试推导下列含三点的微分等式证明题.

设函数 $f(x)$ 在 $[a,b]$ 上三阶可导, 则有

(1) 存在 $\xi_3 \in (a,b)$, 使得

$$f(b) = -3f(a) + 4f\left(\frac{a+b}{2}\right) - f'(a)(b-a) + \frac{1}{12}f'''(\xi_3)(b-a)^3; \qquad (2.5)$$

(2) 存在 $\xi_4 \in (a,b)$, 使得

$$f(b) = f(a) + f'\left(\frac{a+b}{2}\right)(b-a) + \frac{1}{24}f'''(\xi_4)(b-a)^3; \qquad (2.6)$$

(3) 存在 $\xi_5 \in (a,b)$, 使得

$$f(b) = -\frac{1}{3}f(a) + \frac{4}{3}f\left(\frac{a+b}{2}\right) + \frac{1}{3}f'(b)(b-a) - \frac{1}{36}f'''(\xi_5)(b-a)^3. \qquad (2.7)$$

证明 取 $k=1, n=2$, 构造形如

$$f'(x_j) \approx \sum_{i=0}^{2} A_{ji}f(x_i) = A_{j0}f(x_0) + A_{j1}f(x_1) + A_{j2}f(x_2)$$

的数值微分公式, 使其至少具有 $m = n + k - 1 = 2$ 阶代数精度.

取 $x_0 = a, x_1 = \dfrac{a+b}{2}, x_2 = b$.

(1) 当 $j = 0$ 时, $x_j = a$, 分别取 $f(x) = 1, x, x^2$, 使数值积分公式精确成立, 即有

$$\begin{cases} 0 = A_{00} + A_{01} + A_{02}, \\ 1 = A_{00}a + A_{01}\dfrac{a+b}{2} + A_{02}b, \\ 2a = A_{00}a^2 + A_{01}\left(\dfrac{a+b}{2}\right)^2 + A_{02}b^2, \end{cases}$$

解得

$$A_{00} = -\frac{3}{b-a}, \quad A_{01} = \frac{4}{b-a}, \quad A_{02} = -\frac{1}{b-a}.$$

于是得数值微分公式

$$f'(a) \approx \frac{-3f(a) + 4f\left(\dfrac{a+b}{2}\right) - f(b)}{b-a},$$

从而由定理 2.1 得余项

$$f'(a) - \frac{-3f(a) + 4f\left(\dfrac{a+b}{2}\right) - f(b)}{b-a} = \frac{1}{3!}f'''(\xi_3)\left(a - \frac{a+b}{2}\right)(a-b)$$

$$= \frac{1}{12}f'''(\xi_3)(b-a)^2,$$

即

$$f(b) = -3f(a) + 4f\left(\frac{a+b}{2}\right) - f'(a)(b-a) + \frac{1}{12}f'''(\xi_3)(b-a)^3,$$

其中 $\xi_3 \in (a,b)$.

(2) 当 $j = 1$ 时, $x_j = \dfrac{a+b}{2}$, 分别取 $f(x) = 1, x, x^2$, 使数值积分公式精确成立, 即有

$$\begin{cases} 0 = A_{10} + A_{11} + A_{12}, \\ 1 = A_{10}a + A_{11}\dfrac{a+b}{2} + A_{12}b, \\ a + b = A_{10}a^2 + A_{11}\left(\dfrac{a+b}{2}\right)^2 + A_{12}b^2, \end{cases}$$

解得

$$A_{10} = -\frac{1}{b-a}, \quad A_{11} = 0, \quad A_{12} = \frac{1}{b-a}.$$

于是得数值微分公式

$$f'\left(\frac{a+b}{2}\right) \approx \frac{f(b) - f(a)}{b-a},$$

从而由定理 2.1 得余项

$$f'\left(\frac{a+b}{2}\right) - \frac{f(b) - f(a)}{b-a} = \frac{1}{3!}f'''(\xi_4)\left(\frac{a+b}{2} - a\right)\left(\frac{a+b}{2} - b\right)$$

$$= -\frac{1}{24}f'''(\xi_4)(b-a)^2,$$

即

$$f(b) = f(a) + f'\left(\frac{a+b}{2}\right)(b-a) + \frac{1}{24}f'''(\xi_4)(b-a)^3,$$

其中 $\xi_4 \in (a, b)$.

(3) 当 $j = 2$ 时, $x_j = b$, 分别取 $f(x) = 1, x, x^2$, 使数值积分公式精确成立, 即有

$$\begin{cases} 0 = A_{20} + A_{21} + A_{22}, \\ 1 = A_{20}a + A_{21}\dfrac{a+b}{2} + A_{22}b, \\ 2b = A_{20}a^2 + A_{21}\left(\dfrac{a+b}{2}\right)^2 + A_{22}b^2, \end{cases}$$

解得

$$A_{20} = \frac{1}{b-a}, \quad A_{21} = -\frac{4}{b-a}, \quad A_{22} = \frac{3}{b-a}.$$

于是得数值微分公式

$$f'(b) \approx \frac{f(a) - 4f\left(\dfrac{a+b}{2}\right) + 3f(b)}{b-a},$$

从而由定理 2.1 得余项

$$f'(b) - \frac{f(a) - 4f\left(\dfrac{a+b}{2}\right) + 3f(b)}{b-a} = \frac{1}{3!}f'''(\xi_5)(b-a)\left(b - \frac{a+b}{2}\right)$$
$$= \frac{1}{12}f'''(\xi_5)(b-a)^2,$$

即

$$f(b) = -\frac{1}{3}f(a) + \frac{4}{3}f\left(\frac{a+b}{2}\right) + \frac{1}{3}f'(b)(b-a) - \frac{1}{36}f'''(\xi_5)(b-a)^3,$$

其中 $\xi_5 \in (a, b)$.

例 2.3 试推导下列含四点的微分等式证明题.

设函数 $f(x)$ 在 $[a, b]$ 上四阶可导, 则有

(1) 存在 $\xi_6 \in (a, b)$, 使得

$$f(b) = \frac{11}{2}f(a) - 9f\left(\frac{2a+b}{3}\right) + \frac{9}{2}f\left(\frac{a+2b}{3}\right) + f'(a)(b-a) + \frac{1}{108}f^{(4)}(\xi_6)(b-a)^4;$$

(2.8)

(2) 存在 $\xi_7 \in (a, b)$, 使得

$$f(b) = -2f(a) - 3f\left(\frac{2a+b}{3}\right) + 6f\left(\frac{a+2b}{3}\right)$$

$$- 2f'\left(\frac{2a+b}{3}\right)(b-a) + \frac{1}{162}f^{(4)}(\xi_7)(b-a)^4; \tag{2.9}$$

(3) 存在 $\xi_8 \in (a, b)$, 使得

$$f(b) = -\frac{1}{2}f(a) + 3f\left(\frac{2a+b}{3}\right) - \frac{3}{2}f\left(\frac{a+2b}{3}\right)$$

$$+ f'\left(\frac{a+2b}{3}\right)(b-a) + \frac{1}{324}f^{(4)}(\xi_8)(b-a)^4; \tag{2.10}$$

(4) 存在 $\xi_9 \in (a, b)$, 使得

$$f(b) = \frac{2}{11}f(a) - \frac{9}{11}f\left(\frac{2a+b}{3}\right) + \frac{18}{11}f\left(\frac{a+2b}{3}\right)$$

$$+ \frac{2}{11}f'(b)(b-a) - \frac{1}{594}f^{(4)}(\xi_9)(b-a)^4. \tag{2.11}$$

证明   取 $k = 1, n = 3$, 构造形如

$$f'(x_j) \approx \sum_{i=0}^{3} A_{ji}f(x_i) = A_{j0}f(x_0) + A_{j1}f(x_1) + A_{j2}f(x_2) + A_{j3}f(x_3)$$

的数值微分公式, 使其至少具有 $m = n + k - 1 = 3$ 阶代数精度.

不妨取等距节点 $x_i = x_0 + ih\ (i = 0, 1, 2, 3)$.

当 $j = 0$ 时, $x_j = x_0$, 分别取 $f(x) = 1, x, x^2, x^3$, 使数值积分公式精确成立, 即有

$$\begin{cases} 0 = A_{00} + A_{01} + A_{02} + A_{03}, \\ 1 = A_{00}x_0 + A_{01}x_1 + A_{02}x_2 + A_{03}x_3, \\ 2x_0 = A_{00}x_0^2 + A_{01}x_1^2 + A_{02}x_2^2 + A_{03}x_3^2, \\ 3x_0^2 = A_{00}x_0^3 + A_{01}x_1^3 + A_{02}x_2^3 + A_{03}x_3^3. \end{cases}$$

此方程组的系数矩阵的行列式, 由范德蒙德行列式计算得

$$D = \begin{vmatrix} 1 & 1 & 1 & 1 \\ x_0 & x_1 & x_2 & x_3 \\ x_0^2 & x_1^2 & x_2^2 & x_3^2 \\ x_0^3 & x_1^3 & x_2^3 & x_3^3 \end{vmatrix} = \prod_{0 \leqslant i < j \leqslant 3}(x_j - x_i) = 12h^6,$$

而

$$D_1 = \begin{vmatrix} 0 & 1 & 1 & 1 \\ 1 & x_1 & x_2 & x_3 \\ 2x_0 & x_1^2 & x_2^2 & x_3^2 \\ 3x_0^2 & x_1^3 & x_2^3 & x_3^3 \end{vmatrix} = \begin{vmatrix} 0 & 1 & 0 & 0 \\ 1 & x_1 & x_2 - x_1 & x_3 - x_1 \\ 2x_0 & x_1^2 & x_2^2 - x_1^2 & x_3^2 - x_1^2 \\ 3x_0^2 & x_1^3 & x_2^3 - x_1^3 & x_3^3 - x_1^3 \end{vmatrix}$$

$$= - \begin{vmatrix} 1 & x_2 - x_1 & x_3 - x_1 \\ 2x_0 & x_2^2 - x_1^2 & x_3^2 - x_1^2 \\ 3x_0^2 & x_2^3 - x_1^3 & x_3^3 - x_1^3 \end{vmatrix}$$

$$= -(x_2 - x_1)(x_3 - x_1) \begin{vmatrix} 1 & 1 & 1 \\ 2x_0 & x_2 + x_1 & x_3 + x_1 \\ 3x_0^2 & x_2^2 + x_1 x_2 + x_1^2 & x_3^2 + x_1 x_3 + x_1^2 \end{vmatrix}$$

$$= -(x_2 - x_1)(x_3 - x_1) \begin{vmatrix} 1 & 0 & 0 \\ 2x_0 & x_2 + x_1 - 2x_0 & x_3 + x_1 - 2x_0 \\ 3x_0^2 & x_2^2 + x_1 x_2 + x_1^2 - 3x_0^2 & x_3^2 + x_1 x_3 + x_1^2 - 3x_0^2 \end{vmatrix}$$

$$= -(x_2 - x_1)(x_3 - x_1) \begin{vmatrix} x_2 + x_1 - 2x_0 & x_3 + x_1 - 2x_0 \\ x_2^2 + x_1 x_2 + x_1^2 - 3x_0^2 & x_3^2 + x_1 x_3 + x_1^2 - 3x_0^2 \end{vmatrix} = -22h^5.$$

于是由克拉默法则, 解得

$$A_{00} = \frac{D_1}{D} = -\frac{11}{6h}.$$

同理得

$$A_{01} = \frac{3}{h}, \quad A_{02} = -\frac{3}{2h}, \quad A_{03} = \frac{1}{3h},$$

从而得数值微分公式

$$f'(x_0) \approx \frac{1}{6h}[-11f(x_0) + 18f(x_1) - 9f(x_2) + 2f(x_3)].$$

当 $j = 1, 2, 3$ 时, 类似地可得

$$f'(x_1) \approx \frac{1}{6h}[-2f(x_0) - 3f(x_1) + 6f(x_2) - f(x_3)],$$

$$f'(x_2) \approx \frac{1}{6h}[f(x_0) - 6f(x_1) + 3f(x_2) + 2f(x_3)],$$

$$f'(x_3) \approx \frac{1}{6h}[-2f(x_0) + 9f(x_1) - 18f(x_2) + 11f(x_3)].$$

令 $x_0 = a, x_3 = b$, 则 $h = \dfrac{b-a}{3}$, 代入上面四个数值微分公式, 即得

$$f'(a) \approx \frac{1}{2(b-a)}\left[-11f(a) + 18f\left(\frac{2a+b}{3}\right) - 9f\left(\frac{a+2b}{3}\right) + 2f(b)\right],$$

$$f'\left(\frac{2a+b}{3}\right) \approx \frac{1}{2(b-a)}\left[-2f(a) - 3f\left(\frac{2a+b}{3}\right) + 6f\left(\frac{a+2b}{3}\right) - f(b)\right],$$

$$f'\left(\frac{a+2b}{3}\right) \approx \frac{1}{2(b-a)}\left[f(a) - 6f\left(\frac{2a+b}{3}\right) + 3f\left(\frac{a+2b}{3}\right) + 2f(b)\right],$$

$$f'(b) \approx \frac{1}{2(b-a)} \left[-2f(a) + 9f\left(\frac{2a+b}{3}\right) - 18f\left(\frac{a+2b}{3}\right) + 11f(b) \right].$$

故由定理 2.1 分别得它们的余项为

$$f'(a) - \frac{1}{2(b-a)} \left[-11f(a) + 18f\left(\frac{2a+b}{3}\right) - 9f\left(\frac{a+2b}{3}\right) + 2f(b) \right]$$

$$= \frac{1}{4!} f^{(4)}(\xi_6) \left(a - \frac{2a+b}{3} \right) \left(a - \frac{a+2b}{3} \right) (a - b) = \frac{1}{108} f^{(4)}(\xi_6)(a-b)^3,$$

即

$$f(b) = \frac{11}{2} f(a) - 9f\left(\frac{2a+b}{3}\right) + \frac{9}{2} f\left(\frac{a+2b}{3}\right) + f'(a)(b-a) + \frac{1}{108} f^{(4)}(\xi_6)(b-a)^4,$$

其中 $\xi_6 \in (a, b)$;

$$f'\left(\frac{2a+b}{3}\right) - \frac{1}{2(b-a)} \left[-2f(a) - 3f\left(\frac{2a+b}{3}\right) + 6f\left(\frac{a+2b}{3}\right) - f(b) \right]$$

$$= \frac{1}{4!} f^{(4)}(\xi_7) \left(\frac{2a+b}{3} - a \right) \left(\frac{2a+b}{3} - \frac{a+2b}{3} \right) \left(\frac{2a+b}{3} - b \right)$$

$$= \frac{1}{324} f^{(4)}(\xi_7)(b-a)^3,$$

即

$$f(b) = -2f(a) - 3f\left(\frac{2a+b}{3}\right) + 6f\left(\frac{a+2b}{3}\right)$$

$$- 2f'\left(\frac{2a+b}{3}\right)(b-a) + \frac{1}{162} f^{(4)}(\xi_7)(b-a)^4,$$

其中 $\xi_7 \in (a, b)$;

$$f'\left(\frac{a+2b}{3}\right) - \frac{1}{2(b-a)} \left[f(a) - 6f\left(\frac{2a+b}{3}\right) + 3f\left(\frac{a+2b}{3}\right) + 2f(b) \right]$$

$$= \frac{1}{4!} f^{(4)}(\xi_8) \left(\frac{a+2b}{3} - a \right) \left(\frac{a+2b}{3} - \frac{2a+b}{3} \right) \left(\frac{a+2b}{3} - b \right)$$

$$= -\frac{1}{324} f^{(4)}(\xi_8)(b-a)^3,$$

即

$$f(b) = -\frac{1}{2} f(a) + 3f\left(\frac{2a+b}{3}\right) - \frac{3}{2} f\left(\frac{a+2b}{3}\right)$$

$$+ f'\left(\frac{a+2b}{3}\right)(b-a) + \frac{1}{324} f^{(4)}(\xi_8)(b-a)^4,$$

其中 $\xi_8 \in (a, b)$;

$$f'(b) - \frac{1}{2(b-a)} \left[-2f(a) + 9f\left(\frac{2a+b}{3}\right) - 18f\left(\frac{a+2b}{3}\right) + 11f(b) \right]$$

$$= \frac{1}{4!} f^{(4)}(\xi_9)(b-a)\left(b - \frac{2a+b}{3}\right)\left(b - \frac{a+2b}{3}\right) = \frac{1}{108} f^{(4)}(\xi_9)(b-a)^3,$$

即

$$f(b) = \frac{2}{11}f(a) - \frac{9}{11}f\left(\frac{2a+b}{3}\right) + \frac{18}{11}f\left(\frac{a+2b}{3}\right)$$

$$+ \frac{2}{11}f'(b)(b-a) - \frac{1}{594}f^{(4)}(\xi_9)(b-a)^4,$$

其中 $\xi_9 \in (a, b)$.

类似地, 可以推广得到含五点及其以上更多个点的微分等式证明题.

例 2.4 试推导下列含三点的 0 阶微分等式证明题.

设函数 $f(x)$ 在 $[a, b]$ 上二阶可导, 则至少存在一点 $\xi_{10} \in (a, b)$, 使得

$$f(b) = 2f\left(\frac{a+b}{2}\right) - f(a) + \frac{1}{4}f''(\xi_{10})(b-a)^2.$$

证明 取 $k = 0, n = 2, x_0 = a, x_1 = \frac{a+b}{2}, x_2 = b$, 构造形如

$$f(x_2) \approx \sum_{i=0}^{2} A_i f(x_i) = A_0 f(x_0) + A_1 f(x_1) + A_2 f(x_2)$$

的 0 阶数值微分公式, 使其具有 $n - 1 = 1$ 阶代数精度.

分别取 $f(x) = 1, x$, 使数值公式精确成立, 即有

$$\begin{cases} 1 = A_0 + A_1 + A_2, \\ b = A_0 a + A_1 \dfrac{a+b}{2} + A_2 b. \end{cases}$$

特别地取 $A_2 = 0$, 则由上式可解得 $A_0 = -1, A_1 = 2$. 于是得数值公式

$$f(b) \approx 2f\left(\frac{a+b}{2}\right) - f(a).$$

故由引理 2.2 得其余项为

$$f(b) - 2f\left(\frac{a+b}{2}\right) + f(a) = \frac{1}{2!}f''(\xi_{10})(b-a)\left(b - \frac{a+b}{2}\right) = \frac{1}{4}f''(\xi_{10})(b-a)^2,$$

其中 $\xi_{10} \in (a, b)$.

2.4.2　第二种构造策略的应用

下面, 以低阶数值微分公式为构筑模块, 进一步构造生成具有更高阶代数精度的数值微分公式, 并确定其余项, 由此生成新的含中介值的微分等式证明题.

例 2.5　试推导下列含三点的二阶微分等式证明题.

设函数 $f(x)$ 在 $[a,b]$ 上四阶可导, 则存在 $\xi_{11} \in (a,b)$, 使得

$$f(b) = 2f\left(\frac{a+b}{2}\right) - f(a) + \frac{1}{4}f''\left(\frac{a+b}{2}\right)(b-a)^2 + \frac{1}{192}f^{(4)}(\xi_{11})(b-a)^4. \quad (2.12)$$

证法 1　用第一种构造策略推导.

取 $k=2, n=2$, 构造形如

$$f''(x_j) \approx \sum_{i=0}^{2} A_{ji}f(x_i) = A_{j0}f(x_0) + A_{j1}f(x_1) + A_{j2}f(x_2)$$

的数值微分公式, 使其至少具有 $m = n + k - 1 = 3$ 阶代数精度.

取 $x_0 = a, x_1 = \dfrac{a+b}{2}, x_2 = b$.

当 $j = 0, 1, 2$ 时, 分别取 $f(x) = 1, x, x^2$, 使数值积分公式精确成立, 即有

$$\begin{cases} 0 = A_{00} + A_{01} + A_{02}, \\ 0 = A_{00}a + A_{01}\dfrac{a+b}{2} + A_{02}b, \\ 2 = A_{00}a^2 + A_{01}\left(\dfrac{a+b}{2}\right)^2 + A_{02}b^2. \end{cases}$$

该方程组的系数矩阵的行列式, 由范德蒙德行列式计算得

$$D = \begin{vmatrix} 1 & 1 & 1 \\ a & \dfrac{a+b}{2} & b \\ a^2 & \left(\dfrac{a+b}{2}\right)^2 & b^2 \end{vmatrix} = \left(\frac{a+b}{2} - a\right)(b-a)\left(b - \frac{a+b}{2}\right) = \frac{1}{4}(b-a)^3,$$

而

$$D_1 = \begin{vmatrix} 0 & 1 & 1 \\ 0 & \dfrac{a+b}{2} & b \\ 2 & \left(\dfrac{a+b}{2}\right)^2 & b^2 \end{vmatrix} = 2\begin{vmatrix} 1 & 1 \\ \dfrac{a+b}{2} & b \end{vmatrix} = b - a,$$

$$D_2 = \begin{vmatrix} 1 & 0 & 1 \\ a & 0 & b \\ a^2 & 2 & b^2 \end{vmatrix} = -2(b-a), \quad D_3 = \begin{vmatrix} 1 & 1 & 0 \\ a & \dfrac{a+b}{2} & 0 \\ a^2 & \left(\dfrac{a+b}{2}\right)^2 & 2 \end{vmatrix} = b-a,$$

于是由克拉默法则, 解得

$$A_{00} = \frac{D_1}{D} = \frac{4}{(b-a)^2}, \quad A_{01} = \frac{D_2}{D} = -\frac{8}{(b-a)^2}, \quad A_{02} = \frac{D_3}{D} = \frac{4}{(b-a)^2}.$$

从而得数值微分公式

$$f''(x_j) \approx \frac{4}{(b-a)^2}\left[f(a) - 2f\left(\frac{a+b}{2}\right) + f(b)\right].$$

容易验证, 仅当取 $j = 1$, 即 $x_j = \dfrac{a+b}{2}$ 时, 上述数值微分公式至少具有 3 阶代数精度, 此时有

$$f''\left(\frac{a+b}{2}\right) \approx \frac{4}{(b-a)^2}\left[f(a) - 2f\left(\frac{a+b}{2}\right) + f(b)\right].$$

故由定理 2.1 得其余项为

$$f''\left(\frac{a+b}{2}\right) - \frac{4}{(b-a)^2}\left[f(a) - 2f\left(\frac{a+b}{2}\right) + f(b)\right]$$
$$= \frac{2!}{4!}f^{(4)}(\xi_{11})\left(\frac{a+b}{2} - a\right)\left(\frac{a+b}{2} - b\right) = -\frac{1}{48}f^{(4)}(\xi_{11})(b-a)^2.$$

即

$$f(b) = 2f\left(\frac{a+b}{2}\right) - f(a) + \frac{1}{4}f''\left(\frac{a+b}{2}\right)(b-a)^2 + \frac{1}{192}f^{(4)}(\xi_{11})(b-a)^4.$$

证法 2 用第二种构造策略推导.

选取由例 2.4 得到的数值微分公式为基本构筑模块, 即

$$f(b) - 2f\left(\frac{a+b}{2}\right) + f(a) = \frac{1}{4}f''(\xi_{10})(b-a)^2.$$

令 $\xi_{10} = a + \theta_1(b-a)$ $(0 < \theta_5 < 1)$, 求 θ_1, 使数值微分公式

$$f(b) - 2f\left(\frac{a+b}{2}\right) + f(a) \approx \frac{1}{4}f''(a + \theta_1(b-a))(b-a)^2 \tag{2.13}$$

具有尽可能高的代数精度.

取 $f(x) = 1, x, x^2$ 时, 易于验证数值微分公式 (2.13) 精确成立; 取 $f(x) = x^3$ 使公式 (2.13) 精确成立. 为了计算方便起见, 选取特殊值 $a = 0$, $b = 1$, 解得 $\theta_1 = \dfrac{1}{2}$. 于是得数值微分公式

$$f(b) - 2f\left(\frac{a+b}{2}\right) + f(a) \approx \frac{1}{4}f''\left(\frac{a+b}{2}\right)(b-a)^2,$$

改写为

$$f''\left(\frac{a+b}{2}\right) \approx \frac{4}{(b-a)^2}\left[f(a) - 2f\left(\frac{a+b}{2}\right) + f(b)\right], \qquad (2.14)$$

因为取 $f(x) = x^4$ 时, 公式 (2.14) 不精确成立, 所以公式 (2.14) 的代数精度为 3. 选取 $x_0 = a, x_1 = \dfrac{a+b}{2}, x_2 = b$, 则 $n = 2, k = 2, x_j = x_1 = \dfrac{a+b}{2}$, 故由定理 2.1 可得数值微分公式 (2.14) 的余项为

$$f''\left(\frac{a+b}{2}\right) - \frac{4}{(b-a)^2}\left[f(a) - 2f\left(\frac{a+b}{2}\right) + f(b)\right]$$
$$= \frac{2!}{4!}f^{(4)}(\xi_{11})\left(\frac{a+b}{2} - a\right)\left(\frac{a+b}{2} - b\right) = -\frac{1}{48}f^{(4)}(\xi_{11})(b-a)^2.$$

即

$$f(b) = 2f\left(\frac{a+b}{2}\right) - f(a) + \frac{1}{4}f''\left(\frac{a+b}{2}\right)(b-a)^2 + \frac{1}{192}f^{(4)}(\xi_{11})(b-a)^4.$$

此处, 余项还可以如下求得.

由定理 2.1 知, 公式 (2.14) 的余项可设为

$$R_2(f) = f''\left(\frac{a+b}{2}\right) - \frac{4}{(b-a)^2}\left[f(a) - 2f\left(\frac{a+b}{2}\right) + f(b)\right] = K_0 \cdot f^{(4)}(\xi_{11}),$$

其中 $a < \xi_{11} < b$. 取 $f(x) = x^4$, 代入上式计算得 $K_0 = -\dfrac{1}{48}(b-a)^2$. 即得新的微分等式证明题

$$f(b) = 2f\left(\frac{a+b}{2}\right) - f(a) + f''\left(\frac{a+b}{2}\right)\frac{(b-a)^2}{4} + \frac{1}{192}f^{(4)}(\xi_{11})(b-a)^4.$$

类似地, 按照第二种构造策略, 继续以上述数值微分公式为基本构筑模块, 我们可以构造生成具有更高阶代数精度的数值微分公式.

令 $\xi_{11} = a + \theta_2(b - a)$ $(0 < \theta_2 < 1)$, 求 θ_2, 使数值微分公式

$$f(b) \approx 2f\left(\frac{a+b}{2}\right) - f(a) + f''\left(\frac{a+b}{2}\right)\frac{(b-a)^2}{4} + \frac{1}{192}f^{(4)}(a + \theta_2(b-a))(b-a)^4$$
$$\qquad (2.15)$$

具有尽可能高的代数精度.

取 $f(x) = 1, x, x^2, x^3$ 时, 易于验证数值微分公式 (2.15) 精确成立; 取 $f(x) = x^4$ 使公式 (2.15) 精确成立. 为了计算方便起见, 选取特殊值 $a = 0$, $b = 1$, 解得 $\theta_2 = \dfrac{1}{2}$. 于是得数值微分公式

$$
f(b) \approx 2f\left(\frac{a+b}{2}\right) - f(a) + f''\left(\frac{a+b}{2}\right)\frac{(b-a)^2}{4} + \frac{1}{192}f^{(4)}\left(\frac{a+b}{2}\right)(b-a)^4,
$$

改写为

$$
f^{(4)}\left(\frac{a+b}{2}\right) \approx -\frac{48}{(b-a)^2}f''\left(\frac{a+b}{2}\right) + \frac{192}{(b-a)^4}\left[f(a) - 2f\left(\frac{a+b}{2}\right) + f(b)\right],
$$
(2.16)

因为取 $f(x) = x^5$ 时, 公式 (2.16) 不精确成立, 所以公式 (2.16) 的代数精度为 4. 选取 $x_0 = a, x_1 = \dfrac{a+b}{2}, x_2 = b$, 则 $n = 2, k = 4, x_j = x_l = x_1 = \dfrac{a+b}{2}$, 故由定理 2.5 得数值微分公式 (2.16) 的余项为

$$
f^{(4)}\left(\frac{a+b}{2}\right) - \left[-\frac{48}{(b-a)^2}f''\left(\frac{a+b}{2}\right) + \frac{192}{(b-a)^4}\left(f(a) - 2f\left(\frac{a+b}{2}\right) + f(b)\right)\right]
$$
$$
= K_{41}f^{(5)}(\eta_1) + K_{42}f^{(6)}(\eta_2) = -\frac{(b-a)^2}{120}f^{(6)}(\eta_2),
$$

其中

$$
K_{41} = \frac{24}{(n+3)!}w'_n(x_j) = \frac{24}{5!}(2x_1 - a - b) = 0,
$$
$$
K_{42} = \frac{24}{(n+4)!}w_n(x_j) = \frac{24}{6!}\left(\frac{a+b}{2} - a\right)\left(\frac{a+b}{2} - b\right) = -\frac{1}{120}(b-a)^2.
$$

整理上式, 即得

$$
f(b) = 2f\left(\frac{a+b}{2}\right) - f(a) + f''\left(\frac{a+b}{2}\right)\frac{(b-a)^2}{4} + \frac{1}{192}f^{(4)}\left(\frac{a+b}{2}\right)(b-a)^4
$$
$$
+ \frac{1}{23040}f^{(6)}(\eta_2)(b-a)^6.
$$
(2.17)

再继续以上述数值微分公式 (2.17) 为基本构筑模块, 确定中介值中的参数, 使数值微分公式具有尽可能高的代数精度, 然后利用定理 2.7 可得其余项表达式, 由此即可构造生成具有七阶代数精度的数值微分公式 (2.18) (推导过程略).

由上即得另外两个新的含中介值微分等式证明题:

(1) 设函数 $f(x)$ 在 $[a,b]$ 上六阶可导, 则至少存在一点 $\eta_2 \in (a,b)$, 使

$$f(b) = 2f\left(\frac{a+b}{2}\right) - f(a) + f''\left(\frac{a+b}{2}\right)\frac{(b-a)^2}{4} + \frac{1}{192}f^{(4)}\left(\frac{a+b}{2}\right)(b-a)^4$$

$$+ \frac{1}{23040}f^{(6)}(\eta_2)(b-a)^6. \tag{2.17}$$

(2) 设函数 $f(x)$ 在 $[a,b]$ 上八阶可导, 则至少存在一点 $\eta_3 \in (a,b)$, 使

$$f(b) = 2f\left(\frac{a+b}{2}\right) - f(a) + f''\left(\frac{a+b}{2}\right)\frac{(b-a)^2}{4} + \frac{1}{192}f^{(4)}\left(\frac{a+b}{2}\right)(b-a)^4$$

$$+ \frac{1}{23040}f^{(6)}\left(\frac{a+b}{2}\right)(b-a)^6 + \frac{1}{5160960}f^{(8)}(\eta_3)(b-a)^8. \tag{2.18}$$

[注记 4]　理论上, 还可继续进一步进行下去, 使生成具有更高阶代数精度的数值微分公式.

例 2.6　设函数 $f(x)$ 在 $[a,b]$ 上三阶可导, 则至少存在一点 $\xi_4 \in (a,b)$, 使

$$f(b) = f(a) + f'\left(\frac{a+b}{2}\right)(b-a) + \frac{1}{24}f'''(\xi_4)(b-a)^3. \tag{2.6}$$

证明　例 2.2(2) 中利用第一种构造策略推导证明了该结论. 这里我们利用第二种构造策略推导证明.

考虑数值公式 $f(b) \approx f(a)$, 取 $x_0 = a$, $x_1 = b$, $k = 0$, 容易验证其代数精度为 0, 故由定理 2.1 知

$$f(b) - f(a) = f'(\xi)(b-a),$$

其中 $\xi \in (x_0, x_1) \subset (a,b)$. 这也可直接由拉格朗日中值定理得到.

令 $\xi = a + \theta_3(b-a)$ $(0 < \theta_3 < 1)$, 求 θ_3, 使数值微分公式

$$f(b) - f(a) \approx f'(a + \theta_3(b-a)) \cdot (b-a), \tag{2.19}$$

具有尽可能高的代数精度. 为此, 取 $f(x) = 1, x$, 容易验证公式 (2.19) 精确成立; 现取 $f(x) = x^2$, 使公式 (2.19) 精确成立, 由此解得 $\theta_3 = \dfrac{1}{2}$. 故得数值微分公式 (2.19) 为

$$f(b) - f(a) \approx f'\left(\frac{a+b}{2}\right) \cdot (b-a),$$

改写为

$$f'\left(\frac{a+b}{2}\right) \approx \frac{f(b) - f(a)}{b-a},$$

选取 $x_0 = a$, $x_1 = \dfrac{a+b}{2}$, $x_2 = b$, 则 $n = 2$, $k = 1$, 易于验证上述数值微分公式的代数精度为 2. 于是由定理 2.1 知它的余项表达式为

$$R(f) = f'\left(\frac{a+b}{2}\right) - \frac{f(b) - f(a)}{b-a} = \frac{1}{3!}\left(\frac{a+b}{2} - a\right)\left(\frac{a+b}{2} - b\right) \cdot f'''(\xi_4)$$

$$= -\frac{(b-a)^2}{24} \cdot f'''(\xi_4),$$

整理, 即得

$$f(b) = f(a) + f'\left(\frac{a+b}{2}\right)(b-a) + \frac{1}{24}f'''(\xi_4)(b-a)^3. \tag{2.6}$$

以上剖析了已有数值微分公式的生成过程. 下面, 以该数值微分公式为基本构筑模块, 进一步构造生成如下具有更高阶代数精度的新的数值微分公式.

例 2.7 设函数 $f(x)$ 在 $[a,b]$ 上五阶可导, 则至少存在一点 $\eta_4 \in (a,b)$, 使

$$f(b) = f(a) + f'\left(\frac{a+b}{2}\right)(b-a) + \frac{1}{24}f'''\left(\frac{a+b}{2}\right)(b-a)^3 + \frac{1}{1920}f^{(5)}(\eta_4)(b-a)^5.$$

证明 下面以数值微分公式 (2.6) 为基本构筑模块, 用第二种构造策略推导证明上述结论.

将 (2.6) 式改写为

$$f'\left(\frac{a+b}{2}\right) - \frac{f(b) - f(a)}{b-a} = -\frac{1}{24}f'''(\xi_4)(b-a)^2.$$

令 $\xi_4 = a + \theta_4(b-a)(0 < \theta_4 < 1)$, 求 θ_4, 使数值微分公式

$$f'\left(\frac{a+b}{2}\right) - \frac{f(b) - f(a)}{b-a} \approx -\frac{1}{24}f'''(a + \theta_4(b-a))(b-a)^2 \tag{2.20}$$

具有尽可能高的代数精度.

取 $f(x) = 1, x, x^2, x^3$ 时, 易于验证数值微分公式 (2.20) 精确成立; 取 $f(x) = x^4$ 使公式 (2.20) 精确成立. 为了计算方便起见, 选取特殊值 $a = 0$, $b = 1$, 解得 $\theta_4 = \dfrac{1}{2}$. 于是得

$$f'\left(\frac{a+b}{2}\right) - \frac{f(b) - f(a)}{b-a} \approx -\frac{1}{24}f'''\left(\frac{a+b}{2}\right)(b-a)^2,$$

改写为

$$f'''\left(\frac{a+b}{2}\right) \approx \frac{24}{(b-a)^3}(f(b) - f(a)) - \frac{24}{(b-a)^2}f'\left(\frac{a+b}{2}\right). \tag{2.21}$$

因为取 $f(x) = x^5$ 时, 公式 (2.21) 不精确成立, 所以公式 (2.21) 的代数精度为 4. 选取 $x_0 = a$, $x_1 = \dfrac{a+b}{2}$, $x_2 = b$, 则 $n = 2$, $k = 3$, $x_j = x_l = x_1 = \dfrac{a+b}{2}$, 故由定理 2.3 得, 数值微分公式 (2.21) 的余项为

$$f'''\left(\frac{a+b}{2}\right) - \left[\frac{24}{(b-a)^3}(f(b) - f(a)) - \frac{24}{(b-a)^2}f'\left(\frac{a+b}{2}\right)\right]$$
$$= K_{21}f^{(4)}(\tilde{\eta}_4) + K_{22}f^{(5)}(\eta_4)$$
$$= \frac{6}{5!}f^{(5)}(\eta_4) \cdot \left(\frac{a+b}{2} - a\right)\left(\frac{a+b}{2} - b\right) = -\frac{1}{80}(b-a)^2 f^{(5)}(\eta_4),$$

其中

$$K_{21} = \frac{6}{(n+2)!}w_n'(x_j) = \frac{6}{4!}(2x_1 - a - b) = 0,$$
$$K_{22} = \frac{6}{(n+3)!}w_n(x_j) = \frac{6}{5!}\left(\frac{a+b}{2} - a\right)\left(\frac{a+b}{2} - b\right)$$
$$= -\frac{1}{80}(b-a)^2, \quad a < \eta_4, \quad \tilde{\eta}_4 < b.$$

整理即得新的数值微分公式

$$f(b) = f(a) + f'\left(\frac{a+b}{2}\right)(b-a) + \frac{1}{24}f'''\left(\frac{a+b}{2}\right)(b-a)^3 + \frac{1}{1920}f^{(5)}(\eta_4)(b-a)^5.$$

[注记 5]　　上述证明过程也是构造和生成新的数值微分公式的详细过程, 理论上还可以继续构造生成更高阶的数值微分公式.

例 2.8　设函数 $f(x)$ 在 $[a, b]$ 上五阶可导, 则至少存在点 $\eta_5, \tilde{\eta}_5 \in (a, b)$, 使

$$f(b) = f(a) + f'(a)(b-a) + \frac{1}{2}f''\left(\frac{2a+b}{3}\right)(b-a)^2 + \frac{1}{216}f^{(4)}(\eta_5)(b-a)^4$$
$$+ \frac{1}{3240}f^{(5)}(\tilde{\eta}_5)(b-a)^5. \tag{2.22}$$

证明　由泰勒展开公式, 或由例 2.1 中 (2.3) 式, 有

$$f(b) = f(a) + f'(a)(b-a) + \frac{1}{2!}f''(\xi_1)(b-a)^2.$$

下面以它为基本构筑模块, 用第二种构造策略推导证明该题结论.

令 $\xi_1 = a + \theta_5(b-a)$　$(0 < \theta_5 < 1)$, 求 θ_5, 使数值微分公式

$$f(b) \approx f(a) + f'(a)(b-a) + \frac{1}{2!}f''(a + \theta_5(b-a))(b-a)^2 \tag{2.23}$$

具有尽可能高的代数精度.

取 $f(x) = 1, x, x^2$ 时, 易于验证数值微分公式 (2.23) 精确成立; 取 $f(x) = x^3$ 使公式 (2.23) 精确成立. 为了计算方便起见, 选取特殊值 $a = 0$, $b = 1$, 解得 $\theta_5 = \dfrac{1}{3}$. 于是得

$$f(b) \approx f(a) + f'(a)(b-a) + \frac{1}{2}f''\left(\frac{2a+b}{3}\right)(b-a)^2,$$

上式改写为

$$f''\left(\frac{2a+b}{3}\right) \approx \frac{2}{(b-a)^2}(f(b) - f(a)) - \frac{2}{b-a}f'(a). \qquad (2.24)$$

因为取 $f(x) = x^4$ 时, 公式 (2.24) 不精确成立, 所以公式 (2.24) 的代数精度为 3.

取 $x_0 = a$, $x_1 = \dfrac{2a+b}{3}$, $x_2 = b$, 则 $n = 2$, $k = 2$, $n+1 = 3$, $x_j = x_1$, $x_l = x_0$, 故由定理 2.2 得数值微分公式 (2.24) 的余项为

$$f''\left(\frac{2a+b}{3}\right) - \left[\frac{2}{(b-a)^2}(f(b) - f(a)) - \frac{2}{b-a}f'(a)\right]$$
$$= K_{12}f^{(4)}(\eta_5) + K_{13}f^{(5)}(\tilde{\eta}_5)$$
$$= -\frac{1}{108}(b-a)^2 f^{(4)}(\eta_5) - \frac{1}{1620}(b-a)^3 f^{(5)}(\tilde{\eta}_5),$$

其中

$$K_{12} = \frac{(x_j - x_l)^2}{(n+2)!}w_n''(x_j) + \frac{4(x_j - x_l)}{(n+2)!}w_n'(x_j) = \frac{2}{4!}\left(\frac{b-a}{3}\right)^2 + \frac{4}{4!}\frac{b-a}{3} \cdot \frac{a-b}{3}$$
$$= -\frac{1}{108}(b-a)^2,$$

$$K_{13} = \frac{2(x_j - x_l)^2}{(n+3)!}w_n'(x_j) = \frac{2}{5!}\left(\frac{b-a}{3}\right)^2\frac{a-b}{3}$$
$$= -\frac{1}{1620}(b-a)^3, \quad a < \eta_5, \quad \tilde{\eta}_5 < b.$$

整理即得新的数值微分公式

$$f(b) = f(a) + f'(a)(b-a) + \frac{1}{2}f''\left(\frac{2a+b}{3}\right)(b-a)^2 + \frac{1}{216}f^{(4)}(\eta_5)(b-a)^4$$
$$+ \frac{1}{3240}f^{(5)}(\tilde{\eta}_5)(b-a)^5.$$

类似地, 以 (2.4) 为基本构筑模块, 用第二种构造策略, 可构造生成新的数值微分公式.

设函数 $f(x)$ 在 $[a,b]$ 上五阶可导, 则至少存在 $\eta_6, \tilde{\eta}_6 \in (a,b)$, 使

$$f(b) = f(a) + f'(b)(b-a) - \frac{1}{2}f''\left(\frac{a+2b}{3}\right)(b-a)^2 - \frac{1}{216}f^{(4)}(\eta_6)(b-a)^4$$
$$+ \frac{1}{3240}f^{(5)}(\tilde{\eta}_6)(b-a)^5. \tag{2.25}$$

例 2.9　设函数 $f(x)$ 在 $[a,b]$ 上三阶可导, 则至少存在一点 $\eta_7 \in (a,b)$, 使

$$f(b) - 3f\left(\frac{a+2b}{3}\right) + 3f\left(\frac{2a+b}{3}\right) - f(a) = \frac{1}{27}f'''(\eta_7)(b-a)^3. \tag{2.26}$$

证明　考虑数值公式

$$f(b) - 3f\left(\frac{a+2b}{3}\right) + 3f\left(\frac{2a+b}{3}\right) - f(a) \approx 0, \tag{2.27}$$

容易验证其代数精度为 2.

选取 $x_0 = a$, $x_1 = \dfrac{2a+b}{3}$, $x_2 = \dfrac{a+2b}{3}$, $x_3 = b$, 则 $n = 3$, $k = 0$, 于是由引理 2.2 知数值公式 (2.27) 的余项为

$$f(b) - 3f\left(\frac{a+2b}{3}\right) + 3f\left(\frac{2a+b}{3}\right) - f(a)$$
$$= \frac{1}{3!}\left(b - \frac{2a+b}{3}\right)(b-a)\left(b - \frac{a+2b}{3}\right) \cdot f'''(\eta_7)$$
$$= \frac{1}{27}(b-a)^3 f'''(\eta_7),$$

由此化简即得新的数值微分公式 (2.26).

[**注记 6**]　该题无法再继续构造生成新的数值微分公式.

类似地, 可生成如下新的数值微分公式.

(1) 设函数 $f(x)$ 在 $[a,b]$ 上四阶可导, 则至少存在一点 $\eta_8 \in (a,b)$, 使

$$f(b) - 4f\left(\frac{a+3b}{4}\right) + 6f\left(\frac{a+b}{2}\right) - 4f\left(\frac{3a+b}{4}\right) + f(a) = \frac{1}{256}f^{(4)}(\eta_8)(b-a)^4. \tag{2.28}$$

一般地, 由数学归纳法有

设函数 $f(x)$ 在 $[a,b]$ 上 n 阶可导, $a = x_0 < x_1 < \cdots < x_n = b$, $h = \dfrac{b-a}{n}$,

$x_k = a + kh$ $(k = 0, 1, 2, \cdots, n)$, 则至少存在一点 $\eta_9 \in (a, b)$, 使

$$\sum_{k=0}^{n} (-1)^{n-k} C_n^k f(x_k) = K f^{(n)}(\eta_9), \qquad (2.29)$$

其中 $K = \dfrac{\displaystyle\sum_{k=0}^{n} (-1)^{n-k} C_n^k \cdot x_k^n}{n!}$.

(2) 设函数 $f(x)$ 在 $[a, b]$ 上三阶可导, 则至少存在一点 $\eta_{10} \in (a, b)$, 使

$$f(b) - 2f\left(\frac{a+3b}{4}\right) + 2f\left(\frac{3a+b}{4}\right) - f(a) = \frac{1}{32} f'''(\eta_{10})(b-a)^3. \qquad (2.30)$$

例 2.10 设函数 $f(x)$ 在 $[a, b]$ 上五阶可导, 则至少存在一点 $\eta_{11} \in (a, b)$, 使

$$f(b) - 8f\left(\frac{a+3b}{4}\right) + 8f\left(\frac{3a+b}{4}\right) - f(a)$$
$$= -3f'\left(\frac{a+b}{2}\right)(b-a) + \frac{1}{2560} f^{(5)}(\eta_{11})(b-a)^5.$$

证明 考虑数值微分公式

$$f(b) - 8f\left(\frac{a+3b}{4}\right) + 8f\left(\frac{3a+b}{4}\right) - f(a) \approx -3f'\left(\frac{a+b}{2}\right)(b-a),$$

改写为

$$f'\left(\frac{a+b}{2}\right) \approx \frac{1}{3(b-a)}\left[-f(b) + 8f\left(\frac{a+3b}{4}\right) - 8f\left(\frac{3a+b}{4}\right) + f(a)\right]. \qquad (2.31)$$

易于验证数值微分公式 (2.31) 的代数精度为 4.

选取 $x_0 = a$, $x_1 = \dfrac{3a+b}{4}$, $x_2 = \dfrac{a+b}{2}$, $x_3 = \dfrac{a+3b}{4}$, $x_4 = b$, 则 $n = 4$, $k = 1$, $n + k - 1 = 4$, 故由定理 2.1 得数值微分公式 (2.31) 的余项为

$$f'\left(\frac{a+b}{2}\right) - \left\{\frac{1}{3(b-a)}\left[f(b) - 8f\left(\frac{a+3b}{4}\right) + 8f\left(\frac{3a+b}{4}\right) - f(a)\right]\right\}$$
$$= \frac{1}{5!}\left(\frac{a+b}{2} - a\right)\left(\frac{a+b}{2} - \frac{3a+b}{4}\right)\left(\frac{a+b}{2} - \frac{a+3b}{4}\right)\left(\frac{a+b}{2} - b\right) f^{(5)}(\eta_{11})$$
$$= \frac{1}{7680}(b-a)^4 f^{(5)}(\eta_{11}),$$

其中 $a < \eta_{11} < b$.

整理即得新的数值微分公式

$$f(b) - 8f\left(\frac{a+3b}{4}\right) + 8f\left(\frac{3a+b}{4}\right) - f(a)$$

$$= -3f'\left(\frac{a+b}{2}\right)(b-a) + \frac{1}{2560}f^{(5)}(\eta_{12})(b-a)^5. \tag{2.32}$$

2.5   一类微分不等式的最优估计

本节主要讨论关于节点处函数值及各阶导数值具有线性关系的插值型数值微分不等式的构造与证明问题, 并给出一种直接确定插值型数值微分不等式最优界的方法. 其基本思想是: 利用数值微分公式代数精度的概念, 由定理 2.8 给出一种无须求数值微分表达式即可确定最优界的直接方法, 它适用于确定一般的插值型数值微分公式的余项最优估计. 之后, 通过多个实例验证方法的有效性.

如 2.4.2 节中的例 2.5, 我们证明得到了 (2.12) 式, 由此可以进一步得到下列微分不等式的最优界问题.

例 2.11   设函数 $f(x)$ 在 $[a,b]$ 上四阶可导, $M_4 = \max\limits_{x\in[a,b]}\left|f^{(4)}(x)\right|$, 记 $c = \dfrac{a+b}{2}$, 证明:

$$\left|\frac{f(a)+f(b)}{2} - f(c) - \frac{1}{8}f''(c)(b-a)^2\right| \leqslant \frac{M_4}{384}(b-a)^4, \tag{2.33}$$

其中常数 $\dfrac{1}{384}$ 是最佳的, 即它不能被更小的数代替.

证法 1   利用定理 2.8 证明.

为了证明结论中的不等式, 考虑数值微分公式

$$\frac{f(a)+f(b)}{2} - f(c) - \frac{1}{8}f''(c)(b-a)^2 \approx 0,$$

化简为

$$f''(c) \approx \frac{8}{(b-a)^2}\left[\frac{f(a)+f(b)}{2} - f(c)\right].$$

分别取 $f(x) = 1, x, x^2, x^3$ 时, 上式精确成立; 当 $f(x) = x^4$ 时, 上式不精确成立. 所以上述数值微分公式具有三次代数精度. 又因为这里 $n = 2$, $k = 2$, 即满足 $m = n + k - 1 = 3$, 于是由定理 2.8, 可得上述数值微分公式余项的最佳常数为

$$K_{\mathrm{opt}} = \frac{\left|\dfrac{k!}{(n+k)!} \cdot \displaystyle\prod_{\substack{i=0\\i\neq j}}^{n}(x_j - x_i)\right|}{(b-a)^n} = \frac{\left|\dfrac{2!}{4!}(c-a)(c-b)\right|}{(b-a)^2} = \frac{1}{48},$$

故余项的最优估计为

$$\left| f''(c) - \frac{8}{(b-a)^2}\left[\frac{f(a)+f(b)}{2} - f(c)\right] \right| \leqslant \frac{1}{48}\max_{x\in[a,b]}\left|f^{(4)}(x)\right| \cdot (b-a)^2,$$

整理即得

$$\left| \frac{f(a)+f(b)}{2} - f(c) - \frac{1}{8}f''(c)(b-a)^2 \right| \leqslant \frac{1}{384}\max_{x\in[a,b]}\left|f^{(4)}(x)\right|\cdot(b-a)^4 = \frac{M_4}{384}(b-a)^4,$$

其中 $\dfrac{1}{384}$ 是最佳的常数.

证法 2 由 (2.12) 式易于证明上述不等式 (2.33) 的结论.

下证常数 $\dfrac{1}{384}$ 是最佳的.

设存在常数 $K > 0$, 使得

$$\left| \frac{f(a)+f(b)}{2} - f(c) - \frac{1}{8}f''(c)(b-a)^2 \right| \leqslant KM_4(b-a)^4. \tag{2.34}$$

取 $f(x) = \dfrac{M_4}{24}x^4$, 则 $f''(x) = \dfrac{M_4}{2}x^2$, $f^{(4)}(x) = M_4$, 且

$$\frac{f(a)+f(b)}{2} - f(c) - \frac{1}{8}f''(c)(b-a)^2$$

$$= \frac{M_4}{48}(a^4+b^4) - \frac{M_4}{24}\left(\frac{a+b}{2}\right)^4 - \frac{M_4}{16}\left(\frac{a+b}{2}\right)^2(b-a)^2$$

$$= \frac{M_4}{48}\left[a^4+b^4-\frac{1}{8}(a+b)^4-\frac{3}{4}(a+b)^2(b-a)^2\right] = \frac{M_4}{384}(b-a)^4.$$

由 (2.34) 式可得

$$\frac{M_4}{384}(b-a)^4 \leqslant KM_4(b-a)^4,$$

故 $K \geqslant \dfrac{1}{384}$. 由此说明不等式 (2.33) 中的常数 $\dfrac{1}{384}$ 是最佳的.

类似地, 由 (2.17) 及 (2.18) 可以进一步地推导证明得到以下结果.

(1) 设函数 $f(x)$ 在 $[a,b]$ 上六阶可导, $M_6 = \max\limits_{x\in[a,b]}\left|f^{(6)}(x)\right|$, 记 $c = \dfrac{a+b}{2}$, 则有

$$\left| \frac{f(a)+f(b)}{2} - f(c) - \frac{1}{8}f''(c)(b-a)^2 - \frac{1}{384}f^{(4)}(c)(b-a)^4 \right| \leqslant \frac{1}{46080}(b-a)^6 M_6,$$

其中常数 $\dfrac{1}{46080}$ 是最佳的, 即它不能被更小的数代替.

(2) 设函数 $f(x)$ 在 $[a, b]$ 上八阶可导, $M_8 = \max\limits_{x \in [a,b]} \left| f^{(8)}(x) \right|$, 记 $c = \dfrac{a+b}{2}$, 则有

$$
\begin{aligned}
& \left| \frac{f(a) + f(b)}{2} - f(c) \right. \\
& \left. - \frac{1}{8} f''(c)(b-a)^2 - \frac{1}{384} f^{(4)}(c)(b-a)^4 - \frac{1}{46080} f^{(6)}(c)(b-a)^6 \right| \\
& \leqslant \frac{1}{10321920} (b-a)^8 M_8,
\end{aligned}
$$

其中常数 $\dfrac{1}{10321920}$ 是最佳的, 即它不能被更小的数代替.

2.6　小　　结

本章引入数值微分公式代数精度的概念, 利用插值理论及求高阶导数的莱布尼茨公式得到了关于数值微分公式的几个主要结论. 之后提出了两种构造新的含中介值微分等式证明题的新策略, 并给出了多个构造生成实例, 推导证明过程即为其生成过程. 该方法思路清晰且简洁, 是一种实用且有效的方法, 可用于构造生成更多、更高阶新的数值微分公式, 即构造生成更多的新的含中介值微分等式证明题.

读者也可利用本章方法动手构造生成 (编制) 一些新的含中介值的微分等式证明题.

第 3 章 数值微分公式的对偶校正公式

C HAPTER

3.1 引 言

本章继续探究含中介值微分等式证明题的构造生成方法. 注意到包含余项的数值微分公式实际上就是一个含中介值的微分等式, 因此考虑通过构造和生成数值微分公式的对偶公式的方法来达到编制 (构造生成) 含中介值微分等式证明题的目的.

本章主要内容包括: 首先将对偶的思想引入数值微分公式中, 给出数值微分公式对偶公式及对偶校正公式的概念; 其次提出构造数值微分公式的对偶公式及其对偶校正公式的步骤; 之后给出以几个典型低阶数值微分公式为基本构筑模块, 构造生成与其对应的对偶校正公式, 并确定其余项的几个应用实例, 如此即为利用对偶思想构造生成新的含中介值微分等式证明题的过程; 最后给出二元函数的数值微分公式、代数精度及对偶公式与对偶校正公式的定义, 并简要讨论二元函数数值微分公式的对偶校正公式的构造问题.

3.2 数值微分公式的对偶校正公式

3.2.1 对偶公式及对偶校正公式的概念

定义 3.1 设有节点 $a = x_0 < x_1 < x_2 < \cdots < x_{n-1} < x_n = b$, 函数 $f(x)$ 在闭区间 $[a, b]$ 上具有 m 阶导数, $J_k(f; a, b)$ $(k = 1, 2)$ 为函数 $f(x)$ 在节点处的函数值及其各阶导数值的两种不同的线性表达式, $h_i = x_i - x_{i-1}(i = 1, 2, \cdots, n)$, $h = \max\limits_{1 \leqslant i \leqslant n} \{h_i\}$, $j \in \{0, 1, 2, \cdots, n\}$, 且有

$$f^{(l)}(x_j) = J_1(f; a, b) - C_1 h^\gamma + O(h^{\gamma+\delta}), \tag{3.1}$$

其中 C_1 依赖于函数 $f(x)$ 在某个节点上的某阶导数值, $l \in \{0, 1, 2, \cdots, m\}$, $\gamma > 0, \delta > 0$.

若能找到另一个 $J_2(f; a, b)$, 使得

$$f^{(l)}(x_j) = J_2(f; a, b) + C_1 h^\gamma + O(h^{\gamma+\delta}), \tag{3.2}$$

则公式 (3.1) 和 (3.2) 互称为对偶公式.

将式 (3.1) 和式 (3.2) 相加, 即得

$$f^{(l)}(x_j) = \frac{J_1(f; a, b) + J_2(f; a, b)}{2} + O(h^{\gamma+\delta}), \tag{3.3}$$

我们称式 (3.3) 为式 (3.1) 或式 (3.2) 的对偶校正公式. 特别地, $f^{(0)}(x_j) = f(x_j)$.

用 $\dfrac{J_1(f; a, b) + J_2(f; a, b)}{2}$ 逼近 $f^{(l)}(x_j)$ 的误差阶从原来的 $O(h^{\gamma})$ 提高到了 $O(h^{\gamma+\delta})$. 这种提高近似精度的方法称为对偶方法.

3.2.2　对偶校正公式的生成步骤

构造生成数值微分公式的对偶校正公式的步骤如下:

第 1 步　选取一个低阶数值微分公式作为基础构筑模块, 依据对偶的思想, 利用微分 (导数) 的高阶离散逼近, 构造得到其对偶公式;

第 2 步　将数值微分公式与其对偶公式相加, 可得到具有更高阶精度的对偶校正公式, 然后再利用插值或埃尔米特插值理论, 确定对偶校正公式的余项表达式, 如此即得到对偶校正公式的准确表达形式, 亦即得到新的含中介值的微分等式证明题.

3.3　几个数值微分公式的对偶校正公式生成

3.3.1　对偶校正公式的生成实例 I

下面以泰勒展开公式 $f(b) = f(a) + f'(a)(b-a) + \dfrac{1}{2}f''(\xi_1)(b-a)^2$ 为基础构筑模块, 按照两种情形构造生成其对偶校正公式.

情形一　注意到 $f''(\xi_1) = f''(a) + f'''(\eta_1)(\xi_1 - a)$, 代入上式, 得

$$f(b) = f(a) + f'(a)(b-a) + \frac{1}{2}f''(a)(b-a)^2 + \frac{1}{2}f'''(\eta_1)(\xi_1 - a)(b-a)^2$$

$$= f(a) + f'(a)(b-a) + \frac{1}{2}f''(a)(b-a)^2 + O((b-a)^3). \tag{3.4}$$

为了构造它的对偶公式, 将上式改写为

$$f(b) = f(a) + f'(a)(b-a) - \frac{1}{2}f''(a)(b-a)^2 + \frac{1}{2}f''(a)(b-a)^2 + O((b-a)^3),$$

并将离散逼近 $f''(a) = \dfrac{f'(b) - f'(a)}{b - a} + O((b-a))$ 代入上式等号右边第四项中, 得

$$f(b) = f(a) + f'(a)(b-a) - \frac{1}{2}f''(a)(b-a)^2$$

$$+\frac{1}{2}\frac{f'(b)-f'(a)}{b-a}(b-a)^2+O((b-a)^3)$$

$$=f(a)+f'(b)(b-a)-\frac{1}{2}f''(a)(b-a)^2+O((b-a)^3), \tag{3.5}$$

此即为公式 (3.4) 的对偶公式.

又将 (3.4) 式和 (3.5) 式相加, 即得对偶校正公式

$$f(b)=f(a)+\frac{f'(a)+f'(b)}{2}(b-a)+O((b-a)^3), \tag{3.6}$$

当 $b\to a$ 时, 它改进了精度阶, 从 $O((b-a)^2)$ 提高到 $O((b-a)^3)$ 量级.

将 (3.6) 式改写为

$$f'(b)\approx\frac{2(f(b)-f(a))}{b-a}-f'(a), \tag{3.7}$$

容易验证它的代数精度为 2.

下面确定数值微分公式 (3.7) 的余项表达式. 为此构作埃尔米特插值多项式 $H(x)$, 使其满足 $H(a)=f(a)$, $H(b)=f(b)$, $H'(a)=f'(a)$, 则由插值理论知

$$f(x)-H(x)=\frac{f'''(\xi_x)}{3!}(x-a)^2(x-b),$$

于是

$$f'(x)-H'(x)=\frac{\mathrm{d}}{\mathrm{d}x}\left(\frac{f'''(\xi_x)}{3!}\right)(x-a)^2(x-b)+\frac{f'''(\xi_x)}{3!}[2(x-a)(x-b)+(x-a)^2],$$

从而得 $f'(b)-H'(b)=\dfrac{f'''(\varsigma)}{3!}(b-a)^2$, 其中 $f'''(\varsigma)=f'''(\xi_x)|_{x=b}$, ς, $\xi_x\in(a,b)$.

又因为 $H(x)$ 为二次多项式, 所以 (3.7) 式对于 $H(x)$ 精确成立, 即有

$$H'(b)=\frac{2(H(b)-H(a))}{b-a}-H'(a)=\frac{2(f(b)-f(a))}{b-a}-f'(a),$$

故得

$$f'(b)-H'(b)=f'(b)+f'(a)-\frac{2(f(b)-f(a))}{b-a}=\frac{f'''(\varsigma)}{6}(b-a)^2,$$

即

$$f(b)=f(a)+\frac{f'(a)+f'(b)}{2}(b-a)-\frac{f'''(\varsigma)}{12}(b-a)^3. \tag{3.8}$$

类似地, 下面以数值微分公式 (3.8) 为基本的构筑模块, 继续构造新的对偶校正公式.

注意到 $f'''(\varsigma) = f'''\left(\dfrac{a+b}{2}\right) + f^{(4)}(\eta_2)\left(\varsigma - \dfrac{a+b}{2}\right) = f'''\left(\dfrac{a+b}{2}\right) + O(b-a)$, 代入 (3.8) 式, 得

$$f(b) = f(a) + \frac{f'(a) + f'(b)}{2}(b-a) - \frac{1}{12}f'''\left(\frac{a+b}{2}\right)(b-a)^3 + O((b-a)^4). \quad (3.9)$$

为了构造它的对偶公式, 将上式改写为

$$\begin{aligned} f(b) =& f(a) + \frac{f'(a) + f'(b)}{2}(b-a) + \frac{1}{12}f'''\left(\frac{a+b}{2}\right)(b-a)^3 \\ & - \frac{1}{6}f'''\left(\frac{a+b}{2}\right)(b-a)^3 \\ & + O((b-a)^4), \end{aligned}$$

并将三阶导数的离散逼近 [9]

$$f'''\left(\frac{a+b}{2}\right) = \frac{f(b) - 2f\left(\dfrac{a+3b}{4}\right) + 2f\left(\dfrac{3a+b}{4}\right) - f(a)}{2\left(\dfrac{b-a}{4}\right)^3} + O((b-a)^2),$$

代入上式等号右边第四项中, 得

$$\begin{aligned} f(b) =& f(a) + \frac{f'(a) + f'(b)}{2}(b-a) + \frac{1}{12}f'''\left(\frac{a+b}{2}\right)(b-a)^3 \\ & - \frac{16}{3}\left[f(b) - 2f\left(\frac{a+3b}{4}\right) + 2f\left(\frac{3a+b}{4}\right) - f(a)\right] \\ & + O((b-a)^4), \end{aligned} \quad (3.10)$$

此即为公式 (3.9) 的对偶公式.

又将 (3.9) 式和 (3.10) 式相加, 即得对偶校正公式

$$\begin{aligned} f(b) =& f(a) + \frac{f'(a) + f'(b)}{2}(b-a) + \frac{1}{12}f'''\left(\frac{a+b}{2}\right)(b-a)^3 \\ & - \frac{8}{3}\left[f(b) - 2f\left(\frac{a+3b}{4}\right) + 2f\left(\frac{3a+b}{4}\right) - f(a)\right] \\ & + O((b-a)^4), \end{aligned}$$

当 $b \to a$ 时, 它改进了精度阶, 从 $O((b-a)^3)$ 提高到 $O((b-a)^4)$ 量级. 将上式改写为

$$f(b) \approx f(a) + \frac{f'(a) + f'(b)}{2}(b-a) + \frac{1}{12}f'''\left(\frac{a+b}{2}\right)(b-a)^3$$

$$- \frac{8}{3} \left[f(b) - 2f\left(\frac{a+3b}{4}\right) + 2f\left(\frac{3a+b}{4}\right) - f(a) \right],$$

化简整理即得

$$f'(b) \approx \frac{22}{3(b-a)} f(b) - \frac{32}{3(b-a)} f\left(\frac{a+3b}{4}\right) + \frac{32}{3(b-a)} f\left(\frac{3a+b}{4}\right)$$

$$- \frac{22}{3(b-a)} f(a) - f'(a), \tag{3.11}$$

为了方便起见, 不妨取 $a = 0, b = 1$, 容易验证它的代数精度为 4.

下面确定数值微分公式 (3.11) 的余项表达式. 为此构作埃尔米特插值多项式 $H(x)$, 使其满足 $H_1(a) = f(a)$, $H_1\left(\frac{a+3b}{4}\right) = f\left(\frac{a+3b}{4}\right)$, $H_1\left(\frac{3a+b}{4}\right) = f\left(\frac{3a+b}{4}\right)$, $H_1(b) = f(b)$, $H_1'(a) = f'(a)$, 则由插值理论知

$$f(x) - H_1(x) = \frac{f^{(5)}(\varsigma_x)}{5!} (x-a)^2 \left(x - \frac{3a+b}{4}\right)\left(x - \frac{a+3b}{4}\right)(x-b),$$

于是

$$f'(b) - H_1'(b) = \frac{f^{(5)}(\varsigma_1)}{5!} (b-a)^2 \left(b - \frac{3a+b}{4}\right)\left(b - \frac{a+3b}{4}\right) = \frac{1}{640} f^{(5)}(\varsigma_1)(b-a)^4,$$

其中 $f^{(5)}(\varsigma_1) = f^{(5)}(\varsigma_x)\big|_{x=b}$, $\varsigma_1, \varsigma_x \in (a,b)$.

又因为 $H_1(x)$ 为四次多项式, 且数值微分公式 (3.11) 的代数精度为 4, 所以 (3.11) 式对于 $H_1(x)$ 精确成立, 故得

$$f'(b) - \left[\frac{22}{3(b-a)} f(b) - \frac{32}{3(b-a)} f\left(\frac{a+3b}{4}\right) \right.$$

$$+ \frac{32}{3(b-a)} f\left(\frac{3a+b}{4}\right) - \frac{22}{3(b-a)} f(a) - f'(a) \right]$$

$$= \frac{1}{640} f^{(5)}(\varsigma_1)(b-a)^4,$$

即

$$f(b) = f(a) - \frac{16}{11} f\left(\frac{3a+b}{4}\right) + \frac{16}{11} f\left(\frac{a+3b}{4}\right) + \frac{3}{22}(f'(a) + f'(b))(b-a)$$

$$- \frac{3}{14080} f^{(5)}(\varsigma_1)(b-a)^5. \tag{3.12}$$

情形二 下面继续以泰勒展开公式 $f(b) = f(a) + f'(a)(b-a) + \frac{1}{2}f''(\xi_1)(b-a)^2$ 为基础构筑模块, 按照另一种形式构造生成其对偶公式.

注意到 $f''(\xi_1) = f''\left(\dfrac{a+b}{2}\right) + f'''(\eta_3)\left(\xi_1 - \dfrac{a+b}{2}\right) = f''\left(\dfrac{a+b}{2}\right) + O(b-a)$, 代入上述泰勒展开公式, 得

$$f(b) = f(a) + f'(a)(b-a) + \frac{1}{2}f''\left(\frac{a+b}{2}\right)(b-a)^2 + O((b-a)^3). \qquad (3.13)$$

为了构造它的对偶公式, 将上式改写为

$$f(b) = f(a) + f'(a)(b-a) - \frac{1}{2}f''\left(\frac{a+b}{2}\right)(b-a)^2 + f''\left(\frac{a+b}{2}\right)(b-a)^2 + O((b-a)^3),$$

并将二阶导数的离散逼近 [10]

$$f''\left(\frac{a+b}{2}\right) = \frac{f(b) - 2f\left(\dfrac{a+b}{2}\right) + f(a)}{\left(\dfrac{b-a}{2}\right)^2} + O((b-a)^2),$$

代入上式等号右边第四项中, 得

$$f(b) = f(a) + f'(a)(b-a) - \frac{1}{2}f''\left(\frac{a+b}{2}\right)(b-a)^2$$
$$+ 4\left[f(b) - 2f\left(\frac{a+b}{2}\right) + f(a)\right] + O((b-a)^3), \qquad (3.14)$$

此即为公式 (3.13) 的对偶公式.

又将 (3.13) 式和 (3.14) 式相加, 即得对偶校正公式

$$f(b) = f(a) + f'(a)(b-a) + 2\left[f(b) - 2f\left(\frac{a+b}{2}\right) + f(a)\right] + O((b-a)^3),$$

即

$$f(b) - 4f\left(\frac{a+b}{2}\right) + 3f(a) = -f'(a)(b-a) + O((b-a)^3).$$

当 $b \to a$ 时, 它改进了精度阶, 从 $O((b-a)^2)$ 提高到 $O((b-a)^3)$ 量级.

将上式改写为

$$f(b) - 4f\left(\frac{a+b}{2}\right) + 3f(a) \approx -f'(a)(b-a),$$

即

$$f'(a) \approx \frac{-f(b) + 4f\left(\dfrac{a+b}{2}\right) - 3f(a)}{b-a}, \qquad (3.15)$$

容易验证它的代数精度为 2.

下面确定数值微分公式 (3.15) 的余项表达式. 为此构作埃尔米特插值多项式 $H_2(x)$, 使其满足 $H_2(a) = f(a)$, $H_2\left(\dfrac{a+b}{2}\right) = f\left(\dfrac{a+b}{2}\right)$, $H_2(b) = f(b)$, 则由插值理论知

$$f(x) - H_2(x) = \frac{f'''(\eta_x)}{3!}(x-a)\left(x - \frac{a+b}{2}\right)(x-b),$$

于是得

$$
\begin{aligned}
f'(x) - H_2'(x) =& \frac{\mathrm{d}}{\mathrm{d}x}\left(\frac{f'''(\eta_x)}{3!}\right)(x-a)\left(x-\frac{a+b}{2}\right)(x-b) \\
&+ \frac{f'''(\eta_x)}{3!}\left[\left(x-\frac{a+b}{2}\right)(x-b)\right. \\
&\left.+ (x-a)(x-b) + (x-a)\left(x-\frac{a+b}{2}\right)\right],
\end{aligned}
$$

从而得

$$f'(a) - H_2'(a) = \frac{f'''(\tau)}{3!}\left(a - \frac{a+b}{2}\right)(a-b) = \frac{1}{12}f'''(\tau)(b-a)^2,$$

其中 $f'''(\tau) = f'''(\eta_x)\big|_{x=a}$, $\tau, \eta_x \in (a,b)$. 又因为 $H_2(x)$ 为二次多项式, 所以 (3.15) 式对于 $H_2(x)$ 精确成立, 即有

$$H_2'(a) = \frac{-H_2(b) + 4H_2\left(\dfrac{a+b}{2}\right) - 3H_2(a)}{b-a} = \frac{-f(b) + 4f\left(\dfrac{a+b}{2}\right) - 3f(a)}{b-a},$$

故得

$$f'(a) - H_2'(a) = f'(a) - \frac{-f(b) + 4f\left(\dfrac{a+b}{2}\right) - 3f(a)}{b-a} = \frac{1}{12}f'''(\tau)(b-a)^2,$$

即

$$f(b) - 4f\left(\frac{a+b}{2}\right) + 3f(a) = -f'(a)(b-a) + \frac{1}{12}f'''(\tau)(b-a)^3. \tag{3.16}$$

[注记 1] 同理, 以泰勒展开公式 $f(a) = f(b) + f'(b)(a-b) + \dfrac{1}{2}f''(\xi_2)(a-b)^2$ 为基础构筑模块, 分别按照上述情形一和情形二, 也可构造生成如下对偶校正公式

$$f(b) = f(a) - \frac{16}{11}f\left(\frac{3a+b}{4}\right) + \frac{16}{11}f\left(\frac{a+3b}{4}\right)$$

$$+ \frac{3}{22}(f'(a) + f'(b))(b - a) - \frac{3}{14080} f^{(5)}(\varsigma_1)(b - a)^5, \tag{3.17}$$

$$3f(b) - 4f\left(\frac{a + b}{2}\right) + f(a) = f'(b)(b - a) - \frac{1}{12} f'''(\tau_1)(b - a)^3. \tag{3.18}$$

3.3.2 对偶校正公式的生成实例 II

下面以拉格朗日中值公式 $f(b) = f(a) + f'(\xi_2)(b - a)$ 为基础构筑模块, 构造生成其对偶校正公式.

注意到 $f'(\xi_2) = f'\left(\dfrac{a + b}{2}\right) + f''(\eta_4)\left(\xi_2 - \dfrac{a + b}{2}\right) = f'\left(\dfrac{a + b}{2}\right) + O(b - a)$,

代入上述中值公式, 得

$$f(b) = f(a) + f'\left(\frac{a + b}{2}\right)(b - a) + O((b - a)^2),$$

改写为数值微分公式

$$f'\left(\frac{a + b}{2}\right) \approx \frac{f(b) - f(a)}{b - a}, \tag{3.19}$$

容易验证它的代数精度为 2.

为了确定数值微分公式 (3.19) 的余项表达式, 构作埃尔米特插值多项式 $H_2(x)$, 使其满足 $H_2(a) = f(a)$, $H_2\left(\dfrac{a + b}{2}\right) = f\left(\dfrac{a + b}{2}\right)$, $H_2(b) = f(b)$, 则由插值理论知

$$f(x) - H_2(x) = \frac{f'''(\eta_x)}{3!}(x - a)\left(x - \frac{a + b}{2}\right)(x - b),$$

于是得

$$\begin{aligned}
f'(x) - H_2'(x) = {} & \frac{\mathrm{d}}{\mathrm{d}x}\left(\frac{f'''(\eta_x)}{3!}\right)(x - a)\left(x - \frac{a + b}{2}\right)(x - b) \\
& + \frac{f'''(\eta_x)}{3!}\left[\left(x - \frac{a + b}{2}\right)(x - b)\right. \\
& \left. + (x - a)(x - b) + (x - a)\left(x - \frac{a + b}{2}\right)\right],
\end{aligned}$$

从而得

$$\begin{aligned}
f'\left(\frac{a + b}{2}\right) - H_2'\left(\frac{a + b}{2}\right) & = \frac{f'''(\mu)}{3!}\left(\frac{a + b}{2} - a\right)\left(\frac{a + b}{2} - b\right) \\
& = -\frac{1}{24} f'''(\mu)(b - a)^2,
\end{aligned}$$

其中 $f'''(\mu) = f'''(\eta_x)|_{x=\frac{a+b}{2}}$, μ, $\eta_x \in (a,b)$.

又因为 $H_2(x)$ 为二次多项式, 所以 (3.19) 式对于 $H_2(x)$ 精确成立, 即有

$$H_2'\left(\frac{a+b}{2}\right) = \frac{H_2(b) - H_2(a)}{b-a} = \frac{f(b) - f(a)}{b-a},$$

故得

$$f'\left(\frac{a+b}{2}\right) - H_2'\left(\frac{a+b}{2}\right) = f'\left(\frac{a+b}{2}\right) - \frac{f(b) - f(a)}{b-a} = -\frac{1}{24}f'''(\mu)(b-a)^2,$$

即

$$f(b) = f(a) + f'\left(\frac{a+b}{2}\right)(b-a) + \frac{1}{24}f'''(\mu)(b-a)^3. \tag{3.20}$$

下面以数值微分公式 (3.20) 为基本的构筑模块, 继续构造新的对偶校正公式.

注意到 $f'''(\mu) = f'''\left(\frac{a+b}{2}\right) + f^{(4)}(\gamma)\left(\mu - \frac{a+b}{2}\right) = f'''\left(\frac{a+b}{2}\right) + O(b-a)$,
代入 (3.20) 式, 得

$$f(b) = f(a) + f'\left(\frac{a+b}{2}\right)(b-a) + \frac{1}{24}f'''\left(\frac{a+b}{2}\right)(b-a)^3 + O((b-a)^4). \tag{3.21}$$

为了构造它的对偶公式, 将上式改写为

$$f(b) = f(a) + f'\left(\frac{a+b}{2}\right)(b-a) - \frac{1}{24}f'''\left(\frac{a+b}{2}\right)(b-a)^3$$
$$+ \frac{1}{12}f'''\left(\frac{a+b}{2}\right)(b-a)^3 + O((b-a)^4),$$

并将三阶导数的离散逼近 [9]

$$f'''\left(\frac{a+b}{2}\right) = \frac{f(b) - 2f\left(\frac{a+3b}{4}\right) + 2f\left(\frac{3a+b}{4}\right) - f(a)}{2\left(\frac{b-a}{4}\right)^3} + O((b-a)^2),$$

代入上式等号右边第四项中, 得

$$f(b) = f(a) + f\left(\frac{a+b}{2}\right)(b-a) - \frac{1}{24}f'''\left(\frac{a+b}{2}\right)(b-a)^3$$
$$+ \frac{8}{3}\left[f(b) - 2f\left(\frac{a+3b}{4}\right) + 2f\left(\frac{3a+b}{4}\right) - f(a)\right] + O((b-a)^4), \tag{3.22}$$

此即为公式 (3.21) 的对偶公式.

又将 (3.21) 式和 (3.22) 式相加, 即得对偶校正公式

$$f(b) = 8f\left(\frac{a+3b}{4}\right) - 8f\left(\frac{3a+b}{4}\right) + f(a) - 3f'\left(\frac{a+b}{2}\right)(b-a) + O((b-a)^4),$$

当 $b \to a$ 时, 它改进了精度阶, 从 $O((b-a)^3)$ 提高到 $O((b-a)^4)$ 量级.

将上式改写为

$$f'\left(\frac{a+b}{2}\right) \approx \frac{-f(b) + 8f\left(\frac{a+3b}{4}\right) - 8f\left(\frac{3a+b}{4}\right) + f(a)}{3(b-a)}, \tag{3.23}$$

为了方便起见, 不妨取 $a = 0$, $b = 1$, 容易验证它的代数精度为 4.

下面确定数值微分公式 (3.23) 的余项表达式. 为此构作埃尔米特插值多项式 $H_1(x)$, 使其满足 $H_1(a) = f(a)$, $H_1\left(\frac{a+3b}{4}\right) = f\left(\frac{a+3b}{4}\right)$, $H_1\left(\frac{3a+b}{4}\right) = f\left(\frac{3a+b}{4}\right)$, $H_1(b) = f(b)$, $H_1'(a) = f'(a)$, 则由插值理论知

$$f(x) - H_1(x) = \frac{f^{(5)}(\varsigma_x)}{5!}(x-a)^2\left(x - \frac{3a+b}{4}\right)\left(x - \frac{a+3b}{4}\right)(x-b),$$

于是

$$\begin{aligned}
f'\left(\frac{a+b}{2}\right) - H_1'\left(\frac{a+b}{2}\right) &= \frac{f^{(5)}(v)}{5!}\left(\frac{a+b}{2} - \frac{3a+b}{4}\right) \\
&\quad \cdot \left(\frac{a+b}{2} - \frac{a+3b}{4}\right)\left(\frac{a+b}{2} - b\right) \\
&= \frac{1}{7680}f^{(5)}(v)(b-a)^4,
\end{aligned}$$

其中 $f^{(5)}(v) = f^{(5)}(\varsigma_x)\big|_{x=\frac{a+b}{2}}$, v, $\varsigma_x \in (a,b)$. 又因为 $H_1(x)$ 为四次多项式, 且数值微分公式 (3.23) 的代数精度为 4, 所以 (3.23) 式对 $H_1(x)$ 精确成立, 故得

$$f'\left(\frac{a+b}{2}\right) - \frac{-f(b) + 8f\left(\frac{a+3b}{4}\right) - 8f\left(\frac{3a+b}{4}\right) + f(a)}{3(b-a)} = \frac{1}{7680}f^{(5)}(v)(b-a)^4,$$

化简即得

$$\begin{aligned}
f(b) - 8f\left(\frac{a+3b}{4}\right) + 8f&\left(\frac{3a+b}{4}\right) - f(a) \\
&= -3f'\left(\frac{a+b}{2}\right)(b-a) + \frac{1}{2560}f^{(5)}(v)(b-a)^5. \tag{3.24}
\end{aligned}$$

3.3.3 对偶校正公式的生成实例 III

下面以公式 $f(b) - 2f\left(\dfrac{a+b}{2}\right) + f(a) = \dfrac{(b-a)^2}{4}f''(\xi_3)$ 为基础构筑模块, 构造生成其对偶校正公式.

注意到 $f''(\xi_3) = f''\left(\dfrac{a+b}{2}\right) + f'''(\mu_1)\left(\xi_3 - \dfrac{a+b}{2}\right) = f''\left(\dfrac{a+b}{2}\right) + O(b-a)$, 代入上式, 得

$$f(b) - 2f\left(\frac{a+b}{2}\right) + f(a) = \frac{(b-a)^2}{4}f''\left(\frac{a+b}{2}\right) + O((b-a)^3). \qquad (3.25)$$

为了构造它的对偶公式, 将上式改写为

$$f(b) - 2f\left(\frac{a+b}{2}\right) + f(a)$$
$$= -\frac{(b-a)^2}{4}f''\left(\frac{a+b}{2}\right) + \frac{(b-a)^2}{2}f''\left(\frac{a+b}{2}\right) + O((b-a)^3), \qquad (3.26)$$

因为有二阶导数的四阶离散逼近 [9]

$$\left(\frac{\partial^2 u}{\partial x^2}\right)_m^n = \frac{-u_{m+2}^n + 16u_{m+1}^n - 30u_m^n + 16u_{m-1}^n - u_{m-2}^n}{12h^2} + O(h^4),$$

所以有

$$f''\left(\frac{a+b}{2}\right) = \frac{-f(b) + 16f\left(\dfrac{a+3b}{4}\right) - 30f\left(\dfrac{a+b}{2}\right) + 16f\left(\dfrac{3a+b}{4}\right) - f(a)}{12\left(\dfrac{b-a}{4}\right)^2}$$
$$+ O((b-a)^4),$$

代入 (3.26) 式等号右边第二项中, 得

$$f(b) - 2f\left(\frac{a+b}{2}\right) + f(a)$$
$$= -\frac{(b-a)^2}{4}f''\left(\frac{a+b}{2}\right) + \frac{2}{3}\left[-f(b) + 16f\left(\frac{a+3b}{4}\right) - 30f\left(\frac{a+b}{2}\right)\right.$$
$$\left. + 16f\left(\frac{3a+b}{4}\right) - f(a)\right] + O((b-a)^3), \qquad (3.27)$$

此即为公式 (3.25) 的对偶公式.

又将 (3.25) 式和 (3.27) 式相加, 即得对偶校正公式

$$f(b) - 4f\left(\frac{a+3b}{4}\right) + 6f\left(\frac{a+b}{2}\right) - 4f\left(\frac{3a+b}{4}\right) + f(a) = O((b-a)^3),$$

当 $b \to a$ 时, 它改进了精度阶, 从 $O((b-a)^2)$ 提高到 $O((b-a)^3)$ 量级. 将上式改写为

$$f(b) - 4f\left(\frac{a+3b}{4}\right) + 6f\left(\frac{a+b}{2}\right) - 4f\left(\frac{3a+b}{4}\right) + f(a) \approx 0, \qquad (3.28)$$

容易验证它的代数精度为 3.

下面确定数值微分公式 (3.28) 的余项表达式. 为此构作埃尔米特插值多项式 $H_3(x)$, 使其满足 $H_3(a) = f(a)$, $H_3\left(\dfrac{3a+b}{4}\right) = f\left(\dfrac{3a+b}{4}\right)$, $H_3\left(\dfrac{a+b}{2}\right) = f\left(\dfrac{a+b}{2}\right)$, $H_3\left(\dfrac{a+3b}{4}\right) = f\left(\dfrac{a+3b}{4}\right)$, 则由插值理论知

$$f(x) - H_3(x) = \frac{f'''(v_x)}{3!}(x-a)\left(x - \frac{3a+b}{4}\right)\left(x - \frac{a+b}{2}\right)\left(x - \frac{a+3b}{4}\right),$$

于是得

$$f(b) - H_3(b) = \frac{f'''(v_1)}{3!}(b-a)\left(b - \frac{3a+b}{4}\right)\left(b - \frac{a+b}{2}\right)\left(b - \frac{a+3b}{4}\right), \quad (3.29)$$

其中 $f'''(v_1) = f'''(v_x)|_{x=b}$, $v_1, \; v_x \in (a,b)$.

又因为 $H_3(x)$ 为三次多项式, 所以 (3.28) 式对于 $H_3(x)$ 精确成立, 即有

$$H_3(b) = 4H_3\left(\frac{a+3b}{4}\right) - 6H_3\left(\frac{a+b}{2}\right) + 4H_3\left(\frac{3a+b}{4}\right) - H_3(a)$$

$$= 4f\left(\frac{a+3b}{4}\right) - 6f\left(\frac{a+b}{2}\right) + 4f\left(\frac{3a+b}{4}\right) - f(a),$$

将上式代入 (3.29) 式中, 即得

$$f(b) - 4f\left(\frac{a+3b}{4}\right) + 6f\left(\frac{a+b}{2}\right) - 4f\left(\frac{3a+b}{4}\right) + f(a) = \frac{f^{(4)}(v_1)}{256}(b-a)^4. \quad (3.30)$$

3.4　二元函数数值微分公式的对偶校正公式

3.4.1　二元函数数值微分公式的几个概念

下面, 将一元函数的数值微分公式的相关概念推广到二元函数情形, 我们首先给出二元函数的数值微分公式、代数精度及对偶公式与对偶校正公式的定义.

定义 3.2 (二元函数数值微分公式)　设有 $a = x_0 < x_1 < x_2 < \cdots < x_{n-1} < x_n = c$, $b = y_0 < y_1 < y_2 < \cdots < y_{l-1} < y_l = d$, $J(f; a, c; b, d)$ 表示函数 $f(x,y)$

及其各阶偏导数在节点 $\{(x_i, y_j) | 0 \leqslant i \leqslant n, 0 \leqslant j \leqslant l\}$ 处的值的线性表达式, 我们称形如

$$f^{(p,q)}(x_i, y_j) \approx J(f; a, c; b, d) \qquad (3.31)$$

的表达式为二元函数的数值微分公式, 其中 $f^{(p,q)}(x, y) \triangleq \dfrac{\partial^{p+q} f}{\partial x^p \partial y^q}(x, y)$, $0 \leqslant i \leqslant n$, $0 \leqslant j \leqslant l$, p, $q \in \mathbf{N}_+$, $f^{(0,0)}(x, y) = f(x, y)$.

定义 3.3 (二元函数数值微分公式代数精度)   对于二元函数的数值微分公式 (3.31), 如果取 $f(x, y) = x^s y^t (s + t = i, \ i = 0, 1, 2, \cdots, m)$ 时, 数值微分公式精确成立, 但取 $f(x, y) = x^s y^t (s + t = m + 1)$ 时数值微分公式不精确成立, 则称数值微分公式 (3.31) 的代数精度为 m.

定义 3.4 (二元函数数值微分公式的对偶公式及对偶校正公式)   设有 $a = x_0 < x_1 < x_2 < \cdots < x_{n-1} < x_n = c$, $b = y_0 < y_1 < y_2 < \cdots < y_{l-1} < y_l = d$, $J_k(f; a, c; b, d) \ (k = 1, 2)$ 表示函数 $f(x, y)$ 在某些节点 $\{(x_i, y_j) | 0 \leqslant i \leqslant n, 0 \leqslant j \leqslant l\}$ 处的函数值及其各阶偏导数值的两种不同的线性表达式, $h_i = x_i - x_{i-1}(i = 1, 2, \cdots, n)$, $h = \max\limits_{1 \leqslant i \leqslant n}\{h_i\}$, $k_j = y_j - y_{j-1}(j = 1, 2, \cdots, l)$, $k = \max\limits_{1 \leqslant j \leqslant l}\{k_j\}$, p, $q \in \mathbf{N}_+$, 且有

$$f^{(p,q)}(x_i, y_j) = J_1(f; a, c; b, d) + \sum_{i+j=m} C_{i,j} h^i k^j + O\left(\sum_{i+j=m+\lambda} h^i k^j\right), \quad (3.32)$$

其中 $C_{i,j} \ (i + j = m)$ 依赖于函数 $f(x, y)$ 在某个节点上的某阶混合阶偏导数值, m, $\lambda \in \mathbf{N}_+$.

若能找到另一个 $J_2(f; a, c; b, d)$, 使得

$$f^{(p,q)}(x_i, y_j) = J_2(f; a, c; b, d) - \sum_{i+j=m} C_{i,j} h^i k^j + O\left(\sum_{i+j=m+\lambda} h^i k^j\right), \quad (3.33)$$

则公式 (3.32) 和 (3.33) 互称为对偶公式.

将式 (3.32) 和式 (3.33) 相加, 即得

$$f^{(p,q)}(x_i, y_j) = \frac{J_1(f; a, c; b, d) + J_2(f; a, c; b, d)}{2} + O\left(\sum_{i+j=m+\lambda} h^i k^j\right), \quad (3.34)$$

我们称式 (3.34) 为式 (3.32) 或式 (3.33) 的对偶校正公式. 特别地, $f^{(0,0)}(x_i, y_j) = f(x_i, y_j)$.

用 $\dfrac{J_1(f; a, c; b, d) + J_2(f; a, c; b, d)}{2}$ 逼近 $f^{(p,q)}(x_i, y_j)$ 的误差阶从原来的

$O\left(\displaystyle\sum_{i+j=m} h^i k^j\right)$ 提高到了 $O\left(\displaystyle\sum_{i+j=m+\lambda} h^i k^j\right)$. 这种提高近似精度的方法称为对偶方法.

利用上述定义 (3.3), 我们可以验证下列一些数值微分公式的代数精度:

(1) $f_x(a,b) \approx \dfrac{f(a+h,b) - f(a,b)}{h}$.

分别取 $f(x,y) = 1, x, y$, 容易验证得到上式精确成立; 取 $f(x,y) = x^2$, 上式不精确成立, 故该数值微分公式具有 1 阶代数精度.

(2) $f_x(a,b) \approx \dfrac{f(a+h,b) - f(a-h,b)}{2h}$.

分别取 $f(x,y) = 1, x, y, x^2, xy, y^2$, 容易验证得到上式精确成立; 取 $f(x,y) = x^3$, 上式不精确成立, 故该数值微分公式具有 2 阶代数精度.

(3) $f_{xy}(a,b) \approx \dfrac{f(a+h,b+k) - f(a+h,b-k) - f(a-h,b+k) + f(a-h,b-k)}{4hk}$.

分别取 $f(x,y) = 1, x, y, x^2, xy, y^2, x^3, x^2y, xy^2, y^3$, 容易验证得到上式精确成立; 取 $f(x,y) = x^3y$, 上式不精确成立, 故该数值微分公式具有 3 阶代数精度.

(4) $f(a+h, b+k) \approx f(a,b) + f_x(a,b)h + f_y(a,b)k$.

分别取 $f(x,y) = 1, x, y$, 容易验证得到上式精确成立; 取 $f(x,y) = x^2$, 上式不精确成立, 故该数值微分公式具有 1 阶代数精度.

3.4.2　二元函数数值微分公式的对偶校正公式的生成

下面以二元函数的二阶泰勒展开公式为例, 主要讨论矩形区域 $D = \{(x,y) | a - h \leqslant x \leqslant a+h,\ b - k \leqslant y \leqslant b+k\}$ 上二元函数的数值微分公式的对偶校正公式的构造. 对于一般区域 Ω 情形, 我们总可以作一个矩形区域 D, 使 $\Omega \subset D$, 且取

$$F(x,y) = \begin{cases} f(x,y), & (x,y) \in \Omega, \\ 0, & (x,y) \in D\backslash\Omega, \end{cases}$$

然后再对 $F(x,y)$ 按照矩形区域 D 上方法处理.

由二元函数的二阶泰勒展开公式, 有

$$f(a+h,b+k) = f(a,b) + f_x(a,b)h + f_y(a,b)k + \frac{1}{2!}\left(h\frac{\partial}{\partial x} + k\frac{\partial}{\partial y}\right)^2 f(\xi,\eta), \quad (3.35)$$

将上式改写为

$$f(a+h,b+k) - f(a,b) + f_x(a,b)h + f_y(a,b)k + \frac{1}{2!}\left(h\frac{\partial}{\partial x} + k\frac{\partial}{\partial y}\right)^2 f(a,b)$$

$$+ O\left(\sum_{i+j=3} h^i k^j\right)$$

$$=f(a,b) + f_x(a,b)h + f_y(a,b)k - \frac{1}{2!}\left(h\frac{\partial}{\partial x} + k\frac{\partial}{\partial y}\right)^2 f(a,b)$$

$$+ h^2 f_{xx}(a,b) + 2hk f_{xy}(a,b) + k^2 f_{yy}(a,b) + O\left(\sum_{i+j=3} h^i k^j\right),$$

然后对上式第二个等号右端的第 5, 6, 7 项分别用中心差分离散代入, 有

$$f(a+h,b+k)$$

$$=f(a,b) + f_x(a,b)h + f_y(a,b)k - \frac{1}{2!}\left(h\frac{\partial}{\partial x} + k\frac{\partial}{\partial y}\right)^2 f(a,b)$$

$$+ h^2 \frac{f(a+h,b) - 2f(a,b) + f(a-h,b)}{h^2}$$

$$+ 2hk \frac{f(a+h,b+k) - f(a+h,b-k) - f(a-h,b+k) + f(a-h,b-k)}{4hk}$$

$$+ k^2 \frac{f(a,b+k) - 2f(a,b) + f(a,b-k)}{k^2} + O\left(\sum_{i+j=3} h^i k^j\right), \tag{3.36}$$

(3.36) 式是 (3.35) 式的对偶公式. 再将 (3.35) 式和 (3.36) 式相加, 化简即得 (3.35) 的对偶校正公式

$$f(a+h,b+k)$$

$$=\frac{2}{3}f(a+h,b) - \frac{1}{3}f(a+h,b-k) + \frac{2}{3}f(a,b+k) - \frac{4}{3}f(a,b) + \frac{2}{3}f(a,b-k)$$

$$- \frac{1}{3}f(a-h,b+k) + \frac{2}{3}f(a-h,b) + \frac{1}{3}f(a-h,b-k) + \frac{4}{3}hf_x(a,b)$$

$$+ \frac{4}{3}kf_y(a,b) + O\left(\sum_{i+j=3} h^i k^j\right), \tag{3.37}$$

它的误差阶从 (3.35) 式的 $O\left(\sum_{i+j=2} h^i k^j\right)$ 提高到了 $O\left(\sum_{i+j=3} h^i k^j\right)$.

3.5　小　　结

　　本章将对偶的思想引入数值微分中, 给出了对偶公式与对偶校正公式的概念, 提出了数值微分公式的对偶公式及其对偶校正公式的构造生成步骤, 并通过三个具体实例说明如何以低阶的数值微分公式为基本的构筑模块生成其对应的高阶对偶校正公式, 并确定其余项. 如此构造生成对偶校正公式的方法即为生成新的含中介值微分等式证明题的方法.

　　本章仅举了三个实例, 读者也可以探究和尝试用其他低阶数值微分公式为构筑模块, 构造生成新的对偶校正公式.

　　此外, 本章将一元函数数值微分公式的相关概念推广到二元函数情形, 给出了二元函数的数值微分公式、代数精度及对偶公式与对偶校正公式的定义, 并简要介绍了二元函数数值微分公式的对偶公式与对偶校正公式的生成过程. 与二元函数数值微分公式的对偶校正公式相关的更多问题, 有待于今后进一步地讨论和探究.

第 4 章　几个典型数列极限问题的推广

众所周知, 推广是对原问题的一般化, 是更深层次的学习, 也是创新性学习和科学研究的基础. 问题推广的表现形式有多种, 而由离散型推广到连续型, 由低维推广到高维是其中两种常用的推广形式. 基于几个常用的典型数列极限问题, 本章重点探讨如何运用上述两种常用的推广形式, 将它们推广到离散型、连续型及多维情形, 以获取更一般的结果, 这也是培养创新思维和研究性学习的一个锻炼环节.

4.1　几个引理

下面首先回顾一下关于数列极限的几个引理.

引理 4.1[11-12]　设 $\{a_n\}$ 是实数数列, a 是实数, 则 $\lim\limits_{n\to\infty} a_n = a$ 的充分必要条件是存在无穷小数列 $\{\alpha_n\}$, 使得 $a_n = a + \alpha_n, n = 1, 2, \cdots$.

引理 4.2[11-13]　设 $\{a_n\}$ 是实数数列, $\lim\limits_{n\to\infty} a_n = a$, 其中 a 为有限实数或为正 (负) 无穷大, 则

$$\lim_{n\to\infty} \frac{a_1 + a_2 + \cdots + a_n}{n} = a.$$

引理 4.3[11-13]　设 $\{a_n\}$ 是实数数列, $a_n > 0$, $\lim\limits_{n\to\infty} a_n = a$, 其中 a 为有限实数或为正无穷大, 则

$$\lim_{n\to\infty} \sqrt[n]{a_1 a_2 \cdots a_n} = a.$$

4.2　数列极限 I 及其推广

文献 [11]-[12] 给出了一个典型数列极限 I

$$\lim_{n\to\infty} \sqrt[n]{a} = 1, \quad \text{其中常数} a > 0.$$

由此极限及四则运算法则, 可以得到关于算术平均及加权平均形式的数列极限.

命题 4.1　设 $a_i > 0, p_i > 0 \ (i = 1, 2, \cdots, m)$, 则有

(i) $\lim\limits_{n\to\infty} \dfrac{\sqrt[n]{a_1} + \sqrt[n]{a_2} + \cdots + \sqrt[n]{a_m}}{m} = 1$;

(ii) $\lim\limits_{n\to\infty} \dfrac{p_1 \cdot \sqrt[n]{a_1} + p_2 \cdot \sqrt[n]{a_2} + \cdots + p_m \cdot \sqrt[n]{a_m}}{p_1 + p_2 + \cdots + p_m} = 1.$

进一步地, 有

命题 4.2 设 $a_i > 0$ $(i = 1, 2, \cdots, n)$, $\lim\limits_{n\to\infty} a_n = a$, 则有

$$\lim_{n\to\infty} \frac{\sqrt[n]{a_1} + \sqrt[n]{a_2} + \cdots + \sqrt[n]{a_n}}{n} = 1.$$

证明 由题设知 $\{a_n\}$ 有界, 即存在 m, M, $\forall n \in \mathbf{N}_+$, 有 $0 < m \leqslant a_n \leqslant M$, 于是对于 $i = 1, 2, \cdots, n$, 有 $0 < \sqrt[n]{m} \leqslant \sqrt[n]{a_i} \leqslant \sqrt[n]{M}$, 从而由夹逼准则, 得

$$\lim_{n\to\infty} \sqrt[n]{a_i} = 1 \quad (i = 1, 2, \cdots, n).$$

又由引理 4.1 知

$$\lim_{n\to\infty} \sqrt[n]{a_i} = 1 \Leftrightarrow \sqrt[n]{a_i} = 1 + \alpha_{in},$$

其中 $\alpha_{in} \to 0$ $(n \to \infty)$, $i = 1, 2, \cdots, n$.

因为

$$\frac{\sqrt[n]{a_1} + \sqrt[n]{a_2} + \cdots + \sqrt[n]{a_n}}{n} = 1 + \frac{\alpha_{1n} + \alpha_{2n} + \cdots + \alpha_{nn}}{n},$$

所以由引理 4.2 即得证

$$\lim_{n\to\infty} \frac{\sqrt[n]{a_1} + \sqrt[n]{a_2} + \cdots + \sqrt[n]{a_n}}{n} = 1.$$

下面将上述命题中的算术 (加权) 平均推广到积分平均, 即将离散型对应地推广到连续型情况, 有

定理 4.1 设函数 $f(x)$ 在 $[a, b]$ 上连续, $f(x) > 0$, 函数 $g(x)$ 在 $[a, b]$ 上可积且恒大于或恒小于零, 则有

$$\lim_{n\to\infty} \frac{\displaystyle\int_a^b g(x) \cdot \sqrt[n]{f(x)}\mathrm{d}x}{\displaystyle\int_a^b g(x)\mathrm{d}x} = 1.$$

证明 由题设知 $f(x)$ 在 $[a, b]$ 上有界, 即存在 m, M, 使 $\forall x \in [a, b]$, 有 $0 < m \leqslant f(x) \leqslant M$. 不妨设 $g(x) > 0$, $\forall x \in [a, b]$, 于是得

$$\sqrt[n]{m} \cdot \int_a^b g(x)\mathrm{d}x \leqslant \int_a^b g(x) \cdot \sqrt[n]{f(x)}\mathrm{d}x \leqslant \sqrt[n]{M} \cdot \int_a^b g(x)\mathrm{d}x,$$

从而由 $\lim\limits_{n\to\infty}\sqrt[n]{m}=\lim\limits_{n\to\infty}\sqrt[n]{M}=1$ 及夹逼准则, 得 $\lim\limits_{n\to\infty}\int_a^b g(x)\cdot\sqrt[n]{f(x)}\mathrm{d}x=$

$\int_a^b g(x)\mathrm{d}x$, 故得 $\lim\limits_{n\to\infty}\dfrac{\displaystyle\int_a^b g(x)\cdot\sqrt[n]{f(x)}\mathrm{d}x}{\displaystyle\int_a^b g(x)\mathrm{d}x}=1.$

[注记 1] 由定理 4.1 的证明可知, 若条件改为 "设函数 $f(x)$ 在 $[a,b]$ 上连续, $f(x)>0$, 函数 $g(x)$ 在 $[a,b]$ 上可积且恒不变号", 则有

$$\lim_{n\to\infty}\int_a^b g(x)\cdot\sqrt[n]{f(x)}\,\mathrm{d}x=\int_a^b g(x)\mathrm{d}x.$$

特别地, 取 $g(x)=\dfrac{1}{b-a}$, 则由定理 4.1 得

推论 4.1 设函数 $f(x)$ 在 $[a,b]$ 上连续, 且 $f(x)>0$, 则有

$$\lim_{n\to\infty}\frac{\displaystyle\int_a^b \sqrt[n]{f(x)}\mathrm{d}x}{b-a}=1.$$

类似地, 推广到二维离散及连续情形, 有

命题 4.3 设 $a_{ij}>0,p_{ij}>0$ $(i=1,2,\cdots,l;j=1,2,\cdots,m)$, 则有

(i) $\lim\limits_{n\to\infty}\dfrac{\sqrt[n]{a_{11}}+\sqrt[n]{a_{12}}+\cdots+\sqrt[n]{a_{lm}}}{lm}=1;$

(ii) $\lim\limits_{n\to\infty}\dfrac{p_{11}\cdot\sqrt[n]{a_{11}}+p_{12}\cdot\sqrt[n]{a_{12}}+\cdots+p_{lm}\cdot\sqrt[n]{a_{lm}}}{p_{11}+p_{12}+\cdots+p_{lm}}=1.$

定理 4.2 设函数 $f(x,y)$ 在有界闭区域 D 上连续, $f(x,y)>0$, 函数 $g(x,y)$ 在 D 上可积且不变号, 则有 $\lim\limits_{n\to\infty}\iint\limits_{D} g(x,y)\cdot\sqrt[n]{f(x,y)}\mathrm{d}x\mathrm{d}y=\iint\limits_{D} g(x,y)\mathrm{d}x\mathrm{d}y.$

证明 类似于定理 4.1 的证明, 此处略.

特别地, 取 $g(x,y)=\dfrac{1}{\sigma_D}$, 由定理 4.2 得

推论 4.2 设函数 $f(x,y)$ 在有界闭区域 D 上连续, $f(x,y)>0$, σ_D 为区域 D 的面积, 则有 $\lim\limits_{n\to\infty}\dfrac{\displaystyle\iint\limits_{D} \sqrt[n]{f(x,y)}\mathrm{d}x\mathrm{d}y}{\sigma_D}=1.$

此外, 还可类似地推广到三维及更高维情形.

4.3　数列极限 II 及其推广

文献 [2, 13] 给出了一个典型数列极限 II:

$$\lim_{n\to\infty}\left(\frac{\sqrt[n]{a}+\sqrt[n]{b}}{2}\right)^n=\sqrt{ab},\quad \text{其中常数}\, a>0,\ b>0.$$

由此极限, 可推广得到关于算术平均及加权平均形式的数列极限.

命题 4.4　设 $a_i>0, p_i>0\ (i=1, 2, \cdots, m)$, $p=\displaystyle\sum_{i=1}^{m}p_i$, 则有

(i) $\displaystyle\lim_{n\to\infty}\left(\frac{\sqrt[n]{a_1}+\sqrt[n]{a_2}+\cdots+\sqrt[n]{a_m}}{m}\right)^n=\sqrt[m]{a_1a_2\cdots a_m}$;

(ii) $\displaystyle\lim_{n\to\infty}\left(\frac{p_1\cdot\sqrt[n]{a_1}+p_2\cdot\sqrt[n]{a_2}+\cdots+p_m\cdot\sqrt[n]{a_m}}{p_1+p_2+\cdots+p_m}\right)^n=\sqrt[p]{a_1^{p_1}a_2^{p_2}\cdots a_m^{p_m}}$.

证明　下面仅证 (ii)((i) 是 (ii) 的特殊情况).

$$\lim_{n\to\infty}\left(\frac{p_1\cdot\sqrt[n]{a_1}+p_2\cdot\sqrt[n]{a_2}+\cdots+p_m\cdot\sqrt[n]{a_m}}{p_1+p_2+\cdots+p_m}\right)^n$$

$$=\exp\left\{\lim_{n\to\infty}n\ln\left[\frac{p_1\cdot\sqrt[n]{a_1}+p_2\cdot\sqrt[n]{a_2}+\cdots+p_m\cdot\sqrt[n]{a_m}}{p}\right]\right\}$$

$$=\exp\left\{\lim_{n\to\infty}n\ln\left[\frac{p_1\cdot\left(\sqrt[n]{a_1}-1\right)+\cdots+p_m\cdot\left(\sqrt[n]{a_m}-1\right)}{p}+1\right]\right\}$$

$$=\exp\left\{\lim_{n\to\infty}n\cdot\frac{p_1\cdot\left(\sqrt[n]{a_1}-1\right)+\cdots+p_m\cdot\left(\sqrt[n]{a_m}-1\right)}{p}\right\}$$

$$=\exp\left\{\frac{1}{p}[p_1\cdot\ln a_1+p_2\cdot\ln a_2+\cdots+p_m\cdot\ln a_m]\right\}$$

$$=\sqrt[p]{a_1^{p_1}a_2^{p_2}\cdots a_m^{p_m}}.$$

一般地, 有

命题 4.5　设 $a_i>0\ (i=1, 2, \cdots, n)$, $\displaystyle\lim_{n\to\infty}a_n=a$, 则有

$$\lim_{n\to\infty}\left(\frac{\sqrt[n]{a_1}+\sqrt[n]{a_2}+\cdots+\sqrt[n]{a_n}}{n}\right)^n=a.$$

证明 由题设知 $\{a_n\}$ 有界, 即存在 $m, M, \forall n \in \mathbf{N}_+$, 有 $0 < m \leqslant a_n \leqslant M$, 所以对于 $i = 1, 2, \cdots, n$, 有 $\lim\limits_{n\to\infty} \dfrac{1}{n} \ln a_i = 0$, 于是

$$\lim_{n\to\infty} \sqrt[n]{a_i} = 1 \quad (i = 1, 2, \cdots, n),$$

$$n \cdot (\sqrt[n]{a_i} - 1) = n \cdot \left(\mathrm{e}^{\frac{1}{n}\ln a_i} - 1 \right) \sim n \cdot \frac{1}{n} \ln a_i = \ln a_i \quad (n \to \infty),$$

从而

$$n \cdot (\sqrt[n]{a_i} - 1) = n \cdot \left(\mathrm{e}^{\frac{1}{n}\ln a_i} - 1 \right) = \ln a_i + \varepsilon_i,$$

其中 $\varepsilon_i \to 0 \ (n \to \infty)$.

又由引理 4.2, 有

$$\lim_{n\to\infty} \frac{\ln a_1 + \ln a_2 + \cdots + \ln a_n}{n} = \ln a, \quad \lim_{n\to\infty} \frac{\varepsilon_1 + \varepsilon_2 + \cdots + \varepsilon_n}{n} = 0,$$

其中当 $a > 0$ 时, $\ln a$ 有限; 当 $a = 0$ 时, $\lim\limits_{n\to\infty} \ln a_n = -\infty$, 此时记 $\ln a = -\infty$. 故

$$\lim_{n\to\infty} \left(\frac{\sqrt[n]{a_1} + \sqrt[n]{a_2} + \cdots + \cdot \sqrt[n]{a_n}}{n} \right)^n$$

$$= \exp\left\{ \lim_{n\to\infty} n \ln \left[\frac{\sqrt[n]{a_1} + \sqrt[n]{a_2} + \cdots + \sqrt[n]{a_n}}{n} \right] \right\}$$

$$= \exp\left\{ \lim_{n\to\infty} n \ln \left[\frac{\left(\sqrt[n]{a_1} - 1\right) + \cdots + \left(\sqrt[n]{a_n} - 1\right)}{n} + 1 \right] \right\}$$

$$= \exp\left\{ \lim_{n\to\infty} n \cdot \frac{\left(\sqrt[n]{a_1} - 1\right) + \cdots + \left(\sqrt[n]{a_m} - 1\right)}{n} \right\}$$

$$= \exp\left\{ \lim_{n\to\infty} \left(\frac{\ln a_1 + \ln a_2 + \cdots + \ln a_n}{n} + \frac{\varepsilon_1 + \varepsilon_2 + \cdots + \varepsilon_n}{n} \right) \right\}$$

$$= \exp\{\ln a\} = a.$$

下面将命题 4.4 和命题 4.5 中的算术 (加权) 平均推广到积分平均, 即将离散情形对应地推广到一维连续情形, 有

定理 4.3 设函数 $f(x)$ 在 $[a, b]$ 上连续, $f(x) > 0$, 函数 $g(x)$ 在 $[a, b]$ 上可

积且恒大于或恒小于零, 则有

$$\lim_{n\to\infty}\left(\frac{\int_a^b g(x)\cdot\sqrt[n]{f(x)}\mathrm{d}x}{\int_a^b g(x)\mathrm{d}x}\right)^n = \mathrm{e}^{\frac{\int_a^b g(x)\cdot\ln f(x)\mathrm{d}x}{\int_a^b g(x)\mathrm{d}x}}.$$

证明　由定理 4.1 知结论左侧极限为 1^∞ 型,

$$\lim_{n\to\infty}\left(\frac{\int_a^b g(x)\cdot\sqrt[n]{f(x)}\mathrm{d}x}{\int_a^b g(x)\mathrm{d}x}\right)^n = \exp\left\{\lim_{n\to\infty} n\cdot\ln\frac{\int_a^b g(x)\cdot\sqrt[n]{f(x)}\mathrm{d}x}{\int_a^b g(x)\mathrm{d}x}\right\}$$

$$= \exp\left\{\lim_{n\to\infty} n\cdot\ln\left[\frac{\int_a^b g(x)\cdot\sqrt[n]{f(x)}\mathrm{d}x - \int_a^b g(x)\mathrm{d}x}{\int_a^b g(x)\mathrm{d}x} + 1\right]\right\}$$

$$= \exp\left\{\lim_{n\to\infty} n\cdot\frac{\int_a^b g(x)\cdot\sqrt[n]{f(x)}\mathrm{d}x - \int_a^b g(x)\mathrm{d}x}{\int_a^b g(x)\mathrm{d}x}\right\}$$

$$= \exp\left\{\lim_{n\to\infty}\frac{\int_a^b g(x)\cdot n\left[\sqrt[n]{f(x)} - 1\right]\mathrm{d}x}{\int_a^b g(x)\mathrm{d}x}\right\}.$$

由题设知 $f(x)$ 在 $[a,b]$ 上有界, 即存在 $m, M, \forall x\in[a,b]$, 有 $0 < m\leqslant f(x)\leqslant M$, 所以 $\lim\limits_{n\to\infty}\dfrac{1}{n}\ln f(x) = 0$.

(i) 若 $f(x) = 1$, 则 $\sqrt[n]{f(x)} - 1 = 0$, 此时结论显然成立;

(ii) 若 $f(x)\neq 1, f(x) > 0$, 则

$$\lim_{n\to\infty} n\left(\sqrt[n]{f(x)} - 1\right) = \lim_{n\to\infty}\frac{\mathrm{e}^{\frac{1}{n}\ln f(x)} - \mathrm{e}^0}{\frac{1}{n}\ln f(x)}\cdot\ln f(x) = \ln f(x),$$

即对于 $\forall\varepsilon > 0$, 存在 N, 当 $n > N$ 时, 有 $\left|n\left(\sqrt[n]{f(x)} - 1\right) - \ln f(x)\right| < \varepsilon$, 从而得

$$\left|\int_a^b g(x)\cdot n\left(\sqrt[n]{f(x)} - 1\right)\mathrm{d}x - \int_a^b g(x)\cdot\ln f(x)\mathrm{d}x\right|$$

$$\leqslant \int_a^b \left| n \left(\sqrt[n]{f(x)} - 1 \right) - \ln f(x) \right| \cdot |g(x)| \, \mathrm{d}x$$

$$< \varepsilon \cdot \int_a^b |g(x)| \mathrm{d}x,$$

即得 $\displaystyle\lim_{n\to\infty} \int_a^b g(x) \cdot n \left(\sqrt[n]{f(x)} - 1 \right) \mathrm{d}x = \int_a^b g(x) \cdot \ln f(x) \mathrm{d}x$, 故得证

$$\lim_{n\to\infty} \left(\frac{\displaystyle\int_a^b g(x) \cdot \sqrt[n]{f(x)} \mathrm{d}x}{\displaystyle\int_a^b g(x) \mathrm{d}x} \right)^n = \mathrm{e}^{\frac{\int_a^b g(x) \cdot \ln f(x) \mathrm{d}x}{\int_a^b g(x) \mathrm{d}x}}.$$

特别地, 取 $g(x) = 1$, 由定理 4.3 得

推论 4.3 设函数 $f(x)$ 在 $[a, b]$ 上连续, 且 $f(x) > 0$, 则有

$$\lim_{n\to\infty} \left(\frac{\displaystyle\int_a^b \sqrt[n]{f(x)} \mathrm{d}x}{b - a} \right)^n = \mathrm{e}^{\frac{\int_a^b \ln f(x) \mathrm{d}x}{b - a}}.$$

类似地, 可将上述结论推广到二维离散和连续情形, 有

命题 4.6 设 $a_{ij} > 0, p_{ij} > 0 \ (i = 1, 2, \cdots, l; j = 1, 2, \cdots, m)$, $p = \sum_{i=1}^l \sum_{j=1}^m p_{ij}$, 则有

(i) $\displaystyle\lim_{n\to\infty} \left(\frac{\sqrt[n]{a_{11}} + \sqrt[n]{a_{12}} + \cdots + \sqrt[n]{a_{lm}}}{lm} \right)^n = \sqrt[lm]{a_{11} a_{12} \cdots a_{lm}};$

(ii) $\displaystyle\lim_{n\to\infty} \left(\frac{p_{11} \cdot \sqrt[n]{a_{11}} + p_{12} \cdot \sqrt[n]{a_{12}} + \cdots + p_{lm} \cdot \sqrt[n]{a_{lm}}}{p_{11} + p_{12} + \cdots + p_{lm}} \right)^n = \sqrt[p]{a_{11}^{p_{11}} a_{12}^{p_{12}} \cdots a_{lm}^{p_{lm}}}.$

定理 4.4 设函数 $f(x, y)$ 在有界闭区域 D 上连续, $f(x, y) > 0$, 函数 $g(x, y)$ 在 D 上可积且恒大于或恒小于零, 则有

$$\lim_{n\to\infty} \left(\frac{\displaystyle\iint\limits_D g(x, y) \cdot \sqrt[n]{f(x, y)} \mathrm{d}x \mathrm{d}y}{\displaystyle\iint\limits_D g(x, y) \mathrm{d}x \mathrm{d}y} \right)^n = \mathrm{e}^{\frac{\iint\limits_D g(x,y) \cdot \ln f(x,y) \mathrm{d}x \mathrm{d}y}{\iint\limits_D g(x,y) \mathrm{d}x \mathrm{d}y}}.$$

特别地, 取 $g(x, y) = 1$, 则由定理 4.4 得

推论 4.4　设函数 $f(x,y)$ 有界闭区域 D 上连续, $f(x,y) > 0$, σ_D 为区域 D 的面积, 则有
$$\lim_{n\to\infty}\left(\frac{\iint\limits_{D}\sqrt[n]{f(x,y)}\mathrm{d}x\mathrm{d}y}{\sigma_D}\right)^{n} = \mathrm{e}^{\frac{\iint\limits_{D}\ln f(x,y)\mathrm{d}x\mathrm{d}y}{\sigma_D}}.$$

此外, 以上结论还可类似地推广到三维及更高维情形.

4.4　数列极限 III 及其推广

文献 [14] 给出了一道典型数列极限 III

设 $a_i > 0$ $(i = 1, 2, \cdots, m)$, 则有 $\lim\limits_{n\to+\infty}(a_1^n + a_2^n + \cdots + a_m^n)^{\frac{1}{n}} = \max\limits_{1\leqslant i\leqslant m}\{a_i\}$.

下面, 我们从离散型、连续型及多维情形等多个角度对该典型数列极限 III 作进一步地探讨, 给出多个推广命题.

由此极限, 我们可以得到关于算术平均及加权平均形式的数列极限.

命题 4.7　设 $a_i > 0, p_i > 0$ $(i = 1, 2, \cdots, m)$, 则有

(i) $\lim\limits_{n\to-\infty}(a_1^n + a_2^n + \cdots + a_m^n)^{\frac{1}{n}} = \min\limits_{1\leqslant i\leqslant m}\{a_i\}$;

(ii) $\lim\limits_{n\to+\infty}\left(\dfrac{a_1^n + a_2^n + \cdots + a_m^n}{m}\right)^{\frac{1}{n}} = \max\limits_{1\leqslant i\leqslant m}\{a_i\}$,

$\quad\quad\lim\limits_{n\to-\infty}\left(\dfrac{a_1^n + a_2^n + \cdots + a_m^n}{m}\right)^{\frac{1}{n}} = \min\limits_{1\leqslant i\leqslant m}\{a_i\}$;

(iii) $\lim\limits_{n\to+\infty}\left(\dfrac{p_1a_1^n + p_2a_2^n + \cdots + p_ma_m^n}{p_1 + p_2 + \cdots + p_m}\right)^{\frac{1}{n}} = \max\limits_{1\leqslant i\leqslant m}\{a_i\}$,

$\quad\quad\lim\limits_{n\to-\infty}\left(\dfrac{p_1a_1^n + p_2a_2^n + \cdots + p_ma_m^n}{p_1 + p_2 + \cdots + p_m}\right)^{\frac{1}{n}} = \min\limits_{1\leqslant i\leqslant m}\{a_i\}$.

证明　(i) 令 $l = -n$, 由 $n \to -\infty$, 则 $l \to +\infty$, 故由数列极限 III 易证得.

(ii) 不妨记 $a_p = \max\limits_{1\leqslant i\leqslant m}\{a_i\}$, 则由

$$\lim_{n\to\infty}\sqrt[n]{m} = 1 \quad 及 \quad \frac{a_p}{\sqrt[n]{m}} < \left(\frac{a_1^n + a_2^n + \cdots + a_m^n}{m}\right)^{\frac{1}{n}} < a_p,$$

利用夹逼准则可证得 $n \to +\infty$ 情形极限.

又由 $\lim\limits_{n\to\infty}\sqrt[n]{m} = 1$ 及结论 (i) 可证得 $n \to -\infty$ 情形极限.

(iii) 类似于 (ii) 的证明, 由夹逼准则则易证得.

特别地, 由 $\lim\limits_{n\to\pm\infty} (p_1 + p_2 + \cdots + p_m)^{\frac{1}{n}} = 1$, 即有如下推论.

推论 4.5　设 $a_i > 0, p_i > 0 (i = 1, 2, \cdots, m)$, 则有

(i) $\lim\limits_{n\to+\infty} (p_1 a_1^n + p_2 a_2^n + \cdots + p_m a_m^n)^{\frac{1}{n}} = \max\limits_{1\leqslant i\leqslant m} \{a_i\}$;

(ii) $\lim\limits_{n\to-\infty} (p_1 a_1^n + p_2 a_2^n + \cdots + p_m a_m^n)^{\frac{1}{n}} = \min\limits_{1\leqslant i\leqslant m} \{a_i\}$.

下面将命题 4.7 中的算术 (加权) 平均推广到积分平均, 即将离散型对应地推广到连续型情况, 有

定理 4.5　设 $f(x), g(x)$ 都是 $[a, b]$ 上的连续正值函数, 则有

$$\lim_{n\to+\infty} \left[\int_a^b g(x) \cdot f^n(x)\mathrm{d}x\right]^{\frac{1}{n}} = \max_{x\in[a,b]} f(x);$$

$$\lim_{n\to-\infty} \left[\int_a^b g(x) \cdot f^n(x)\mathrm{d}x\right]^{\frac{1}{n}} = \min_{x\in[a,b]} f(x).$$

证明　因为 $f(x)$ 在 $[a, b]$ 上连续, 所以存在 $x_0 \in [a,b]$, 使

$$f(x_0) = \max_{x\in[a,b]} f(x) \triangleq M.$$

(1) 若 $x_0 \in (a,b)$, 则当 n 充分大时, 可使 $\left[x_0 - \dfrac{1}{n}, \ x_0 + \dfrac{1}{n}\right] \subset (a,b)$. 因为 $f(x), g(x)$ 都是 $[a, b]$ 上的连续正值函数, 所以由积分中值定理知存在 $x_n \in \left[x_0 - \dfrac{1}{n}, \ x_0 + \dfrac{1}{n}\right]$, 使得

$$\int_{x_0-\frac{1}{n}}^{x_0+\frac{1}{n}} g(x) \cdot f^n(x)\mathrm{d}x = g(x_n) \cdot f^n(x_n) \cdot \frac{2}{n},$$

于是

$$f(x_n) \cdot \left(g(x_n) \cdot \frac{2}{n}\right)^{\frac{1}{n}} = \left(\int_{x_0-\frac{1}{n}}^{x_0+\frac{1}{n}} g(x) \cdot f^n(x)\mathrm{d}x\right)^{\frac{1}{n}} \leqslant \left(\int_a^b g(x) \cdot f^n(x)\mathrm{d}x\right)^{\frac{1}{n}}$$

$$\leqslant M \cdot \left(\int_a^b g(x)\mathrm{d}x\right)^{\frac{1}{n}}.$$

又 $\lim\limits_{n\to+\infty} f(x_n) = f(x_0) = M$, $\lim\limits_{n\to+\infty} g(x_n) = g(x_0)$, 故由夹逼准则得

$$\lim_{n\to+\infty} \left[\int_a^b g(x) \cdot f^n(x)\mathrm{d}x\right]^{\frac{1}{n}} = M = \max_{x\in[a,b]} f(x).$$

(2) 若 $x_0 = a$ 或 b, 则分别在 $\left[a, a + \dfrac{1}{n}\right]$ 或 $\left[b - \dfrac{1}{n}, b\right]$ 上用与 (1) 中同样的方法证明.

又当 $n \to -\infty$ 时, 令 $n = -l$, 则 $l \to +\infty$, 于是由上即证得 $n \to -\infty$ 情形极限.

[注记 2]   由定理 4.5 的证明过程可知, 若条件改为: "设 $f(x)$ 和 $g(x)$ 都是 $[a, b]$ 上的连续函数, 且 $f(x) \geqslant 0$, $g(x) > 0$", 则定理 4.5 仍然成立.

此外, 有更一般的结论.

推论 4.6   设 $f(x)$, $g(x)$ 都是 $[a, b]$ 上的连续正值函数, 对于 $p \in \mathbf{R}_+$, 则有

$$\lim_{p \to +\infty} \left[\int_a^b g(x) \cdot f^p(x)\mathrm{d}x\right]^{\frac{1}{p}} = \max_{x \in [a,b]} f(x);$$

$$\lim_{p \to -\infty} \left[\int_a^b g(x) \cdot f^p(x)\mathrm{d}x\right]^{\frac{1}{p}} = \min_{x \in [a,b]} f(x).$$

特别地, 分别取 $g(x) = 1$ 和 $g(x) = \dfrac{1}{b - a}$, 则由定理 4.5 得

推论 4.7   设 $f(x)$ 是 $[a, b]$ 上的连续正值函数, 则有

(i) $\displaystyle\lim_{n \to +\infty} \left[\int_a^b f^n(x)\mathrm{d}x\right]^{\frac{1}{n}} = \max_{x \in [a,b]} f(x),$

$\displaystyle\lim_{n \to -\infty} \left[\int_a^b f^n(x)\mathrm{d}x\right]^{\frac{1}{n}} = \min_{x \in [a,b]} f(x);$

(ii) $\displaystyle\lim_{n \to +\infty} \left[\dfrac{\displaystyle\int_a^b f^n(x)\mathrm{d}x}{b - a}\right]^{\frac{1}{n}} = \max_{x \in [a,b]} f(x),$

$\displaystyle\lim_{n \to -\infty} \left[\dfrac{\displaystyle\int_a^b f^n(x)\mathrm{d}x}{b - a}\right]^{\frac{1}{n}} = \min_{x \in [a,b]} f(x).$

推论 4.8   设 $f(x)$ 是 $[a, b]$ 上的连续正值函数, 则有

$$\lim_{n \to +\infty} \left[\sum_{i=1}^n f^n\left(a + \frac{i}{n}(b - a)\right) \cdot \frac{b - a}{n}\right]^{\frac{1}{n}} = \max_{x \in [a,b]} f(x);$$

$$\lim_{n\to-\infty}\left[\sum_{i=1}^{n}f^{n}\left(a+\frac{i}{n}(b-a)\right)\cdot\frac{b-a}{n}\right]^{\frac{1}{n}}=\min_{x\in[a,b]}f(x).$$

证明 由题设知 $f^{n}(x)$ 在 $[a, b]$ 上可积, 且 $\displaystyle\int_{a}^{b}f^{n}(x)\mathrm{d}x>0.$ 又因为

$$\frac{1}{n}\ln\left[\sum_{i=1}^{n}f^{n}\left(a+\frac{i}{n}(b-a)\right)\cdot\frac{b-a}{n}\right]-\frac{1}{n}\ln\int_{a}^{b}f^{n}(x)\mathrm{d}x$$

$$=\frac{1}{n}\ln\frac{\displaystyle\sum_{i=1}^{n}f^{n}\left(a+\frac{i}{n}(b-a)\right)\cdot\frac{b-a}{n}}{\displaystyle\int_{a}^{b}f^{n}(x)\mathrm{d}x}\to 0\quad(n\to\infty),$$

且

$$\left[\sum_{i=1}^{n}f^{n}\left(a+\frac{i}{n}(b-a)\right)\cdot\frac{b-a}{n}\right]^{\frac{1}{n}}$$

$$=\exp\left\{\frac{1}{n}\ln\left[\sum_{i=1}^{n}f^{n}\left(a+\frac{i}{n}(b-a)\right)\cdot\frac{b-a}{n}\right]\right\}$$

$$=\exp\left\{\left\langle\frac{1}{n}\ln\left[\sum_{i=1}^{n}f^{n}\left(a+\frac{i}{n}(b-a)\right)\cdot\frac{b-a}{n}\right]\right.\right.$$

$$\left.\left.-\frac{1}{n}\ln\int_{a}^{b}f^{n}(x)\mathrm{d}x\right\rangle+\frac{1}{n}\ln\int_{a}^{b}f^{n}(x)\mathrm{d}x\right\},$$

故由推论 4.6 易得证.

[注记 3] 由离散型推广到连续型情形, 容易由联想法给出结论猜想, 然后再给予证明.

一般地, 有

命题 4.8 设 $a_{i}>0, p_{i}>0\ (i=1, 2, \cdots, m), p=\displaystyle\sum_{i=1}^{m}p_{i},$ 则有

(i) $\displaystyle\lim_{x\to+\infty}(a_{1}^{x}+a_{2}^{x}+\cdots+a_{m}^{x})^{\frac{1}{x}}=\max_{1\leqslant i\leqslant m}\{a_{i}\},$

  $\displaystyle\lim_{x\to-\infty}(a_{1}^{x}+a_{2}^{x}+\cdots+a_{m}^{x})^{\frac{1}{x}}=\min_{1\leqslant i\leqslant m}\{a_{i}\};$

(ii) $\displaystyle\lim_{x\to+\infty}\left(\frac{a_{1}^{x}+a_{2}^{x}+\cdots+a_{m}^{x}}{m}\right)^{\frac{1}{x}}=\max_{1\leqslant i\leqslant m}\{a_{i}\},$

  $\displaystyle\lim_{x\to-\infty}\left(\frac{a_{1}^{x}+a_{2}^{x}+\cdots+a_{m}^{x}}{m}\right)^{\frac{1}{x}}=\min_{1\leqslant i\leqslant m}\{a_{i}\};$

(iii) $\displaystyle\lim_{x\to+\infty}\left(\frac{p_1 a_1^x + p_2 a_2^x + \cdots + p_m a_m^x}{p_1 + p_2 + \cdots + p_m}\right)^{\frac{1}{x}} = \max_{1\leqslant i\leqslant m}\{a_i\},$

$\displaystyle\lim_{x\to-\infty}\left(\frac{p_1 a_1^x + p_2 a_2^x + \cdots + p_m a_m^x}{p_1 + p_2 + \cdots + p_m}\right)^{\frac{1}{x}} = \min_{1\leqslant i\leqslant m}\{a_i\};$

(iv) $\displaystyle\lim_{x\to 0^+}\left(\frac{a_1^x + a_2^x + \cdots + a_m^x}{m}\right)^{\frac{1}{x}} = \sqrt[m]{a_1 a_2 \cdots a_m},$

$\displaystyle\lim_{x\to 0^+}\left(\frac{p_1 a_1^x + p_2 a_2^x + \cdots + p_m a_m^x}{p_1 + p_2 + \cdots + p_m}\right)^{\frac{1}{x}} = \sqrt[p]{a_1^{p_1} a_2^{p_2} \cdots a_m^{p_m}}.$

证明　(i) 不妨记 $a_p = \max\limits_{1\leqslant i\leqslant m}\{a_i\}$, 则由

$$1 < \frac{a_1^x + a_2^x + \cdots + a_m^x}{a_p^x} \leqslant m,$$

得

$$\lim_{x\to+\infty}\frac{1}{x}\ln\left(\frac{a_1^x + a_2^x + \cdots + a_m^x}{a_p^x}\right) = 0.$$

于是

$$\lim_{x\to+\infty}(a_1^x + a_2^x + \cdots + a_m^x)^{\frac{1}{x}} = \mathrm{e}^{\lim\limits_{x\to+\infty}\frac{1}{x}\ln(a_1^x + a_2^x + \cdots + a_m^x)}$$

$$= \mathrm{e}^{\lim\limits_{x\to+\infty}\frac{1}{x}\left[\ln a_p^x + \ln\frac{a_1^x + a_2^x + \cdots + a_m^x}{a_p^x}\right]}$$

$$= \mathrm{e}^{\ln a_p} = a_p = \max_{1\leqslant i\leqslant m}\{a_i\}.$$

又令 $x = -t$, 则由 $x\to-\infty$, 知 $t\to+\infty$, 由上可证得 $x\to-\infty$ 时的极限.

(ii) 类似于 (i) 的证明可证得.

(iii) 类似于 (i) 的证明可证得.

(iv)

$$\lim_{x\to 0^+}\left(\frac{a_1^x + a_2^x + \cdots + a_m^x}{m}\right)^{\frac{1}{x}} = \mathrm{e}^{\lim\limits_{x\to 0^+}\frac{1}{x}\ln\left(\frac{a_1^x + a_2^x + \cdots + a_m^x}{m}\right)}$$

$$= \mathrm{e}^{\lim\limits_{x\to 0^+}\frac{1}{x}\ln\left[1 + \frac{a_1^x - 1}{m} + \frac{a_2^x - 1}{m} + \cdots + \frac{a_m^x - 1}{m}\right]}$$

$$= \mathrm{e}^{\lim\limits_{x\to 0^+}\frac{1}{x}\cdot\left(\frac{a_1^x - 1}{m} + \frac{a_2^x - 1}{m} + \cdots + \frac{a_m^x - 1}{m}\right)}$$

$$= \mathrm{e}^{\frac{1}{m}(\ln a_1 + \ln a_2 + \cdots + \ln a_m)}$$

$$= \sqrt[m]{a_1 a_2 \cdots a_m}.$$

类似地, 可证明

$$\lim_{x \to 0^+} \left(\frac{p_1 a_1^x + p_2 a_2^x + \cdots + p_m a_m^x}{p_1 + p_2 + \cdots + p_m} \right)^{\frac{1}{x}} = \sqrt[p]{a_1^{p_1} a_2^{p_2} \cdots a_m^{p_m}}.$$

此外, 还可类似地将上述命题平行地推广到二维及更高维情形.

下面仅以二维情况为例进行说明. 类似于命题 4.8 的结论及其证明, 有

命题 4.9 设 $a_{ij} > 0, p_{ij} > 0$ ($i = 1, 2, \cdots, l; j = 1, 2, \cdots, m$), 则有

(i) $\displaystyle\lim_{n \to +\infty} (a_{11}^n + a_{12}^n + \cdots + a_{lm}^n)^{\frac{1}{n}} = \max_{\substack{1 \leqslant i \leqslant l \\ 1 \leqslant j \leqslant m}} \{a_{ij}\},$

$\displaystyle\lim_{n \to -\infty} (a_{11}^n + a_{12}^n + \cdots + a_{lm}^n)^{\frac{1}{n}} = \min_{\substack{1 \leqslant i \leqslant l \\ 1 \leqslant j \leqslant m}} \{a_{ij}\};$

(ii) $\displaystyle\lim_{n \to +\infty} \left(\frac{a_{11}^n + a_{12}^n + \cdots + a_{lm}^n}{lm} \right)^{\frac{1}{n}} = \max_{\substack{1 \leqslant i \leqslant l \\ 1 \leqslant j \leqslant m}} \{a_{ij}\},$

$\displaystyle\lim_{n \to -\infty} \left(\frac{a_{11}^n + a_{12}^n + \cdots + a_{lm}^n}{lm} \right)^{\frac{1}{n}} = \min_{\substack{1 \leqslant i \leqslant l \\ 1 \leqslant j \leqslant m}} \{a_{ij}\};$

(iii) $\displaystyle\lim_{n \to +\infty} \left(\frac{p_{11} a_{11}^n + p_{12} a_{12}^n + \cdots + p_{lm} a_{lm}^n}{p_{11} + p_{12} + \cdots + p_{lm}} \right)^{\frac{1}{n}} = \max_{\substack{1 \leqslant i \leqslant l \\ 1 \leqslant j \leqslant m}} \{a_{ij}\},$

$\displaystyle\lim_{n \to -\infty} \left(\frac{p_{11} a_{11}^n + p_{12} a_{12}^n + \cdots + p_{lm} a_{lm}^n}{p_{11} + p_{12} + \cdots + p_{lm}} \right)^{\frac{1}{n}} = \min_{\substack{1 \leqslant i \leqslant l \\ 1 \leqslant j \leqslant m}} \{a_{ij}\}.$

将上述离散型命题 4.9 推广到连续型情形, 有

定理 4.6 设 $f(x, y), g(x, y)$ 都是有界闭区域 D 上的连续正值函数, 区域 D 的面积为 σ_D, 则有

$$\lim_{n \to +\infty} \left[\iint\limits_D g(x, y) \cdot f^n(x, y) \mathrm{d}x\mathrm{d}y \right]^{\frac{1}{n}} = \max_{(x,y) \in D} f(x, y);$$

$$\lim_{n \to -\infty} \left[\iint\limits_D g(x, y) \cdot f^n(x, y) \mathrm{d}x\mathrm{d}y \right]^{\frac{1}{n}} = \min_{(x,y) \in D} f(x, y).$$

特别地, 分别取 $g(x, y) = 1$ 和 $g(x, y) = \dfrac{1}{\sigma_D}$, 则由定理 4.6 得

推论 4.9 设 $f(x, y)$ 是有界闭区域 D 上的连续正值函数, 区域 D 的面积为 σ_D, 则有

(i) $\lim\limits_{n\to+\infty}\left[\iint\limits_{D} f^n(x,y)\mathrm{d}x\mathrm{d}y\right]^{\frac{1}{n}} = \max\limits_{(x,y)\in D} f(x,y),$

$\lim\limits_{n\to-\infty}\left[\iint\limits_{D} f^n(x,y)\mathrm{d}x\mathrm{d}y\right]^{\frac{1}{n}} = \min\limits_{(x,y)\in D} f(x,y);$

(ii) $\lim\limits_{n\to+\infty}\left[\dfrac{\iint\limits_{D} f^n(x,y)\mathrm{d}x\mathrm{d}y}{\sigma_D}\right]^{\frac{1}{n}} = \max\limits_{(x,y)\in D} f(x,y),$

$\lim\limits_{n\to-\infty}\left[\dfrac{\iint\limits_{D} f^n(x,y)\mathrm{d}x\mathrm{d}y}{\sigma_D}\right]^{\frac{1}{n}} = \min\limits_{(x,y)\in D} f(x,y).$

以上命题皆可推广到更高维情况.

4.5　引理 4.2 的逆命题及其推广

前面已经给出了引理 4.2: 设 $\{a_n\}$ 是实数数列, $\lim\limits_{n\to\infty} a_n = a$, 其中 a 为有限实数或为正 (负) 无穷大, 则 $\lim\limits_{n\to\infty}\dfrac{a_1+a_2+\cdots+a_n}{n} = a$. 该引理称又为柯西命题. 它的逆命题不一定成立. 例如, 取 $\{a_n\} = \{(-1)^n\}$, 此时 $\lim\limits_{n\to\infty}\dfrac{a_1+a_2+\cdots+a_n}{n}$ $= 0$, 而 $\lim\limits_{n\to\infty} a_n$ 不存在. 但当 $\{a_n\}$ 是单调增加数列时, 该逆命题成立. 即有

命题 4.10　设 $\{a_n\}$ 是单调增加实数数列, $\lim\limits_{n\to\infty}\dfrac{a_1+a_2+\cdots+a_n}{n} = a$, 其中 a 为有限实数或为正 (负) 无穷大, 则 $\lim\limits_{n\to\infty} a_n = a$.

证明　不妨记 $b_n = \dfrac{a_1+a_2+\cdots+a_n}{n}$, 因为 $\{a_n\}$ 单调增加, 所以 $\forall n \in \mathbf{N}_+$, $a_n \leqslant a_{n+1}$, 于是 $b_n = \dfrac{a_1+a_2+\cdots+a_n}{n} \leqslant a_n$. 又固定 n, 令 $m > n$, 则有

$$b_m = \frac{(a_1+a_2+\cdots+a_n)+(a_{n+1}+\cdots+a_m)}{m}$$

$$\geqslant \frac{a_1+a_2+\cdots+a_n}{m} + \frac{(m-n)\cdot a_n}{m},$$

令 $m \to \infty$, 上式两边取极限得 $a = \lim\limits_{m\to\infty} b_m \geqslant a_n$, 从而有 $a \geqslant a_n \geqslant b_n$. 故由夹

逼准则, 得证 $\lim\limits_{n\to\infty} a_n = a$.

将引理 4.2 对应地推广到一般加权平均情形, 有

命题 4.11 设 $\lim\limits_{n\to\infty} a_n = a$, $p_i > 0\ (i = 1, 2, \cdots, n)$, $\lim\limits_{n\to\infty} \sum\limits_{i=1}^{n} p_i = +\infty$, 则有

$$\lim_{n\to\infty} \frac{p_1 \cdot a_1 + p_2 \cdot a_2 + \cdots + p_n \cdot a_n}{p_1 + p_2 + \cdots + p_n} = a.$$

证明 因为 $\lim\limits_{n\to\infty} a_n = a \Leftrightarrow a_n = a + \alpha_n$, 其中 $\alpha_n \to 0\ \ (n \to \infty)$, 所以对于任意的 $\varepsilon > 0$, 存在 $m \in \mathbf{N}_+$, 当 $n > m$ 时, 有 $|\alpha_n| < \dfrac{\varepsilon}{2}$, 且

$$\frac{p_1 \cdot a_1 + p_2 \cdot a_2 + \cdots + p_n \cdot a_n}{p_1 + p_2 + \cdots + p_n} = a + \frac{p_1 \cdot \alpha_1 + p_2 \cdot \alpha_2 + \cdots + p_n \cdot \alpha_n}{p_1 + p_2 + \cdots + p_n}.$$

又由 $\lim\limits_{n\to\infty} \sum\limits_{i=1}^{n} p_i = +\infty$, $p_i > 0\ (i = 1, 2, \cdots, n)$ 知, 对于取定的 m, 总可取充分大的 $p \in \mathbf{N}_+$, 使得

$$\left| \frac{p_1 \cdot \alpha_1 + p_2 \cdot \alpha_2 + \cdots + p_N \cdot \alpha_N}{p} \right| < \frac{\varepsilon}{2}.$$

记 $N = \max\{m, p\}$, 则当 $n > N$ 时, 有

$$\left| \frac{p_1 \cdot a_1 + p_2 \cdot a_2 + \cdots + p_n \cdot a_n}{p_1 + p_2 + \cdots + p_n} - a \right|$$
$$\leqslant \left| \frac{p_1 \cdot \alpha_1 + p_2 \cdot \alpha_2 + \cdots + p_m \cdot \alpha_m}{p_1 + p_2 + \cdots + p_n} \right|$$
$$+ \left| \frac{p_{m+1} \cdot \alpha_{m+1} + p_{m+2} \cdot \alpha_{m+2} + \cdots + p_n \cdot \alpha_n}{p_1 + p_2 + \cdots + p_n} \right|$$
$$\leqslant \left| \frac{p_1 \cdot \alpha_1 + p_2 \cdot \alpha_2 + \cdots + p_m \cdot \alpha_m}{p} \right|$$
$$+ \left| \frac{p_{m+1} + p_{m+2} + \cdots + p_n}{p_1 + p_2 + \cdots + p_n} \right| \cdot \frac{\varepsilon}{2} < \frac{\varepsilon}{2} + \frac{\varepsilon}{2} = \varepsilon.$$

又将引理 4.2 推广到两个数列相乘的算数平均情形, 有

命题 4.12 设有数列 $\{x_n\}$, $\{y_n\}$, $\lim\limits_{n\to\infty} x_n = a$, $\lim\limits_{n\to\infty} y_n = b$, 则有

(1) $\lim\limits_{n\to\infty} \dfrac{x_1 y_1 + x_2 y_2 + \cdots + x_n y_n}{n} = ab$;

(2) $\lim\limits_{n\to\infty} \dfrac{x_1 y_n + x_2 y_{n-1} + \cdots + x_n y_1}{n} = ab$.

证明 由引理 4.2 知 (1) 式显然成立, 下证 (2) 式.

由 $\lim\limits_{n\to\infty} y_n = b$ 知, $\{y_n\}$ 有界, 即 $\exists M > 0, \forall n \in \mathbf{N}_+$, 有 $|y_n| \leqslant M$. 且由引理 4.2 有

$$\lim_{n\to\infty} \frac{y_1 + y_2 + \cdots + y_n}{n} = b.$$

于是

$$\left| \frac{x_1 y_n + x_2 y_{n-1} + \cdots + x_n y_1}{n} - \frac{y_1 + y_2 + \cdots + y_n}{n} a \right|$$

$$= \left| \frac{y_n(x_1 - a) + y_{n-1}(x_2 - a) + \cdots + y_1(x_n - a)}{n} \right|$$

$$\leqslant M \frac{|x_1 - a| + |x_2 - a| + \cdots + |x_n - a|}{n}.$$

又由 $\lim\limits_{n\to\infty} x_n = a$ 知, $\lim\limits_{n\to\infty} |x_n - a| = 0$, 于是由引理 4.2 得

$$\lim_{n\to\infty} \frac{|x_1 - a| + |x_2 - a| + \cdots + |x_n - a|}{n} = 0,$$

故

$$\lim_{n\to\infty} \frac{x_1 y_n + x_2 y_{n-1} + \cdots + x_n y_1}{n} = \lim_{n\to\infty} \frac{y_1 + y_2 + \cdots + y_n}{n} a = ab.$$

进一步地, 将引理 4.2 及命题 4.10 对应地推广到连续情形, 有

定理 4.7　设函数 $f(x)$ 在 $[a, +\infty)$ 上可积,

(1) 若 $\lim\limits_{x\to+\infty} f(x) = A$, 则有 $\lim\limits_{x\to+\infty} \dfrac{\displaystyle\int_a^x f(t)\mathrm{d}t}{x - a} = A$; 反之, 不一定成立.

(2) 若函数 $f(x)$ 在 $[a, +\infty)$ 上单调增加, 且 $\lim\limits_{x\to+\infty} \dfrac{\displaystyle\int_a^x f(t)\mathrm{d}t}{x - a} = A$, 则 $\lim\limits_{x\to+\infty} f(x) = A$, 即 (1) 的逆命题成立.

证明　(1) 因为 $\lim\limits_{x\to+\infty} f(x) = A$, 所以 $\forall \varepsilon > 0$, 存在 $X_1 > 0$, 当 $x > X_1 > \max\{a, 0\}$ 时, 有 $|f(x) - A| < \dfrac{\varepsilon}{2}$, 于是

$$\left| \frac{1}{x-a} \int_a^x f(t)\mathrm{d}t - A \right| = \left| \frac{1}{x-a} \int_a^x (f(t) - A)\mathrm{d}t \right| \leqslant \frac{1}{x-a} \int_a^x |f(t) - A|\,\mathrm{d}t$$

$$= \frac{1}{x-a} \int_a^{X_1} |f(t) - A|\,\mathrm{d}t + \frac{1}{x-a} \int_{X_1}^x |f(t) - A|\,\mathrm{d}t$$

$$< \frac{1}{x-a} \int_a^{X_1} |f(t) - A|\,\mathrm{d}t + \frac{\varepsilon}{2} \cdot \frac{x - X_1}{x - a}$$

$$< \frac{1}{x-a} \int_a^{X_1} |f(t) - A| \, dt + \frac{\varepsilon}{2}.$$

又因为 $f(x)$ 在 $[a, X_1]$ 上可积, 所以 $\int_a^{X_1} |f(t) - A| dt$ 为常数, 于是

$$\lim_{x \to +\infty} \frac{\int_a^{X_1} |f(t) - A| \, dt}{x - a} = 0.$$

故对于上述 $\varepsilon > 0$, 存在 $X > X_1 > \max\{a, 0\}$, 使当 $x > X$ 时,

$$\frac{\int_a^{X_1} |f(t) - A| \, dt}{x - a} < \frac{\varepsilon}{2},$$

从而得

$$\left| \frac{1}{x-a} \int_a^x f(t) dt - A \right| < \frac{\varepsilon}{2} + \frac{\varepsilon}{2} = \varepsilon, \quad \text{即} \lim_{x \to +\infty} \frac{\int_a^x f(t) dt}{x - a} = A.$$

反之, 不一定成立. 例如, 取 $f(x) = \sin x$, 则有 $\lim\limits_{x \to +\infty} \dfrac{\int_0^x \sin t dt}{x} = \lim\limits_{x \to +\infty} \dfrac{1 - \cos x}{x}$ $= 0$, 但极限 $\lim\limits_{x \to +\infty} \sin x$ 不存在.

(2) 因为函数 $f(x)$ 在 $[a, +\infty)$ 上单调增加, 所以

$$\forall x > a, \quad \int_a^x f(t) dt \leqslant \int_a^x f(x) dt = (x - a) \cdot f(x),$$

于是 $\forall x > a, f(x) \geqslant \dfrac{\int_a^x f(t) dt}{x - a}$. 又固定 $x, \forall y > x > a$, 有

$$\frac{\int_a^y f(t) dt}{y - a} = \frac{\int_a^x f(t) dt + \int_x^y f(t) dt}{y - a} \geqslant \frac{\int_a^x f(t) dt + f(x) \cdot (y - x)}{y - a},$$

令 $y \to +\infty$, 上式两边取极限得 $A \geqslant f(x)$.

综上可得

$$A \geqslant f(x) \geqslant \frac{\int_a^x f(t) dt}{x - a}.$$

再令 $x \to +\infty$, 由夹逼准则, 即得证 $\lim\limits_{x \to +\infty} f(x) = A$.

特别地, 有

推论 4.10　设函数 $f(x)$ 在 $[a, +\infty)$ 上可积, $f(x) > 0$, 且 $\lim\limits_{x \to +\infty} f(x) = A > 0$, 则有

$$\lim_{x \to +\infty} e^{\frac{\int_a^x \ln f(t) \mathrm{d}t}{x-a}} = A.$$

[注记 4]　该推论 4.10 也可看作离散情形引理 4.3 的推广.

此外, 对于连续情形, 有

定理 4.8　设 $f(x)$ 是 $[a, +\infty)$ 上以 T 为周期的连续函数, 则有

$$\lim_{x \to +\infty} \frac{\displaystyle\int_a^x f(t)\mathrm{d}t}{x-a} = \frac{1}{T} \int_a^{a+T} f(x)\mathrm{d}x.$$

证明　记 $\left[\dfrac{x-a}{T}\right] = n$, 则当 x 充分大时, 存在正整数 n, 使得

$$a + nT \leqslant x < a + (n+1)T,$$

于是 $x = a + nT + \gamma$, 其中 $0 \leqslant \gamma < T$. 又因为

$$\int_a^x f(t)\mathrm{d}t = \int_a^{a+T} f(t)\mathrm{d}t + \int_{a+T}^{a+2T} f(t)\mathrm{d}t + \cdots$$
$$+ \int_{a+(n-1)T}^{a+nT} f(t)\mathrm{d}t + \int_{a+nT}^{a+nT+\gamma} f(t)\mathrm{d}t$$
$$= n \int_a^{a+T} f(t)\mathrm{d}t + \int_{a+nT}^{a+nT+\gamma} f(t)\mathrm{d}t,$$

且令 $t = nT + u$, 可得

$$\int_{a+nT}^{a+nT+\gamma} f(t)\mathrm{d}t = \int_a^{a+\gamma} f(nT+u)\mathrm{d}u = \int_a^{a+\gamma} f(u)\mathrm{d}u,$$

于是有

$$\frac{\displaystyle\int_a^x f(t)\mathrm{d}t}{x-a} = \frac{n \displaystyle\int_a^{a+T} f(t)\mathrm{d}t + \int_a^{a+\gamma} f(u)\mathrm{d}u}{nT + \gamma},$$

而由 $x \to +\infty$, 有 $n \to +\infty$, 故得

$$\lim_{x \to +\infty} \frac{\displaystyle\int_a^x f(t)\mathrm{d}t}{x-a} = \lim_{n \to +\infty} \frac{n \displaystyle\int_a^{a+T} f(t)\mathrm{d}t + \int_a^{a+\gamma} f(u)\mathrm{d}u}{nT + \gamma} = \frac{1}{T} \int_a^{a+T} f(t)\mathrm{d}t.$$

特别地, 当 $a = 0$ 时, 有 $\lim\limits_{x \to +\infty} \dfrac{\displaystyle\int_0^x f(t)\mathrm{d}t}{x} = \dfrac{1}{T} \int_0^T f(t)\mathrm{d}t.$

4.6 应用实例

例 4.1 设 $c \geqslant 0$, 求极限 $\lim\limits_{n\to\infty} \dfrac{\sqrt[n]{c+1}+\sqrt[n]{c+\frac{1}{2}}+\cdots+\sqrt[n]{c+\frac{1}{n}}}{n}$.

解 记 $a_n = c + \dfrac{1}{n}$, 则 $\lim\limits_{n\to\infty} a_n = c$, 故由命题 4.2, 得

$$\lim_{n\to\infty} \frac{\sqrt[n]{c+1}+\sqrt[n]{c+\frac{1}{2}}+\cdots+\sqrt[n]{c+\frac{1}{n}}}{n} = 1.$$

例 4.2 求极限 $\lim\limits_{n\to\infty}\displaystyle\int_0^1 \mathrm{e}^x \cdot \sqrt[n]{\ln(2+x)}\,\mathrm{d}x$.

解 取 $f(x)=\ln(2+x)$, $g(x)=\mathrm{e}^x$, 则 $\forall x\in[0,1]$, $f(x)>0$. 故由定理 4.1, 得

$$\lim_{n\to\infty}\int_0^1 \mathrm{e}^x \cdot \sqrt[n]{\ln(2+x)}\,\mathrm{d}x = \int_0^1 \mathrm{e}^x\,\mathrm{d}x = \mathrm{e}-1.$$

例 4.3 设函数 $f(x)$ 在 $\left[0,\dfrac{\pi}{2}\right]$ 上连续, 且 $f(x)>0$, 求极限

$$\lim_{n\to\infty}\int_0^{\frac{\pi}{2}} \cos x \sqrt[n]{f(x)}\,\mathrm{d}x.$$

解 取 $g(x)=\cos x$, 则 $\forall x\in\left[0,\dfrac{\pi}{2}\right]$, $g(x)\geqslant 0$. 故由定理 4.1, 得

$$\lim_{n\to\infty}\int_0^{\frac{\pi}{2}} \cos x \cdot \sqrt[n]{f(x)}\,\mathrm{d}x = \int_0^{\frac{\pi}{2}} \cos x\,\mathrm{d}x = 1.$$

例 4.4 求极限 $\lim\limits_{n\to\infty}\displaystyle\int_0^{\pi}(\sin x)^{\frac{1}{n}}\,\mathrm{d}x$.

解 因为 $\forall x\in[0,\pi]$, $0\leqslant\sin x\leqslant 1$, 且 $\forall n\in\mathbf{N}_+$, $(\sin x)^{\frac{1}{n}}$ 不恒等于 1, 所以有 $\displaystyle\int_0^{\pi}(\sin x)^{\frac{1}{n}}\,\mathrm{d}x < \int_0^{\pi}\mathrm{d}x = \pi$, 从而得 $\lim\limits_{n\to\infty}\displaystyle\int_0^{\pi}(\sin x)^{\frac{1}{n}}\,\mathrm{d}x \leqslant \pi$.

又对于任意充分小的正数 $\varepsilon\in\left(0,\dfrac{\pi}{2}\right)$, 有 $\displaystyle\int_0^{\pi}(\sin x)^{\frac{1}{n}}\,\mathrm{d}x > \int_{\varepsilon}^{\pi-\varepsilon}(\sin x)^{\frac{1}{n}}\,\mathrm{d}x$, 且因为 $\forall x\in[\varepsilon,\pi-\varepsilon]$, 有 $0<\sin x<1$, 所以由推论 4.1, 得

$$\lim_{n\to\infty}\int_{\varepsilon}^{\pi-\varepsilon}(\sin x)^{\frac{1}{n}}\,\mathrm{d}x = \pi-2\varepsilon,$$

于是

$$\lim_{n\to\infty}\int_0^{\pi}(\sin x)^{\frac{1}{n}}\,\mathrm{d}x \geqslant \lim_{n\to\infty}\int_{\varepsilon}^{\pi-\varepsilon}(\sin x)^{\frac{1}{n}}\,\mathrm{d}x = \pi-2\varepsilon.$$

故由 ε 的任意性, 知

$$\lim_{n\to\infty}\int_0^{\pi}(\sin x)^{\frac{1}{n}}\mathrm{d}x\geqslant\pi.$$

综上所述, 即得

$$\lim_{n\to\infty}\int_0^{\pi}(\sin x)^{\frac{1}{n}}\mathrm{d}x=\pi.$$

例 4.5　求极限 $\displaystyle\lim_{x\to 0}\left(\dfrac{\mathrm{e}^x+\mathrm{e}^{2x}+\cdots+\mathrm{e}^{nx}}{n}\right)^{\frac{\mathrm{e}}{x}}$, 其中 n 是给定的正整数.(2009 年第一届全国大学生数学竞赛预赛 (非数学类) 试题)

解　取 $a_1=\mathrm{e}$, $a_2=\mathrm{e}^2$, $\cdots$, $a_n=\mathrm{e}^n$, 则由命题 4.4, 得

$$\lim_{x\to 0}\left(\frac{\mathrm{e}^x+\mathrm{e}^{2x}+\cdots+\mathrm{e}^{nx}}{n}\right)^{\frac{\mathrm{e}}{x}}=\lim_{x\to 0}\left(\frac{a_1^x+a_2^x+\cdots+a_n^x}{n}\right)^{\frac{\mathrm{e}}{x}}=\left(\sqrt[n]{a_1a_2\cdots a_n}\right)^{\mathrm{e}}$$
$$=\left(\mathrm{e}\cdot\mathrm{e}^2\cdots\mathrm{e}^n\right)^{\frac{\mathrm{e}}{n}}=\mathrm{e}^{\frac{n+1}{2}\mathrm{e}}.$$

例 4.6[13]　设函数 $f(x)$ 为 $[0,1]$ 上的连续正值函数, 证明:

$$\mathrm{e}^{\int_0^1\ln f(x)\mathrm{d}x}\leqslant\int_0^1 f(x)\mathrm{d}x\leqslant\ln\int_0^1\mathrm{e}^{f(x)}\mathrm{d}x.\quad\text{(中国科学院考研试题)}$$

证明　由推论 4.3, 得 $\displaystyle\lim_{n\to\infty}\left(\int_0^1\sqrt[n]{f(x)}\mathrm{d}x\right)^n=\mathrm{e}^{\int_0^1\ln f(x)\mathrm{d}x}$. 又取 $g(x)=1$, $k=\dfrac{1}{n}$ $(n\geqslant 2)$, 且 $k'=\dfrac{1}{1-n}$, 则由赫尔德 (Hölder) 不等式 [11-12] 得

$$\int_0^1 f(x)\mathrm{d}x>\left(\int_0^1\sqrt[n]{f(x)}\,\mathrm{d}x\right)^n\cdot\left(\int_0^1 1\,\mathrm{d}x\right)^{\frac{1}{k'}}=\left(\int_0^1\sqrt[n]{f(x)}\,\mathrm{d}x\right)^n.$$

故对上式两边取极限, 令 $n\to\infty$, 即得

$$\int_0^1 f(x)\mathrm{d}x\geqslant\lim_{n\to\infty}\left(\int_0^1\sqrt[n]{f(x)}\,\mathrm{d}x\right)^n=\mathrm{e}^{\int_0^1\ln f(x)\mathrm{d}x}.$$

类似地, 对函数 $\mathrm{e}^{f(x)}$ 如上推导, 可得

$$\int_0^1\mathrm{e}^{f(x)}\mathrm{d}x\geqslant\mathrm{e}^{\int_0^1\ln\mathrm{e}^{f(x)}\mathrm{d}x}=\mathrm{e}^{\int_0^1 f(x)\mathrm{d}x},$$

即得 $\displaystyle\int_0^1 f(x)\mathrm{d}x\leqslant\ln\int_0^1\mathrm{e}^{f(x)}\mathrm{d}x.$

综上所述, 得证 $\mathrm{e}^{\int_0^1\ln f(x)\mathrm{d}x}\leqslant\displaystyle\int_0^1 f(x)\mathrm{d}x\leqslant\ln\int_0^1\mathrm{e}^{f(x)}\mathrm{d}x.$

一般地, 有

设函数 $f(x)$ 在 $[a, b]$ 上连续, 且 $f(x) > 0$, 则有

$$\ln\left(\frac{1}{b-a}\int_a^b f(x)\mathrm{d}x\right) \geqslant \frac{1}{b-a}\int_a^b \ln f(x)\mathrm{d}x \geqslant \ln\left(\frac{b-a}{\displaystyle\int_a^b \frac{1}{f(x)}\mathrm{d}x}\right).$$

例 4.7 设 a_i $(i = 1, 2, \cdots, 2020)$ 是给定的正数, 求极限

$$\lim_{n\to+\infty}\left(a_1^n + 2a_2^n + \cdots + 2020a_{2020}^n\right)^{\frac{1}{n}}.$$

解 取 $m = 2020$, $p_i = i$ $(i = 1, 2, \cdots, 2020)$, 则由推论 4.5 可得

$$\lim_{n\to+\infty}\left(a_1^n + 2a_2^n + \cdots + 2020a_{2020}^n\right)^{\frac{1}{n}} = \max_{1\leqslant i\leqslant 2020}\{a_i\}.$$

例 4.8 求极限 $\displaystyle\lim_{n\to+\infty}\left[\int_0^{\frac{\pi}{2}}(1+\sin x)^n\mathrm{d}x\right]^{\frac{1}{n}}$.

解 取 $f(x) = 1 + \sin x$, 则由推论 4.6 可得

$$\lim_{n\to+\infty}\left[\int_0^{\frac{\pi}{2}}(1+\sin x)^n\mathrm{d}x\right]^{\frac{1}{n}} = \max_{0\leqslant x\leqslant\frac{\pi}{2}}\{1+\sin x\} = 2.$$

例 4.9 设 $x_n \in \left[0, \dfrac{\pi}{2}\right]$ 满足 $\dfrac{2}{\pi}\displaystyle\int_0^{\frac{\pi}{2}}\sin^n x\mathrm{d}x = \sin^n x_n$, $n \in \mathbf{N}_+$, 求 $\displaystyle\lim_{n\to\infty}x_n$.

解 记 $a_n = \sin^n x_n = \dfrac{2}{\pi}\displaystyle\int_0^{\frac{\pi}{2}}\sin^n x\mathrm{d}x$, $n \in \mathbf{N}_+$, 则取 $g(x) = \dfrac{2}{\pi}$, $f(x) = \sin x$, 由定理 4.5, 有

$$\lim_{n\to\infty}\sqrt[n]{a_n} = \lim_{n\to\infty}\sin x_n = \lim_{n\to\infty}\sqrt[n]{\frac{2}{\pi}\int_0^{\frac{\pi}{2}}\sin^n x\mathrm{d}x} = \max_{x\in\left[0,\frac{\pi}{2}\right]}\{\sin x\} = 1.$$

又因为 $\sin x$ 在 $\left[0, \dfrac{\pi}{2}\right]$ 上连续且严格单调增加, 且 $\sin\dfrac{\pi}{2} = 1$, 故 $\displaystyle\lim_{n\to\infty}x_n = \dfrac{\pi}{2}$.

例 4.10 求极限 $\displaystyle\lim_{n\to\infty}(n!)^{\frac{1}{n^2}}$. (2012 年第四届全国大学生数学竞赛预赛 (非数学类) 试题)

解 $(n!)^{\frac{1}{n^2}} = \mathrm{e}^{\frac{1}{n^2}\ln(n!)} = \mathrm{e}^{\frac{1}{n}\cdot\sum\limits_{k=1}^{n}\frac{\ln k}{n}}$, 而

$$0 < \frac{1}{n^2}\ln(n!) = \frac{1}{n}\sum_{k=1}^{n}\frac{\ln k}{n} < \frac{1}{n}\sum_{k=1}^{n}\frac{\ln k}{k} \quad \text{且} \quad \lim_{n\to\infty}\frac{\ln n}{n} = 0,$$

于是由引理 4.2 得

$$\lim_{n\to\infty} \frac{1}{n}\sum_{k=1}^{n}\frac{\ln k}{k} = 0,$$

从而由夹逼准则得 $\lim\limits_{n\to\infty}\dfrac{1}{n^2}\ln(n!) = 0$, 故 $\lim\limits_{n\to\infty}(n!)^{\frac{1}{n^2}} = e^0 = 1$.

例 4.11　设 $\lim\limits_{n\to\infty}a_n = a$, 证明:

$$\lim_{n\to\infty}\frac{1}{2^n}\left(a_0 + C_n^1 a_1 + C_n^2 a_2 + \cdots + C_n^k a_k + \cdots + a_n\right) = a.$$

证明　因为 $2^n = (1+1)^n = \sum\limits_{i=0}^{n}C_n^i$, 所以取 $p_i = C_n^i$, 则满足命题 4.11 的条件, 故由命题 4.11 即可得证.

例 4.12　求极限 $\lim\limits_{x\to+\infty}\dfrac{\displaystyle\int_0^x |\sin t|\,dt}{x}$.

证明　因为 $|\sin t| = \sqrt{\sin^2 t} = \sqrt{\dfrac{1-\cos 2t}{2}}$, 所以 $|\sin t|$ 的周期为 $T = \pi$,

故由定理 4.8 得 $\lim\limits_{x\to+\infty}\dfrac{\displaystyle\int_0^x |\sin t|\,dt}{x} = \dfrac{1}{\pi}\int_0^\pi |\sin t|\,dt = \dfrac{2}{\pi}$.

4.7　小　　结

本章针对几个典型数列极限问题, 采用类比的方法, 从离散型到连续型, 从低维到高维进行推广, 得到几个推广命题. 首先分别得到关于算术平均及加权平均形式的数列极限, 其次将得到的极限推广到一维及二维连续情形, 得到了几个结论, 最后给出几个实例说明其应用. 这种通过精选一些典型问题, 采用类比、猜想等方法, 从离散型到连续型, 从低维到高维等方法对问题进行深层次的探究和推广, 对于提高综合应用能力, 培养创新能力和创新思维将具有很好的促进作用.

C第 5 章 不定积分的解法探究
HAPTER

　　众所周知, 不定积分是微积分学的重要组成部分, 是它的主要内容之一. 积分运算与微分运算二者互为逆运算, 但积分的计算要比微分的计算更为复杂, 更为灵活, 更具有技巧性. 本章主要是探究不定积分的新解法. 首先给出计算不定积分的待定系数法, 其次从线性代数的角度研究不定积分的解法, 提出一种计算不定积分的代数方法. 该两种方法都适合求解几类特殊函数的不定积分.

5.1　待定系数法的基本原理

　　下面探讨被积函数 $f(x)$ 分别取下列三种情形时, 不定积分 $\displaystyle\int f(x)\mathrm{d}x$ 的计算方法.

　　设 $\displaystyle\int f(x)\mathrm{d}x = F(x) + C$, 则 $F'(x) = f(x)$.

　　情形 (I)　若 $f(x) = P_m(x)\mathrm{e}^{\lambda x}$, 其中 λ 是常数, $P_m(x)$ 是 x 的一个 m 次多项式: $P_m(x) = a_0 x^m + a_1 x^{m-1} + \cdots + a_{m-1}x + a_m$, 则

$$F'(x) = f(x) = P_m(x)\mathrm{e}^{\lambda x}. \tag{5.1}$$

　　注意到等式右端 $f(x)$ 是多项式 $P_m(x)$ 与指数函数 $\mathrm{e}^{\lambda x}$ 的乘积, 而多项式与指数函数乘积的导数仍是多项式与指数函数的乘积, 所以推测 $F(x) = Q(x)\mathrm{e}^{\lambda x}$(其中 $Q(x)$ 是 x 的某个多项式) 可能是方程 (5.1) 的解. 那么满足该条件的多项式 $Q(x)$ 是否存在? 为此, 将 $F(x) = Q(x)\mathrm{e}^{\lambda x}$ 代入方程 (5.1) 中, 得 $F'(x) = Q'(x)\mathrm{e}^{\lambda x} + \lambda Q(x)\mathrm{e}^{\lambda x} = P_m(x)\mathrm{e}^{\lambda x}$, 于是有

$$Q'(x) + \lambda Q(x) = P_m(x). \tag{5.2}$$

　　(i) 当 $\lambda = 0$ 时, $f(x) = P_m(x)$, 此时 $f(x)$ 是多项式, 它的不定积分易于求解. 或由 (5.2) 式有 $Q'(x) = P_m(x)$, 要使等式两端恒相等, 则 $Q(x)$ 应为 $m+1$ 次多项式. 不妨设

$$Q(x) = b_0 x^{m+1} + b_1 x^m + \cdots + b_m x + b_{m+1},$$

再将它代入到 $Q'(x) = P_m(x)$ 中, 比较等式两端关于 x 同次幂的系数, 即可得到以 $b_0, b_1, \cdots, b_{m+1}$ 为未知数的联立方程组, 并解得 $b_i (i = 0, 1, 2, \cdots, m+1)$, 从而得 $Q(x)$, 故所求的不定积分 $\displaystyle\int f(x)\mathrm{d}x = Q(x)\mathrm{e}^{\lambda x} + C$.

(ii) 当 $\lambda \neq 0$ 时, 由方程 (5.2) 知, 要使等式两端恒相等, 则 $Q(x)$ 应为 m 次多项式. 不妨设

$$Q(x) = d_0 x^m + d_1 x^{m-1} + \cdots + d_{m-1} x + d_m,$$

再将它代入到方程 (5.2) 中, 然后比较等式两端关于 x 同次幂的系数, 即可求得 $d_i\ (i = 0, 1, 2, \cdots, m)$, 从而得 $Q(x)$, 故所求的不定积分 $\displaystyle\int f(x)\mathrm{d}x = Q(x)\mathrm{e}^{\lambda x} + C$.

综上所述, 有如下结论:

若 $f(x) = P_m(x)\mathrm{e}^{\lambda x}$, 则 $f(x)$ 具有形如 $F(x) = Q(x)\mathrm{e}^{\lambda x}$ 的原函数, 其中当 $\lambda \neq 0$ 时, $Q(x)$ 是 m 次多项式; 当 $\lambda = 0$ 时, $Q(x)$ 是 $m + 1$ 次多项式.

情形 (II)　若 $f(x) = [P_l(x)\cos\omega x + Q_n(x)\sin\omega x]\mathrm{e}^{\lambda x}$, 其中 λ, ω 是实常数, $\lambda \cdot \omega \neq 0$, $P_l(x)$, $Q_n(x)$ 分别是 x 的 l 次和 n 次多项式, 则用欧拉公式可将 $f(x)$ 化简为

$$
\begin{aligned}
f(x) &= [P_l(x)\cos\omega x + Q_n(x)\sin\omega x]\mathrm{e}^{\lambda x} \\
&= \left[P_l(x)\frac{\mathrm{e}^{\mathrm{i}\omega x} + \mathrm{e}^{-\mathrm{i}\omega x}}{2} + Q_n(x)\frac{\mathrm{e}^{\mathrm{i}\omega x} - \mathrm{e}^{-\mathrm{i}\omega x}}{2\mathrm{i}} \right]\mathrm{e}^{\lambda x} \\
&= \left(\frac{P_l(x)}{2} - \frac{Q_n(x)}{2}\mathrm{i} \right)\mathrm{e}^{(\lambda+\mathrm{i}\omega)x} + \left(\frac{P_l(x)}{2} + \frac{Q_n(x)}{2}\mathrm{i} \right)\mathrm{e}^{(\lambda-\mathrm{i}\omega)x} \\
&= z(x)\mathrm{e}^{(\lambda+\mathrm{i}\omega)x} + \overline{z(x)}\,\mathrm{e}^{(\lambda-\mathrm{i}\omega)x},
\end{aligned}
$$

其中 $z(x) = \dfrac{P_l(x)}{2} - \dfrac{Q_n(x)}{2}\mathrm{i}$, $\overline{z(x)} = \dfrac{P_l(x)}{2} + \dfrac{Q_n(x)}{2}\mathrm{i}$.

记 $f_1(x) = z(x)\mathrm{e}^{(\lambda+\mathrm{i}\omega)x}$, 则由 $\lambda + \mathrm{i}\omega \neq 0$ 及情形 (I) 的结论, 可知 $f_1(x)$ 具有形如 $F_1(x) = Q_m(x)\mathrm{e}^{(\lambda+\mathrm{i}\omega)x}$ 的原函数, 即 $F_1'(x) = f_1(x) = z(x)\mathrm{e}^{(\lambda+\mathrm{i}\omega)x}$, 其中 $Q_m(x)$ 为 m 次多项式. 又 $\overline{f_1(x)} = \overline{z(x)}\,\mathrm{e}^{(\lambda-\mathrm{i}\omega)x}$, 对上式两端分别取共轭, 有 $\overline{F_1'(x)} = \overline{z(x)}\mathrm{e}^{(\lambda-\mathrm{i}\omega)x}$, 于是 $F'(x) = F_1'(x) + \overline{F_1'(x)} = f(x)$, 即 $f(x)$ 具有如下形式的原函数:

$$
\begin{aligned}
F(x) &= F_1(x) + \overline{F_1(x)} = Q_m(x)\mathrm{e}^{(\lambda+\mathrm{i}\omega)x} + \overline{Q_m(x)}\mathrm{e}^{(\lambda-\mathrm{i}\omega)x} \\
&= \mathrm{e}^{\lambda x}[Q_m(x)(\cos\omega x + \mathrm{i}\sin\omega x) + \overline{Q_m(x)}(\cos\omega x - \mathrm{i}\sin\omega x)] \\
&= \mathrm{e}^{\lambda x}\left(2\frac{Q_m(x) + \overline{Q_m(x)}}{2}\cos\omega x - 2\frac{Q_m(x) - \overline{Q_m(x)}}{2\mathrm{i}}\sin\omega x \right) \\
&= \mathrm{e}^{\lambda x}(R_m^{(1)}(x)\cos\omega x + R_m^{(2)}(x)\sin\omega x),
\end{aligned}
$$

其中 $R_m^{(1)}(x)$, $R_m^{(2)}(x)$ 是 m 次多项式, $m = \max\{l, n\}$.

综上所述, 有如下结论:

若 $f(x) = [P_l(x)\cos\omega x + Q_n(x)\sin\omega x]\mathrm{e}^{\lambda x}$, 则 $f(x)$ 具有形如

$$F(x) = \mathrm{e}^{\lambda x}(R_m^{(1)}(x)\cos\omega x + R_m^{(2)}(x)\sin\omega x)$$

的原函数, 从而 $\displaystyle\int f(x)\mathrm{d}x = F(x) + C = \mathrm{e}^{\lambda x}(R_m^{(1)}(x)\cos\omega x + R_m^{(2)}(x)\sin\omega x) + C$.

该方法不需要做积分运算即可求出不定积分, 所以该方法称为待定系数法.

情形 (III) 若

$$\begin{aligned}
f(x) = &[P_1(x)\cos\alpha x\cos\beta x + P_2(x)\cos\alpha x\sin\beta x + P_3(x)\sin\alpha x\cos\beta x \\
&+ P_4(x)\sin\alpha x\sin\beta x]\mathrm{e}^{\lambda x},
\end{aligned}$$

其中 $P_i(x)$ 为 x 的 m_i $(i = 1, 2, 3, 4)$ 次多项式 $(m_i \in \mathbf{N}_+)$. 则不定积分 $\displaystyle\int f(x)\mathrm{d}x$ 可化为各分项积分之和. 而对于各分项积分可用欧拉公式或积化和差公式转化为情形 (II), 再用上述待定系数法求解. 也可利用积化和差公式化简后, 再用分部积分公式求解, 或寻求对偶积分, 利用组合积分法求解.

5.2 代数法的基本原理

先给出有关分块矩阵逆的一个结论.

引理 5.1 设 $A = \begin{pmatrix} B & O \\ C & D \end{pmatrix}$, $F = \begin{pmatrix} B & C \\ O & D \end{pmatrix}$, $G = \begin{pmatrix} O & B \\ D & O \end{pmatrix}$, 其中 B, D 皆为可逆方阵, 则

$$A^{-1} = \begin{pmatrix} B^{-1} & O \\ -D^{-1}CB^{-1} & D^{-1} \end{pmatrix}, \quad F^{-1} = \begin{pmatrix} B^{-1} & -B^{-1}CD^{-1} \\ O & D^{-1} \end{pmatrix},$$

$$G^{-1} = \begin{pmatrix} O & D^{-1} \\ B^{-1} & O \end{pmatrix}.$$

引理 5.1 由矩阵的分块及矩阵可逆的定义容易得到, 此处略.

下面利用线性代数中线性空间与线性变换的概念, 给出计算不定积分 $\displaystyle\int f(x)\mathrm{d}x$ 的一种新方法. 主要结论如下.

定理 5.1 设 V 为 $\mathbf{R}$ 上全体可微函数所组成的一个线性空间, $p_i(x) \in V$, $i = 1, 2, \cdots, n$, $p_1(x), p_2(x), \cdots, p_n(x)$ 线性无关, $W = \mathrm{Span}(p_1(x), p_2(x), \cdots, p_n(x))$, $f(x) \in W$, 且微分算子 D 关于 W 是封闭的, 即 $\forall p(x) \in W$, $\mathrm{D}p(x) = p'(x) \in W$, 则

(i) $\mathrm{D}(p_1(x), p_2(x), \cdots, p_n(x)) = (p_1(x), p_2(x), \cdots, p_n(x))A$, 其中 $A \in \mathbf{R}^{n \times n}$;

(ii) 若 $\mathrm{D}p_1(x), \mathrm{D}p_2(x), \cdots, \mathrm{D}p_n(x)$ 线性无关, 则 A 可逆;

(iii) 若 A 可逆, 不妨设 $A^{-1} = (b_{ij})_{n \times n}$, 则

$$\int f(x)\mathrm{d}x = \sum_{j=1}^{n} k_j \int p_j(x)\mathrm{d}x = \sum_{j=1}^{n} k_j (p_1(x), p_2(x), \cdots, p_n(x)) \begin{pmatrix} b_{1ij} \\ b_{2j} \\ \vdots \\ b_{nj} \end{pmatrix} + C,$$

其中 C 为任意常数.

证明　(i) 由已知, 有

$$\mathrm{D}p_1(x) = p_1'(x) = a_{11}p_1(x) + a_{21}p_2(x) + \cdots + a_{n1}p_n(x),$$
$$\mathrm{D}p_2(x) = p_2'(x) = a_{12}p_1(x) + a_{22}p_2(x) + \cdots + a_{n2}p_n(x),$$
$$\cdots\cdots$$
$$\mathrm{D}p_n(x) = p_n'(x) = a_{1n}p_1(x) + a_{2n}p_2(x) + \cdots + a_{nn}p_n(x),$$

即

$$\mathrm{D}(p_1(x), p_2(x), \cdots, p_n(x)) = (p_1(x), p_2(x), \cdots, p_n(x))A,$$

其中 $A = (a_{ij})_{n \times n}$.

(ii) 若 $\mathrm{D}p_1(x), \mathrm{D}p_2(x), \cdots, \mathrm{D}p_n(x)$ 线性无关, 则由

$$\lambda_1 \cdot \mathrm{D}p_1(x) + \lambda_2 \cdot \mathrm{D}p_2(x) + \cdots + \lambda_n \cdot \mathrm{D}p_n(x) = 0,$$

得 $\lambda_1 = \lambda_2 = \cdots = \lambda_n = 0$, 即

$$\begin{cases} a_{11}\lambda_1 + a_{12}\lambda_2 + \cdots + a_{1n}\lambda_n = 0, \\ a_{21}\lambda_1 + a_{22}\lambda_2 + \cdots + a_{2n}\lambda_n = 0, \\ \qquad\cdots\cdots \\ a_{n1}\lambda_1 + a_{n2}\lambda_2 + \cdots + a_{nn}\lambda_n = 0 \end{cases}$$

只有零解, 从而得 $|A| \neq 0$, 即 A 可逆.

(iii) 若 A 可逆, 不妨设 $A^{-1} = (b_{ij})_{n \times n}$, 则在相差任意常数的情况下, 微分算子 D 可逆, 且其逆算子 D^{-1} 满足

$$\mathrm{D}^{-1}(p_1(x), p_2(x), \cdots, p_n(x)) = (p_1(x), p_2(x), \cdots, p_n(x))A^{-1} + C,$$

即

$$\mathrm{D}^{-1}p_j(x) = \int p_j(x)\mathrm{d}x = (p_1(x), p_2(x), \cdots, p_n(x)) \begin{pmatrix} b_{1j} \\ b_{2j} \\ \vdots \\ b_{nj} \end{pmatrix} + C \quad (j = 1, 2, \cdots, n).$$

因为 $f(x) \in W$, 于是有 $f(x) = \sum_{j=1}^{n} k_j p_j(x)$, 从而得

$$\int f(x)\mathrm{d}x = \sum_{j=1}^{n} k_j \int p_j(x)\mathrm{d}x = \sum_{j=1}^{n} k_j (p_1(x), p_2(x), \cdots, p_n(x)) \begin{pmatrix} b_{1j} \\ b_{2j} \\ \vdots \\ b_{nj} \end{pmatrix} + C.$$

定理 5.1 给出了计算不定积分的一种代数方法, 它可以同时方便地求出 n 个不定积分 $\int p_j(x)\mathrm{d}x \ (j = 1, 2, \cdots, n)$. 若仅需计算某个 $\int p_j(x)\mathrm{d}x$, 则只需求 A^{-1} 的第 j 列即可. 当 m 较大时, 虽然形式上看求 A^{-1} 的计算工作量会较大, 但因为此时 A 为稀疏矩阵, 可通过矩阵分块, 由引理 5.1 不难求得 A^{-1}, 计算并不复杂.

具体计算时, 应根据 $f'(x)$ 及其分项的导数形式选取基函数 $p_1(x), p_2(x), \cdots, p_n(x)$, 使 $f(x) \in W = \mathrm{Span}\,(p_1(x), p_2(x), \cdots, p_n(x))$, 且求导运算关于 W 是封闭的.

5.3 应 用 实 例

为了验证待定系数法和代数法的有效性, 我们计算以下五种类型的不定积分.

类型一 $\int P_m(x)\mathrm{e}^{\alpha x}\mathrm{d}x$ 型积分 (其中 $P_m(x)$ 为 x 的 m 次多项式)

例 5.1 求不定积分 $\int x^2\mathrm{e}^{3x}\mathrm{d}x$.

解法 1 待定系数法

令 $f(x) = x^2\mathrm{e}^{3x}$ (其中 $\lambda = 3$, $P_m(x) = x^2$, $m = 2$), 这里 $\lambda = 3 \neq 0$, 故可设 $f(x)$ 的原函数为 $F(x) = Q(x)\mathrm{e}^{\lambda x} = (ax^2 + bx + c)\mathrm{e}^{3x}$. 将它代入 $F'(x) = f(x) = x^2\mathrm{e}^{3x}$ 中, 比较等式两端关于 x 的同次幂系数得

$$3a = 1, \quad 2a + 3b = 0, \quad b + 3c = 0,$$

解得

$$a = \frac{1}{3}, \quad b = -\frac{2}{9}, \quad c = \frac{2}{27}.$$

故

$$\int x^2 \mathrm{e}^{3x} \mathrm{d}x = Q(x)\mathrm{e}^{3x} + C = \left(\frac{1}{3}x^2 - \frac{2}{9}x + \frac{2}{27} \right) \mathrm{e}^{3x} + C.$$

解法 2　代数法

设 $f(x) = x^2 \mathrm{e}^{3x}$, 则 $f'(x) = 2x\mathrm{e}^{3x} + 3x^2\mathrm{e}^{3x}$. 由 $x\mathrm{e}^{3x}$ 及 $x^2\mathrm{e}^{3x}$ 求导后的表达式

$$\left(x\mathrm{e}^{3x} \right)' = \mathrm{e}^{3x} + 3x\mathrm{e}^{3x}, \quad \left(x^2\mathrm{e}^{3x} \right)' = 2x\mathrm{e}^{3x} + 3x^2\mathrm{e}^{3x},$$

可知选取基函数: $p_1(x) = x^2\mathrm{e}^{3x}$, $p_2(x) = x\mathrm{e}^{3x}$, $p_3(x) = \mathrm{e}^{3x}$, 则微分算子 D 在 $p_1(x), p_2(x), p_3(x)$ 这组基下的矩阵为

$$A = \begin{pmatrix} 3 & 0 & 0 \\ 2 & 3 & 0 \\ 0 & 1 & 3 \end{pmatrix},$$

即有

$$\mathrm{D}(p_1(x), p_2(x), p_3(x)) = (p_1'(x), p_2'(x), p_3'(x)) = (p_1(x), p_2(x), p_3(x))A.$$

而

$$A^{-1} = \begin{pmatrix} \dfrac{1}{3} & 0 & 0 \\[2mm] -\dfrac{2}{9} & \dfrac{1}{3} & 0 \\[2mm] \dfrac{2}{27} & -\dfrac{1}{9} & \dfrac{1}{3} \end{pmatrix},$$

故由定理 5.1 得

$$\int x^2 \mathrm{e}^{3x} \mathrm{d}x = \frac{1}{3}p_1(x) - \frac{2}{9}p_2(x) + \frac{2}{27}p_3(x) + C = \frac{1}{3}x^2\mathrm{e}^{3x} - \frac{2}{9}x\mathrm{e}^{3x} + \frac{2}{27}\mathrm{e}^{3x} + C,$$

$$\int x\mathrm{e}^{3x} \mathrm{d}x = \frac{1}{3}p_2(x) - \frac{1}{9}p_3(x) + C = \frac{1}{3}x\mathrm{e}^{3x} - \frac{1}{9}\mathrm{e}^{3x} + C,$$

$$\int \mathrm{e}^{3x} \mathrm{d}x = \frac{1}{3}p_3(x) + C = \frac{1}{3}\mathrm{e}^{3x} + C.$$

该方法可同时求得不定积分 $\int x\mathrm{e}^{3x}\mathrm{d}x$ 及 $\int \mathrm{e}^{3x}\mathrm{d}x$, 无须多次使用分部积分公式.

[注记 1] (I) 用代数法求解, 当 m 较大时, A 为稀疏矩阵, 可将 A 分块后由引理 5.1 求 A^{-1}, 计算并不复杂;

(II) 对于 $\int P(x)(\ln x)^m \mathrm{d}x$ 型积分 (其中 m 为正整数, $P(x)$ 为 x 的任意实数幂次的线性组合), 作变换 $x = \mathrm{e}^t$, 即可化为 $\int t^m P(\mathrm{e}^t)\mathrm{e}^t \mathrm{d}t$ 型积分, 再按上述待定系数法和代数法求解.

类型二 $\int \mathrm{e}^{\alpha x}\cos\beta x \mathrm{d}x$ 与 $\int \mathrm{e}^{\alpha x}\sin\beta x \mathrm{d}x$ 型积分 (其中 $\alpha^2 + \beta^2 \neq 0$)

例 5.2 求不定积分 $\int \mathrm{e}^{\alpha x}\cos\beta x \mathrm{d}x$, 其中 $\alpha^2 + \beta^2 \neq 0$.

解法 1 待定系数法

令 $f(x) = \mathrm{e}^{\alpha x}\cos\beta x$ (其中 $\lambda = \alpha$, $\omega = \beta$, $P_l(x) = 1$, $Q_n(x) = 0$, $l = n = 0$, $m = 0$), 故可设 $f(x)$ 的原函数为 $F(x) = (A\cos\beta x + B\sin\beta x)\mathrm{e}^{\alpha x}$, 其中 A, B 为待定常数. 将它代入 $F'(x) = f(x) = \mathrm{e}^{\alpha x}\cos\beta x$ 中, 整理得

$$(B\beta + \alpha A - 1)\cos\beta x + (\alpha B - A\beta)\sin\beta x = 0.$$

再由 $\cos\beta x$ 与 $\sin\beta x$ 的线性无关性得 $\begin{cases} B\beta + \alpha A - 1 = 0, \\ \alpha B - A\beta = 0. \end{cases}$ 解得 $A = \dfrac{\alpha}{\alpha^2 + \beta^2}$, $B = \dfrac{\beta}{\alpha^2 + \beta^2}$. 故得

$$\int \mathrm{e}^{\alpha x}\cos\beta x \mathrm{d}x = \left(\frac{\alpha}{\alpha^2 + \beta^2}\cos\beta x + \frac{\beta}{\alpha^2 + \beta^2}\sin\beta x\right)\mathrm{e}^{\alpha x} + C.$$

解法 2 代数法

设 $f(x) = \mathrm{e}^{\alpha x}\cos\beta x$, 则 $f'(x) = \alpha\,\mathrm{e}^{\alpha x}\cos\beta x - \beta\,\mathrm{e}^{\alpha x}\sin\beta x$. 由 $\mathrm{e}^{\alpha x}\cos\beta x$ 及 $\mathrm{e}^{\alpha x}\sin\beta x$ 求导后的表达式

$$(\mathrm{e}^{\alpha x}\cos\beta x)' = \alpha\,\mathrm{e}^{\alpha x}\cos\beta x - \beta\,\mathrm{e}^{\alpha x}\sin\beta x,$$

$$(\mathrm{e}^{\alpha x}\sin\beta x)' = \alpha\,\mathrm{e}^{\alpha x}\sin\beta x + \beta\,\mathrm{e}^{\alpha x}\cos\beta x,$$

可知选取基函数: $p_1(x) = \mathrm{e}^{\alpha x}\cos\beta x$, $p_2(x) = \mathrm{e}^{\alpha x}\sin\beta x$, 则微分算子 D 在 $p_1(x)$, $p_2(x)$ 这组基下的矩阵为

$$A = \begin{pmatrix} \alpha & \beta \\ -\beta & \alpha \end{pmatrix},$$

即有

$$\mathrm{D}(p_1(x), p_2(x)) = (p_1'(x), p_2'(x)) = (p_1(x), p_2(x))A.$$

而

$$A^{-1} = \frac{1}{\alpha^2 + \beta^2} \begin{pmatrix} \alpha & -\beta \\ \beta & \alpha \end{pmatrix},$$

故由定理 5.1 得

$$\int e^{\alpha x} \cos \beta x \mathrm{d}x = \frac{1}{\alpha^2 + \beta^2} e^{\alpha x} (\alpha \cos \beta x + \beta \sin \beta x) + C,$$

$$\int e^{\alpha x} \sin \beta x \mathrm{d}x = \frac{1}{\alpha^2 + \beta^2} e^{\alpha x} (-\beta \cos \beta x + \alpha \sin \beta x) + C.$$

该方法可同时求出 $\displaystyle\int e^{\alpha x} \cos \beta x \mathrm{d}x$ 及 $\displaystyle\int e^{\alpha x} \sin \beta x \mathrm{d}x$ 的值, 避免两次用分部积分公式.

类似地, 可求 $\displaystyle\int e^{\alpha x} \sin \beta x \mathrm{d}x$. 此外, 对于 $\displaystyle\int \sin(\beta \ln x)\, \mathrm{d}x$ 和 $\displaystyle\int \cos(\beta \ln x)\, \mathrm{d}x$, 只需作变换 $\ln x = t$, 即可化为 $\displaystyle\int e^t \sin \beta t\, \mathrm{d}t$ 和 $\displaystyle\int e^t \cos \beta t\, \mathrm{d}t$ 型积分, 然后按上述方法求解.

类型三　$\displaystyle\int P_m(x) \cos \beta x \mathrm{d}x$ 与 $\displaystyle\int P_m(x) \sin \beta x \mathrm{d}x$ 型积分 (其中 $P_m(x)$ 为 x 的 m 次多项式)

例 5.3　求不定积分 $\displaystyle\int x \cos x \mathrm{d}x$.

解法 1　待定系数法

令 $f(x) = x \cos x$ (其中 $\lambda = 0$, $\omega = 1$, $P_l(x) = x$, $Q_n(x) = 0$, $l = 1$, $n = 0$, $m = 1$), 故可设 $f(x)$ 的原函数为 $F(x) = (ax + b)\cos x + (cx + d)\sin x$, 其中 a, b, c, d 为待定常数. 将它代入 $F'(x) = f(x) = x \cos x$ 中, 得

$$(a + cx + d)\cos x + (c - ax - b)\sin x = x \cos x,$$

比较两端同类项的系数, 得

$$a + cx + d = x, \quad c - ax - b = 0.$$

再比较等式两端同次幂的系数, 得 $c = 1$, $a + d = 0$, $a = 0$, $c - b = 0$, 解得 $a = 0$, $b = c = 1$, $d = 0$. 故

$$\int x \cos x \mathrm{d}x = F(x) + C = \cos x + x \sin x + C.$$

解法 2 代数法

设 $f(x) = x \cos x$, 则 $f'(x) = \cos x - x \sin x$. 由 $\cos x$ 与 $x \sin x$ 求导后的表达式

$$(\cos x)' = -\sin x, \quad (x \sin x)' = \sin x + x \cos x,$$

可知选取基函数: $p_1(x) = x \cos x$, $p_2(x) = x \sin x$, $p_3(x) = \cos x$, $p_4(x) = \sin x$, 则微分算子 D 在 $p_1(x), p_2(x), p_3(x), p_4(x)$ 这组基下的矩阵为

$$A = \begin{pmatrix} 0 & 1 & 0 & 0 \\ -1 & 0 & 0 & 0 \\ 1 & 0 & 0 & 1 \\ 0 & 1 & -1 & 0 \end{pmatrix} \triangleq \begin{pmatrix} B & O \\ C & D \end{pmatrix},$$

即有

$$D(p_1(x), p_2(x), p_3(x), p_4(x)) = (p_1(x), p_2(x), p_3(x), p_4(x))A.$$

而由引理 5.1 可得

$$A^{-1} = \begin{pmatrix} 0 & -1 & 0 & 0 \\ 1 & 0 & 0 & 0 \\ 1 & 0 & 0 & -1 \\ 0 & 1 & 1 & 0 \end{pmatrix},$$

故由定理 5.1 得

$$\int x \cos x \mathrm{d}x = p_2(x) + p_3(x) + C = x \sin x + \cos x + C,$$

$$\int x \sin x \mathrm{d}x = -p_1(x) + p_4(x) + C = -x \cos x + \sin x + C,$$

$$\int \cos x \mathrm{d}x = p_4(x) + C = \sin x + C,$$

$$\int \sin x \mathrm{d}x = -p_3(x) + C = -\cos x + C.$$

例 5.4 求不定积分 $\displaystyle\int x^3 \cos 2x \mathrm{d}x$.

解法 1 待定系数法

令 $f(x) = x^3 \cos 2x$(其中 $\lambda = 0$, $\omega = 2$, $P_l(x) = x^3$, $Q_n(x) = 0$, $l = 3$, $n = 0$, $m = 3$), 故可设 $f(x)$ 的原函数为

$$F(x) = (a_0 x^3 + a_1 x^2 + a_2 x + a_3) \cos 2x + (b_0 x^3 + b_1 x^2 + b_2 x + b_3) \sin 2x,$$

其中 $a_i, b_i \ (i = 0, 1, 2, 3)$ 为待定常数. 将它代入 $F'(x) = f(x) = x^3 \cos 2x$ 中, 得

$$(3a_0 x^2 + 2a_1 x + a_2 + 2b_0 x^3 + 2b_1 x^2 + 2b_2 x + 2b_3) \cos 2x + (3b_0 x^2 + 2b_1 x + b_2 -$$

$$2a_0x^3 - 2a_1x^2 - 2a_2x - 2a_3) \sin 2x = x^3 \cos 2x,$$

比较两端同类项的系数, 得

$$2b_0x^3 + (3a_0 + 2b_1)x^2 + (2a_1 + 2b_2)x + a_2 + 2b_3 = x^3,$$

$$- 2a_0x^3 + (3b_0 - 2a_1)x^2 + (2b_1 - 2a_2)x + b_2 - 2a_3 = 0.$$

再比较等式两端同次幂的系数, 得

$$2b_0 = 1, \quad 3a_0 + 2b_1 = 0, \quad 2a_1 + 2b_2 = 0, \quad a_2 + 2b_3 = 0,$$

$$-2a_0 = 0, \quad 3b_0 - 2a_1 = 0, \quad 2b_1 - 2a_2 = 0, \quad b_2 - 2a_3 = 0.$$

解得 $a_0 = 0, a_1 = \dfrac{3}{4}, a_2 = 0, a_3 = -\dfrac{3}{8}, b_0 = \dfrac{1}{2}, b_1 = 0, b_2 = -\dfrac{3}{4}, b_3 = 0.$ 故

$$\int x^3 \cos 2x \mathrm{d}x = F(x) + C = \left(\dfrac{3}{4}x^2 - \dfrac{3}{8}\right) \cos 2x + \left(\dfrac{1}{2}x^3 - \dfrac{3}{4}x\right) \sin 2x + C.$$

[注记 2]　　待定系数法虽然看起来计算过程稍微麻烦一些, 但都是一些简单计算, 计算量并不大且解题思路简单易行.

解法 2　代数法

设 $f(x) = x^3 \cos 2x$, 则

$$f'(x) = 3x^2 \cos 2x - 2x^3 \sin 2x.$$

由 $x^2 \cos 2x$ 与 $x^3 \sin 2x$ 求导后的表达式

$$\left(x^2 \cos 2x\right)' = 2x \cos 2x - 2x^2 \sin 2x, \quad \left(x^3 \sin 2x\right)' = 3x^2 \sin 2x + 2x^3 \cos 2x,$$

可知选取基函数:

$$p_1(x) = x^3 \cos 2x, \quad p_2(x) = x^3 \sin 2x, \quad p_3(x) = x^2 \cos 2x, \quad p_4(x) = x^2 \sin 2x,$$

$$p_5(x) = x \cos 2x, \quad p_6(x) = x \sin 2x, \quad p_7(x) = \cos 2x, \quad p_8(x) = \sin 2x,$$

则微分算子 D 在 $p_1(x), p_2(x), p_3(x), \cdots, p_8(x)$ 这组基下的矩阵为

$$A = \begin{pmatrix} 0 & 2 & 0 & 0 & 0 & 0 & 0 & 0 \\ -2 & 0 & 0 & 0 & 0 & 0 & 0 & 0 \\ 3 & 0 & 0 & 2 & 0 & 0 & 0 & 0 \\ 0 & 3 & -2 & 0 & 0 & 0 & 0 & 0 \\ 0 & 0 & 2 & 0 & 0 & 2 & 0 & 0 \\ 0 & 0 & 0 & 2 & -2 & 0 & 0 & 0 \\ 0 & 0 & 0 & 0 & 1 & 0 & 0 & 2 \\ 0 & 0 & 0 & 0 & 0 & 1 & -2 & 0 \end{pmatrix} \triangleq \begin{pmatrix} B & O \\ C & D \end{pmatrix},$$

即有
$$D(p_1(x), p_2(x), \cdots, p_8(x)) = (p_1(x), p_2(x), \cdots, p_8(x))A.$$

而由引理 5.1 可先求 B^{-1}, D^{-1}, 再求 A^{-1}, 得

$$A^{-1} = \begin{pmatrix} 0 & -\dfrac{1}{2} & 0 & 0 & 0 & 0 & 0 & 0 \\[2mm] \dfrac{1}{2} & 0 & 0 & 0 & 0 & 0 & 0 & 0 \\[2mm] \dfrac{3}{4} & 0 & 0 & -\dfrac{1}{2} & 0 & 0 & 0 & 0 \\[2mm] 0 & \dfrac{3}{4} & \dfrac{1}{2} & 0 & 0 & 0 & 0 & 0 \\[2mm] 0 & \dfrac{3}{4} & \dfrac{1}{2} & 0 & 0 & -\dfrac{1}{2} & 0 & 0 \\[2mm] -\dfrac{3}{4} & 0 & 0 & \dfrac{1}{2} & \dfrac{1}{2} & 0 & 0 & 0 \\[2mm] -\dfrac{3}{8} & 0 & 0 & \dfrac{1}{4} & \dfrac{1}{4} & 0 & 0 & -\dfrac{1}{2} \\[2mm] 0 & -\dfrac{3}{8} & -\dfrac{1}{4} & 0 & 0 & \dfrac{1}{4} & \dfrac{1}{2} & 0 \end{pmatrix},$$

故由定理 5.1 可得

$$\int x^3 \cos 2x \mathrm{d}x = \frac{1}{2}p_2(x) + \frac{3}{4}p_3(x) - \frac{3}{4}p_6(x) - \frac{3}{8}p_7(x) + C$$
$$= \frac{1}{2}x^3 \sin 2x + \frac{3}{4}x^2 \cos 2x - \frac{3}{4}x \sin 2x - \frac{3}{8}\cos 2x + C.$$

用这一方法还可同时得到 $\displaystyle\int x^3 \sin 2x \mathrm{d}x$, $\displaystyle\int x^2 \cos 2x \mathrm{d}x$, $\displaystyle\int x^2 \sin 2x \mathrm{d}x$, $\displaystyle\int x \cos 2x \mathrm{d}x$ 及 $\displaystyle\int x \sin 2x \mathrm{d}x$ 等 8 个不定积分的计算结果, 不必多次使用分部积分公式, 计算结果略. 当 m 较大时, A 为稀疏矩阵, 可将 A 分块再由引理 5.1 求得 A^{-1}, 虽然稍有计算量, 但计算并不困难.

类型四 $\displaystyle\int P_m(x)\mathrm{e}^{\alpha x} \cos \beta x \mathrm{d}x$ 与 $\displaystyle\int P_m(x)\mathrm{e}^{\alpha x} \sin \beta x \mathrm{d}x$ 型积分 (其中 $P_m(x)$ 为 x 的 m 次多项式)

例 5.5 求不定积分 $\displaystyle\int x\mathrm{e}^{\alpha x} \cos \beta x \mathrm{d}x$, 其中 $\alpha^2 + \beta^2 \neq 0$.

解法 1 待定系数法

令 $f(x) = x\mathrm{e}^{\alpha x} \cos \beta x$(其中 $\lambda = \alpha$, $\omega = \beta$, $P_l(x) = x$, $Q_n(x) = 0$, $l = 1$, $n = 0$, $m = 1$), 故可设 $f(x)$ 的原函数为 $F(x) = [(ax + b)\cos \beta x + (cx + d)\sin \beta x]\mathrm{e}^{\alpha x}$,

其中 a, b, c, d 为待定常数. 将它代入 $F'(x) = f(x) = x\mathrm{e}^{\alpha x}\cos\beta x$ 中, 得

$$[\alpha(ax+b) + a + \beta(cx+d)]\cos\beta x + [\alpha(cx+d) - \beta(ax+b) + c]\sin\beta x$$
$$= x\cos\beta x,$$

比较两端同类项的系数, 得

$$\alpha(ax+b) + a + \beta(cx+d) = x, \quad \alpha(cx+d) - \beta(ax+b) + c = 0.$$

再比较等式两端同次幂的系数, 得

$$\alpha a + \beta c = 1, \quad \alpha b + a + \beta d = 0, \quad \alpha c - \beta a = 0, \quad \alpha d - \beta b + c = 0,$$

解得 $a = \dfrac{\alpha}{\alpha^2 + \beta^2}$, $b = \dfrac{\beta^2 - \alpha^2}{(\alpha^2 + \beta^2)^2}$, $c = \dfrac{\beta}{\alpha^2 + \beta^2}$, $d = -\dfrac{2\alpha\beta}{(\alpha^2 + \beta^2)^2}$. 故

$$\int x\mathrm{e}^{\alpha x}\cos\beta x\mathrm{d}x = \mathrm{e}^{\alpha x}\left[\left(\frac{\alpha}{\alpha^2 + \beta^2}x + \frac{\beta^2 - \alpha^2}{(\alpha^2 + \beta^2)^2}\right)\cos\beta x\right.$$
$$\left. + \left(\frac{\beta}{\alpha^2 + \beta^2}x - \frac{2\alpha\beta}{(\alpha^2 + \beta^2)^2}\right)\sin\beta x\right] + C.$$

解法 2　代数法

设 $f(x) = x\mathrm{e}^{\alpha x}\cos\beta x$, 则 $f'(x) = \mathrm{e}^{\alpha x}\cos\beta x + \alpha x\mathrm{e}^{\alpha x}\cos\beta - \beta x\,\mathrm{e}^{\alpha x}\sin\beta x$. 由 $\mathrm{e}^{\alpha x}\cos\beta x$, $x\mathrm{e}^{\alpha x}\cos\beta x$ 及 $x\mathrm{e}^{\alpha x}\sin\beta x$ 求导后的表达式

$$(\mathrm{e}^{\alpha x}\cos\beta x)' = \alpha\mathrm{e}^{\alpha x}\cos\beta x - \beta\,\mathrm{e}^{\alpha x}\sin\beta x,$$
$$(x\mathrm{e}^{\alpha x}\cos\beta x)' = \mathrm{e}^{\alpha x}\cos\beta x + \alpha x\mathrm{e}^{\alpha x}\cos\beta x - \beta x\,\mathrm{e}^{\alpha x}\sin\beta x,$$
$$(x\mathrm{e}^{\alpha x}\sin\beta x)' = \mathrm{e}^{\alpha x}\sin\beta x + \alpha x\mathrm{e}^{\alpha x}\sin\beta x + \beta x\,\mathrm{e}^{\alpha x}\cos\beta x,$$

可知选取基函数:

$$p_1(x) = x\mathrm{e}^{\alpha x}\cos\beta x, \quad p_2(x) = x\mathrm{e}^{\alpha x}\sin\beta x,$$
$$p_3(x) = \mathrm{e}^{\alpha x}\cos\beta x, \quad p_4(x) = \mathrm{e}^{\alpha x}\sin\beta x,$$

则微分算子 D 在 $p_1(x)$, $p_2(x)$, $p_3(x)$, $p_4(x)$ 这组基下的矩阵为

$$A = \begin{pmatrix} \alpha & \beta & 0 & 0 \\ -\beta & \alpha & 0 & 0 \\ 1 & 0 & \alpha & \beta \\ 0 & 1 & -\beta & \alpha \end{pmatrix} \triangleq \begin{pmatrix} B & O \\ E & B \end{pmatrix},$$

即有
$$D(p_1(x), p_2(x), p_3(x), p_4(x)) = (p_1(x), p_2(x), p_3(x), p_4(x))A.$$

而由引理 5.1 得

$$A^{-1} = \begin{pmatrix} \dfrac{\alpha}{l} & -\dfrac{\beta}{l} & 0 & 0 \\[2mm] \dfrac{\beta}{l} & \dfrac{\alpha}{l} & 0 & 0 \\[2mm] -\dfrac{\alpha^2-\beta^2}{l^2} & \dfrac{2\alpha\beta}{l^2} & \dfrac{\alpha}{l} & -\dfrac{\beta}{l} \\[2mm] -\dfrac{2\alpha\beta}{l^2} & -\dfrac{\alpha^2-\beta^2}{l^2} & \dfrac{\beta}{l} & \dfrac{\alpha}{l} \end{pmatrix},$$

其中 $l = \alpha^2 + \beta^2$. 故由定理 5.1 得

$$\int xe^{\alpha x}\cos\beta x\,\mathrm{d}x = \frac{\alpha}{l}p_1(x) + \frac{\beta}{l}p_2(x) - \frac{\alpha^2-\beta^2}{l^2}p_3(x) - \frac{2\alpha\beta}{l^2}p_4(x) + C$$

$$= \frac{1}{\alpha^2+\beta^2}\left(\alpha xe^{\alpha x}\cos\beta x + \beta xe^{\alpha}\sin\beta x - \frac{\alpha^2-\beta^2}{\alpha^2+\beta^2}e^{\alpha x}\cos\beta x \right.$$

$$\left. - \frac{2\alpha\beta}{\alpha^2+\beta^2}e^{\alpha x}\sin\beta x \right) + C.$$

同时还可得到 $\int xe^{\alpha x}\sin\beta x\,\mathrm{d}x$, $\int e^{\alpha x}\cos\beta x\,\mathrm{d}x$ 及 $\int e^{\alpha x}\sin\beta x\,\mathrm{d}x$ 的计算结果, 不用多次应用分部积分公式.

类型五 $\int P_m(x)\cos\alpha x\cos\beta x\,\mathrm{d}x$, $\int P_m(x)\sin\alpha x\cos\beta x\,\mathrm{d}x$, $\int P_m(x)\cos\alpha x$

$\cdot\sin\beta x\,\mathrm{d}x$ 及 $\int P_m(x)\sin\alpha x\sin\beta x\,\mathrm{d}x$ 型积分 (其中 $P_m(x)$ 为 x 的 m 次多项式, $|\alpha| \neq |\beta|$)

例 5.6 求不定积分 $\int x\sin\alpha x\sin\beta x\,\mathrm{d}x$, 其中 $|\alpha| \neq |\beta|$.

解法 1 待定系数法

令 $f(x) = x\sin\alpha x\sin\beta x$, 则用欧拉公式将 $f(x)$ 化简为

$$f(x) = x\sin\alpha x\sin\beta x = x\frac{e^{\mathrm{i}\alpha x} - e^{-\mathrm{i}\alpha x}}{2\mathrm{i}} \cdot \frac{e^{\mathrm{i}\beta x} - e^{-\mathrm{i}\beta x}}{2\mathrm{i}}$$

$$= -\frac{1}{4}x(e^{\mathrm{i}\alpha x} - e^{-\mathrm{i}\alpha x}) \cdot (e^{\mathrm{i}\beta x} - e^{-\mathrm{i}\beta x})$$

$$= -\frac{1}{4}x(e^{i(\alpha+\beta)x} - e^{i(\beta-\alpha)x} - e^{-i(\beta-\alpha)x} + e^{-i(\alpha+\beta)x})$$

$$= -\frac{1}{2}x\left(\frac{e^{i(\alpha+\beta)x} + e^{-i(\alpha+\beta)x}}{2} - \frac{e^{i(\beta-\alpha)x} + e^{-i(\beta-\alpha)x}}{2}\right)$$

$$= -\frac{1}{2}x(\cos(\alpha+\beta)x - \cos(\beta-\alpha)x) = -\frac{1}{2}x\cos(\alpha+\beta)x + \frac{1}{2}x\cos(\beta-\alpha)x.$$

记 $f_1(x) = -\frac{1}{2}x\cos(\alpha+\beta)x$(其中 $\lambda = 0$, $\omega = \alpha+\beta$, $P_l(x) = -\frac{1}{2}x$, $Q_n(x) = 0$, $l = 1$, $n = 0$, $m = 1$), 故可设 $f_1(x)$ 的原函数为

$$F_1(x) = (ax+b)\cos(\alpha+\beta)x + (cx+d)\sin(\alpha+\beta)x.$$

将它代入 $F_1'(x) = f_1(x) = -\frac{1}{2}x\cos(\alpha+\beta)x$ 中, 得

$$[a + (\alpha+\beta)(cx+d)]\cos(\alpha+\beta)x + [-(\alpha+\beta)(ax+b) + c]\sin(\alpha+\beta)x$$
$$= -\frac{1}{2}x\cos(\alpha+\beta)x,$$

比较两端同类项的系数, 得

$$a + (\alpha+\beta)(cx+d) = -\frac{1}{2}x, \quad -(\alpha+\beta)(ax+b) + c = 0.$$

再比较等式两端同次幂的系数, 得

$$(\alpha+\beta)c = -\frac{1}{2}, \quad a + (\alpha+\beta)d = 0, \quad -(\alpha+\beta)a = 0, \quad -(\alpha+\beta)b + c = 0,$$

解得

$$a = 0, \quad b = -\frac{1}{2(\alpha+\beta)^2}, \quad c = -\frac{1}{2(\alpha+\beta)}, \quad d = 0.$$

即得

$$F_1(x) = -\frac{1}{2(\alpha+\beta)^2}\cos(\alpha+\beta)x - \frac{x}{2(\alpha+\beta)}\sin(\alpha+\beta)x.$$

再记 $f_2(x) = \frac{1}{2}x\cos(\beta-\alpha)x$, 同理可得 $f_2(x)$ 的原函数为

$$F_2(x) = \frac{1}{2(\beta-\alpha)^2}\cos(\beta-\alpha)x + \frac{x}{2(\beta-\alpha)}\sin(\beta-\alpha)x.$$

故 $F(x) = F_1(x) + F_2(x)$ 为 $f(x) = f_1(x) + f_2(x)$ 的原函数, 从而得

$$\int x \sin \alpha x \sin \beta x \mathrm{d}x$$

$$=F_1(x) + F_2(x) + C = -\frac{1}{2(\alpha+\beta)^2} \cos(\alpha+\beta)x - \frac{x}{2(\alpha+\beta)} \sin(\alpha+\beta)x$$

$$+ \frac{1}{2(\beta-\alpha)^2} \cos(\beta-\alpha)x + \frac{x}{2(\beta-\alpha)} \sin(\beta-\alpha)x + C.$$

解法 2　代数法

设 $f(x) = x \sin \alpha x \sin \beta x$, 则

$$f'(x) = \sin \alpha x \cos \beta x + \alpha x \cos \alpha x \sin \beta x + \beta x \sin \alpha x \cos \beta x.$$

由 $\sin \alpha x \sin \beta x$ 与 $x \cos \alpha x \sin \beta x$ 及 $x \sin \alpha x \cos \beta x$ 求导后的表达式

$$(\sin \alpha x \sin \beta x)' = \alpha \cos \alpha x \sin \beta x + \beta \sin \alpha x \cos \beta x,$$

$$(x \cos \alpha x \sin \beta x)' = \cos \alpha x \sin \beta x - \alpha x \sin \alpha x \sin \beta x + \beta x \cos \alpha x \cos \beta x,$$

$$(x \sin \alpha x \cos \beta x)' = \sin \alpha x \cos \beta x + \alpha x \cos \alpha x \cos \beta x - \beta x \sin \alpha x \sin \beta x,$$

可知选取基函数

$$p_1(x) = \sin \alpha x \sin \beta x, \quad p_2(x) = \cos \alpha x \sin \beta x, \quad p_3(x) = \sin \alpha x \cos \beta x,$$

$$p_4(x) = \cos \alpha x \cos \beta x, \quad p_5(x) = x \sin \alpha x \sin \beta x, \quad p_6(x) = x \cos \alpha x \sin \beta x,$$

$$p_7(x) = x \sin \alpha x \cos \beta x, \quad p_8(x) = x \cos \alpha x \cos \beta x,$$

则微分算子 D 在 $p_1(x)$, $p_2(x)$, $p_3(x)$, $\cdots$, $p_8(x)$ 这组基下的矩阵为

$$A = \begin{pmatrix} 0 & -\alpha & -\beta & 0 & 1 & 0 & 0 & 0 \\ \alpha & 0 & 0 & -\beta & 0 & 1 & 0 & 0 \\ \beta & 0 & 0 & -\alpha & 0 & 0 & 1 & 0 \\ 0 & \beta & \alpha & 0 & 0 & 0 & 0 & 1 \\ 0 & 0 & 0 & 0 & 0 & -\alpha & -\beta & 0 \\ 0 & 0 & 0 & 0 & \alpha & 0 & 0 & -\beta \\ 0 & 0 & 0 & 0 & \beta & 0 & 0 & -\alpha \\ 0 & 0 & 0 & 0 & 0 & \beta & \alpha & 0 \end{pmatrix} \triangleq \begin{pmatrix} B & E \\ O & B \end{pmatrix},$$

即有

$$\mathrm{D}(p_1(x), p_2(x), \cdots, p_8(x)) = (p_1(x), p_2(x), \cdots, p_8(x))A.$$

而 $B^{-1} = \begin{pmatrix} 0 & -\dfrac{\alpha}{s} & \dfrac{\beta}{s} & 0 \\[2mm] \dfrac{\alpha}{s} & 0 & 0 & \dfrac{\beta}{s} \\[2mm] -\dfrac{\beta}{s} & 0 & 0 & -\dfrac{\alpha}{s} \\[2mm] 0 & -\dfrac{\beta}{s} & \dfrac{\alpha}{s} & 0 \end{pmatrix}$, 其中 $s = \beta^2 - \alpha^2$. 所以由引理 5.1, 得

$$A^{-1} = \begin{pmatrix} 0 & -\dfrac{\alpha}{s} & \dfrac{\beta}{s} & 0 & \dfrac{\alpha^2+\beta^2}{s^2} & 0 & 0 & \dfrac{2\alpha\beta}{s^2} \\[3mm] \dfrac{\alpha}{s} & 0 & 0 & \dfrac{\beta}{s} & 0 & \dfrac{\alpha^2+\beta^2}{s^2} & -\dfrac{2\alpha\beta}{s^2} & 0 \\[3mm] -\dfrac{\beta}{s} & 0 & 0 & -\dfrac{\alpha}{s} & 0 & -\dfrac{2\alpha\beta}{s^2} & \dfrac{\alpha^2+\beta^2}{s^2} & 0 \\[3mm] 0 & -\dfrac{\beta}{s} & \dfrac{\alpha}{s} & 0 & \dfrac{2\alpha\beta}{s^2} & 0 & 0 & \dfrac{\alpha^2+\beta^2}{s^2} \\[3mm] 0 & 0 & 0 & 0 & 0 & -\dfrac{\alpha}{s} & \dfrac{\beta}{s} & 0 \\[3mm] 0 & 0 & 0 & 0 & \dfrac{\alpha}{s} & 0 & 0 & \dfrac{\beta}{s} \\[3mm] 0 & 0 & 0 & 0 & -\dfrac{\beta}{s} & 0 & 0 & -\dfrac{\alpha}{s} \\[3mm] 0 & 0 & 0 & 0 & 0 & -\dfrac{\beta}{s} & \dfrac{\alpha}{s} & 0 \end{pmatrix},$$

故由定理 5.1 可得

$$\int x \sin\alpha x \sin\beta x \, \mathrm{d}x = \int p_5(x)\mathrm{d}x$$

$$= \frac{\alpha^2+\beta^2}{s^2}p_1(x) + \frac{2\alpha\beta}{s^2}p_4(x) + \frac{\alpha}{s}p_6(x) - \frac{\beta}{s}p_7(x) + C$$

$$= \frac{\alpha^2+\beta^2}{s^2}\sin\alpha x \sin\beta x + \frac{2\alpha\beta}{s^2}\cos\alpha x \cos\beta x$$

$$+ \frac{\alpha}{s}x\cos\alpha x \sin\beta x - \frac{\beta}{s}x\sin\alpha x \cos\beta x + C.$$

该解法还可以同时求出不定积分 $\displaystyle\int \sin\alpha x \sin\beta x \mathrm{d}x, \int \cos\alpha x \sin\beta x \mathrm{d}x,$

$\displaystyle\int \sin\alpha x \cos\beta x \mathrm{d}x, \int \cos\alpha x \cos\beta x \mathrm{d}x, \int x\cos\alpha x \sin\beta x \mathrm{d}x, \int x\sin\alpha x \cos\beta x \mathrm{d}x$ 及

$\int x\cos\alpha x\cos\beta x\mathrm{d}x$. 该题也可利用积化和差公式化简后, 再用分部积分公式求解, 或寻求对偶积分, 利用组合积分法求解. 代数法虽然略显计算量, 但思路清晰, 不难计算, 而且无需应用积化和差公式.

5.4　小　　结

　　本章给出了求解几类被积函数不定积分的两种新方法: 待定系数法和代数方法, 然后, 通过具体实例验证了方法的有效性. 它们具有一定的普适性, 不失为两种较为新颖且实用的方法. 与其他不定积分方法相比, 待定系数法虽然计算量稍微大一点, 但它具有解题思路简单, 不需要做任何积分运算即可求得不定积分的优点.

而代数方法的优点是: 可同时求得多个不定积分 $\int p_j(x)\mathrm{d}x\ (j=1,2,\cdots,n)$ 的结果. 当 m 较大时, 虽然形式上看求 A^{-1} 的计算工作量会较大, 但因为此时 A 为稀疏矩阵, 可通过矩阵分块, 由引理 5.1 不难求得A^{-1}, 计算并不复杂. 若只需要求某个 $\int p_i(x)\mathrm{d}x$, 则仅需求出 A^{-1} 的第 i 列即可.

第 6 章 关于几个定积分问题的探究与拓展

C
HAPTER

本章主要是探究关于定积分的几个问题及其新问题的提出与编制. 其中, 6.1 节主要探讨满足一类特定积分等式条件的函数零点的存在性问题, 通过引入函数线性无关的概念, 归纳了具有普适性的一般性命题, 并作进一步拓展, 由此可以编制出一些在满足特定积分等式条件下的函数至少有两个及更多零点的存在性的新的证明题. 6.2 节以一道典型定积分证明题为例, 先给出其证明过程, 再通过对问题的证明过程的本质特征分析, 采用联想—类比—猜想的数学思维方法, 将问题拓展到任意区间, 得到一般性的结论, 给出了拓展得到一般性命题的完整演化过程, 由此还可编制出一系列的新题. 6.3 节以一道典型定积分不等式证明题为例, 通过对其证明方法的回顾和结论形式的细致分析, 采用从特殊到一般的数学思维方法, 对问题进行了延伸与拓展, 提出了它的两种拓展形式及其结论与推导证明过程.

6.1 关于定积分与函数零点问题的探究

有关函数的零点存在性问题是微积分学中的一类值得探究的问题. 文献 [2, 13-17] 中分别给出了几道满足一类特定积分等式条件的函数零点存在性的典型证明题:

(1) 设函数 $f(x)$ 在 $[a,b]$ 上连续, 且 $\int_a^b f(x)\mathrm{d}x = \int_a^b x f(x)\mathrm{d}x = 0$, 证明至少存在两个不同的点 $\xi_1, \xi_2 \in (a,b)$, 使 $f(\xi_1) = f(\xi_2) = 0$, 即 $f(x)$ 在 (a,b) 内至少有两个零点.

(2) 设函数 $f(x)$ 在 $[a,b]$ 上连续, 且 $\int_a^b f(x)\mathrm{d}x = \int_a^b \mathrm{e}^x f(x)\mathrm{d}x = 0$, 证明 $f(x)$ 在 (a,b) 内至少有两个零点.

(3) 设函数 $f(x)$ 在 $[0,\pi]$ 上连续, 且 $\int_0^\pi f(x)\mathrm{d}x = \int_0^\pi f(x) \cdot \cos x \mathrm{d}x = 0$, 证明在 $(0, \pi)$ 内至少存在两个不同的点 ξ_1, ξ_2, 使 $f(\xi_1) = f(\xi_2) = 0$.

(4) 设函数 $f(x)$ 在 $[a,b]$ 上连续, $g(x)$ 在 $[a,b]$ 上有一阶连续导数, 且 $g'(x) \neq 0$, $\int_a^b f(x)\mathrm{d}x = \int_a^b f(x) \cdot g(x)\mathrm{d}x = 0$, 证明至少存在两个不同的点 $\xi_1, \xi_2 \in (a,b)$, 使 $f(\xi_1) = f(\xi_2) = 0$.

(5) 设函数 $f(x)$ 在 $[0, \pi]$ 上连续, 且 $\displaystyle\int_0^\pi f(x) \cdot \sin x \mathrm{d}x = \displaystyle\int_0^\pi f(x) \cdot \cos x \mathrm{d}x = 0$, 证明在 $(0, \pi)$ 内至少存在两个不同的点 ξ_1, ξ_2, 使 $f(\xi_1) = f(\xi_2) = 0$.

(6) 设函数 $f(x)$ 在 $[a, b]$ 上连续, 且 $\displaystyle\int_a^b f(x) \cdot x^i \mathrm{d}x = 0 \ (i = 0, 1, 2, \cdots, n)$, 证明 $f(x)$ 在 (a, b) 内至少有 $n+1$ 个零点.

(7) 设函数 $f(x)$ 在 $[a, b]$ 上连续, 且 $\displaystyle\int_a^b f(x) \cdot x^i \mathrm{d}x = 0 \ (i = 0, 1, 2, \cdots)$, 证明 $f(x)$ 在 (a, b) 内有无穷多个零点.

那么, 我们能否由上述几个证明题得到一般性的结论?

6.1.1 预备知识

下面, 我们先给出函数线性无关的定义.

定义 6.1[18] 设有定义在区间 I 上的 n 个函数 $f_i(x) \ (i = 1, 2, \cdots, n)$, 若存在 n 个不全为零的常数 $k_i \ (i = 1, 2, \cdots, n)$, 使得当 $x \in I$ 时, $\displaystyle\sum_{i=1}^n k_i f_i(x) \equiv 0$ 恒成立, 则称 n 个函数 $f_1(x), f_2(x), \cdots, f_n(x)$ 在区间 I 上线性相关; 否则称为线性无关.

一般地, 利用微分方程中介绍的朗斯基 (Wronsky) 行列式即可判断函数组 $f_1(x), f_2(x), \cdots, f_n(x)$ 在区间 I 上是否线性无关 [18-19]. 特别地, 当 $n = 2$ 时, 由定义 6.1 可知, 若 $\dfrac{f_2(x)}{f_1(x)} \equiv$ 常数$(f_1(x) \neq 0)$, 则 $f_1(x)$ 与 $f_2(x)$ 线性相关; 否则线性无关.

通过对上述几个实例的观察, 我们注意到它们的被积函数中所含 1, x 及 1, e^x 在 (a, b) 上是线性无关的, 1, $\cos x$ 及 $\sin x$, $\cos x$ 在 $(0, \pi)$ 上是线性无关的, 1, x, x^2, $\cdots$, x^n 在 (a, b) 上是线性无关的. 能否以此为主线, 归纳出一般性命题? 经过对上述几个实例证明思想的深入分析, 我们得到以下几个一般性命题.

6.1.2 关于定积分与函数零点的几个主要结论

命题 6.1 设函数 $f(x)$, $g_1(x)$ 在 $[a, b]$ 上连续, $g_1(x) \neq 0 \ (\forall x \in (a, b))$, 且 $\displaystyle\int_a^b f(x) \cdot g_1(x) \mathrm{d}x = 0$, 则 $f(x)$ 在 (a, b) 内至少有一个零点.

证明 (反证法) 假设 $f(x)$ 在 (a, b) 内无零点, 则 $\forall x \in (a, b)$, $f(x)$ 恒大于 0 或恒小于 0. 又由已知 $g_1(x) \neq 0 \ (\forall x \in (a, b))$ 及 $g_1(x)$ 的连续性, 必有 $g_1(x)$ 恒大于 0 或恒小于 0, 于是 $f(x) \cdot g_1(x)$ 恒大于 0 或恒小于 0, 从而 $\displaystyle\int_a^b f(x) \cdot g_1(x) \mathrm{d}x \neq 0$, 这与已知矛盾. 故得证.

[注记 1] 也可以对 $f(x) \cdot g_1(x)$ 用积分中值定理, 再由 $g_1(x) \neq 0 \ (\forall x \in (a, b))$ 得证.

命题 6.2　设函数 $f(x)$, $g_1(x)$, $\rho(x)$ 在 $[a, b]$ 上连续,

$$\int_a^b f(x) \cdot g_1(x) \cdot [\rho(x)]^i \mathrm{d}x = 0 \quad (i = 0,\ 1),$$

$\forall x \in (a,b)$, $g_1(x) \neq 0$, 函数 1, $\rho(x)$ 在 $(a,\ b)$ 内线性无关, 且 $\rho(x)$ 在 $(a,\ b)$ 内单调, 则 $f(x)$ 在 $(a,\ b)$ 内至少有两个零点.

证明　(反证法) 由命题 6.1 知 $f(x)$ 在 (a,b) 内至少有一个零点, 假设 $f(x)$ 在 (a,b) 内仅有一个零点 x_0, 则由 $\int_a^b f(x) \cdot g_1(x) \mathrm{d}x = 0$ 知, $f(x) \cdot g_1(x)$ 在 (a,x_0) 与 (x_0,b) 内异号. 不妨设 $x \in (a,x_0)$, $f(x) \cdot g_1(x) > 0$; $x \in (x_0,b)$, $f(x) \cdot g_1(x) < 0$. 由已知 1, $\rho(x)$ 在 $(a,\ b)$ 内线性无关, 于是 $\rho(x)$ 在 $(a,\ b)$ 内不恒为常数. 又 $\rho(x)$ 在 (a,b) 内单调, 不妨设 $\rho(x)$ 单调增加, 则当 $x \in (a,x_0)$ 时, $\rho(x) \leqslant \rho(x_0)$; 当 $x \in (x_0,b)$ 时, $\rho(x) \geqslant \rho(x_0)$. 故

$$\int_a^b f(x) \cdot g_1(x) \cdot \rho(x)\mathrm{d}x = \int_a^b f(x) \cdot g_1(x) \cdot \rho(x)\mathrm{d}x - \rho(x_0) \cdot \int_a^b f(x) \cdot g_1(x)\mathrm{d}x$$
$$= \int_a^b f(x) \cdot g_1(x) \cdot [\rho(x) - \rho(x_0)]\mathrm{d}x$$
$$= \int_a^{x_0} f(x) \cdot g_1(x) \cdot [\rho(x) - \rho(x_0)]\mathrm{d}x$$
$$+ \int_{x_0}^b f(x) \cdot g_1(x) \cdot [\rho(x) - \rho(x_0)]\mathrm{d}x < 0,$$

这与已知矛盾. 故得证.

[注记 2]　(I) 命题 6.2 中取 $g_1(x) \equiv 1$, $\rho(x)$ 分别为 x, e^x, $\cos x$, $g(x)$, 即得前述典型证明题 (1)~(4); 取 $g_1(x) = \sin x$, $\rho(x) = \cot x$ 即得前述证明题 (5).

(II) 由命题 6.2 可编制出若干个使函数至少存在两个零点的证明题. 如: 设函数 $f(x)$ 在 $\left[0, \dfrac{\pi}{2}\right]$ 上连续, 且 $\int_0^{\frac{\pi}{2}} f(x)\mathrm{d}x = \int_0^{\frac{\pi}{2}} f(x) \cdot \sin x\mathrm{d}x = 0$, 则 $f(x)$ 在 $\left(0, \dfrac{\pi}{2}\right)$ 内至少有两个零点.

命题 6.3　设 $f(x)$, $g_1(x)$, $\rho(x)$ 在 $[a,\ b]$ 上连续, $\int_a^b f(x) \cdot g_1(x) \cdot [\rho(x)]^i \mathrm{d}x = 0(i = 0,\ 1,\ 2,\cdots,n)$, $\forall x \in (a,b)$, $g_1(x) \neq 0$, 1, $\rho(x)$, $\rho^2(x)$, $\cdots$, $\rho^n(x)$ 在 $(a,\ b)$ 内线性无关, 且 $\rho(x)$ 在 $(a,\ b)$ 内单调, 则 $f(x)$ 在 $(a,\ b)$ 内至少有 $n+1$ 个零点.

证明　(用数学归纳法) 当 $n = 0$ 时, 即为命题 6.1, 结论成立; 当 $n = 1$ 时, 即为命题 6.2, 结论成立;

假设 $n = k$ 时结论成立, 即 $f(x)$ 在 (a,b) 内至少有 $k+1$ 个零点, 下面用反证法证明: 当 $n = k+1$ 时结论也成立, 即证 $f(x)$ 在 (a,b) 内至少有 $k+2$ 个零点.

假设函数 $f(x)$ 在 (a, b) 内恰有 $k+1$ 个零点, 不妨设零点分别为 $x_1, x_2, \cdots,$ x_{k+1}, 其中 $a < x_1 < x_2 < \cdots < x_{k+1} < b$, 则 $f(x)$ 在每个子区间 $(a, x_1), (x_1, x_2),$ $\cdots, (x_k, x_{k+1}), (x_{k+1}, b)$ 上不变号, 而在相邻子区间上 $f(x)$ 异号. 不妨设当 $x \in$ $(a, x_1), f(x) > 0; x \in (x_1, x_2), f(x) < 0;$ 依此类推.

取 $G(x) = f(x) \cdot g_1(x) \cdot (\rho(x) - \rho(x_1)) \cdot (\rho(x) - \rho(x_2)) \cdots (\rho(x) - \rho(x_{k+1}))$, 则由题设知 $\int_a^b G(x)\mathrm{d}x = 0$. 而因为

$$\int_a^b G(x)\mathrm{d}x = \int_a^{x_1} G(x)\mathrm{d}x + \int_{x_1}^{x_2} G(x)\mathrm{d}x + \cdots + \int_{x_{k+1}}^b G(x)\mathrm{d}x,$$

由已知 $\forall x \in (a, b), g_1(x) \neq 0$ 及 $g_1(x)$ 的连续性, 于是 $g_1(x)$ 在 (a, b) 上不变号, 不妨设 $g_1(x) > 0(\forall x \in (a, b))$. 又由已知 $\rho(x)$ 在 (a, b) 内单调, 不妨设 $\rho(x)$ 单调增加, 于是 $(\rho(x) - \rho(x_1)) \cdot (\rho(x) - \rho(x_2)) \cdots (\rho(x) - \rho(x_{k+1}))$ 在 (a, b) 的每个子区间上不变号, 而在相邻子区间上异号, 从而 $G(x)$ 在每个子区间上同号且 $G(x)$ 不恒为零, 因此 $\int_a^b G(x)\mathrm{d}x \neq 0$, 这与 $\int_a^b G(x)\mathrm{d}x = 0$ 矛盾, 故由反证法可知 $f(x)$ 在 (a, b) 内至少有 $k+2$ 个零点.

综上所述, 由数学归纳法即可证得.

特别地, 取 $g_1(x) = 1$, $\rho(x) = x$, 则由命题 6.3 可得前述典型证明题 (6). 类似地, 可利用命题 6.3 设计和构造函数的零点存在性证明题. 如, 取 $g_1(x) = 1$, $\rho(x) = \mathrm{e}^x$, 即得

推论 6.1 设 $f(x)$ 在 $[a, b]$ 上连续, $\int_a^b f(x) \cdot \mathrm{e}^{kx}\mathrm{d}x = 0(k = 0, 1, 2, \cdots, n)$, 则 $f(x)$ 在 (a, b) 内至少有 $n+1$ 个零点.

类似于命题 6.3, 可证得

命题 6.4 设函数 $f(x), g_1(x)$ 在 $[a, b]$ 上连续, $\int_a^b f(x) \cdot g_1(x) \cdot [\rho(x)]^i \mathrm{d}x$ $= 0(i = 0, 1, 2, \cdots)$, $\forall x \in (a, b), g_1(x) \neq 0$, $1, \rho(x), \rho^2(x), \cdots$ 在 (a, b) 内线性无关, 且 $\rho(x)$ 在 (a, b) 内单调, 则 $f(x)$ 在 (a, b) 内有无穷多个零点.

特别地, 取 $g_1(x) = 1$, $\rho(x) = x$, 即得前述证明题 (7).

6.2 关于一道定积分等式证明题的探究和拓展

解数学题不在多而在精, 它的目标并非仅仅只是得到答案. 解题过程中, 如果我们在得到答案后, 能多思考、多体会解题思路及其本质, 并对问题作进一步探究, 拓展问题与思维, 得到一般性的结果, 即可增强对知识的理解与迁移, 拓宽视野, 达到举一反三、融会贯通的解题效果, 从而感受到解题的乐趣.

下面, 以一道典型定积分证明题为例, 先给出其证明过程, 再作进一步拓广探究实践, 得到一般性的结论, 同时给出构建一般性命题的完整演化过程. 之后, 基于得到的命题, 可编制一些新题.

6.2.1   一道定积分典型问题及其证明

典型问题   设函数 $f(x)$ 在 $[0, 1]$ 上连续, 且有 $\displaystyle\int_0^1 f(x)\mathrm{d}x = \int_0^1 xf(x)\mathrm{d}x$, 则至少存在一个 $\xi \in (0,1)$, 使 $\displaystyle\int_0^\xi f(x)\mathrm{d}x = 0$.

证明   令 $F(x) = \displaystyle\int_0^x f(t)\mathrm{d}t$, $x \in [0, 1]$, 则由题设有

$$F'(x) = f(x), \quad F(1) = \int_0^1 x\mathrm{d}F(x) = F(1) - \int_0^1 F(x)\mathrm{d}x,$$

于是有

$$\int_0^1 F(x)\mathrm{d}x = 0.$$

再令

$$G(x) = \int_0^x F(t)\mathrm{d}t, \quad x \in [0, 1],$$

则 $G(x)$ 在 $[0,1]$ 上由罗尔定理知, 至少存在一点 $\xi \in (0,1)$, 使得 $G'(\xi) = 0$, 即

$$F(\xi) = \int_0^\xi f(t)\mathrm{d}t = 0.$$

6.2.2   问题的提出及探究

通过对问题的细致观察与证明过程的本质特征分析, 我们考虑将问题拓展到任意闭区间 $[a,b]$. 为此采用联想—类比的数学思维方法, 提出如下猜想:

能否由已知 $\displaystyle\int_a^b f(x)\mathrm{d}x = \int_a^b f(x)g(x)\mathrm{d}x$, 得到: 至少存在一个 $\xi \in (a,b)$, 使 $\displaystyle\int_a^\xi f(x)\mathrm{d}x = 0$? 又需要加上什么条件?

下面, 类比于已知典型问题的证明方法, 推演需要增加的条件, 并给出证明.

令 $F(x) = \displaystyle\int_a^x f(t)\mathrm{d}t$, $x \in [a, b]$, 则 $F'(x) = f(x)$, $F(a) = 0$.

由已知 $\displaystyle\int_a^b f(x)\mathrm{d}x = \int_a^b f(x)g(x)\mathrm{d}x$, 得

$$F(b) = \int_a^b g(x)\mathrm{d}F(x) = F(b)g(b) - \int_a^b F(x)g'(x)\mathrm{d}x,$$

于是只需增加条件: "$F(b) = F(b)g(b)$", 即 "$(g(b) - 1) \cdot \int_a^b f(x)\mathrm{d}x = 0$", 就可得到 $\int_a^b F(x)g'(x)\mathrm{d}x = 0$.

再令 $G(x) = \int_a^x F(t)g'(t)\mathrm{d}t$, $x \in [a, b]$, 则 $G(x)$ 在 $[a, b]$ 上连续, 在 (a, b) 内可导, 且 $G(a) = G(b) = 0$, 故由罗尔定理知, 至少存在一个 $\xi \in (a, b)$, 使 $G'(\xi) = 0$, 即 $F(\xi)g'(\xi) = 0$.

要使 $F(\xi) = \int_a^\xi f(t)\mathrm{d}t = 0$, 则只需使 $g'(\xi) \neq 0$, 为此增加条件: "$\forall x \in (a, b)$, 有 $g'(x) \neq 0$" 即可.

基于上述分析和推演, 可以得到一般性的结论.

命题 6.5 设函数 $f(x)$ 在 $[a, b]$ 上连续, 函数 $g(x)$ 在 $[a, b]$ 上有一阶连续导数, 且 $\forall x \in (a, b)$, 有 $g'(x) \neq 0$. 又有

$$(g(b) - 1) \cdot \int_a^b f(x)\mathrm{d}x = 0, \quad \int_a^b f(x)\mathrm{d}x = \int_a^b f(x)g(x)\mathrm{d}x,$$

则至少存在一个 $\xi \in (a, b)$, 使 $\int_a^\xi f(x)\mathrm{d}x = 0$.

类似地, 如果令

$$F(x) = \int_x^b f(t)\mathrm{d}t, \quad x \in [a, b],$$

则可得到如下命题.

命题 6.6 设函数 $f(x)$ 在 $[a, b]$ 上连续, 函数 $g(x)$ 在 $[a, b]$ 上有一阶连续导数, 且 $\forall x \in (a, b)$, 有 $g'(x) \neq 0$. 又有

$$(g(a) - 1) \cdot \int_a^b f(x)\mathrm{d}x = 0, \quad \int_a^b f(x)\mathrm{d}x = \int_a^b f(x)g(x)\mathrm{d}x,$$

则至少存在一个 $\xi \in (a, b)$, 使 $\int_\xi^b f(x)\mathrm{d}x = 0$.

证明 略.

[注记 3] (I) 在命题 6.5 中, 取 $g(x) = x$, 则 $g'(x) = 1$, $g(1) = 1$, 于是由命题 6.5 可得到已知典型问题, 故命题 6.5 是已知问题的推广.

(II) 由推演过程可知, 命题 6.5 对无穷区间 $[a, +\infty)$ 或 $(a, +\infty)$ 也成立, 此时, 取 $b = +\infty$, 并记 $g(+\infty) = \lim\limits_{b \to +\infty} g(b)$; 命题 6.6 对无穷区间 $(-\infty, b]$ 或 $(-\infty, b)$ 也成立, 此时, 取 $a = -\infty$, 并记 $g(-\infty) = \lim\limits_{a \to -\infty} g(a)$.

6.2.3 新题的编制

利用命题 6.5 和命题 6.6, 可编制出一系列新题.

习题 6.1　设函数 $f(x)$ 在 $[0, 1]$ 上连续, 且有 $\displaystyle\int_0^1 f(x)\mathrm{d}x = \int_0^1 \mathrm{e}^x f(x)\mathrm{d}x = 0$, 则至少存在一个 $\xi \in (0,1)$, 使 $\displaystyle\int_0^\xi f(x)\mathrm{d}x = 0$.

事实上, 取 $g(x) = \mathrm{e}^x$, $a = 0, b = 1$, 则 $g'(x) = \mathrm{e}^x > 0$, 且 $\displaystyle\int_0^1 f(x)\mathrm{d}x = 0$, 故由命题 6.5 可得.

习题 6.2　设函数 $f(x)$ 在 $[0, 1]$ 上连续, 且有 $\displaystyle\int_0^1 f(x)\mathrm{d}x = \int_0^1 \mathrm{e}^x f(x)\mathrm{d}x$, 则至少存在一个 $\xi \in (0,1)$, 使 $\displaystyle\int_\xi^1 f(x)\mathrm{d}x = 0$.

事实上, 取 $g(x) = \mathrm{e}^x$, $a = 0, b = 1$, 则 $g'(x) = \mathrm{e}^x > 0$, 且 $g(0) = 1$, 故由命题 6.6 可得.

习题 6.3　设函数 $f(x)$ 在 $\left[-\dfrac{\pi}{2}, \dfrac{\pi}{2}\right]$ 上连续, 且有 $\displaystyle\int_{-\frac{\pi}{2}}^{\frac{\pi}{2}} f(x)\mathrm{d}x = \int_{-\frac{\pi}{2}}^{\frac{\pi}{2}} f(x)$ $\cdot \sin x \mathrm{d}x$, 则至少存在一个 $\xi \in \left(-\dfrac{\pi}{2}, \dfrac{\pi}{2}\right)$, 使 $\displaystyle\int_{-\frac{\pi}{2}}^\xi f(x)\mathrm{d}x = 0$.

事实上, 取 $g(x) = \sin x$, $a = -\dfrac{\pi}{2}, b = \dfrac{\pi}{2}$, 则 $\forall x \in \left(-\dfrac{\pi}{2}, \dfrac{\pi}{2}\right)$, 有 $g'(x) = \cos x > 0$, 且 $g\left(\dfrac{\pi}{2}\right) = 1$, 故由命题 6.5 可得.

习题 6.4　设函数 $f(x)$ 在 $[0, \pi]$ 上连续, 且有 $\displaystyle\int_0^\pi f(x)\mathrm{d}x = \int_0^\pi f(x)\cos x \mathrm{d}x$, 则至少存在一个 $\xi \in (0, \pi)$, 使 $\displaystyle\int_\xi^\pi f(x)\mathrm{d}x = 0$.

事实上, 取 $g(x) = \cos x$, $a = 0, b = \pi$, 则 $\forall x \in (0, \pi)$, 有 $g'(x) = -\sin x < 0$, 且 $g(0) = 1$, 故由命题 6.6 可得.

习题 6.5　设函数 $f(x)$ 在 $\left[-\dfrac{\pi}{4}, \dfrac{\pi}{4}\right]$ 上连续, 且有

$$\int_{-\frac{\pi}{4}}^{\frac{\pi}{4}} f(x)\cos x \mathrm{d}x = \int_{-\frac{\pi}{4}}^{\frac{\pi}{4}} f(x)\sin x \mathrm{d}x,$$

则至少存在一个 $\xi \in \left(-\dfrac{\pi}{4}, \dfrac{\pi}{4}\right)$, 使 $\displaystyle\int_{-\frac{\pi}{4}}^\xi f(x)\mathrm{d}x = 0$.

事实上, $f(x)\sin x = f(x)\cos x \cdot \tan x$, 取 $f_1(x) = f(x)\cos x$ 作为命题 6.5 中的 $f(x)$, $g(x) = \tan x$, $a = -\dfrac{\pi}{4}, b = \dfrac{\pi}{4}$, 则 $\forall x \in \left(-\dfrac{\pi}{4}, \dfrac{\pi}{4}\right)$, 有 $g'(x) = \sec^2 x > 0$, 且 $g\left(\dfrac{\pi}{4}\right) = 1$, 于是由命题 6.5 可得: 至少存在一点 $\xi_1 \in \left(-\dfrac{\pi}{4}, \dfrac{\pi}{4}\right)$, 使

$$\int_{-\frac{\pi}{4}}^{\xi_1} f_1(x)\mathrm{d}x = \int_{-\frac{\pi}{4}}^{\xi_1} f(x)\cos x \mathrm{d}x = 0.$$

再由推广的积分中值定理知, 存在 $\xi \in \left(-\dfrac{\pi}{4},\, \xi_1\right) \subset \left(-\dfrac{\pi}{4},\, \dfrac{\pi}{4}\right)$, 使得

$$\int_{-\frac{\pi}{4}}^{\xi_1} f(x)\cos x\mathrm{d}x = \cos\xi \cdot \int_{-\frac{\pi}{4}}^{\xi_1} f(x)\mathrm{d}x = 0,$$

故得 $\displaystyle\int_{-\frac{\pi}{4}}^{\xi} f(x)\mathrm{d}x = 0.$

类似地, 还可编制出一些其他新题.

6.2.4 典型问题的另一证明及其探究

进一步地, 若按照典型问题的另一证明思路从不同的角度进行探究和推广, 则可得到另一个推广命题.

下面先介绍上述典型问题的另一证明思想.

注意到已知条件无端点信息, 因而不考虑零点定理, 进而考虑用罗尔定理.

令

$$F'(x) = \int_0^x f(t)\mathrm{d}t, \quad x \in [0,\, 1].$$

由分部积分法, 有

$$F(x) - F(0) = \int_0^x F'(u)\mathrm{d}u = \int_0^x \left[\int_0^u f(t)\mathrm{d}t\right]\mathrm{d}u$$

$$= \left(u\int_0^u f(t)\mathrm{d}t\right)\Big|_0^x - \int_0^x uf(u)\,\mathrm{d}u = x\int_0^x f(t)\mathrm{d}t - \int_0^x uf(u)\,\mathrm{d}u,$$

于是令

$$F(x) = x\int_0^x f(t)\mathrm{d}t - \int_0^x t\,f(t)\,\mathrm{d}t,$$

则由已知得 $F(0) = 0 = F(1)$, 故对 $F(x)$ 在 $[0,1]$ 上用罗尔定理, 即得至少存在一个 $\xi \in (0,1)$, 使 $F'(\xi) = 0$, 即 $\displaystyle\int_0^\xi f(x)\mathrm{d}x = 0.$

其次, 按照这种证明思路, 我们探究如何将上述问题从区间 $[0,1]$ 推广到有限区间 $[a,b]$? 即讨论:

设函数 $f(x)$ 在 $[a,b]$ 上连续, 且 $\displaystyle\int_a^b f(x)\mathrm{d}x = \int_a^b x\,f(x)\mathrm{d}x$, 那么是否存在 $\xi \in (a,b)$, 使得 $\displaystyle\int_a^\xi f(x)\mathrm{d}x = 0$? 抑或需增加什么条件?

类似地, 考虑令 $F'(x) = \displaystyle\int_a^x f(t)\mathrm{d}t$, $x \in [a,\, b]$. 则有

$$F(x) - F(a) = \int_a^x F'(u)\mathrm{d}u = \int_a^x \left[\int_a^u f(t)\mathrm{d}t\right]\mathrm{d}u$$

$$= \left(u \int_a^u f(t)\mathrm{d}t \right)\Big|_a^x - \int_a^x uf(u)\,\mathrm{d}u = x\int_a^x f(t)\mathrm{d}t - \int_a^x uf(u)\,\mathrm{d}u,$$

故令

$$F(x) = x\int_a^x f(t)\mathrm{d}t - \int_a^x t f(t)\,\mathrm{d}t,$$

则 $F(a) = 0$, $F(b) = b\int_0^b f(t)\mathrm{d}t - \int_0^b t f(t)\,\mathrm{d}t$.

如果增加条件: "存在 $a < c \leqslant b$, 有 $c\int_0^c f(t)\mathrm{d}t = \int_0^c t f(t)\,\mathrm{d}t$", 则 $F(a) = 0 = F(c)$, 于是由罗尔定理, 得存在 $\xi \in (a,c) \subset (a,b)$, 使 $F'(\xi) = 0$, 即 $\int_0^\xi f(x)\mathrm{d}x = 0$.

由此可得如下命题.

命题 6.7　设函数 $f(x)$ 在 $[a,b]$ 上连续, 且存在 $a < c \leqslant b$, 有 $c\int_0^c f(t)\mathrm{d}t = \int_0^c t f(t)\,\mathrm{d}t$, 则至少存在一点 $\xi \in (a,b)$, 使 $\int_a^\xi f(x)\mathrm{d}x = 0$.

[注记 4]　(I) 以上两种推广方式表明: 依据不同的证明思想进行推广可得到不同形式的推广命题.

(II) 命题 6.7 中的 c 通常取特殊值 $c = \dfrac{a+b}{2}$ 或 $c = b$, 也可取其他不同的值.

6.3　关于一道定积分不等式证明题的拓展

在数学课程学习中, 解题是一项非常重要且有意义的工作. 著名数学家和数学教育家 G. 波利亚在《怎样解题》一书中把解题的思维过程分解为 "理解题目" "拟订方案" "执行方案" 及 "回顾与反思" 等四个步骤. 通常情况下, 人们往往只关注前三个步骤, 仅仅满足于得到问题的求解答案, 而大多忽视了第四个步骤. 这种做法, 遗漏了解题中一个重要而且有益的阶段. 解题不在多而在精, 在得到问题的解答后, 如果能重视对问题的回顾与反思, 并对问题作进一步讨论、改进和拓展, 即可达到融会贯通、培养发散思维和创新思维、提高解题能力的目的, 同时可以编制新题、增加学习兴趣、享受解题的乐趣.

6.3.1　问题的提出

下面以一道典型定积分不等式证明题为例, 通过对它的形式进行化简与分析, 采用从特殊到一般化的数学思维方法, 提出它的两种可能的拓展形式.

典型题　设函数 $f(x)$ 在 $[a, b]$ 上连续且单调增加, 证明

$$\int_a^b xf(x)\mathrm{d}x \geqslant \frac{a+b}{2}\int_a^b f(x)\mathrm{d}x.$$

该习题的证明方法有多种, 见之于多种文献中, 此处略.

当 $\displaystyle\int_a^b f(x)\mathrm{d}x > 0$ 时, 要证的结论可化为

$$\frac{\displaystyle\int_a^b xf(x)\mathrm{d}x}{\displaystyle\int_a^b f(x)\mathrm{d}x} \geqslant \frac{a+b}{2} = \frac{a^2-b^2}{2(a-b)} = \frac{\displaystyle\int_a^b x\,\mathrm{d}x}{\displaystyle\int_a^b \mathrm{d}x}.$$

而若将 $f(x)$ 视为密度函数, 则该不等式两边可视为 "重心" 之间的大小比较问题. 通过对化简后不等式两边表达式的分析和被积函数中 x 和 $f(x)$ 的一般化考量, 很自然地提出如下两个猜想问题.

问题 I 若将被积函数中的 x 一般化为 $g(x)$, 结论是否仍然成立, 即

$$\frac{\displaystyle\int_a^b g(x)f(x)\mathrm{d}x}{\displaystyle\int_a^b f(x)\mathrm{d}x} \geqslant \frac{\displaystyle\int_a^b g(x)\mathrm{d}x}{\displaystyle\int_a^b \mathrm{d}x}$$

是否成立? 若成立, 需要什么条件?

问题 II 若将被积函数中的 $f(x)$ 及 1 分别一般化为 $f^n(x)$, $f^{n-1}(x)$, 如下结论是否成立,

$$\frac{\displaystyle\int_a^b x\,f^n(x)\mathrm{d}x}{\displaystyle\int_a^b f^n(x)\mathrm{d}x} \geqslant \frac{\displaystyle\int_a^b x\,f^{n-1}(x)\mathrm{d}x}{\displaystyle\int_a^b f^{n-1}(x)\mathrm{d}x}?$$

若成立, 需要什么条件?

6.3.2 问题的解答

通过对前面典型题证明方法的回顾、反思与本质分析, 采用转化为二重积分的证明方法, 类似地可以得到上述两个问题的几个主要结论.

对于问题 I: 记 $D = \{(x,y)\,|\,a \leqslant x \leqslant b,\ a \leqslant y \leqslant b\}$, 注意到 $\displaystyle\int_a^b f(x)\mathrm{d}x$ 作分母, 需要考虑它不等于 0 的要求. 为此, 考虑其化简后的形式

$$\int_a^b f(x)\mathrm{d}x \cdot \int_a^b g(x)\mathrm{d}x - \int_a^b \mathrm{d}x \cdot \int_a^b f(x)g(x)\mathrm{d}x$$

的符号.

不妨记上式为 I, 则

$$I = \int_a^b f(x)\mathrm{d}x \cdot \int_a^b g(x)\mathrm{d}x - \int_a^b \mathrm{d}x \cdot \int_a^b f(x)g(x)\mathrm{d}x$$

$$= \frac{1}{2}\Bigg[\int_a^b f(x)\mathrm{d}x \cdot \int_a^b g(y)\mathrm{d}y + \int_a^b f(y)\mathrm{d}y \cdot$$

$$\cdot \int_a^b g(x)\mathrm{d}x - \int_a^b \mathrm{d}x$$

$$\cdot \int_a^b f(x)g(x)\mathrm{d}x - \int_a^b \mathrm{d}y \cdot \int_a^b f(y)g(y)\mathrm{d}y \Bigg]$$

$$= \frac{1}{2}\iint\limits_D F(x,y)\mathrm{d}x\mathrm{d}y,$$

其中

$$F(x,y) = f(x)g(y) + f(y)g(x) - f(x)g(x) - f(y)g(y) = (f(x) - f(y))(g(y) - g(x)),$$

于是当 $f(x)$ 与 $g(x)$ 的单调性相同时, $I \leqslant 0$; 当 $f(x)$ 与 $g(x)$ 的单调性相反时, $I \geqslant 0$.

从而有以下结论.

定理 6.1　设函数 $f(x)$ 和 $g(x)$ 在 $[a,b]$ 上可积, 则当 $f(x)$ 和 $g(x)$ 的单调性相同时, 有

$$\int_a^b f(x)\mathrm{d}x \cdot \int_a^b g(x)\mathrm{d}x \leqslant (b-a)\int_a^b f(x)g(x)\mathrm{d}x;$$

当 $f(x)$ 和 $g(x)$ 的单调性相反时, 上述不等式反向成立.

对于问题 II: 类似于问题 I, 为了避免分母可能为 0 的情况发生, 考虑其化简后形式

$$\int_a^b xf^n(x)\mathrm{d}x \cdot \int_a^b f^{n-1}(x)\mathrm{d}x - \int_a^b f^n(x)\mathrm{d}x \cdot \int_a^b x\,f^{n-1}(x)\mathrm{d}x$$

的符号.

不妨设上式为 II, 则类似于 I 的推导, 得

$$II = \int_a^b xf^n(x)\mathrm{d}x \cdot \int_a^b f^{n-1}(x)\mathrm{d}x - \int_a^b f^n(x)\mathrm{d}x \cdot \int_a^b x\,f^{n-1}(x)\mathrm{d}x$$

$$= \frac{1}{2}\iint\limits_D G(x,y)\mathrm{d}x\mathrm{d}y,$$

其中

$$G(x,y) = f^{n-1}(x)f^{n-1}(y)(f(x) - f(y))(x - y),$$

于是在假设 $f(x)$ 在 $[a, b]$ 上是非负可积的条件下, 当 $f(x)$ 在 $[a, b]$ 上单调增加时, $II \geqslant 0$; 当 $f(x)$ 在 $[a, b]$ 上单调减少时, $II \leqslant 0$.

从而有以下结论.

定理 6.2   设 $f(x)$ 是 $[a,b]$ 上可积的非负函数, $n \geqslant 1$, 则当 $f(x)$ 在 $[a, b]$ 上单调增加时, 有

$$\int_a^b x f^n(x)\mathrm{d}x \cdot \int_a^b f^{n-1}(x)\mathrm{d}x \geqslant \int_a^b f^n(x)\mathrm{d}x \cdot \int_a^b x f^{n-1}(x)\mathrm{d}x;$$

当 $f(x)$ 在 $[a, b]$ 上单调减少时, 上述不等式反向成立.

[注记 5]   由 $G(x,y)$ 的表达式可知, 当 n 取奇数时, 定理 6.2 中函数 $f(x)$ 为非负的条件可以去掉.

特别地有

推论 6.2   设 $f(x)$ 是 $[a,b]$ 上可积的正值函数, $n \geqslant 1$, 则当 $f(x)$ 在 $[a,b]$ 上单调增加时, 有

$$\frac{\displaystyle\int_a^b x f^n(x)\mathrm{d}x}{\displaystyle\int_a^b f^n(x)\mathrm{d}x} \geqslant \frac{\displaystyle\int_a^b x f^{n-1}(x)\mathrm{d}x}{\displaystyle\int_a^b f^{n-1}(x)\mathrm{d}x};$$

当 $f(x)$ 在 $[a,b]$ 上单调减少时, 不等式反向成立.

更进一步地, 有

定理 6.3   设函数 $f(x)$ 和 $g(x)$ 都是 $[a,b]$ 上可积的非负函数, $n \geqslant 1$, 则当 $f(x)$ 与 $g(x)$ 的单调性相同时, 有

$$\int_a^b f^n(x)g(x)\mathrm{d}x \cdot \int_a^b f^{n-1}(x)\mathrm{d}x \geqslant \int_a^b f^n(x)\mathrm{d}x \cdot \int_a^b f^{n-1}(x)g(x)\mathrm{d}x;$$

当 $f(x)$ 与 $g(x)$ 的单调性相反时, 上述不等式反向成立.

类似于定理 6.2 的证明, 证明略.

[注记 6]   当 n 取奇数时, 定理 6.3 中函数 $f(x)$ 和 $g(x)$ 为非负的条件可以去掉.

推论 6.3   设 $f(x)$ 和 $g(x)$ 都是 $[a,b]$ 上可积的正值函数, $n \geqslant 1$, 则当 $f(x)$ 与 $g(x)$ 的单调性相同时, 有

$$\frac{\displaystyle\int_a^b f^n(x)g(x)\mathrm{d}x}{\displaystyle\int_a^b f^n(x)\mathrm{d}x} \geqslant \frac{\displaystyle\int_a^b f^{n-1}(x)g(x)\mathrm{d}x}{\displaystyle\int_a^b f^{n-1}(x)\mathrm{d}x};$$

当 $f(x)$ 与 $g(x)$ 的单调性相反时, 不等式反向成立.

[注记 7]   在定理 6.1 中取 $g(x) = x$, 定理 6.2 中取 $n = 1$, 定理 6.3 中取 $g(x) = x$ 且 $n = 1$, 都可以得到典型习题的结果, 所以定理 6.1、定理 6.2 和定理 6.3 是所给出典型习题的推广.

6.3.3 新题的编制

在定理 6.1~ 定理 6.3 及推论 6.2、推论 6.3 中, 选取不同的 $f(x)$, $g(x)$ 或 n, 即可编制得到很多不同的新题.

以下仅举几个例子说明.

例 6.1   取 $g(x) = x^2$, $0 \leqslant a < b$, 则由定理 6.1 知, 当 $f(x)$ 在 $[a, b]$ 上可积且单调增加时, 则有

$$\int_a^b f(x)\mathrm{d}x \cdot \int_a^b x^2\mathrm{d}x \leqslant (b-a)\int_a^b x^2 f(x)\mathrm{d}x,$$

即

$$\int_a^b f(x)\mathrm{d}x \leqslant \frac{3}{b^2 + ab + a^2} \cdot \int_a^b x^2 f(x)\mathrm{d}x;$$

当 $f(x)$ 在 $[a, b]$ 上单调减少时, 不等式反向成立.

类似地, 取 $g(x) = x^n$ $(n \geqslant 1)$, 可以得到一系列的积分不等式.

例 6.2   取 $g(x) = \cos x$, $a = 0$, $b = \dfrac{\pi}{2}$, 则由定理 6.1 知, 当 $f(x)$ 在 $[a, b]$ 上可积且单调增加时, 有

$$\int_0^{\frac{\pi}{2}} f(x)\mathrm{d}x \cdot \int_0^{\frac{\pi}{2}} \cos x\mathrm{d}x \geqslant \frac{\pi}{2}\int_0^{\frac{\pi}{2}} f(x)\cos x\mathrm{d}x,$$

即

$$\int_0^{\frac{\pi}{2}} f(x)\mathrm{d}x \geqslant \frac{\pi}{2}\int_0^{\frac{\pi}{2}} f(x)\cos x\mathrm{d}x;$$

当 $f(x)$ 在 $[a, b]$ 上单调减少时, 不等式反向成立.

类似地, 可以编制得到一系列的积分不等式.

例 6.3   分别取 $n = 2$ 和 $n = 4$, 则由定理 6.2 或推论 6.2 知, 设 $f(x)$ 是 $[0, 1]$ 上可积的正值函数, 且单调减少, 则有

$$(1)\ \frac{\displaystyle\int_0^1 x f^2(x)\mathrm{d}x}{\displaystyle\int_0^1 f^2(x)\mathrm{d}x} \leqslant \frac{\displaystyle\int_0^1 x f(x)\mathrm{d}x}{\displaystyle\int_0^1 f(x)\mathrm{d}x};\ (2)\ \frac{\displaystyle\int_0^1 x f^4(x)\mathrm{d}x}{\displaystyle\int_0^1 f^4(x)\mathrm{d}x} \leqslant \frac{\displaystyle\int_0^1 x f^3(x)\mathrm{d}x}{\displaystyle\int_0^1 f^3(x)\mathrm{d}x}.$$

例 6.4　取 $g(x) = x^m$ $(m \geqslant 1, m \in \mathbf{N}_+)$, $a = 0$, $b = 1$, $n \geqslant 1$, 则由定理 6.3 或推论 6.3 知, 当 $f(x)$ 在 $[0, 1]$ 上可积且单调增加时, 则有

$$\frac{\displaystyle\int_0^1 x^m f^n(x)\mathrm{d}x}{\displaystyle\int_0^1 f^n(x)\mathrm{d}x} \geqslant \frac{\displaystyle\int_0^1 x^m f^{n-1}(x)\mathrm{d}x}{\displaystyle\int_0^1 f^{n-1}(x)\mathrm{d}x};$$

当 $f(x)$ 在 $[0, 1]$ 上可积且单调减少时, 不等式反向成立.

6.4　小　　结

6.1 节, 通过对一类满足特定积分等式条件下的函数的零点存在性典型证明题及其证明方法进行深入的观察和细致的分析, 归纳出具有普适性的一般性命题, 并作进一步拓展. 这种由特殊至一般, 对已有命题做合乎逻辑的分析, 进而提出一般性命题, 并加以证明和推广的过程是研究性与创新性学习的基本形式之一. 由此可以编制出一些在满足特定积分等式条件下的函数至少有两个及更多零点的存在性的新的证明题.

6.2 节, 以一道典型定积分证明题为示例, 说明了如何对问题进行拓展, 并构建得到其推广命题的整个过程. 由此方法, 可以由已知问题编制出一些新题.

6.3 节, 以一道典型定积分不等式证明题为例, 通过对其证明方法的回顾和结论形式的细致分析, 采用从特殊到一般化的发散思维方法, 对问题进行了延伸与拓展, 给出了它的两种拓展形式及其推导证明过程与结论. 解题过程中, 若能如此, 那么不仅可以培养和提高创新思维、增强学习与研究的兴趣, 而且可以编制关于定积分不等式的若干新题.

第 7 章 几类积分不等式的构造问题探究

CHAPTER C

不等式在科学技术和数学的许多领域都有广泛的应用, 是基本的研究工具. 定 (重) 积分不等式是微积分学中的重要研究内容之一. 关于定 (重) 积分不等式的证明方法有不少, 但对于如何构造新的积分不等式的方法很少. 本章主要探究如何构造和编制新的积分不等式. 首先利用定积分的分部积分公式、柯西–施瓦茨积分不等式、积分上限函数的性质及凹凸性等方法, 探究几种类型定积分不等式的构造方法; 然后利用二重积分的柯西–施瓦茨积分不等式、二重积分的分部积分公式及二元函数的泰勒展开公式, 探究二重积分不等式的构造方法.

7.1 定积分 $\left(\int_a^b f(x)\mathrm{d}x\right)^2$ 与 $\int_a^b \left(f^{(k)}(x)\right)^2\mathrm{d}x$ 的不等式构造问题

下面, 首先给出柯西–施瓦茨 (Cauchy-Schwarz) 积分不等式, 然后利用定积分的分部积分公式及柯西–施瓦茨积分不等式, 讨论在满足特定条件下关于定积分的平方与其被积函数各阶导数平方的定积分之间关系的不等式构造问题, 得到若干一般性的命题, 并予以证明, 由此可编制和构造得到定积分与其被积函数的各阶导数平方的定积分之间关系的一系列新的不等式.

引理 7.1[2](柯西–施瓦茨积分不等式) 设函数 $f(x)$ 和 $g(x)$ 都在 $[a,b]$ 上可积, 则有

$$\left(\int_a^b f(x)g(x)\mathrm{d}x\right)^2 \leqslant \int_a^b f^2(x)\mathrm{d}x \cdot \int_a^b g^2(x)\mathrm{d}x$$

等号成立当且仅当 $f(x) = \mu g(x)$, 其中 μ 为任意常数.

命题 7.1 设函数 $f(x)$ 在 $[a,b]$ 上连续可导, 且 $f(a) = 0$ 或 $f(b) = 0$, 则有

$$\left(\int_a^b f(x)\mathrm{d}x\right)^2 \leqslant \frac{(b-a)^3}{3}\int_a^b f'^2(x)\mathrm{d}x.$$

当 $f(a) = 0$ 时, 等号成立当且仅当 $f(x) = kb(x-a) - \dfrac{k}{2}(x^2 - a^2)$; 当 $f(b) = 0$ 时, 等号成立当且仅当 $f(x) = ka(b-x) + \dfrac{k}{2}(x^2 - b^2)$, 其中 k 为任意常数.

证明 不妨设 $f(a) = 0$, 则

$$\int_a^b f(x)\mathrm{d}x = \int_a^b f(x)\mathrm{d}(x-b) = f(x)(x-b)\Big|_a^b - \int_a^b (x-b)f'(x)\mathrm{d}x$$
$$= \int_a^b (b-x)f'(x)\mathrm{d}x.$$

于是由柯西–施瓦茨积分不等式, 有

$$\left(\int_a^b f(x)\mathrm{d}x\right)^2 = \left(\int_a^b (b-x)f'(x)\mathrm{d}x\right)^2 \leqslant \int_a^b (b-x)^2\mathrm{d}x \int_a^b f'^2(x)\mathrm{d}x$$
$$= \frac{(b-a)^3}{3}\int_a^b f'^2(x)\mathrm{d}x.$$

对于 $f(b) = 0$, 类似地证明

$$\int_a^b f(x)\mathrm{d}x = \int_a^b f(x)\mathrm{d}(x-a) = f(x)(x-a)\Big|_a^b - \int_a^b (x-a)f'(x)\mathrm{d}x$$
$$= -\int_a^b (x-a)f'(x)\mathrm{d}x,$$

于是有

$$\left(\int_a^b f(x)\mathrm{d}x\right)^2 = \left(\int_a^b (x-a)f'(x)\mathrm{d}x\right)^2 \leqslant \int_a^b (x-a)^2\mathrm{d}x \int_a^b f'^2(x)\mathrm{d}x$$
$$= \frac{(b-a)^3}{3}\int_a^b f'^2(x)\mathrm{d}x.$$

此外, 由柯西–施瓦茨积分不等式知: 当 $f(a) = 0$ 时, 等号成立当且仅当 $f'(x) = k(b-x)$, 即 $f(x) = kbx - \frac{k}{2}x^2 + C$. 又由 $0 = f(a) = kba - \frac{k}{2}a^2 + C$, 故得等号成立当且仅当 $f(x) = kb(x-a) - \frac{k}{2}(x^2 - a^2)$, 其中 k 为任意常数.

同理, 当 $f(b) = 0$ 时, 等号成立当且仅当 $f'(x) = k(x-a)$, 又由 $f(b) = 0$, 故得等号成立当且仅当 $f(x) = ka(b-x) + \frac{k}{2}(x^2 - b^2)$, 其中 k 为任意常数.

推论 7.1 设函数 $f(x)$ 在 $[a,b]$ 上连续可导, 且 $f(x_0) = 0$, 其中 $x_0 \in (a,b)$, 则

$$\left(\int_a^b f(x)\mathrm{d}x\right)^2 \leqslant \frac{2}{3}\max\left\{(x_0-a)^3, (b-x_0)^3\right\}\int_a^b f'^2(x)\mathrm{d}x.$$

特别地, 当 $x_0 = \dfrac{a+b}{2}$ 时, 有

$$\left(\int_a^b f(x)\mathrm{d}x\right)^2 \leqslant \frac{(b-a)^3}{12}\int_a^b f'^2(x)\mathrm{d}x.$$

证明　由命题 7.1, 有

$$\left(\int_a^{x_0} f(x)\mathrm{d}x\right)^2 \leqslant \frac{(x_0-a)^3}{3}\int_a^{x_0} f'^2(x)\mathrm{d}x,$$

$$\left(\int_{x_0}^b f(x)\mathrm{d}x\right)^2 \leqslant \frac{(b-x_0)^3}{3}\int_{x_0}^b f'^2(x)\mathrm{d}x,$$

于是

$$\left(\int_a^b f(x)\mathrm{d}x\right)^2 = \left(\int_a^{x_0} f(x)\mathrm{d}x + \int_{x_0}^b f(x)\mathrm{d}x\right)^2$$

$$\leqslant 2\left[\left(\int_a^{x_0} f(x)\mathrm{d}x\right)^2 + \left(\int_{x_0}^b f(x)\mathrm{d}x\right)^2\right]$$

$$\leqslant 2\left[\frac{(x_0-a)^3}{3}\int_a^{x_0} f'^2(x)\mathrm{d}x + \frac{(b-x_0)^3}{3}\int_{x_0}^b f'^2(x)\mathrm{d}x\right]$$

$$= \frac{2}{3}\max\left\{(x_0-a)^3, (b-x_0)^3\right\}\int_a^b f'^2(x)\mathrm{d}x.$$

命题 7.2　设函数 $f(x)$ 在 $[a,b]$ 上连续可导, 且 $f(a)=f(b)=0$, 则有

$$\left(\int_a^b f(x)\mathrm{d}x\right)^2 \leqslant \frac{(b-a)^3}{12}\int_a^b f'^2(x)\mathrm{d}x.$$

证明　记 $c = \dfrac{a+b}{2}$, 则由命题 7.1, 有

$$\left(\int_a^c f(x)\mathrm{d}x\right)^2 \leqslant \frac{(c-a)^3}{3}\int_a^c f'^2(x)\mathrm{d}x = \frac{1}{3}\left(\frac{b-a}{2}\right)^3\int_a^c f'^2(x)\mathrm{d}x$$

$$= \frac{(b-a)^3}{24}\int_a^c f'^2(x)\mathrm{d}x,$$

$$\left(\int_c^b f(x)\mathrm{d}x\right)^2 \leqslant \frac{(b-c)^3}{3}\int_c^b f'^2(x)\mathrm{d}x = \frac{1}{3}\left(\frac{b-a}{2}\right)^3\int_c^b f'^2(x)\mathrm{d}x$$

$$= \frac{(b-a)^3}{24} \int_c^b f'^2(x)\mathrm{d}x,$$

于是

$$\left(\int_a^b f(x)\mathrm{d}x\right)^2 = \left(\int_a^c f(x)\mathrm{d}x + \int_c^b f(x)\mathrm{d}x\right)^2$$

$$\leqslant 2\left[\left(\int_a^c f(x)\mathrm{d}x\right)^2 + \left(\int_c^b f(x)\mathrm{d}x\right)^2\right]$$

$$\leqslant \frac{(b-a)^3}{12}\left[\int_a^c f'^2(x)\mathrm{d}x + \int_c^b f'^2(x)\mathrm{d}x\right]$$

$$= \frac{(b-a)^3}{12}\int_a^b f'^2(x)\mathrm{d}x.$$

命题 7.3 设函数 $f(x)$ 在 $[a,b]$ 上二阶连续可导, 且 $f(a) = f(b) = 0$, 则有

$$\left(\int_a^b f(x)\mathrm{d}x\right)^2 \leqslant \frac{(b-a)^5}{120}\int_a^b f''^2(x)\mathrm{d}x.$$

等号成立当且仅当 $f(x) = \dfrac{\mu}{12}x^4 - \dfrac{\mu}{6}(a+b)x^3 + \dfrac{\mu}{2}abx^2 + c_1 x + c_2$, 其中 μ 为任意常数,

$$c_1 = -\frac{\mu}{12}\frac{b^4 - a^4}{b-a} + \frac{\mu}{6}(a+b)(b^2 + ab + a^2) - \frac{\mu}{2}ab(b+a),$$

$$c_2 = \frac{\mu}{12}ab(b^2 + ab + a^2) + \frac{\mu}{6}ab(a+b)^2 - \frac{\mu}{2}a^2 b^2.$$

证明 由已知 $f(a) = f(b) = 0$ 及分部积分公式, 有

$$\int_a^b f(x)\mathrm{d}x = \int_a^b f(x)\mathrm{d}(x-a) = -\int_a^b (x-a)f'(x)\mathrm{d}x,$$

$$\int_a^b f(x)\mathrm{d}x = \int_a^b f(x)\mathrm{d}(x-b) = -\int_a^b (x-b)f'(x)\mathrm{d}x,$$

所以

$$\int_a^b f(x)\mathrm{d}x = -\int_a^b (x-a)f'(x)\mathrm{d}(x-b)$$

$$= \int_a^b (x-a)(x-b)f''(x)\mathrm{d}x + \int_a^b (x-b)f'(x)\mathrm{d}x$$

$$= \int_a^b (x-a)(x-b)f''(x)\mathrm{d}x - \int_a^b f(x)\mathrm{d}x,$$

于是得

$$\int_a^b f(x)\mathrm{d}x = \frac{1}{2}\int_a^b f''(x)(x-a)(x-b)\mathrm{d}x,$$

故由柯西–施瓦茨积分不等式, 得

$$\left(\int_a^b f(x)\mathrm{d}x\right)^2 = \frac{1}{4}\left(\int_a^b f''(x)(x-a)(x-b)\mathrm{d}x\right)^2$$

$$\leqslant \frac{1}{4}\left(\int_a^b f''^2(x)\mathrm{d}x\right)\left(\int_a^b [(x-a)(x-b)]^2\mathrm{d}x\right)$$

$$= \frac{(b-a)^5}{120}\int_a^b f''^2(x)\mathrm{d}x.$$

上式中等号成立当且仅当 $\begin{cases} f''(x) = \mu(x-a)(x-b), \\ f(a) = f(b) = 0, \end{cases}$ 解得

$$f(x) = \frac{\mu}{12}x^4 - \frac{\mu}{6}(a+b)x^3 + \frac{\mu}{2}abx^2 + c_1 x + c_2,$$

其中

$$c_1 = -\frac{\mu}{12}\frac{b^4-a^4}{b-a} + \frac{\mu}{6}(a+b)(b^2+ab+a^2) - \frac{\mu}{2}ab(b+a),$$

$$c_2 = \frac{\mu}{12}ab(b^2+ab+a^2) + \frac{\mu}{6}ab(a+b)^2 - \frac{\mu}{2}a^2b^2, \quad \mu 为任意常数.$$

命题 7.4　设函数 $f(x)$ 在 $[a,b]$ 上二阶连续可导, 且 $f(a) = f'(a) = 0$ 或 $f(b) = f'(b) = 0$, 则

$$\left(\int_a^b f(x)\mathrm{d}x\right)^2 \leqslant \frac{(b-a)^5}{20}\int_a^b f''^2(x)\mathrm{d}x.$$

当 $f(a) = f'(a) = 0$ 时, 等号成立当且仅当

$$f(x) = \frac{k_1}{12}\left[(x-b)^4 - (a-b)^4\right] + \frac{k_1}{3}(b-a)^3(x-a);$$

当 $f(b) = f'(b) = 0$ 时, 等号成立当且仅当

$$f(x) = \frac{k_2}{12}\left[(x-a)^4 - (b-a)^4\right] - \frac{k_2}{3}(b-a)^3(x-b),$$

其中 k_1, k_2 为任意常数.

证明 不妨设 $f(a) = f'(a) = 0$, 则由分部积分公式, 有

$$\int_a^b f(x)\mathrm{d}x = \int_a^b f(x)\mathrm{d}(x-b) = -\int_a^b (x-b)f'(x)\mathrm{d}x = -\int_a^b f'(x)\mathrm{d}\left(\frac{(b-x)^2}{2}\right)$$
$$= \int_a^b \frac{(b-x)^2}{2}f''(x)\mathrm{d}x,$$

于是由柯西–施瓦茨积分不等式, 得

$$\left(\int_a^b f(x)\mathrm{d}x\right)^2 = \left(\int_a^b \frac{(b-x)^2}{2}f''(x)\mathrm{d}x\right)^2 \leqslant \int_a^b \frac{(b-x)^4}{4}\mathrm{d}x \cdot \int_a^b f''^2(x)\mathrm{d}x$$
$$= \frac{(b-a)^5}{20}\int_a^b f''^2(x)\mathrm{d}x.$$

等号成立当且仅当 $\begin{cases} f''(x) = k_1(b-x)^2, \\ f(a) = f'(a) = 0, \end{cases}$ 其中 k_1 为任意常数. 于是

$$f'(x) = \frac{k_1}{3}(x-b)^3 + C_1, \quad f(x) = \frac{k_1}{12}(x-b)^4 + C_1 x + C_2,$$

再由 $f(a) = f'(a) = 0$, 解得 $C_1 = \frac{k_1}{3}(b-a)^3$, $C_2 = -\frac{k_1}{12}(a-b)^4 - \frac{k_1 a}{3}(b-a)^3$, 从而得

$$f(x) = \frac{k_1}{12}\left[(x-b)^4 - (a-b)^4\right] + \frac{k_1}{3}(b-a)^3(x-a).$$

对于 $f(b) = f'(b) = 0$, 类似地可证

$$\int_a^b f(x)\mathrm{d}x = \int_a^b f(x)\mathrm{d}(x-a) = -\int_a^b (x-a)f'(x)\mathrm{d}x = -\int_a^b f'(x)\mathrm{d}\left(\frac{(x-a)^2}{2}\right)$$
$$= \int_a^b \frac{(x-a)^2}{2}f''(x)\mathrm{d}x,$$

从而由柯西–施瓦茨积分不等式, 得

$$\left(\int_a^b f(x)\mathrm{d}x\right)^2 = \left(\int_a^b \frac{(x-a)^2}{2}f''(x)\mathrm{d}x\right)^2 \leqslant \int_a^b \frac{(x-a)^4}{4}\mathrm{d}x \cdot \int_a^b f''^2(x)\mathrm{d}x$$
$$= \frac{(b-a)^5}{20}\int_a^b f''^2(x)\mathrm{d}x.$$

等号成立当且仅当 $\begin{cases} f''(x) = k_2(x-a)^2, \\ f(b) = f'(b) = 0, \end{cases}$ 其中 k_2 为任意常数.

于是

$$f'(x) = \frac{k_2}{3}(x-a)^3 + c_1, \quad f(x) = \frac{k_2}{12}(x-a)^4 + c_1 x + c_2,$$

再由 $f(b) = f'(b) = 0$, 解得 $c_1 = -\frac{k_2}{3}(b-a)^3$, $c_2 = -\frac{k_2}{12}(b-a)^4 + \frac{k_2 b}{3}(b-a)^3$, 从而得

$$f(x) = \frac{k_2}{12}\left[(x-a)^4 - (b-a)^4\right] - \frac{k_2}{3}(b-a)^3(x-b).$$

命题 7.5　设函数 $f(x)$ 在 $[a,b]$ 上二阶连续可导, 且 $f(a) = f'(a) = f(b) = f'(b) = 0$, 则有

$$\left(\int_a^b f(x)\mathrm{d}x\right)^2 \leqslant \frac{(b-a)^5}{320}\int_a^b f''^2(x)\mathrm{d}x.$$

证明　记 $c = \frac{a+b}{2}$, 则由命题 7.4, 有

$$\left(\int_a^c f(x)\mathrm{d}x\right)^2 \leqslant \frac{(c-a)^5}{20}\int_a^c f''^2(x)\mathrm{d}x = \frac{(b-a)^5}{640}\int_a^c f''^2(x)\mathrm{d}x,$$

$$\left(\int_c^b f(x)\mathrm{d}x\right)^2 \leqslant \frac{(b-c)^5}{20}\int_c^b f''^2(x)\mathrm{d}x = \frac{(b-a)^5}{640}\int_c^b f''^2(x)\mathrm{d}x,$$

从而

$$\left(\int_a^b f(x)\mathrm{d}x\right)^2 = \left(\int_a^c f(x)\mathrm{d}x + \int_c^b f(x)\mathrm{d}x\right)^2$$

$$\leqslant 2\left[\left(\int_a^c f(x)\mathrm{d}x\right)^2 + \left(\int_c^b f(x)\mathrm{d}x\right)^2\right]$$

$$\leqslant \frac{(b-a)^5}{320}\int_a^b f''^2(x)\mathrm{d}x.$$

一般地, 有

命题 7.6　设函数 $f(x)$ 在 $[a,b]$ 上 n 阶连续可导, 且 $f^{(k)}(a) = 0$ 或 $f^{(k)}(b) = 0$, $k = 0, 1, 2, \cdots, n-1$, 其中 $f^{(0)}(x) = f(x)$, 则有

$$\left(\int_a^b f(x)\mathrm{d}x\right)^2 \leqslant \frac{(b-a)^{2n+1}}{(n!)^2(2n+1)}\int_a^b \left(f^{(n)}(x)\right)^2 \mathrm{d}x.$$

等号成立当且仅当

$$\begin{cases} f^{(n)}(x) = \mu_1(b-x)^n, \\ f^{(k)}(a) = 0 \quad (k=0,1,2,\cdots,n-1) \end{cases} \quad \text{或} \quad \begin{cases} f^{(n)}(x) = \mu_2(x-a)^n, \\ f^{(k)}(b) = 0 \quad (k=0,1,2,\cdots,n-1), \end{cases}$$

其中 μ_1, μ_2 为任意常数.

证明 下面以 $f^{(k)}(b) = 0 (k=0,1,2,\cdots,n-1)$ 为例进行证明 (对于 $f^{(k)}(a) = 0$ 的情形, 类似地证明).

$$\int_a^b f(x)\mathrm{d}x$$

$$= \int_a^b f(x)\mathrm{d}(x-a) = -\int_a^b (x-a)f'(x)\mathrm{d}x = -\int_a^b f'(x)\mathrm{d}\left(\frac{(x-a)^2}{2}\right)$$

$$= \int_a^b \frac{(x-a)^2}{2}f''(x)\mathrm{d}x = \frac{1}{2}\int_a^b f''(x)\mathrm{d}\left(\frac{(x-a)^3}{3}\right) = -\frac{1}{2\cdot 3}\int_a^b (x-a)^3 f'''(x)\mathrm{d}x$$

$$= -\frac{1}{2\cdot 3}\int_a^b f'''(x)\mathrm{d}\left(\frac{(x-a)^4}{4}\right) = \frac{1}{2\cdot 3\cdot 4}\int_a^b (x-a)^4 f^{(4)}(x)\mathrm{d}x,$$

反复利用分部积分公式, 并由数学归纳法, 可得

$$\int_a^b f(x)\mathrm{d}x = \frac{(-1)^n}{n!}\int_a^b (x-a)^n f^{(n)}(x)\mathrm{d}x,$$

于是由柯西–施瓦茨积分不等式, 得

$$\left(\int_a^b f(x)\mathrm{d}x\right)^2 \leqslant \frac{1}{(n!)^2}\int_a^b (x-a)^{2n}\mathrm{d}x \cdot \int_a^b \left(f^{(n)}(x)\right)^2 \mathrm{d}x$$

$$= \frac{(b-a)^{2n+1}}{(n!)^2(2n+1)}\int_a^b \left(f^{(n)}(x)\right)^2 \mathrm{d}x.$$

等号成立当且仅当 $\begin{cases} f^{(n)}(x) = \mu_2(x-a)^n, \\ f^{(k)}(b) = 0, k=0,1,2,\cdots,n-1, \end{cases}$ 其中 μ_2 为任意常数. 此时不易写出函数 $f(x)$ 的通式.

命题 7.7 设函数 $f(x)$ 在 $[a,b]$ 上 n 阶连续可导, 且 $f^{(k)}(a) = f^{(k)}(b) = 0$, $k=0,1,2,\cdots,n-1$, 其中 $f^{(0)}(x) = f(x)$, 则有

$$\left(\int_a^b f(x)\mathrm{d}x\right)^2 \leqslant \frac{(b-a)^{2n+1}}{2^{2n}(n!)^2(2n+1)}\int_a^b \left(f^{(n)}(x)\right)^2 \mathrm{d}x.$$

证明 记 $c = \frac{a+b}{2}$, 则由命题 7.6, 有

$$\left(\int_a^c f(x)\mathrm{d}x\right)^2 \leqslant \frac{(c-a)^{2n+1}}{(n!)^2(2n+1)}\int_a^c \left(f^{(n)}(x)\right)^2 \mathrm{d}x$$

$$= \frac{(b-a)^{2n+1}}{2^{2n+1}(n!)^2(2n+1)} \int_a^c \left(f^{(n)}(x)\right)^2 \mathrm{d}x,$$

$$\left(\int_c^b f(x)\mathrm{d}x\right)^2 \leqslant \frac{(b-c)^{2n+1}}{(n!)^2(2n+1)} \int_c^b \left(f^{(n)}(x)\right)^2 \mathrm{d}x$$

$$= \frac{(b-a)^{2n+1}}{2^{2n+1}(n!)^2(2n+1)} \int_c^b \left(f^{(n)}(x)\right)^2 \mathrm{d}x,$$

于是

$$\left(\int_a^b f(x)\mathrm{d}x\right)^2 = \left(\int_a^c f(x)\mathrm{d}x + \int_c^b f(x)\mathrm{d}x\right)^2$$

$$\leqslant 2\left[\left(\int_a^c f(x)\mathrm{d}x\right)^2 + \left(\int_c^b f(x)\mathrm{d}x\right)^2\right]$$

$$\leqslant \frac{(b-a)^{2n+1}}{2^{2n}(n!)^2(2n+1)} \int_a^c \left(f^{(n)}(x)\right)^2 \mathrm{d}x.$$

命题 7.8　设函数 $f(x)$ 在 $[a,b]$ 上 $2n$ 阶连续可导, 且 $f^{(k)}(a) = f^{(k)}(b) = 0$, $k = 0,1,2,\cdots,n-1$, 其中 $f^{(0)}(x) = f(x)$, 则有

$$\left(\int_a^b f(x)\mathrm{d}x\right)^2 \leqslant \frac{(b-a)^{4n+1}}{(4n+1)!} \int_a^b \left(f^{(2n)}(x)\right)^2 \mathrm{d}x.$$

等号成立当且仅当 $\begin{cases} f^{(2n)}(x) = \mu_3 g(x) = \mu_3(x-a)^n(b-x)^n, \\ f^{(k)}(a) = f^{(k)}(b) = 0, \ k = 0,1,2,\cdots,n-1, \end{cases}$　其中 μ_3 为任意常数.

证明　记 $g(x) = (x-a)^n(b-x)^n$, 则

$$g^{(k)}(a) = g^{(k)}(b) = 0 \quad (k = 0,1,2,\cdots,n-1).$$

又记 $u(x) = (x-a)^n$, $v(x) = (b-x)^n$, 则 $u^{(l)}(x) = v^{(l)}(x) = 0(l \geqslant n+1)$, 于是由莱布尼茨公式, 得

$$g^{(2n)}(x) = \sum_{k=0}^{2n} \mathrm{C}_{2n}^k u^{(k)}(x)v^{(2n-k)}(x)$$

$$= \mathrm{C}_{2n}^n u^{(n)}(x)v^{(n)}(x) = (-1)^n \mathrm{C}_{2n}^n (n!)^2 = (-1)^n(2n)!.$$

对 $\int_a^b f^{(2n)}(x)g(x)\mathrm{d}x$, 反复利用分部积分公式, 且由

$$g^{(k)}(a) = g^{(k)}(b) = 0, \quad f^{(k)}(a) = f^{(k)}(b) = 0 \quad (k = 0,1,2,\cdots,n-1),$$

可得

$$
\begin{aligned}
\int_a^b f^{(2n)}(x)g(x)\mathrm{d}x &= \int_a^b g(x)\mathrm{d}\left(f^{(2n-1)}(x)\right) \\
&= g(x)f^{(2n-1)}(x)\,\big|_a^b - \int_a^b f^{(2n-1)}(x)g'(x)\mathrm{d}x \\
&= -\int_a^b f^{(2n-1)}(x)g'(x)\mathrm{d}x = -\int_a^b g'(x)\mathrm{d}\left(f^{(2n-2)}(x)\right) \\
&= -\left[g'(x)f^{(2n-2)}(x)\,\big|_a^b - \int_a^b f^{(2n-2)}(x)g''(x)\mathrm{d}x\right] \\
&= \int_a^b f^{(2n-2)}(x)g''(x)\mathrm{d}x = \cdots = -\int_a^b f'(x)g^{(2n-1)}(x)\mathrm{d}x \\
&= \int_a^b f(x)g^{(2n)}(x)\mathrm{d}x = (-1)^n (2n)! \int_a^b f(x)\mathrm{d}x,
\end{aligned}
$$

即

$$
\int_a^b f(x)\mathrm{d}x = \frac{(-1)^n}{(2n)!} \int_a^b f^{(2n)}(x)g(x)\mathrm{d}x,
$$

于是由柯西–施瓦茨积分不等式, 得

$$
\left(\int_a^b f(x)\mathrm{d}x\right)^2 \leqslant \frac{1}{((2n)!)^2} \int_a^b \left(f^{(2n)}(x)\right)^2 \mathrm{d}x \cdot \int_a^b g^2(x)\mathrm{d}x.
$$

而令 $\dfrac{x-a}{b-a} = t$, 则 $\dfrac{b-x}{b-a} = 1 - t$,

$$
\begin{aligned}
\int_a^b g^2(x)\mathrm{d}x &= \int_0^1 (b-a)^{4n+1}t^{2n}(1-t)^{2n}\mathrm{d}t = (b-a)^{4n+1}B(2n+1, 2n+1) \\
&= (b-a)^{4n+1}\frac{((2n)!)^2}{(4n+1)!},
\end{aligned}
$$

$$
\begin{aligned}
\int_a^b g(x)\mathrm{d}x &= \int_0^1 (b-a)^{2n+1}t^n(1-t)^n\mathrm{d}t = (b-a)^{2n+1}B(n+1, n+1) \\
&= (b-a)^{2n+1}\frac{(n!)^2}{(2n+1)!},
\end{aligned}
$$

故

$$
\left(\int_a^b f(x)\mathrm{d}x\right)^2 \leqslant \frac{(b-a)^{4n+1}}{(4n+1)!} \int_a^b \left(f^{(2n)}(x)\right)^2 \mathrm{d}x.
$$

等号成立当且仅当 $\begin{cases} f^{(2n)}(x) = \mu_3 g(x) = \mu_3 (x-a)^n (b-x)^n, \\ f^{(k)}(a) = f^{(k)}(b) = 0, \ k = 0, 1, 2, \cdots, n-1, \end{cases}$ 其中 μ_3 为任意常数. 此时不易写出函数 $f(x)$ 的通式.

由上述命题可以发现一些规律.

(1) 比较命题 7.1 与命题 7.2, 命题 7.3、命题 7.4 与命题 7.5, 命题 7.6 与命题 7.7 可知: 在函数 $f(x)$ 满足同样的连续可导性条件下, 对应不等式右边的界与函数在两端点为零点的数目有关, 零点数 (重根按重数计算) 越多, 则上界越小.

(2) 比较命题 7.2 与命题 7.3, 命题 7.7 与命题 7.8 可知: 如果函数在两端点的零点数 (重根按重数计算) 相同, 但函数 $f(x)$ 连续可导的阶数不同, 那么可以得到不同形式的不等式.

(3) 选取不同的 a, b 值, 设定函数 $f(x)$ 的不同的连续可导阶数及在端点的零点数, 可编制得到一系列定积分不等式新题. 例如

(I) 设 $f(x)$ 在闭区间 $[a, b]$ 上连续可导,

(i) 取 $a = 0$, $b = 1$, 则当 $f(0) = 0$ 或 $f(1) = 0$ 时, 有

$$\left(\int_0^1 f(x) \mathrm{d}x \right)^2 \leqslant \frac{1}{3} \int_0^1 f'^2(x) \mathrm{d}x;$$

当 $f(0) = f(1) = 0$ 或 $f\left(\dfrac{1}{2}\right) = 0$ 时, 有

$$\left(\int_0^1 f(x) \mathrm{d}x \right)^2 \leqslant \frac{1}{12} \int_0^1 f'^2(x) \mathrm{d}x.$$

(ii) 取 $a = 1$, $b = 3$, 则当 $f(1) = 0$ 或 $f(3) = 0$ 时, 有

$$\left(\int_1^3 f(x) \mathrm{d}x \right)^2 \leqslant \frac{8}{3} \int_1^3 f'^2(x) \mathrm{d}x;$$

当 $f(1) = f(3) = 0$ 或 $f(2) = 0$ 时, 有

$$\left(\int_1^3 f(x) \mathrm{d}x \right)^2 \leqslant \frac{2}{3} \int_1^3 f'^2(x) \mathrm{d}x.$$

(II) 设 $f(x)$ 在闭区间 $[a, b]$ 上二阶连续可导,

(i) 取 $a = 0$, $b = 1$, 则当 $f(0) = f(1) = 0$ 时, 有

$$\left(\int_0^1 f(x) \mathrm{d}x \right)^2 \leqslant \frac{1}{120} \int_0^1 f''^2(x) \mathrm{d}x;$$

当 $f(0) = f'(0) = 0$, 或 $f(1) = f'(1) = 0$ 时, 有

$$\left(\int_0^1 f(x)\mathrm{d}x\right)^2 \leqslant \frac{1}{20}\int_0^1 f''^2(x)\mathrm{d}x;$$

当 $f(0) = f'(0) = f(1) = f'(1) = 0$ 时, 有

$$\left(\int_0^1 f(x)\mathrm{d}x\right)^2 \leqslant \frac{1}{320}\int_0^1 f''^2(x)\mathrm{d}x.$$

(ii) 取 $a = 1$, $b = 3$, 则当 $f(1) = f(3) = 0$ 时, 有

$$\left(\int_1^3 f(x)\mathrm{d}x\right)^2 \leqslant \frac{4}{15}\int_1^3 f''^2(x)\mathrm{d}x;$$

当 $f(1) = f'(1) = 0$ 或 $f(3) = f'(3) = 0$ 时, 有

$$\left(\int_1^3 f(x)\mathrm{d}x\right)^2 \leqslant \frac{8}{5}\int_1^3 f''^2(x)\mathrm{d}x;$$

当 $f(1) = f'(1) = f(3) = f'(3) = 0$ 时, 有

$$\left(\int_1^3 f(x)\mathrm{d}x\right)^2 \leqslant \frac{1}{10}\int_1^3 f''^2(x)\mathrm{d}x.$$

如此, 通过选取不同的积分区间和设定不同的被积函数条件, 可以得到一系列不同的定积分不等式. 此外, 利用命题 7.6~ 命题 7.8 还可以构造右端定积分被积函数含有更高阶导数平方的不等式. 读者也可以根据命题, 自己动手编制新题.

7.2 定积分 $\displaystyle\int_a^b x f(x)\mathrm{d}x$ 与 $\left(\displaystyle\int_a^b f(x)\mathrm{d}x\right)^2$ 的不等式构造问题

本节主要利用定积分的分部积分公式、积分上限函数的性质与函数的凹凸性, 探究定积分 $\displaystyle\int_a^b x f(x)\,\mathrm{d}x$ 与 $\left(\displaystyle\int_a^b f(x)\mathrm{d}x\right)^2$ 之间的不等式构造问题.

下面, 首先给出三个引理, 然后再得到两个重要命题, 由此可以编制得到关于该类定积分不等式的一系列新题.

引理 7.2 设函数 $f(x)$ 在 $[a,b]$ 上连续, 则 $\displaystyle\int_a^x f(u)\mathrm{d}u = \frac{1}{2}(f(x)+f(a))(x-a)$ 对 $\forall x \in [a,b]$ 成立的充分必要条件是 $f(x)$ 是线性函数.

证明　**充分性**　设 $f(x)$ 是线性函数, 不妨设 $f(x) = kx + C$, 则容易验证:
$\forall x \in [a, b]$, 恒有 $\int_a^x f(u)\mathrm{d}u = \frac{1}{2}(f(x) + f(a))(x - a)$.

　　必要性　设 $\int_a^x f(u)\mathrm{d}u = \frac{1}{2}(f(x) + f(a))(x - a)$ 对 $\forall x \in [a, b]$ 都成立, 方程两边同时对 x 求导, 得

$$f(x) = \frac{1}{2}f'(x)(x - a) + \frac{1}{2}(f(x) + f(a)),$$

即

$$f(x) = f'(x)(x - a) + f(a).$$

方程两边再分别对 x 求导, 得 $f''(x) = 0$. 然后方程两边分别对 x 积分两次, 得 $f(x) = C_1 x + C_2$, 即知 $f(x)$ 是线性函数.

　　[注记 1]　在必要性的证明过程中, 因为 $f(x)$ 在 $[a, b]$ 上连续, 所以 $\int_a^x f(u)\mathrm{d}u$ 可导, 故由已知的积分上限函数等式隐含了 $f(x)$ 任意阶可导. 线性函数 $f(x)$ 总可以表示为 $f(x) = f(a) + k(x - a)$, 其中 k 为常数.

　　引理 7.3[14]　(I) 设函数 $f(x)$ 在 $[a, b]$ 上连续, 在 (a, b) 内可导, 则 $f(x)$ 在 $[a, b]$ 上为凸函数 (严格凸函数) 的充分必要条件为 $f'(x)$ 在 (a, b) 内单调减少 (严格单调减少); $f(x)$ 在 $[a, b]$ 上为凹函数 (严格凹函数) 的充分必要条件为 $f'(x)$ 在 (a, b) 内单调增加 (严格单调增加).

　　(II) 设函数 $f(x)$ 在 $[a, b]$ 上连续, 在 (a, b) 内二阶可导, 则 $f(x)$ 在 $[a, b]$ 上为凸函数的充分必要条件为 $f''(x) \leqslant 0$, $\forall x \in (a, b)$; $f(x)$ 在 $[a, b]$ 上为严格凸函数的充分必要条件为 $f''(x) \leqslant 0$, $\forall x \in (a, b)$, 且在 (a, b) 的任何开子区间内 $f''(x)$ 不恒等于零.

　　引理 7.4　设函数 $f(x)$ 在 $[a, b]$ 上连续, 在 (a, b) 内可导, 则当 $f(x)$ 在 $[a, b]$ 上为凸函数, 则 $\forall x \in [a, b]$, 有 $\int_a^x f(u)\mathrm{d}u \geqslant \frac{1}{2}(f(x) + f(a))(x - a)$; 当 $f(x)$ 在 $[a, b]$ 上为凹函数时, 不等式反向成立.

　　证明　令 $F(x) = \int_a^x f(u)\mathrm{d}u - \frac{1}{2}(f(x) + f(a))(x - a)$, 则 $F(a) = 0$, $F(x)$ 在 $[a, b]$ 上连续, 且 $\forall x \in (a, b]$, 有

$$F'(x) = \frac{1}{2}(f(x) - f(a)) - \frac{1}{2}f'(x)(x - a) = \frac{1}{2}(f'(\xi) - f'(x))(x - a),$$

其中 $f(x) - f(a) = f'(\xi)(x - a)$, $a < \xi < x$.

当 $f(x)$ 在 $[a,b]$ 上为凸函数时, 由引理 7.3(I) 知, $f'(x)$ 在 (a,b) 内单调减少, 于是 $f'(\xi) \geqslant f'(x)$, 从而 $F'(x) \geqslant 0$, $\forall x \in (a,b]$. 故 $\forall x \in [a,b]$, 有 $F(x) \geqslant F(a) = 0$. 即得 $\int_a^x f(u)\mathrm{d}u \geqslant \dfrac{1}{2}(f(x) + f(a))(x - a)$.

类似地, 可证明: 当 $f(x)$ 在 $[a,b]$ 上为凹函数时, 不等式反向成立.

命题 7.9 设函数 $f(x)$ 在 $[a,b]$ 上连续, $0 \leqslant a < b$, 则

(I) 当 $f(x)$ 在 $[a,b]$ 上为凸函数, 且 $f(a) > 0$, $f(x) \geqslant 0$, $\forall x \in (a,b]$ 时, 有

$$\int_a^b xf(x)\mathrm{d}x \leqslant M\left(\int_a^b f(x)\mathrm{d}x\right)^2,$$

且不等式中等号成立当且仅当 $f(x) = f(a) + k(x - a)$, 其中

$$M = \frac{1}{6}\frac{(a + 2b)^2}{(b - a)^2 f(a)}, \quad k = \frac{4a + 2b}{(a + 2b)(a - b)}f(a).$$

(II) 当 $f(x)$ 在 $[a,b]$ 上为凹函数, 且 $f(a) < 0$, $f(x) \leqslant 0$, $\forall x \in (a,b]$ 时, 上述不等式反向成立, 且不等式中等号成立当且仅当 $f(x) = f(a) + k(x - a)$, M, k 同上.

证明 记 $A = \int_a^b f(x)\mathrm{d}x$, $B = \int_a^b xf(x)\mathrm{d}x$, $F(x) = \int_a^x f(u)\mathrm{d}u$, 则 $F(b) = A$, $B = \int_a^b xf(x)\mathrm{d}x = xF(x)\Big|_a^b - \int_a^b F(x)\mathrm{d}x = bF(b) - \int_a^b F(x)\mathrm{d}x = bA - \int_a^b F(x)\mathrm{d}x$.

(I) 当 $f(a) > 0$, 且 $f(x) \geqslant 0$, $\forall x \in (a,b]$ 时, 因为 $f(x)$ 在 $[a,b]$ 上为凸函数, 所以由定积分的几何意义有

$$\int_a^x f(u)\mathrm{d}u \geqslant \frac{1}{2}(f(x) + f(a))(x - a), \quad \forall x \in [a,b], \tag{7.1}$$

于是

$$bA - B = \int_a^b \left(\int_a^x f(u)\mathrm{d}u\right)\mathrm{d}x \geqslant \int_a^b \frac{1}{2}(f(a) + f(x))(x - a)\mathrm{d}x$$

$$= \frac{1}{2}B - \frac{1}{2}aA + \frac{(b - a)^2}{4}f(a).$$

从而

$$B \leqslant \frac{2}{3}\left[\left(b + \frac{a}{2}\right)A - \frac{(b - a)^2}{4}f(a)\right] = -\frac{2}{3}\left[-\left(b + \frac{a}{2}\right)A + \frac{(b - a)^2}{4}f(a)\right]$$

$$= -\frac{2}{3}\left[\left(\frac{b-a}{2}\sqrt{f(a)} - \frac{b+\dfrac{a}{2}}{(b-a)\sqrt{f(a)}}A\right)^2 - \frac{\left(b+\dfrac{a}{2}\right)^2}{(b-a)^2 f(a)}A^2\right]$$

$$= -\frac{2}{3}\left(\frac{b-a}{2}\sqrt{f(a)} - \frac{b+\dfrac{a}{2}}{(b-a)\sqrt{f(a)}}A\right)^2 + \frac{2}{3}\frac{\left(b+\dfrac{a}{2}\right)^2}{(b-a)^2 f(a)}A^2$$

$$\leqslant \frac{2}{3}\frac{\left(b+\dfrac{a}{2}\right)^2}{(b-a)^2 f(a)}A^2 \triangleq MA^2. \tag{7.2}$$

故得证

$$\int_a^b xf(x)\mathrm{d}x \leqslant M\left(\int_a^b f(x)\mathrm{d}x\right)^2, \tag{7.3}$$

其中 $M = \dfrac{1}{6}\dfrac{(a+2b)^2}{(b-a)^2 f(a)}$.

又由引理 7.2 知, (7.1) 式中等号成立的充要条件是 $f(x) = f(a) + k(x-a)$,

而 (7.2) 式中等号成立当且仅当 $\dfrac{b-a}{2}\sqrt{f(a)} = \dfrac{b+\dfrac{a}{2}}{(b-a)\sqrt{f(a)}}A$, 故 (7.3) 式中等

号成立当且仅当 $\dfrac{b-a}{2}\sqrt{f(a)} = \dfrac{b+\dfrac{a}{2}}{(b-a)\sqrt{f(a)}}A$ 与 $f(x) = f(a) + k(x-a)$ 同时

成立. 联立求解, 即得 $k = \dfrac{4a+2b}{(a+2b)(a-b)}f(a)$.

(II) 类似于 (I) 的证明.

当 $f(a) < 0$, 且 $f(x) \leqslant 0, \forall x \in (a,b]$ 时, 由 $f(x)$ 在 $[a,b]$ 上为凹函数及定积分的几何意义, 知

$$-\int_a^x f(u)\mathrm{d}u \geqslant -\frac{1}{2}(f(x)+f(a))(x-a), \quad \forall x \in [a,b].$$

于是

$$\int_a^x f(u)\mathrm{d}u \leqslant \frac{1}{2}(f(x)+f(a))(x-a), \quad \forall x \in [a,b],$$

$$bA - B = \int_a^b \left(\int_a^x f(u)\mathrm{d}u\right)\mathrm{d}x \leqslant \int_a^b \frac{1}{2}(f(a)+f(x))(x-a)\mathrm{d}x$$

$$= \frac{1}{2}B - \frac{1}{2}aA + \frac{(b-a)^2}{4}f(a).$$

从而

$$
\begin{aligned}
B &\geqslant \frac{2}{3}\left[\left(b+\frac{a}{2}\right)A - \frac{(b-a)^2}{4}f(a)\right] \\
&= \frac{2}{3}\left[\left(\frac{b-a}{2}\sqrt{-f(a)} + \frac{b+\dfrac{a}{2}}{(b-a)\sqrt{-f(a)}}A\right)^2 - \frac{\left(b+\dfrac{a}{2}\right)^2}{(b-a)^2(-f(a))}A^2\right] \\
&\geqslant -\frac{2}{3}\frac{\left(b+\dfrac{a}{2}\right)^2}{(b-a)^2(-f(a))}A^2 = \frac{1}{6}\frac{(a+2b)^2}{(b-a)^2 f(a)}A^2 \triangleq MA^2.
\end{aligned}
$$

即

$$
\int_a^b xf(x)\mathrm{d}x \geqslant M\left(\int_a^b f(x)\mathrm{d}x\right)^2,
$$

其中 $M = \dfrac{1}{6}\dfrac{(a+2b)^2}{(b-a)^2 f(a)}$.

类似于 (I) 的证明可知, 上式等号成立当且仅当

$$
\frac{b-a}{2}\sqrt{-f(a)} + \frac{b+\dfrac{a}{2}}{(b-a)\sqrt{-f(a)}}A = 0 \quad \text{与} \quad f(x) = f(a) + k_1(x-a)
$$

同时成立. 联立求解, 即得 $k_1 = \dfrac{4a+2b}{(a+2b)(a-b)}f(a)$.

[注记 2] 如果函数 $f(x)$ 在 $[a,b]$ 上连续, 在 (a,b) 内可导, 则命题 7.9 中可去掉 $f(x)$ 非负 (非正) 的条件, 结论仍然成立.

事实上, 由引理 7.2 和引理 7.4, 类似于命题 7.9 的证明过程, 可得到如下命题.

命题 7.10 设函数 $f(x)$ 在 $[a,b]$ 上连续, 在 (a,b) 内可导, 且 $0 \leqslant a < b$, 则

(I) 当 $f(x)$ 在 $[a,b]$ 上为凸函数, 且 $f(a) > 0$ 时, 有

$$
\int_a^b xf(x)\mathrm{d}x \leqslant M\left(\int_a^b f(x)\mathrm{d}x\right)^2,
$$

且不等式中等号成立当且仅当 $f(x) = f(a) + k(x-a)$, 其中

$$
M = \frac{1}{6}\frac{(a+2b)^2}{(b-a)^2 f(a)}, \quad k = \frac{4a+2b}{(a+2b)(a-b)}f(a).
$$

(II) 当 $f(x)$ 在 $[a,b]$ 上为凹函数, 且 $f(a) < 0$ 时, 上述不等式反向成立, 且不等式中等号成立当且仅当 $f(x) = f(a) + k(x-a)$, M, k 同上.

证明过程略.

[**注记 3**] 　(I) 由命题 7.9 和命题 7.10 可知: 在a, b 取定后, 只要取 $f(a) = \dfrac{1}{6}\dfrac{(a+2b)^2}{(b-a)^2 M}$, 则当 $f(x)$ 在 $[a,b]$ 上为凸函数时, 总可以构造得到不等式

$$\int_a^b x f(x)\mathrm{d}x \leqslant M\left(\int_a^b f(x)\mathrm{d}x\right)^2;$$

当 $f(x)$ 在 $[a,b]$ 上为凹函数时, 总可以构造得到不等式

$$\int_a^b x f(x)\mathrm{d}x \geqslant M\left(\int_a^b f(x)\mathrm{d}x\right)^2.$$

(II) 由命题 7.9 和命题 7.10 可知 $M = \dfrac{1}{6}\dfrac{(a+2b)^2}{(b-a)^2 f(a)}$ 是不等式的最佳常数界.

(III) 当取a, b, $f(a)$ 为不同的值时, 可编制得到一系列该类不等式新题. 例如

(1) 取 $a = 0$, $b = 1$, $f(a) = 1$, 则 $M = \dfrac{2}{3}$. 当 $f(x)$ 为连续的凸函数时, 即有

$$\int_0^1 x f(x)\mathrm{d}x \leqslant \frac{2}{3}\left(\int_0^1 f(x)\mathrm{d}x\right)^2.$$

由命题 7.9 可知, 该不等式中等号成立当且仅当 $f(x) = 1 - x$, 经过演算可知其正确性.

(2) 取 $a = 0$, $b = 2$, $f(a) = 1$, 则 $M = \dfrac{2}{3}$. 当 $f(x)$ 为连续的凸函数时, 即有

$$\int_0^2 x f(x)\mathrm{d}x \leqslant \frac{2}{3}\left(\int_0^2 f(x)\mathrm{d}x\right)^2.$$

(3) 取 $a = 2$, $b = 3$, $f(a) = 4$, 则 $M = \dfrac{8}{3}$. 当 $f(x)$ 为连续的凸函数时, 即有

$$\int_2^3 x f(x)\mathrm{d}x \leqslant \frac{8}{3}\left(\int_2^3 f(x)\mathrm{d}x\right)^2.$$

(4) 取 $a = 0$, $b = 1$, $f(a) = -1$, 则 $M = -\dfrac{2}{3}$. 当 $f(x)$ 为连续的凹函数时, 即有

$$\int_0^1 x f(x)\mathrm{d}x \geqslant -\frac{2}{3}\left(\int_0^1 f(x)\mathrm{d}x\right)^2.$$

7.3　定积分 $\left(\displaystyle\int_a^b xf(x)\mathrm{d}x\right)^2$ 与 $\displaystyle\int_a^b \left(f^{(k)}(x)\right)^2\mathrm{d}x$ 的不等式构造问题

本节主要利用分部积分公式与柯西–施瓦茨积分不等式, 构造一类含参数的定积分不等式.

命题 7.11　设函数 $f(x)$ 在 $[a,b]$ 上连续可导, 且 $f(a)=f(b)=0$, 则有

$$\left(\int_a^b xf(x)\mathrm{d}x\right)^2 \leqslant M_1 \int_a^b f'^2(x)\mathrm{d}x,$$

其中

$$M_1 = \frac{(b-a)-\dfrac{2}{3}k(b^3-a^3)+\dfrac{k^2}{5}(b^5-a^5)}{4k^2},$$

k 为非零常数. 当且仅当 $k=\dfrac{3(b-a)}{b^3-a^3}$ 时, M_1 取最小值, 且最小值为 $M_1=\dfrac{b^5-a^5}{20}-\dfrac{1}{36}\cdot\dfrac{(b^3-a^3)^2}{b-a}$, 此时最小值称为最佳上界常数.

当 $k\neq\dfrac{3(b-a)}{b^3-a^3}$ 时, 不等式中等号成立当且仅当 $f(x)\equiv 0$; 当 $k=\dfrac{3(b-a)}{b^3-a^3}$ 时, 等号成立当且仅当 $f(x)=\mu(x-a)-\mu\dfrac{b-a}{b^3-a^3}(x^3-a^3)$, 其中 μ 是任意常数.

任取 a, b, k 的值, 可构造一簇积分不等式.

特别地, 若取 $a=0$, $b=1$, 则当 $k=3$ 时, $M_1=\dfrac{1}{45}$ 为最佳上界常数, 此时有

$$\left(\int_0^1 xf(x)\mathrm{d}x\right)^2 \leqslant \frac{1}{45}\int_0^1 f'^2(x)\mathrm{d}x,$$

当且仅当 $f(x)=\mu x-\mu x^3$ 时等号成立, 其中 μ 是任意常数.

证明　由分部积分公式及题设 $f(a)=f(b)=0$, 有

$$\int_a^b xf(x)\mathrm{d}x = \int_a^b f(x)\mathrm{d}\left(\frac{x^2}{2}\right) = \frac{x^2}{2}f(x)\Big|_a^b - \frac{1}{2}\int_a^b x^2 f'(x)\mathrm{d}x$$
$$= -\frac{1}{2}\int_a^b x^2 f'(x)\mathrm{d}x,$$

于是

$$\forall\, 0 \neq k \in \mathbf{R}, \quad 2k \int_a^b x f(x)\mathrm{d}x = -k \int_a^b x^2 f'(x)\mathrm{d}x = \int_a^b (1 - kx^2) f'(x)\mathrm{d}x,$$

从而由引理 7.1(柯西–施瓦茨积分不等式), 得

$$\left(\int_a^b x f(x)\mathrm{d}x \right)^2 = \left(\frac{\int_a^b (1 - kx^2) f'(x)\mathrm{d}x}{2k} \right)^2$$

$$\leqslant \frac{\int_a^b (1 - kx^2)^2 \mathrm{d}x}{4k^2} \int_a^b f'^2(x)\mathrm{d}x = M_1 \int_a^b f'^2(x)\mathrm{d}x,$$

其中

$$M_1 = \frac{\int_a^b (1 - kx^2)^2 \mathrm{d}x}{4k^2} = \frac{(b - a) - \dfrac{2}{3}k(b^3 - a^3) + \dfrac{k^2}{5}(b^5 - a^5)}{4k^2}.$$

由引理 7.1 知, 等号成立当且仅当 $f'(x) = \mu(1 - kx^2) = \mu - \mu kx^2$, 即 $f(x) = \mu x - \dfrac{\mu}{3}kx^3 + C$. 又由 $f(a) = f(b) = 0$, 得方程组

$$\begin{cases} \mu a - \dfrac{\mu}{3}ka^3 + C = 0, \\[2mm] \mu b - \dfrac{\mu}{3}kb^3 + C = 0. \end{cases} \tag{7.4}$$

方程组系数矩阵的行列式为

$$D = \begin{vmatrix} a - \dfrac{k}{3}a^3 & 1 \\[2mm] b - \dfrac{k}{3}b^3 & 1 \end{vmatrix} = a - \frac{k}{3}a^3 - b + \frac{k}{3}b^3,$$

(i) 当 $D \neq 0$, 即 $k \neq \dfrac{3(b - a)}{b^3 - a^3}$ 时, 方程组 (7.4) 只有零解 $\mu = 0$, $C = 0$, 此时 $f(x) \equiv 0$;

(ii) 当 $D - 0$, 即 $k - \dfrac{3(b - a)}{b^3 - a^3}$ 时, 方程组 (7.4) 有无穷多个解 (包含零解), 此时

$$C = -\mu a + \frac{\mu}{3}ka^3 = -\mu a + \mu \frac{b - a}{b^3 - a^3}a^3,$$

$$f(x) = \mu x - \frac{\mu}{3}\frac{3(b-a)}{b^3-a^3}x^3 - \mu a + \mu\frac{b-a}{b^3-a^3}a^3$$

$$= \mu(x-a) - \mu\frac{b-a}{b^3-a^3}(x^3-a^3).$$

综上所述: 当 $k \neq \dfrac{3(b-a)}{b^3-a^3}$ 时, 等号成立当且仅当 $f(x) \equiv 0$; 当 $k = \dfrac{3(b-a)}{b^3-a^3}$ 时, 等号成立当且仅当 $f(x) = \mu(x-a) - \mu\dfrac{b-a}{b^3-a^3}(x^3-a^3)$, 其中 μ 是任意常数 (包含 $\mu = 0$).

另由 (7.4) 式中两个式子相减, 可解得 $k = \dfrac{3(b-a)}{b^3-a^3} = \dfrac{3}{a^2+ab+b^2}$, 此时对应的 M_1 值为最小值. 这也可以根据 M_1 的表达式, 如下证明 M_1 取最小值.

记 $g(k) = M_1 = \dfrac{(b-a) - \dfrac{2}{3}k(b^3-a^3) + \dfrac{k^2}{5}(b^5-a^5)}{4k^2}$ $(k \neq 0)$, 则

$$g'(k) = \frac{\dfrac{1}{3}k(b^3-a^3) - (b-a)}{2k^3}.$$

令 $g'(k) = 0$, 得驻点 $k = \dfrac{3(b-a)}{b^3-a^3} = \dfrac{3}{a^2+ab+b^2}$.

不妨设 $a < b$, 则当 $k < 0$ 时, $g'(k) > 0$; 当 $0 < k < \dfrac{3}{a^2+ab+b^2}$ 时, $g'(k) < 0$; 当 $k > \dfrac{3}{a^2+ab+b^2}$ 时, $g'(k) > 0$. 且 $\lim\limits_{k\to 0} g(k) = +\infty$, $\lim\limits_{k\to\infty} g(k) = \dfrac{1}{20}(b^5-a^5)$,

$$g\left(\frac{3}{a^2+ab+b^2}\right) = \frac{-(b-a)}{36\left(\dfrac{1}{a^2+ab+b^2}\right)^2} + \frac{1}{20}(b^5-a^5) < \frac{1}{20}(b^5-a^5).$$

故当 $k = \dfrac{3}{a^2+ab+b^2}$ 时, $g(k)$ 取最小值, 即 M_1 取到最小值, 此时 M_1 称为最佳上界常数. 选取不同的 $k \neq 0$ 值, 即可得到一簇积分不等式.

进一步地, 有

命题 7.12 设函数 $f(x)$ 在 $[a,b]$ 上二阶连续可导, 且 $f(a) = f(b) = 0$, $f'(a) = f'(b) = 0$, 则有

$$\left(\int_a^b xf(x)\mathrm{d}x\right)^2 \leqslant M_2 \int_a^b f''^2(x)\mathrm{d}x,$$

其中

$$M_2 = \frac{(b-a) + \dfrac{k}{2}(b^4-a^4) + \dfrac{k^2}{7}(b^7-a^7)}{36k^2},$$

k 为非零常数. 当 $k = -\dfrac{4(b-a)}{b^4 - a^4}$ 时, M_2 取最小值 (称为最佳上界常数), 此时

最小值为 $M_2 = \dfrac{b^7 - a^7}{252} - \dfrac{1}{576} \cdot \dfrac{(b^4 - a^4)^2}{b-a}$. 当 $k \neq -\dfrac{4(b-a)}{b^4 - a^4}$ 时, 不等式中

等号成立当且仅当 $f(x) \equiv 0$; 当 $k = -\dfrac{4(b-a)}{b^4 - a^4}$ 时, 等号成立当且仅当 $f(x) =$

$\dfrac{\mu}{2}x^2 - \dfrac{\mu}{5}\dfrac{b-a}{b^4-a^4}x^5 + C_1 x + C_2$, 其中 μ, C_1, C_2 为方程组 (7.7) 的任意一组解.

　　任取 a, b, k 的值, 可构造一簇积分不等式. 特别地, 若取 $a = 0$, $b = 1$, 则当

$k = -4$ 时, $M_2 = \dfrac{1}{448}$ 为最佳上界常数, 此时有

$$\left(\int_0^1 x f(x) \mathrm{d}x \right)^2 \leqslant \frac{1}{448} \int_0^1 f''^2(x) \mathrm{d}x.$$

　　证明　由分部积分公式及题设 $f(a) = f(b) = 0$, $f'(a) = f'(b) = 0$, 有

$$\int_a^b x f(x)\mathrm{d}x = \int_a^b f(x)\mathrm{d}\left(\frac{x^2}{2} \right) = \frac{x^2}{2}f(x)\bigg|_a^b - \frac{1}{2}\int_a^b x^2 f'(x)\mathrm{d}x = -\frac{1}{2}\int_a^b x^2 f'(x)\mathrm{d}x$$

$$= -\frac{1}{2 \times 3}\int_a^b f'(x)\mathrm{d}(x^3) = -\frac{1}{6}\left(x^3 f'(x)\bigg|_a^b - \int_a^b x^3 f''(x)\mathrm{d}x \right)$$

$$= \frac{1}{6}\int_a^b x^3 f''(x)\mathrm{d}x,$$

所以 $\forall\, 0 \neq k \in \mathbf{R}$,

$$6k \int_a^b x f(x)\mathrm{d}x = k \int_a^b x^3 f''(x)\mathrm{d}x = \int_a^b (1 + kx^3) f''(x)\mathrm{d}x.$$

于是由引理 7.1(柯西–施瓦茨积分不等式), 得

$$\left(\int_a^b x f(x)\mathrm{d}x \right)^2 = \left(\frac{\displaystyle\int_a^b (1 + kx^3) f''(x)\mathrm{d}x}{6k} \right)^2$$

$$\leqslant \frac{\displaystyle\int_a^b (1 + kx^3)^2 \mathrm{d}x}{36k^2} \int_a^b f''^2(x)\mathrm{d}x = M_2 \int_a^b f''^2(x)\mathrm{d}x,$$

其中

$$M_2 = \frac{\displaystyle\int_a^b (1 + kx^3)^2 \mathrm{d}x}{36k^2} = \frac{(b-a) + \dfrac{k}{2}(b^4 - a^4) + \dfrac{k^2}{7}(b^7 - a^7)}{36k^2}.$$

记 $h(k) = M_2 = \dfrac{(b-a) + \dfrac{k}{2}(b^4 - a^4) + \dfrac{k^2}{7}(b^7 - a^7)}{36k^2}$　$(k \neq 0)$, 则

$$h'(k) = -\frac{b-a}{18k^3} - \frac{1}{72k^2}(b^4 - a^4) .$$

令 $h'(k) = 0$, 得驻点

$$k = -\frac{4(b-a)}{b^4 - a^4} = -\frac{4}{b^3 + b^2a + ba^2 + a^3}.$$

于是当 $k < -\dfrac{4(b-a)}{b^4 - a^4}$ 时, $h'(k) < 0$; 当 $-\dfrac{4(b-a)}{b^4 - a^4} < k < 0$ 时, $h'(k) > 0$;
当 $k > 0$ 时, $h'(k) < 0$. 且 $\lim\limits_{k \to 0} h(k) = +\infty$, $\lim\limits_{k \to \infty} h(k) = \dfrac{1}{252}(b^7 - a^7)$, 故当
$k = -\dfrac{4(b-a)}{b^4 - a^4} = -\dfrac{4}{b^3 + b^2a + ba^2 + a^3}$ 时, $h(k)$ 取最小值, 即 M_2 取到最小值,

$$h\left(-\frac{4(b-a)}{b^4 - a^4}\right) = \frac{1}{252} \cdot (b^7 - a^7) - \frac{1}{576} \cdot \frac{(b^4 - a^4)^2}{b - a} < \frac{1}{252}(b^7 - a^7).$$

此时 M_2 称为最佳上界常数. 选取不同的 $k \neq 0$ 值, 即可得到一簇积分不等式.

　　由上述证明过程可知, 不等式中等号成立当且仅当 $f''(x) = \mu(1 + kx^3) = \mu + \mu kx^3$, 即有

$$f'(x) = \mu x + \frac{\mu}{4}kx^4 + C_1, \quad f(x) = \frac{\mu}{2}x^2 + \frac{\mu}{20}kx^5 + C_1 x + C_2.$$

又由 $f'(a) = f'(b) = 0$, 得方程组

$$\begin{cases} \mu a + \dfrac{\mu}{4}ka^4 + C_1 = 0, \\ \mu b + \dfrac{\mu}{4}kb^4 + C_1 = 0. \end{cases} \tag{7.5}$$

由 $f(a) = f(b) = 0$, 得方程组

$$\begin{cases} \dfrac{\mu}{2}a^2 + \dfrac{\mu}{20}ka^5 + C_1 a + C_2 = 0, \\ \dfrac{\mu}{2}b^2 + \dfrac{\mu}{20}kb^5 + C_1 b + C_2 = 0. \end{cases} \tag{7.6}$$

方程组 (7.5) 的系数矩阵的行列式为

$$D = \begin{vmatrix} a + \dfrac{k}{4}a^4 & 1 \\ b + \dfrac{k}{4}b^4 & 1 \end{vmatrix} = a + \frac{k}{4}a^4 - b - \frac{k}{4}b^4.$$

(i) 当 $D \neq 0$, 即 $k \neq -\dfrac{4(b-a)}{b^4 - a^4}$ 时, 方程组 (7.5) 只有零解 $\mu = 0$, $C_1 = 0$. 又由已知, 同时还需满足 (7.6) 式, 从而得 $C_2 = 0$, 故得 $f(x) \equiv 0$;

(ii) 当 $D = 0$, 即 $k = -\dfrac{4(b-a)}{b^4 - a^4}$ 时, 方程组 (7.5) 可以有无穷多个解, 此时方程组 (7.5) 中的两个方程是线性相关的, 即只有一个方程是独立的. 但由已知, 需同时满足方程组 (7.5) 和 (7.6), 将 $k = -\dfrac{4(b-a)}{b^4 - a^4}$ 代入, 此时可将它们改写为

$$
\begin{cases}
\left(\dfrac{1}{2}a^2 - \dfrac{1}{5}\dfrac{b-a}{b^4-a^4}a^5\right)\mu + C_1 a + C_2 = 0, \\[3mm]
\left(\dfrac{1}{2}b^2 - \dfrac{1}{5}\dfrac{b-a}{b^4-a^4}b^5\right)\mu + C_1 b + C_2 = 0, \\[3mm]
\left(a - \dfrac{b-a}{b^4-a^4}a^4\right)\mu + C_1 = 0.
\end{cases}
\tag{7.7}
$$

方程组 (7.7) 的系数矩阵的行列式为

$$
D_1 = \begin{vmatrix}
\dfrac{a^2}{2} - \dfrac{a^5}{5}\dfrac{b-a}{b^4-a^4} & a & 1 \\[3mm]
\dfrac{b^2}{2} - \dfrac{b^5}{5}\dfrac{b-a}{b^4-a^4} & b & 1 \\[3mm]
a - \dfrac{b-a}{b^4-a^4}a^4 & 1 & 0
\end{vmatrix} = \dfrac{(b-a)(3b-5a)}{10}.
$$

① 当 $3b - 5a \neq 0$, 即 $b \neq \dfrac{5}{3}a$ 时, $D_1 \neq 0$, 方程组 (7.7) 只有零解 $\mu = 0$, $C_1 = 0$, $C_2 = 0$. 故得 $f(x) \equiv 0$;

② 当 $3b - 5a = 0$, 即 $b = \dfrac{5}{3}a$ 时, $D_1 = 0$, 方程组 (7.7) 有无穷多个解 (包含零解), 任取方程组 (7.7) 的一组解 μ, C_1, C_2, 则

$$
f(x) = \dfrac{\mu}{2}x^2 - \dfrac{\mu}{5}\dfrac{b-a}{b^4-a^4}x^5 + C_1 x + C_2.
$$

综上所述: 当 $k \neq -\dfrac{4(b-a)}{b^4-a^4}$ 或 $k = -\dfrac{4(b-a)}{b^4-a^4}$, 且 $b \neq \dfrac{5}{3}a$ 时, 等号成立当且仅当 $f(x) \equiv 0$; 当 $k = -\dfrac{4(b-a)}{b^4-a^4}$, 且 $b = \dfrac{5}{3}a$ 时, 等号成立当且仅当

$$
f(x) = \dfrac{\mu}{2}x^2 - \dfrac{\mu}{5}\dfrac{b-a}{b^4-a^4}x^5 + C_1 x + C_2,
$$

其中 μ, C_1, C_2 为方程组 (7.7) 的任意一组解.

一般地, 有如下结论.

命题 7.13 设函数 $f(x)$ 在 $[a,b]$ 上 k $(k > 2)$ 阶连续可导, 且 $f^{(l)}(a) = f^{(l)}(b) = 0(l = 0, 1, 2, \cdots, k-1)$, 则有

$$\left(\int_a^b xf(x)\mathrm{d}x\right)^2 \leqslant M_k \int_a^b \left(f^{(k)}(x)\right)^2 \mathrm{d}x,$$

其中

$$M_k = \frac{(b-a) + \dfrac{2s}{k+2}(b^{k+2} - a^{k+2}) + \dfrac{s^2}{2k+3}(b^{2k+3} - a^{2k+3})}{[(k+1)!]^2 s^2},$$

s 为非零常数.

当 $s = -(k+2)\dfrac{b-a}{b^{k+2} - a^{k+2}}$ 时, M_k 取最小值 (称为最佳上界常数), 此时最小值为

$$M_k = \frac{b^{2k+3} - a^{2k+3}}{[(k+1)!]^2(2k+3)} - \frac{(b^{k+2} - a^{k+2})^2}{[(k+1)!]^2(k+2)^2(b-a)}.$$

等号成立当且仅当 $f(x) \equiv 0$ 或由 $\begin{cases} f^{(k)}(x) = \mu(1 + sx^{k+1}), \\ f^{(l)}(a) = f^{(l)}(b) = 0, \ l = 0,1,2,\cdots,k-1. \end{cases}$ 求得的非零函数, 其中 μ 为任意常数.

证明 由多次分部积分公式及题设

$$f^{(l)}(a) = f^{(l)}(b) = 0 \quad (l = 0, 1, 2, \cdots, k-1),$$

有

$$\int_a^b xf(x)\mathrm{d}x = \frac{(-1)^k}{(k+1)!} \int_a^b x^{k+1} f^{(k)}(x)\mathrm{d}x,$$

所以 $\forall\, 0 \neq s \in \mathbf{R}$,

$$(-1)^k (k+1)! s \int_a^b xf(x)\mathrm{d}x = s \int_a^b x^{k+1} f^{(k)}(x)\mathrm{d}x = \int_a^b (1 + sx^{k+1}) f^{(k)}(x)\mathrm{d}x.$$

于是由引理 7.1(柯西–施瓦茨积分不等式), 得

$$\left(\int_a^b xf(x)\mathrm{d}x\right)^2 = \left(\frac{\displaystyle\int_a^b (1+sx^{k+1}) f^{(k)}(x)\mathrm{d}x}{(k+1)! \cdot s}\right)^2$$

$$\leqslant \frac{\displaystyle\int_a^b (1+sx^{k+1})^2 \mathrm{d}x}{[(k+1)!]^2 \cdot s^2} \int_a^b \left(f^{(k)}(x)\right)^2 \mathrm{d}x$$

$$= M_k \int_a^b \left(f^{(k)}(x) \right)^2 \mathrm{d}x,$$

其中

$$M_k = \frac{\int_a^b (1 + sx^{k+1})^2 \mathrm{d}x}{[(k+1)!]^2 \cdot s^2} = \frac{(b-a) + \dfrac{2s}{k+2}(b^{k+2} - a^{k+2}) + \dfrac{s^2}{2k+3}(b^{2k+3} - a^{2k+3})}{[(k+1)!]^2 \cdot s^2}.$$

记

$$g(s) = M_k = \frac{\int_a^b (1 + sx^{k+1})^2 \mathrm{d}x}{[(k+1)!]^2 \cdot s^2}$$

$$= \frac{(b-a) + \dfrac{2s}{k+2}(b^{k+2} - a^{k+2}) + \dfrac{s^2}{2k+3}(b^{2k+3} - a^{2k+3})}{[(k+1)!]^2 \cdot s^2},$$

则

$$g'(s) = -\frac{-2s\left(b^{k+2} - a^{k+2}\right)}{(k+2)[(k+1)!]^2 \cdot s^3} - \frac{2(b-a)}{[(k+1)!]^2 \cdot s^3}.$$

令 $g'(s) = 0$, 得驻点

$$s = -(k+2)\frac{b-a}{b^{k+2} - a^{k+2}} \triangleq s_0.$$

于是当 $s < s_0$ 时, $g'(s) < 0$; 当 $s_0 < s < 0$ 时, $g'(s) > 0$; 当 $s > 0$ 时, $g'(s) < 0$.
且

$$\lim_{s \to 0} g(s) = +\infty, \quad \lim_{s \to \infty} g(s) = \frac{b^{2k+3} - a^{2k+3}}{[(k+1)!]^2 \cdot (2k+3)},$$

故当 $s = s_0 = -(k+2)\dfrac{b-a}{b^{k+2} - a^{k+2}}$ 时, $g(s)$ 取最小值, 即 M_k 取到最小值

$$g(s_0) = g\left(-(k+2) \cdot \frac{b-a}{b^{k+2} - a^{k+2}} \right),$$

此时 M_k 称为最佳上界常数.

[注记 4] 对于具体的 k 值, 可以类似于命题 7.12 讨论不等式中等号成立的充分必要条件. 等号成立当且仅当 $f(x) \equiv 0$ 或由

$$\begin{cases} f^{(k)}(x) = \mu(1 + sx^{k+1}), \\ f^{(l)}(a) = f^{(l)}(b) = 0, \quad l = 0, 1, 2, \cdots, k-1. \end{cases}$$

求得的非零函数, 其中 μ 为任意常数.

选取 a, b, k, s 不同的值, 即可得到一系列积分不等式.

7.4 定积分 $\left(\displaystyle\int_a^b (x-\xi)^n f(x)\,\mathrm{d}x\right)^2$ 与 $\displaystyle\int_a^b \left(f^{(k)}(x)\right)^2 \mathrm{d}x$ 的不等式构造问题

7.4.1 定积分 $\left(\displaystyle\int_a^b x^n f(x)\mathrm{d}x\right)^2$ 与 $\displaystyle\int_a^b \left(f^{(k)}(x)\right)^2 \mathrm{d}x$ 的不等式构造

类似于上一节定积分不等式的构造思想及命题, 我们可以得到如下结论.

命题 7.14 设函数 $f(x)$ 在 $[a,b]$ 上连续可导, 且 $f(a)=f(b)=0$, n 为大于 1 的自然数, 则有

$$\left(\int_a^b x^n f(x)\mathrm{d}x\right)^2 \leqslant M_{n,1} \int_a^b f'^2(x)\mathrm{d}x,$$

其中

$$M_{n,1} = \frac{(b-a) - \dfrac{2k}{n+2}(b^{n+2}-a^{n+2}) + \dfrac{k^2}{2n+3}(b^{2n+3}-a^{2n+3})}{(n+1)^2 k^2},$$

k 为非零常数. 等号成立当且仅当

$$f(x) \equiv 0 \quad \text{或} \quad f(x) = \mu(x-a) - \mu\frac{b-a}{b^{n+2}-a^{n+2}}(x^{n+2}-a^{n+2}),$$

其中 μ 是任意常数. 且当 $k = \dfrac{(n+2)(b-a)}{b^{n+2}-a^{n+2}}$ 时, 对应的值 $M_{n,1}$ 为最佳上界常数.

特别地, 取 $n=2$, $a=0$, $b=1$, 则

当 $k=1$ 时, 有 $\left(\displaystyle\int_0^1 x^2 f(x)\mathrm{d}x\right)^2 \leqslant \dfrac{1}{14}\int_0^1 f'^2(x)\mathrm{d}x$;

当 $k=2$ 时, 有 $\left(\displaystyle\int_0^1 x^2 f(x)\mathrm{d}x\right)^2 \leqslant \dfrac{1}{63}\int_0^1 f'^2(x)\mathrm{d}x$;

当 $k=4$ 时, 有 $\left(\displaystyle\int_0^1 x^2 f(x)\mathrm{d}x\right)^2 \leqslant \dfrac{1}{112}\int_0^1 f'^2(x)\mathrm{d}x$;

当 $k=6$ 时, 有 $\left(\displaystyle\int_0^1 x^2 f(x)\mathrm{d}x\right)^2 \leqslant \dfrac{11}{1134}\int_0^1 f'^2(x)\mathrm{d}x$.

此类不等式的最佳上界常数为 $M_{2,1} = \dfrac{1}{112}$.

证明　由分部积分公式及题设 $f(a) = f(b) = 0$, 有

$$\int_a^b x^n f(x)\mathrm{d}x = \int_a^b f(x)\mathrm{d}\left(\frac{x^{n+1}}{n+1}\right) = \frac{x^{n+1}}{n+1}f(x)\bigg|_a^b - \frac{1}{n+1}\int_a^b x^{n+1}f'(x)\mathrm{d}x$$

$$= -\frac{1}{n+1}\int_a^b x^{n+1}f'(x)\mathrm{d}x,$$

所以 $\forall\, 0 \neq k \in \mathbf{R}$,

$$(n+1)k\int_a^b x^n f(x)\mathrm{d}x = -k\int_a^b x^{n+1}f'(x)\mathrm{d}x$$

$$= \int_a^b (1 - kx^{n+1})f'(x)\mathrm{d}x,$$

于是由柯西–施瓦茨积分不等式, 得

$$\left(\int_a^b x^n f(x)\mathrm{d}x\right)^2 = \left(\frac{\displaystyle\int_a^b (1 - kx^{n+1})f'(x)\mathrm{d}x}{(n+1)k}\right)^2$$

$$\leqslant \frac{\displaystyle\int_a^b (1 - kx^{n+1})^2\mathrm{d}x}{(n+1)^2k^2}\int_a^b f'^2(x)\mathrm{d}x = M_{n,1}\int_a^b f'^2(x)\mathrm{d}x,$$

其中

$$M_{n,1} = \frac{\displaystyle\int_a^b (1 - kx^{n+1})^2\mathrm{d}x}{(n+1)^2k^2}$$

$$= \frac{(b-a) - \dfrac{2k}{n+2}(b^{n+2} - a^{n+2}) + \dfrac{k^2}{2n+3}(b^{2n+3} - a^{2n+3})}{(n+1)^2k^2}.$$

由引理 7.1 知, 等号成立当且仅当 $f'(x) = \mu(1 - kx^{n+1}) = \mu - \mu kx^{n+1}$, 即

$$f(x) = \mu x - \frac{\mu}{n+2}kx^{n+2} + C.$$

再由 $f(a) = f(b) = 0$, 得

$$\begin{cases} \mu a - \dfrac{\mu k}{n+2}a^{n+2} + C = 0, \\[4mm] \mu b - \dfrac{\mu k}{n+2}b^{n+2} + C = 0. \end{cases} \tag{7.8}$$

方程组 (7.8) 的系数矩阵的行列式为

$$D = \begin{vmatrix} a - \dfrac{k}{n+2}a^{n+2} & 1 \\[3mm] b - \dfrac{k}{n+2}b^{n+2} & 1 \end{vmatrix} = (a-b)\left(1 - \dfrac{k}{n+2}\dfrac{b^{n+2}-a^{n+2}}{b-a}\right).$$

(i) 当 $D \neq 0$, 即 $k \neq (n+2)\dfrac{b-a}{b^{n+2}-a^{n+2}}$ 时, 方程组 (7.8) 只有零解 $\mu = 0$, $C = 0$, 此时 $f(x) \equiv 0$;

(ii) 当 $D = 0$, 即 $k = (n+2)\dfrac{b-a}{b^{n+2}-a^{n+2}}$ 时, 方程组 (7.8) 有非零解, 此时

$$C = -\mu a + \frac{\mu}{n+2}ka^{n+2} = -\mu a + \mu\frac{b-a}{b^{n+2}-a^{n+2}}a^{n+2},$$

$$\begin{aligned} f(x) &= \mu x - \frac{\mu}{n+2}(n+2)\frac{b-a}{b^{n+2}-a^{n+2}}x^{n+2} - \mu a + \mu\frac{b-a}{b^{n+2}-a^{n+2}}a^{n+2} \\ &= \mu(x-a) - \mu\frac{b-a}{b^{n+2}-a^{n+2}}(x^{n+2}-a^{n+2}). \end{aligned}$$

综上所述: 等号成立当且仅当 $f(x) \equiv 0$ 或 $f(x) = \mu(x-a) - \mu\dfrac{b-a}{b^{n+2}-a^{n+2}}(x^{n+2}-a^{n+2})$, 其中 μ 为任意常数.

类似于上一节中命题的证明, 我们可以证得: 当 $k = \dfrac{(n+2)(b-a)}{b^{n+2}-a^{n+2}}$ 时, $M_{n,1}$ 取最小值, 即 $M_{n,1}$ 为最佳上界常数. 此处略去证明过程.

命题 7.15 设函数 $f(x)$ 在 $[a,b]$ 上二阶连续可导, 且 $f(a) = f(b) = 0$, $f'(a) = f'(b) = 0$, n 为大于 1 的自然数, 则有

$$\left(\int_a^b x^n f(x)\mathrm{d}x\right)^2 \leqslant M_{n,2}\int_a^b f''^2(x)\mathrm{d}x,$$

其中

$$M_{n,2} = \frac{(b-a) + \dfrac{2k}{n+3}(b^{n+3}-a^{n+3}) + \dfrac{k^2}{2n+5}(b^{2n+5}-a^{2n+5})}{(n+1)^2(n+2)^2k^2},$$

k 为非零常数. 且当 $k = -(n+3)\dfrac{b-a}{b^{n+3}-a^{n+3}}$ 时, 对应的值 $M_{n,2}$ 为最佳上界常数.

等号成立当且仅当 $f(x) \equiv 0$ 或 $f(x) = \dfrac{\mu}{2}x^2 - \dfrac{\mu}{n+4}\cdot\dfrac{b-a}{b^{n+3}-a^{n+3}}x^{n+4} + C_1 x + C_2$, 其中 μ, C_1, C_2 是方程组 (7.11) 的任意一组解.

证明　由分部积分公式及题设 $f(a) = f(b) = 0$, $f'(a) = f'(b) = 0$, 有

$$\int_a^b x^n f(x)\mathrm{d}x = \int_a^b f(x)\mathrm{d}\left(\frac{x^{n+1}}{n+1}\right) = \frac{x^{n+1}}{n+1}f(x)\Big|_a^b - \frac{1}{n+1}\int_a^b x^{n+1}f'(x)\mathrm{d}x$$

$$= -\frac{1}{n+1}\int_a^b x^{n+1}f'(x)\mathrm{d}x$$

$$= -\frac{1}{n+1}\int_a^b f'(x)\mathrm{d}\left(\frac{x^{n+2}}{n+2}\right)$$

$$= -\frac{1}{n+1}\left[\frac{x^{n+2}}{n+2}f'(x)\Big|_a^b - \frac{1}{n+2}\int_a^b x^{n+2}f''(x)\mathrm{d}x\right]$$

$$= \frac{1}{(n+1)(n+2)}\int_a^b x^{n+2}f''(x)\mathrm{d}x,$$

所以

$$(n+1)(n+2)k\int_a^b x^n f(x)\mathrm{d}x = \int_a^b kx^{n+2}f''(x)\mathrm{d}x = \int_a^b (1+kx^{n+2})f''(x)\mathrm{d}x,$$

于是由柯西–施瓦茨积分不等式, 得

$$\left(\int_a^b x^n f(x)\mathrm{d}x\right)^2 = \left(\frac{\int_a^b (1+kx^{n+2})f''(x)\mathrm{d}x}{(n+1)(n+2)k}\right)^2$$

$$\leqslant \frac{\int_a^b (1+kx^{n+2})^2\mathrm{d}x}{(n+1)^2(n+2)^2k^2} \cdot \int_a^b \left(f''(x)\right)^2\mathrm{d}x$$

$$= M_{n,2}\int_a^b \left(f''(x)\right)^2\mathrm{d}x,$$

其中

$$M_{n,2} = \frac{\int_a^b (1+kx^{n+2})^2\mathrm{d}x}{(n+1)^2(n+2)^2k^2}$$

$$= \frac{(b-a) + \dfrac{2k}{n+3}(b^{n+3} - a^{n+3}) + \dfrac{k^2}{2n+5}(b^{2n+5} - a^{2n+5})}{(n+1)^2(n+2)^2k^2}.$$

由引理 7.1 知, 等号成立当且仅当 $f''(x) = \mu(1+kx^{n+2}) = \mu + \mu kx^{n+2}$,

$$f'(x) = \mu x + \frac{\mu k}{n+3}x^{n+3} + C_1, \quad f(x) = \frac{\mu}{2}x^2 + \frac{\mu k}{(n+3)(n+4)}x^{n+4} + C_1 x + C_2.$$

又由 $f'(a) = f'(b) = 0$, 得方程组

$$\begin{cases} \mu a + \dfrac{\mu k}{n+3} a^{n+3} + C_1 = 0, \\[3mm] \mu b + \dfrac{\mu k}{n+3} b^{n+3} + C_1 = 0. \end{cases} \tag{7.9}$$

由 $f(a) = f(b) = 0$, 得方程组

$$\begin{cases} \dfrac{\mu}{2} a^2 + \dfrac{\mu k}{(n+3)(n+4)} a^{n+4} + C_1 a + C_2 = 0, \\[3mm] \dfrac{\mu}{2} b^2 + \dfrac{\mu k}{(n+3)(n+4)} b^{n+4} + C_1 b + C_2 = 0. \end{cases} \tag{7.10}$$

方程组 (7.9) 的系数矩阵的行列式为

$$D = \begin{vmatrix} a + \dfrac{k}{n+3} a^{n+3} & 1 \\[3mm] b + \dfrac{k}{n+3} b^{n+3} & 1 \end{vmatrix} = a + \dfrac{k}{n+3} a^{n+3} - b - \dfrac{k}{n+3} b^{n+3}.$$

(i) 当 $D \neq 0$, 即 $k \neq -(n+3)\dfrac{b-a}{b^{n+3} - a^{n+3}}$ 时, 方程组 (7.9) 只有零解 $\mu = 0$, $C_1 = 0$. 又由已知, 同时还需满足 (7.10) 式, 代入方程组 (7.10) 解得 $C_2 = 0$, 故得 $f(x) \equiv 0$;

(ii) 当 $D = 0$, 即 $k = -(n+3)\dfrac{b-a}{b^{n+3} - a^{n+3}}$ 时, 方程组 (7.9) 可以有无穷多个解, 此时方程组 (7.9) 中的两个方程是线性相关的, 即只有一个方程是独立的. 但由已知, 需同时满足方程组 (7.9) 和 (7.10), 将 $k = -(n+3)\dfrac{b-a}{b^{n+3} - a^{n+3}}$ 代入, 此时可将它们改写为

$$\begin{cases} \left(\dfrac{1}{2} a^2 - \dfrac{1}{n+4} \dfrac{b-a}{b^{n+3} - a^{n+3}} a^{n+4}\right) \mu + C_1 a + C_2 = 0, \\[3mm] \left(\dfrac{1}{2} b^2 - \dfrac{1}{n+4} \dfrac{b-a}{b^{n+3} - a^{n+3}} b^{n+4}\right) \mu + C_1 b + C_2 = 0, \\[3mm] \left(a - \dfrac{b-a}{b^{n+3} - a^{n+3}} a^{n+3}\right) \mu + C_1 = 0. \end{cases} \tag{7.11}$$

方程组 (7.11) 的系数矩阵的行列式为

$$D_1 = \begin{vmatrix} \dfrac{a^2}{2} - \dfrac{a^{n+4}}{n+4}\dfrac{b-a}{b^{n+3}-a^{n+3}} & a & 1 \\[3mm] \dfrac{b^2}{2} - \dfrac{b^{n+4}}{n+4}\dfrac{b-a}{b^{n+3}-a^{n+3}} & b & 1 \\[3mm] a - \dfrac{b-a}{b^{n+3}-a^{n+3}}a^{n+3} & 1 & 0 \end{vmatrix}$$

$$= (b-a)^2 \left[\frac{1}{2} - \frac{1}{n+4} \cdot \frac{b^{n+4}-a^{n+4}}{(b^{n+3}-a^{n+3})(b-a)} + \frac{a^{n+3}}{b^{n+3}-a^{n+3}} \right],$$

故

(i) 当 $\dfrac{1}{2} - \dfrac{1}{n+4} \cdot \dfrac{b^{n+4}-a^{n+4}}{(b^{n+3}-a^{n+3})(b-a)} + \dfrac{a^{n+3}}{b^{n+3}-a^{n+3}} \neq 0$ 时, $D_1 \neq 0$, 方程组 (7.11) 只有零解 $\mu = 0$, $C_1 = 0, C_2 = 0$. 故得 $f(x) \equiv 0$;

(ii) 当 $\dfrac{1}{2} - \dfrac{1}{n+4} \cdot \dfrac{b^{n+4}-a^{n+4}}{(b^{n+3}-a^{n+3})(b-a)} + \dfrac{a^{n+3}}{b^{n+3}-a^{n+3}} = 0$ 时, $D_1 = 0$, 方程组 (7.11) 有无穷多个解 (包含零解), 任取方程组 (7.11) 的一组解 μ, C_1, C_2, 则

$$f(x) = \frac{\mu}{2}x^2 - \frac{\mu}{n+4} \cdot \frac{b-a}{b^{n+3}-a^{n+3}}x^{n+4} + C_1 x + C_2.$$

由上可知: 当 $k \neq -(n+3)\dfrac{b-a}{b^{n+3}-a^{n+3}}$ 或 $k = -(n+3)\dfrac{b-a}{b^{n+3}-a^{n+3}}$, 且 $\dfrac{1}{2} - \dfrac{1}{n+4}$ $\cdot \dfrac{b^{n+4}-a^{n+4}}{(b^{n+3}-a^{n+3})(b-a)} + \dfrac{a^{n+3}}{b^{n+3}-a^{n+3}} \neq 0$ 时, 等号成立当且仅当 $f(x) \equiv 0$; 当 $k = -(n+3)\dfrac{b-a}{b^{n+3}-a^{n+3}}$, 且 $\dfrac{1}{2} - \dfrac{1}{n+4} \cdot \dfrac{b^{n+4}-a^{n+4}}{(b^{n+3}-a^{n+3})(b-a)} + \dfrac{a^{n+3}}{b^{n+3}-a^{n+3}} = 0$ 时, 等号成立当且仅当 $f(x) \equiv 0$ 或 $f(x) = \dfrac{\mu}{2}x^2 - \dfrac{\mu}{n+4} \cdot \dfrac{b-a}{b^{n+3}-a^{n+3}}x^{n+4}+C_1x+C_2$.

综上所述: 等号成立当且仅当 $f(x) \equiv 0$ 或 $f(x) = \dfrac{\mu}{2}x^2 - \dfrac{\mu}{n+4} \cdot \dfrac{b-a}{b^{n+3}-a^{n+3}}$ $\cdot x^{n+4} + C_1 x + C_2$, 其中 μ, C_1, C_2 为方程组 (7.11) 的任意一组解.

类似于上一节中命题的证明, 我们可以证得: 当 $k = -(n+3)\dfrac{b-a}{b^{n+3}-a^{n+3}}$ 时, $M_{n,2}$ 取最小值, 即 $M_{n,2}$ 为最佳上界常数. 此处略去证明过程.

一般地, 有

命题 7.16　设函数 $f(x)$ 在 $[a,b]$ 上 $k(k \geqslant 1)$ 阶连续可导, 且 $f^{(l)}(a) = f^{(l)}(b) = 0$ $(l = 0, 1, \cdots, k-1)$, n 为大于 1 的自然数, 则有

$$\left(\int_a^b x^n f(x)\mathrm{d}x \right)^2 \leqslant M_{n,k} \int_a^b \left(f^{(k)}(x) \right)^2 \mathrm{d}x,$$

其中

$$M_{n,k} = \frac{(b-a) + \dfrac{2s}{n+k+1}(b^{n+k+1} - a^{n+k+1}) + \dfrac{s^2}{2n+2k+1}(b^{2n+2k+1} - a^{2n+2k+1})}{[(n+1)(n+2)\cdots(n+k)s]^2}.$$

不等式中等号成立当且仅当 $\begin{cases} f^{(k)}(x) = \mu(1 + sx^{n+k}), \\ f^{(l)}(a) = f^{(l)}(b) = 0 \ (l = 0, 1, \cdots, k-1). \end{cases}$ 这里 $s \neq 0$, s, μ 为任意常数.

此处证明略.

[注记 5] 命题 7.14 是命题 7.15 和命题 7.13 的推广. 任取 n, a, b 的值, 可构造和编制一系列积分不等式新题.

7.4.2 定积分 $\left(\displaystyle\int_a^b (x-a)^n f(x)\mathrm{d}x\right)^2$ 与 $\displaystyle\int_a^b \left(f^{(k)}(x)\right)^2 \mathrm{d}x$ 的不等式构造

命题 7.17 设函数 $f(x)$ 在 $[a,b]$ 上连续可导, 且 $f(b) = 0$, n 为大于 1 的自然数, 则有

$$\left(\int_a^b (x-a)^n f(x)\mathrm{d}x\right)^2 \leqslant \widetilde{M}_{n,1} \int_a^b f'^2(x)\mathrm{d}x,$$

其中 $\widetilde{M}_{n,1} = \dfrac{(b-a)^{2n+3}}{(n+1)^2(2n+3)}$. 等号成立当且仅当

$$f(x) = -f(a) \cdot \left(\frac{x-a}{b-a}\right)^{n+2} + f(a).$$

证明 由分部积分公式及题设 $f(b) = 0$, 有

$$\int_a^b (x-a)^n f(x)\mathrm{d}x = \int_a^b f(x)\mathrm{d}\left(\frac{(x-a)^{n+1}}{n+1}\right)$$

$$= \frac{(x-a)^{n+1}}{n+1} f(x)\bigg|_a^b - \frac{1}{n+1}\int_a^b (x-a)^{n+1} f'(x)\mathrm{d}x$$

$$= -\frac{1}{n+1}\int_a^b (x-a)^{n+1} f'(x)\mathrm{d}x.$$

于是由柯西–施瓦茨积分不等式, 得

$$\left(\int_a^b (x-a)^n f(x)\mathrm{d}x\right)^2 = \left(-\frac{1}{n+1}\int_a^b (x-a)^{n+1} f'(x)\mathrm{d}x\right)^2$$

$$\leqslant \frac{\displaystyle\int_a^b (x-a)^{2(n+1)}\mathrm{d}x}{(n+1)^2} \int_a^b f'^2(x)\mathrm{d}x$$

$$= \frac{(b-a)^{2n+3}}{(n+1)^2(2n+3)} \int_a^b f'^2(x)\mathrm{d}x = \widetilde{M}_{n,1} \int_a^b f'^2(x)\mathrm{d}x,$$

其中 $\widetilde{M}_{n,1} = \dfrac{(b-a)^{2n+3}}{(n+1)^2(2n+3)}$. 由引理 7.1 知, 等号成立当且仅当 $f'(x) = \mu(x - a)^{n+1}$, 即 $f(x) = \dfrac{\mu}{n+2}(x-a)^{n+2} + C$. 而由 $f(a) = C, f(b) = 0$, 解得 $f(x) = -f(a) \cdot \left(\dfrac{x-a}{b-a}\right)^{n+2} + f(a)$, 故当且仅当 $f(x) = -f(a) \cdot \left(\dfrac{x-a}{b-a}\right)^{n+2} + f(a)$ 时, 不等式中等号成立.

命题 7.18　设函数 $f(x)$ 在 $[a,b]$ 上二阶连续可导, 且 $f(b) = f'(b) = 0, n$ 为大于 1 的自然数, 则有

$$\left(\int_a^b (x-a)^n f(x)\mathrm{d}x\right)^2 \leqslant \widetilde{M}_{n,2} \int_a^b f''^2(x)\mathrm{d}x,$$

其中 $\widetilde{M}_{n,2} = \dfrac{(b-a)^{2n+5}}{(n+1)^2(n+2)^2(2n+5)}$, 等号成立当且仅当

$$f(x) = \frac{f(a)}{n+3} \cdot \left(\frac{x-a}{b-a}\right)^{n+4} + f(a) \cdot \left(\frac{b-x}{b-a} - \frac{1}{n+3}\frac{x-a}{b-a}\right).$$

证明　由分部积分公式及题设 $f(b) = f'(b) = 0$, 有

$$\int_a^b (x-a)^n f(x)\mathrm{d}x = \int_a^b f(x)\mathrm{d}\left(\frac{(x-a)^{n+1}}{n+1}\right)$$

$$= \frac{(x-a)^{n+1}}{n+1} f(x)\bigg|_a^b - \frac{1}{n+1} \int_a^b (x-a)^{n+1} f'(x)\mathrm{d}x$$

$$= -\frac{1}{n+1} \int_a^b (x-a)^{n+1} f'(x)\mathrm{d}x$$

$$= -\frac{1}{(n+1)(n+2)} \int_a^b f'(x)\mathrm{d}(x-a)^{n+2}$$

$$= \frac{1}{(n+1)(n+2)}\left[f'(x)(x-a)^{n+2} - \int_a^b (x-a)^{n+2} f''(x)\mathrm{d}x\right]$$

$$= \frac{1}{(n+1)(n+2)} \int_a^b (x-a)^{n+2} f''(x)\mathrm{d}x, \tag{7.12}$$

于是由柯西–施瓦茨积分不等式, 得

$$\left(\int_a^b (x-a)^n f(x)\mathrm{d}x\right)^2 = \left(\frac{1}{(n+1)(n+2)} \int_a^b (x-a)^{n+2} f''(x)\mathrm{d}x\right)^2$$

$$\leqslant \frac{\displaystyle\int_a^b (x-a)^{2(n+2)}\mathrm{d}x}{(n+1)^2(n+2)^2} \int_a^b f''^2(x)\mathrm{d}x$$

$$= \frac{(b-a)^{2n+5}}{(n+1)^2(n+2)^2(2n+5)} \int_a^b f''^2(x)\mathrm{d}x$$

$$= \widetilde{M}_{n,2} \int_a^b f''^2(x)\mathrm{d}x,$$

其中 $\widetilde{M}_{n,2} = \dfrac{(b-a)^{2n+5}}{(n+1)^2(n+2)^2(2n+5)}$.

由引理 7.1 知, 等号成立当且仅当 $f''(x) = \mu(x-a)^{n+2}$, 即 $f'(x) = \dfrac{\mu}{n+3}(x-a)^{n+3} + C_1$. 而由 $f'(a) = C_1$, $f'(b) = 0$, 得 $f'(x) = -f'(a) \cdot \left(\dfrac{x-a}{b-a}\right)^{n+3} + f'(a)$, 于是

$$f(x) = -\frac{f'(a)}{(b-a)^{n+3}} \cdot \frac{(x-a)^{n+4}}{n+4} + f'(a)x + C_2.$$

又由 $f(a) = f'(a)a + C_2$ 与 $f(b) = 0$ 消去 C_2, 得 $f(a) = -\dfrac{n+3}{n+4}f'(a)(b-a)$, 代入上式即得

$$f(x) = \frac{f(a)}{n+3} \cdot \left(\frac{x-a}{b-a}\right)^{n+4} + f(a) \cdot \left[\frac{b-x}{b-a} - \frac{1}{n+3}\frac{x-a}{b-a}\right].$$

一般地, 有

命题 7.19　设函数 $f(x)$ 在 $[a,b]$ 上 k 阶连续可导, $k \geqslant 1$, n 为大于 1 的自然数, 且 $f(b) = f'(b) = \cdots = f^{(k-1)}(b) = 0$, 则有

$$\left(\int_a^b (x-a)^n f(x)\mathrm{d}x\right)^2 \leqslant \widetilde{M}_{n,k} \int_a^b \left(f^{(k)}(x)\right)^2 \mathrm{d}x,$$

其中 $\widetilde{M}_{n,k} = \dfrac{(b-a)^{2n+2k+1}}{(n+1)^2(n+2)^2 \cdots (n+k)^2(2n+2k+1)}$, 等号成立当且仅当

$$\begin{cases} f^{(k)}(x) = \mu(x-a)^{n+k}, \\ f(b) = f'(b) = \cdots = f^{(k-1)}(b) = 0, \end{cases}$$

其中 μ 为任意常数.

证明　由 (7.12) 式继续分部积分, 并利用题设 $f(b) = f'(b) = \cdots = f^{(k-1)}(b) = 0$, 可得

$$\int_a^b (x-a)^n f(x)\mathrm{d}x = (-1)^k \frac{1}{(n+1)(n+2)\cdots(n+k)} \int_a^b (x-a)^{n+k} f^{(k)}(x)\mathrm{d}x,$$

于是由柯西–施瓦茨积分不等式, 得

$$\left(\int_a^b (x-a)^n f(x)\mathrm{d}x\right)^2$$

$$\leqslant \frac{1}{[(n+1)(n+2)\cdots(n+k)]^2}\int_a^b (x-a)^{2n+2k}\mathrm{d}x \cdot \int_a^b \left(f^{(k)}(x)\right)^2\mathrm{d}x$$

$$\leqslant \frac{(b-a)^{2n+2k+1}}{[(n+1)(n+2)\cdots(n+k)]^2(2n+2k+1)}\int_a^b \left(f^{(k)}(x)\right)^2\mathrm{d}x$$

$$=\widetilde{M}_{n,k}\int_a^b \left(f^{(k)}(x)\right)^2\mathrm{d}x,$$

等号成立当且仅当 $\begin{cases} f^{(k)}(x) = \mu(x-a)^{n+k}, \\ f(b) = f'(b) = \cdots = f^{(k-1)}(b) = 0, \end{cases}$ 其中 μ 为任意常数.
对于具体的 k 值, 由 $f^{(k)}(x) = \mu(x-a)^{n+k}$ 逐次积分 k 次, 再结合条件 $f(b) = f'(b) = \cdots = f^{(k-1)}(b) = 0$ 即可得到 $f(x)$ 的表达式.

7.4.3　定积分 $\left(\int_a^b (x-b)^n f(x)\mathrm{d}x\right)^2$ 与 $\int_a^b \left(f^{(k)}(x)\right)^2\mathrm{d}x$ 的不等式构造

几乎完全类似于上一节的推导, 可以得到如下结论.

命题 7.20　设函数 $f(x)$ 在 $[a,b]$ 上连续可导, 且 $f(a) = 0$, n 为大于 1 的自然数, 则有

$$\left(\int_a^b (x-b)^n f(x)\mathrm{d}x\right)^2 \leqslant \widetilde{M}_{n,1}\int_a^b f'^2(x)\mathrm{d}x,$$

其中 $\widetilde{M}_{n,1} = \dfrac{(b-a)^{2n+3}}{(n+1)^2(2n+3)}$. 等号成立当且仅当

$$f(x) = -f(b) \cdot \left(\frac{x-b}{a-b}\right)^{n+2} + f(b).$$

证明　由分部积分公式及题设 $f(a) = 0$, 有

$$\int_a^b (x-b)^n f(x)\mathrm{d}x = \int_a^b f(x)\mathrm{d}\left(\frac{(x-b)^{n+1}}{n+1}\right)$$

$$= \frac{(x-b)^{n+1}}{n+1}f(x)\Big|_a^b - \frac{1}{n+1}\int_a^b (x-b)^{n+1}f'(x)\mathrm{d}x$$

$$= -\frac{1}{n+1}\int_a^b (x-b)^{n+1}f'(x)\mathrm{d}x,$$

于是由柯西–施瓦茨积分不等式, 得

$$
\left(\int_a^b (x-b)^n f(x)\mathrm{d}x\right)^2 = \left(-\frac{1}{n+1}\int_a^b (x-b)^{n+1} f'(x)\mathrm{d}x\right)^2
$$

$$
\leqslant \frac{\int_a^b (x-b)^{2(n+1)}\mathrm{d}x}{(n+1)^2}\int_a^b f'^2(x)\mathrm{d}x
$$

$$
= \frac{(b-a)^{2n+3}}{(n+1)^2(2n+3)}\int_a^b f'^2(x)\mathrm{d}x = \widetilde{M}_{n,1}\int_a^b f'^2(x)\mathrm{d}x,
$$

其中 $\widetilde{M}_{n,1} = \dfrac{(b-a)^{2n+3}}{(n+1)^2(2n+3)}$, 等号成立当且仅当 $f'(x) = \mu(x-b)^{n+1}$, 即

$$
f(x) = \frac{\mu}{n+2}(x-b)^{n+2} + C.
$$

而由 $f(b) = C$, $f(a) = 0$, 解得 $f(x) = -f(b)\cdot\left(\dfrac{x-b}{a-b}\right)^{n+2} + f(b)$, 故当且仅当

$f(x) = -f(b)\cdot\left(\dfrac{x-b}{a-b}\right)^{n+2} + f(b)$ 时, 不等式中等号成立.

命题 7.21 设函数 $f(x)$ 在 $[a,b]$ 上二阶连续可导, 且 $f(a) = f'(a) = 0$, n 为大于 1 的自然数, 则有

$$
\left(\int_a^b (x-b)^n f(x)\mathrm{d}x\right)^2 \leqslant \widetilde{M}_{n,2}\int_a^b f''^2(x)\mathrm{d}x,
$$

其中 $\widetilde{M}_{n,2} = \dfrac{(b-a)^{2n+5}}{(n+1)^2(n+2)^2(2n+5)}$, 等号成立当且仅当

$$
f(x) = \frac{f(b)}{n+3}\cdot\left(\frac{x-b}{a-b}\right)^{n+4} + f(b)\cdot\left[\frac{a-x}{a-b} - \frac{1}{n+3}\frac{x-b}{a-b}\right].
$$

证明 与命题 7.18 同理可证, 此处略.

类似于命题 7.19, 一般地, 有

命题 7.22 设函数 $f(x)$ 在 $[a,b]$ 上 k 阶连续可导, $k \geqslant 1$, n 为大于 1 的自然数, 且 $f(a) = f'(a) = \cdots = f^{(k-1)}(a) = 0$, 则有

$$
\left(\int_a^b (x-b)^n f(x)\mathrm{d}x\right)^2 \leqslant \widetilde{M}_{n,k}\int_a^b \left(f^{(k)}(x)\right)^2\mathrm{d}x,
$$

其中

$$
\widetilde{M}_{n,k} = \frac{(b-a)^{2n+2k+1}}{(n+1)^2(n+2)^2\cdots(n+k)^2(2n+2k+1)},
$$

等号成立当且仅当 $\begin{cases} f^{(k)}(x) = \mu(x-b)^{n+k}, \\ f(a) = f'(a) = \cdots = f^{(k-1)}(a) = 0, \end{cases}$　　其中 μ 为任意常数.

7.4.4 定积分 $\left(\displaystyle\int_a^b \left(x - \frac{a+b}{2} \right)^n f(x)\mathrm{d}x \right)^2$ 与 $\displaystyle\int_a^b \left(f^{(k)}(x) \right)^2 \mathrm{d}x$的不等式构造

命题 7.23　设函数 $f(x)$ 在 $[a,b]$ 上连续可导, 且 $f(a) = f(b)$, $n \in \mathbf{N}_+$, n 为奇数, 则有

$$\left(\int_a^b \left(x - \frac{a+b}{2} \right)^n f(x)\mathrm{d}x \right)^2 \leqslant \overline{M}_{n,1} \int_a^b f'^2(x)\mathrm{d}x,$$

其中 $\overline{M}_{n,1} = \dfrac{(b-a)^{2n+3}}{(n+1)^2(2n+3) \cdot 2^{2n+2}}$, 等号成立当且仅当

$$f(x) = \left(f(a) - f\left(\frac{a+b}{2} \right) \right) \cdot \left(\frac{x - \dfrac{a+b}{2}}{\dfrac{a-b}{2}} \right)^{n+2} + f\left(\frac{a+b}{2} \right).$$

特别地, 当 $n = 1$ 且 $f(a) = f(b)$ 时, 有

$$\left(\int_a^b \left(x - \frac{a+b}{2} \right) f(x)\mathrm{d}x \right)^2 \leqslant \frac{(b-a)^5}{320} \int_a^b f'^2(x)\mathrm{d}x.$$

证明　为方便起见, 记 $c = \dfrac{a+b}{2}$, 则由分部积分公式及题设 $f(a) = f(b)$, n 为奇数, 有

$$\int_a^b (x-c)^n f(x)\mathrm{d}x = \int_a^b f(x)\mathrm{d}\left(\frac{(x-c)^{n+1}}{n+1} \right)$$

$$= \frac{(x-c)^{n+1}}{n+1} f(x) \bigg|_a^b - \frac{1}{n+1} \int_a^b (x-c)^{n+1} f'(x)\mathrm{d}x$$

$$= -\frac{1}{n+1} \int_a^b (x-c)^{n+1} f'(x)\mathrm{d}x.$$

于是由柯西–施瓦茨积分不等式, 得

$$\left(\int_a^b (x-c)^n f(x)\mathrm{d}x \right)^2 = \left(-\frac{1}{n+1} \int_a^b (x-c)^{n+1} f'(x)\mathrm{d}x \right)^2$$

$$\leqslant \frac{\displaystyle\int_a^b (x-c)^{2(n+1)}\mathrm{d}x}{(n+1)^2} \int_a^b f'^2(x)\mathrm{d}x$$

$$= \frac{(b-a)^{2n+3}}{(n+1)^2(2n+3)\cdot 2^{2n+2}} \int_a^b f'^2(x)\mathrm{d}x$$

$$= \overline{M}_{n,1} \int_a^b f'^2(x)\mathrm{d}x,$$

其中 $\overline{M}_{n,1} = \dfrac{(b-a)^{2n+3}}{(n+1)^2(2n+3)\cdot 2^{2n+2}}$. 等号成立当且仅当 $f'(x)=\mu(x-c)^{n+1}$, 即

$$f(x) = \frac{\mu}{n+2}(x-c)^{n+2} + C.$$

而由 $f(c)=C$, $f(a)=f(b)$, 解得

$$f(x) = (f(a)-f(c))\cdot \left(\frac{x-c}{a-c}\right)^{n+2} + f(c)$$

$$= \left(f(a)-f\left(\frac{a+b}{2}\right)\right)\cdot \left(\frac{x-\dfrac{a+b}{2}}{\dfrac{a-b}{2}}\right)^{n+2} + f\left(\frac{a+b}{2}\right).$$

故当且仅当

$$f(x) = \left(f(a)-f\left(\frac{a+b}{2}\right)\right)\cdot \left(\frac{x-\dfrac{a+b}{2}}{\dfrac{a-b}{2}}\right)^{n+2} + f\left(\frac{a+b}{2}\right)$$

时, 不等式中等号成立.

[**注记 6**]　该命题中的条件 "$f(a)=f(b)$, $n \in \mathbf{N}_+$, n 为奇数" 换为 "$f(a)=f(b)=0$, $n \in \mathbf{N}_+$", 结论仍然成立.

命题 7.24　设函数 $f(x)$ 在 $[a,b]$ 上 k 连续可导, $k \geqslant 1$, $c = \dfrac{a+b}{2}$, 且 $f^{(l)}(a)=f^{(l)}(b)=0 (l=0,1,2,\cdots,k-1)$, $n \in \mathbf{N}_+$, 则有

$$\left(\int_a^b (x-c)^n f(x)\mathrm{d}x\right)^2 \leqslant \overline{M}_{n,k} \int_a^b \left(f^{(k)}(x)\right)^2 \mathrm{d}x,$$

其中 $\overline{M}_{n,k} = \dfrac{(b-a)^{2n+2k+1}}{[(n+1)(n+2)\cdots(n+k)]^2(2n+2k+1)\cdot 2^{2n+2k}}$. 等号成立当且仅当

$$\begin{cases} f^{(k)}(x) = \mu(x-c)^{n+k}, \\ f^{(l)}(a)=f^{(l)}(b)=0, \quad l=0,1,2,\cdots,k-1. \end{cases}$$

证明　多次用分部积分公式及题设 $f^{(l)}(a)=f^{(l)}(b)=0 (l=0,1,2,\cdots,k-1)$, 有

$$\int_a^b (x-c)^n f(x)\mathrm{d}x = \int_a^b f(x)\mathrm{d}\left(\frac{(x-c)^{n+1}}{n+1}\right)$$

$$
= \left. \frac{(x-c)^{n+1}}{n+1} f(x) \right|_a^b - \frac{1}{n+1} \int_a^b (x-c)^{n+1} f'(x) \mathrm{d}x
$$

$$
= -\frac{1}{n+1} \int_a^b (x-c)^{n+1} f'(x) \mathrm{d}x
$$

$$
= -\frac{1}{(n+1)(n+2)} \int_a^b f'(x) \mathrm{d}(x-c)^{n+2}
$$

$$
= -\frac{1}{(n+1)(n+2)} \left[f'(x)(x-c)^{n+2} \Big|_a^b \right.
$$

$$
\left. - \int_a^b (x-c)^{n+2} f''(x) \mathrm{d}x \right]
$$

$$
= \frac{1}{(n+1)(n+2)} \int_a^b (x-c)^{n+2} f''(x) \mathrm{d}x
$$

$$
= \cdots
$$

$$
= (-1)^k \frac{1}{(n+1)(n+2)\cdots(n+k)} \int_a^b (x-c)^{n+k} f^{(k)}(x) \mathrm{d}x.
$$

于是由柯西–施瓦茨积分不等式, 得

$$
\left(\int_a^b (x-c)^n f(x) \mathrm{d}x \right)^2
$$

$$
\leqslant \frac{1}{[(n+1)(n+2)\cdots(n+k)]^2} \int_a^b (x-c)^{2n+2k} \mathrm{d}x \cdot \int_a^b \left(f^{(k)}(x) \right)^2 \mathrm{d}x
$$

$$
\leqslant \frac{(b-a)^{2n+2k+1}}{[(n+1)(n+2)\cdots(n+k)]^2 (2n+2k+1)\, 2^{2n+2k}} \int_a^b \left(f^{(k)}(x) \right)^2 \mathrm{d}x
$$

$$
= \overline{M}_{n,k} \int_a^b \left(f^{(k)}(x) \right)^2 \mathrm{d}x,
$$

其中 $\overline{M}_{n,k} = \dfrac{(b-a)^{2n+2k+1}}{[(n+1)(n+2)\cdots(n+k)]^2 (2n+2k+1)\cdot 2^{2n+2k}}$. 等号成立当且仅当

$$
\begin{cases}
f^{(k)}(x) = \mu (x-c)^{n+k}, \\
f^{(l)}(a) = f^{(l)}(b) = 0 \quad (l = 0, 1, 2, \cdots, k-1),
\end{cases}
$$

其中 μ 为任意常数. 对于具体的 k 值, 由 $f^{(k)}(x) = \mu(x-c)^{n+k}$ 逐次积分 k 次, 再结合条件 $f^{(l)}(a) = f^{(l)}(b) = 0(l = 0, 1, 2, \cdots, k-1)$, 即可得到 $f(x)$ 的表达式.

7.5 定积分 $\left|\displaystyle\int_a^b xf(x)\,\mathrm{d}x\right|^q$ 与 $\displaystyle\int_a^b \left|f^{(k)}(x)\right|^q\mathrm{d}x$ 的不等式构造问题

引理 7.5[12,20-22] (赫尔德不等式) 设 $f(x)$ 和 $g(x)$ 为可积函数, 又设 p 和 q 为一对共轭正数: $\dfrac{1}{p}+\dfrac{1}{q}=1$, 则

$$\int_a^b |f(x)g(x)|\,\mathrm{d}x \leqslant \left(\int_a^b |f(x)|^p\,\mathrm{d}x\right)^{\frac{1}{p}} \cdot \left(\int_a^b |g(x)|^q\,\mathrm{d}x\right)^{\frac{1}{q}}.$$

引理 7.6[20-22] 设 $f(x)$, $g(x)$, $\cdots$, $h(x)$ 皆是 $[a,b]$ 上下界为正的可积函数 (或正值连续函数), $\alpha,\beta,\cdots,\lambda$ 为一组正数, 且 $\alpha+\beta+\cdots+\lambda=1$, 则

$$\int_a^b f^\alpha(x)g^\beta(x)\cdots h^\lambda(x)\,\mathrm{d}x \leqslant \left(\int_a^b f(x)\mathrm{d}x\right)^\alpha \cdot \left(\int_a^b g(x)\mathrm{d}x\right)^\beta \cdots \left(\int_a^b h(x)\mathrm{d}x\right)^\lambda.$$

[注记 7] (I) 当 $p=q=2$ 时, 引理 7.5 中赫尔德不等式即退化为柯西–施瓦茨不等式;

(II) 引理 7.5 实际上是引理 7.6 的特殊情形;

(III) 由 $\dfrac{1}{p}+\dfrac{1}{q}=1(p>0,\ q>0)$ 可得 $\dfrac{1}{p}=1-\dfrac{1}{q}=\dfrac{q-1}{q}$, $\dfrac{q}{p}=q-1$, 故赫尔德不等式可改写为

$$\left(\int_a^b |f(x)g(x)|\,\mathrm{d}x\right)^q \leqslant \left(\int_a^b |f(x)|^p\,\mathrm{d}x\right)^{q-1} \cdot \left(\int_a^b |g(x)|^q\,\mathrm{d}x\right).$$

由上述引理, 我们可得如下命题.

命题 7.25 设函数 $f(x)$ 与 $f'(x)$ 在 $[a,b]$ 上可积 (或函数 $f(x)$ 在 $[a,b]$ 上具有一阶连续的导数), 且 $f(a)=f(b)=0$, $\dfrac{1}{p}+\dfrac{1}{q}=1$, $p>0$, $q>0$, $n\in\mathbf{N}_+$, 则

(I) $\left|\displaystyle\int_a^b xf(x)\mathrm{d}x\right|^q \leqslant \dfrac{1}{2^q}\left(\dfrac{b^{2p+1}-a^{2p+1}}{2p+1}\right)^{q-1}\cdot\int_a^b |f'(x)|^q\,\mathrm{d}x;$

(II) $\left|\displaystyle\int_a^b x^n f(x)\mathrm{d}x\right|^q \leqslant \dfrac{1}{(n+1)^q}\left(\int_a^b |x|^{(n+1)p}\,\mathrm{d}x\right)^{q-1}\cdot\int_a^b |f'(x)|^q\,\mathrm{d}x.$

证明　(I) 由分部积分公式及已知 $f(a) = f(b) = 0$, 得

$$\int_a^b xf(x)\mathrm{d}x = \frac{1}{2}\int_a^b f(x)\mathrm{d}(x^2) = \frac{1}{2}\left(x^2 f(x)\Big|_a^b - \int_a^b x^2 f'(x)\mathrm{d}x\right)$$

$$= -\frac{1}{2}\int_a^b x^2 f'(x)\mathrm{d}x.$$

于是由引理 7.5, 得

$$\left|\int_a^b xf(x)\mathrm{d}x\right| = \left|-\frac{1}{2}\int_a^b x^2 f'(x)\mathrm{d}x\right| \leqslant \frac{1}{2}\int_a^b x^2 |f'(x)|\,\mathrm{d}x$$

$$\leqslant \frac{1}{2}\left(\int_a^b x^{2p}\mathrm{d}x\right)^{\frac{1}{p}}\cdot\left(\int_a^b |f'(x)|^q\,\mathrm{d}x\right)^{\frac{1}{q}}$$

$$= \frac{1}{2}\left(\frac{b^{2p+1} - a^{2p+1}}{2p+1}\right)^{\frac{1}{p}}\cdot\left(\int_a^b |f'(x)|^q\,\mathrm{d}x\right)^{\frac{1}{q}}.$$

故得 $\left|\displaystyle\int_a^b x\,f(x)\mathrm{d}x\right|^q \leqslant \dfrac{1}{2^q}\left(\dfrac{b^{2p+1} - a^{2p+1}}{2p+1}\right)^{q-1}\cdot\displaystyle\int_a^b |f'(x)|^q\,\mathrm{d}x.$

(II) 类似于 (I), 由分部积分公式及已知 $f(a) = f(b) = 0$, 得

$$\int_a^b x^n f(x)\mathrm{d}x = \frac{1}{n+1}\int_a^b f(x)\mathrm{d}(x^{n+1}) = -\frac{1}{n+1}\int_a^b x^{n+1} f'(x)\mathrm{d}x.$$

于是由引理 7.5, 得

$$\left|\int_a^b x^n f(x)\mathrm{d}x\right|^q = \left|-\frac{1}{n+1}\int_a^b x^{n+1} f'(x)\mathrm{d}x\right|^q$$

$$\leqslant \frac{1}{(n+1)^q}\left(\int_a^b |x|^{(n+1)p}\,\mathrm{d}x\right)^{q-1}\cdot\int_a^b |f'(x)|^q\,\mathrm{d}x.$$

[注记 8]　由该命题可编制得到不少积分不等式新题.

如取 $q = 3$, $p = \dfrac{3}{2}$, $a = 0$, $b = 1$, 则有

$$\left|\int_0^1 x f(x)\mathrm{d}x\right|^3 \leqslant \frac{1}{128}\int_0^1 |f'(x)|^3\,\mathrm{d}x,$$

$$\left|\int_0^1 x^n f(x)\mathrm{d}x\right|^3 \leqslant \frac{4}{(n+1)^3(3n+5)^2}\int_0^1 |f'(x)|^3\,\mathrm{d}x.$$

取 $q = 2$, $p = 2$, $a = 0$, $b = 1$, 则有

$$\left|\int_0^1 x f(x)\mathrm{d}x\right|^2 \leqslant \frac{1}{20} \int_0^1 |f'(x)|^2 \,\mathrm{d}x,$$

$$\left|\int_0^1 x^n f(x)\mathrm{d}x\right|^2 \leqslant \frac{1}{(n+1)^2(2n+3)} \int_0^1 |f'(x)|^2 \,\mathrm{d}x.$$

一般地, 有

命题 7.26 设函数 $f(x)$ 与 $f^{(l)}(x)(l = 1, 2, \cdots, k)$ 在 $[a, b]$ 上可积 (或函数 $f(x)$ 在 $[a, b]$ 上具有 k 阶连续的导数), 且 $f^{(l)}(a) = f^{(l)}(b) = 0(l = 0, 1, \cdots, k - 1)$, $\frac{1}{p} + \frac{1}{q} = 1$, $p > 0$, $q > 0$, 则

$$\left|\int_a^b x f(x)\mathrm{d}x\right|^q \leqslant \frac{1}{[(k+1)!]^q} \left(\frac{b^{kp+p+1} - a^{kp+p+1}}{kp+p+1}\right)^{q-1} \cdot \int_a^b \left|f^{(k)}(x)\right|^q \mathrm{d}x.$$

证明 由命题 7.25 的证明可知, 当满足条件 $f(a) = f(b) = 0$ 时, 有

$$\int_a^b x f(x)\mathrm{d}x = -\frac{1}{2} \int_a^b x^2 f'(x)\mathrm{d}x,$$

再继续用分部积分公式, 并结合已知条件 $f^{(l)}(a) = f^{(l)}(b) = 0(l = 1, 2, \cdots, k - 1)$, 得

$$\int_a^b x f(x)\mathrm{d}x = -\frac{1}{2} \int_a^b x^2 f'(x)\mathrm{d}x = -\frac{1}{2 \times 3} \int_a^b f'(x)\mathrm{d}(x^3)$$

$$= -\frac{1}{2 \times 3} \left(x^3 f'(x)\,\big|_a^b - \int_a^b x^3 f''(x)\mathrm{d}x\right) = \frac{1}{2 \times 3} \int_a^b x^3 f''(x)\mathrm{d}x$$

$$= \cdots = \frac{(-1)^k}{(k+1)!} \int_a^b x^{k+1} f^{(k)}(x)\mathrm{d}x.$$

故由引理 7.5, 得

$$\left|\int_a^b x f(x)\mathrm{d}x\right|^q = \left|\frac{(-1)^k}{(k+1)!} \int_a^b x^{k+1} f^{(k)}(x)\mathrm{d}x\right|^q$$

$$\leqslant \frac{1}{[(k+1)!]^q} \left(\int_a^b x^{kp+p}\mathrm{d}x\right)^{\frac{q}{p}} \cdot \int_a^b \left|f^{(k)}(x)\right|^q \mathrm{d}x$$

$$= \frac{1}{[(k+1)!]^q} \left(\frac{b^{kp+p+1} - a^{kp+p+1}}{kp+p+1}\right)^{q-1} \cdot \int_a^b \left|f^{(k)}(x)\right|^q \mathrm{d}x.$$

注意到: 当满足条件 $f^{(l)}(b) = 0 \ (l = 0, 1, \cdots, k-1)$ 时, 有

$$\int_a^b (x-a)^n f(x)\mathrm{d}x = (-1)^k \frac{1}{(n+1)(n+2)\cdots(n+k)} \int_a^b (x-a)^{n+k} f^{(k)}(x)\mathrm{d}x,$$

于是有如下命题.

命题 7.27　设函数 $f(x)$ 与 $f^{(l)}(x)(l = 1, 2, \cdots, k)$ 在 $[a, b]$ 上可积 (或函数 $f(x)$ 在 $[a, b]$ 上具有 k 阶连续的导数), 且 $f^{(l)}(b) = 0(l = 0, 1, \cdots, k-1)$, $n \in \mathbf{N}_+, \dfrac{1}{p} + \dfrac{1}{q} = 1, p > 0, q > 0$, 则有

$$\left| \int_a^b (x-a)^n f(x)\mathrm{d}x \right|^q \leqslant \frac{1}{[(n+1)(n+2)\cdots(n+k)]^q} \left(\frac{(b-a)^{np+kp+1}}{np+kp+1} \right)^{q-1}$$
$$\cdot \int_a^b \left| f^{(k)}(x) \right|^q \mathrm{d}x.$$

类似地, 有

命题 7.28　设函数 $f(x)$ 与 $f^{(l)}(x)(l = 1, 2, \cdots, k)$ 在 $[a, b]$ 上可积 (或函数 $f(x)$ 在 $[a, b]$ 上具有 k 阶连续的导数), 且 $f^{(l)}(a) = 0(l = 0, 1, \cdots, k-1)$, $n \in \mathbf{N}_+, \dfrac{1}{p} + \dfrac{1}{q} = 1, p > 0, q > 0$, 则有

$$\left| \int_a^b (x-b)^n f(x)\mathrm{d}x \right|^q \leqslant \frac{1}{[(n+1)(n+2)\cdots(n+k)]^q} \left(\frac{(b-a)^{np+kp+1}}{np+kp+1} \right)^{q-1}$$
$$\cdot \int_a^b \left| f^{(k)}(x) \right|^q \mathrm{d}x.$$

[注记 9]　由上述命题, 选取 p, q, a, b, n 的不同值, 可以编制得到一些积分不等式新题.

7.6　二重积分不等式的构造问题

下面先给出有关二重积分的柯西–施瓦茨不等式及二重积分分部积分公式的结论. 然后再得到几个命题.

引理 7.7[2](二重积分的柯西–施瓦茨积分不等式)　设函数 $f(x, y)$ 和 $g(x, y)$ 都在区域 D 上可积, 则有

$$\left(\iint\limits_D f(x, y)g(x, y)\mathrm{d}x\mathrm{d}y \right)^2 \leqslant \iint\limits_D f^2(x, y)\mathrm{d}x\mathrm{d}y \cdot \iint\limits_D g^2(x, y)\mathrm{d}x\mathrm{d}y,$$

等号成立当且仅当 $f(x,y) = \mu g(x,y)$, 其中 μ 为任意常数.

引理 7.8(二重积分的分部积分公式) 设 D 是由一条分段光滑闭曲线所围成的闭区域, ∂D 为 D 的正向边界, 函数 $u = u(x,y)$ 和 $v = v(x,y)$ 都在区域 D 上具有一阶连续的偏导数, 则有

$$\iint\limits_{D} u\frac{\partial v}{\partial x}\mathrm{d}x\mathrm{d}y = \oint_{\partial D} uv\mathrm{d}y - \iint\limits_{D} v\frac{\partial u}{\partial x}\mathrm{d}x\mathrm{d}y,$$

$$\iint\limits_{D} u\frac{\partial v}{\partial y}\mathrm{d}x\mathrm{d}y = -\oint_{\partial D} uv\mathrm{d}x - \iint\limits_{D} v\frac{\partial u}{\partial y}\mathrm{d}x\mathrm{d}y.$$

证明 因为

$$\iint\limits_{D} \left(u\frac{\partial v}{\partial x} + v\frac{\partial u}{\partial x}\right)\mathrm{d}x\mathrm{d}y = \iint\limits_{D} \frac{\partial(uv)}{\partial x}\mathrm{d}x\mathrm{d}y,$$

$$\iint\limits_{D} \left(u\frac{\partial v}{\partial y} + v\frac{\partial u}{\partial y}\right)\mathrm{d}x\mathrm{d}y = \iint\limits_{D} \frac{\partial(uv)}{\partial y}\mathrm{d}x\mathrm{d}y.$$

又利用格林公式, 分别取 $P = 0, Q = uv$ 和 $P = -uv, Q = 0$, 得

$$\iint\limits_{D} \frac{\partial(uv)}{\partial x}\mathrm{d}x\mathrm{d}y = \oint_{\partial D} uv\mathrm{d}y \quad \text{和} \quad \iint\limits_{D} \frac{\partial(uv)}{\partial y}\mathrm{d}x\mathrm{d}y = -\oint_{\partial D} uv\mathrm{d}x,$$

故得证.

命题 7.29 设函数 $f(x,y)$ 和 $g(x,y)$ 在区域 $D = \{(x,y)\,|\,x^2 + y^2 \leqslant R^2\}$ 上具有一阶连续的偏导数, 且 $f\big|_{\partial D} = g\big|_{\partial D} = 0$, 则有

$$\left(\iint\limits_{D} (xf(x,y) + yg(x,y))\mathrm{d}x\mathrm{d}y\right)^2 \leqslant 2M \iint\limits_{D} \left[\left(\frac{\partial f}{\partial x}\right)^2 + \left(\frac{\partial g}{\partial y}\right)^2\right]\mathrm{d}x\mathrm{d}y,$$

其中 $M = \dfrac{3R^2 - 3kR^4 + k^2R^6}{12k^2}\pi$, 当且仅当 $k = \dfrac{2}{R^2}$ 时, M 取最佳常数值 $M_{\mathrm{opt}} = \dfrac{\pi}{48}R^6$.

证明 由引理 7.8, 有

$$\iint\limits_{D} xf(x,y)\mathrm{d}x\mathrm{d}y = \oint_{\partial D} f \cdot \frac{x^2 + y^2}{2}\mathrm{d}y - \iint\limits_{D} \frac{x^2 + y^2}{2} \cdot \frac{\partial f}{\partial x}\mathrm{d}x\mathrm{d}y,$$

$$\iint\limits_{D} yg(x,y)\mathrm{d}x\mathrm{d}y = -\oint_{\partial D} g \cdot \frac{x^2 + y^2}{2}\mathrm{d}x - \iint\limits_{D} \frac{x^2 + y^2}{2} \cdot \frac{\partial g}{\partial y}\mathrm{d}x\mathrm{d}y,$$

于是将题设 $f\big|_{\partial D} = g\big|_{\partial D} = 0$ 代入上两式中, 得

$$\iint\limits_D (xf(x,y) + yg(x,y))\mathrm{d}x\mathrm{d}y = -\iint\limits_D \frac{x^2+y^2}{2}\cdot\left(\frac{\partial f}{\partial x} + \frac{\partial g}{\partial y}\right)\mathrm{d}x\mathrm{d}y.$$

又由格林公式, 有 $\iint\limits_D \left(\dfrac{\partial f}{\partial x} + \dfrac{\partial g}{\partial y}\right)\mathrm{d}x\mathrm{d}y = \oint_{\partial D} -g\mathrm{d}x + f\mathrm{d}y = 0$, 从而有

$$2k\iint\limits_D (xf(x,y) + yg(x,y))\mathrm{d}x\mathrm{d}y = \iint\limits_D [1 - k(x^2+y^2)]\cdot\left(\frac{\partial f}{\partial x} + \frac{\partial g}{\partial y}\right)\mathrm{d}x\mathrm{d}y.$$

故由引理 7.7, 可得

$$\left(\iint\limits_D (xf(x,y) + yg(x,y))\mathrm{d}x\mathrm{d}y\right)^2$$

$$=\frac{1}{4k^2}\left(\iint\limits_D [1 - k(x^2+y^2)]\cdot\left(\frac{\partial f}{\partial x} + \frac{\partial g}{\partial y}\right)\mathrm{d}x\mathrm{d}y\right)^2$$

$$\leqslant\frac{1}{4k^2}\iint\limits_D [1 - k(x^2+y^2)]^2\mathrm{d}x\mathrm{d}y\cdot\iint\limits_D \left(\frac{\partial f}{\partial x} + \frac{\partial g}{\partial y}\right)^2\mathrm{d}x\mathrm{d}y$$

$$=M\iint\limits_D \left(\frac{\partial f}{\partial x} + \frac{\partial g}{\partial y}\right)^2\mathrm{d}x\mathrm{d}y \leqslant 2M\iint\limits_D \left[\left(\frac{\partial f}{\partial x}\right)^2 + \left(\frac{\partial g}{\partial y}\right)^2\right]\mathrm{d}x\mathrm{d}y,$$

其中

$$M = \frac{1}{4k^2}\iint\limits_D [1 - k(x^2+y^2)]^2\mathrm{d}x\mathrm{d}y = \frac{\displaystyle\int_0^{2\pi}\mathrm{d}\theta\int_0^R (1 - k\rho^2)^2\rho\mathrm{d}\rho}{4k^2}$$

$$= \frac{\pi}{12}\cdot\frac{k^2R^6 - 3kR^4 + 3R^2}{k^2}.$$

记 $h(k) = \dfrac{k^2R^6 - 3kR^4 + 3R^2}{k^2}$, 则 $h'(k) = \dfrac{3R^2(-2 + R^2k)}{k^3}$. 令 $h'(k) = 0$, 得唯一驻点 $k = \dfrac{2}{R^2}$. 又 $h''(k) = \dfrac{6R^2(3 - R^2k)}{k^4}$, 所以 $h''\left(\dfrac{2}{R^2}\right) = \dfrac{3R^{10}}{8} > 0$, 故 $h(k)$ 在唯一驻点 $k = \dfrac{2}{R^2}$ 处取得最小值, 且最小值为 $M_{\min} = \dfrac{\pi}{12}h\left(\dfrac{2}{R^2}\right) = \dfrac{\pi}{48}R^6$. 此时的 $M_{\min}$ 即为最佳常数值, 亦即 $M_{\mathrm{opt}} = \dfrac{\pi}{48}R^6$.

[注记 10] 该命题是在边界条件 $f\big|_{\partial D} = g\big|_{\partial D} = 0$ 下得到的, 对于其他边界条件也可类似地得到. 特别地, 有如下推论.

推论 7.2 设函数 $f(x,y)$ 和 $g(x,y)$ 在区域 $D = \{(x,y)\,|\,x^2 + y^2 \leqslant R^2\}$ 上具有二阶连续的偏导数, 且 $\dfrac{\partial f}{\partial x}\big|_{\partial D} = \dfrac{\partial g}{\partial y}\big|_{\partial D} = 0$, 则有

$$\left(\iint\limits_D \left(x\frac{\partial f}{\partial x} + y\frac{\partial g}{\partial y}\right)\mathrm{d}x\mathrm{d}y\right)^2 \leqslant M \iint\limits_D \left(\frac{\partial^2 f}{\partial x^2} + \frac{\partial^2 g}{\partial y^2}\right)^2 \mathrm{d}x\mathrm{d}y$$

$$\leqslant 2M \iint\limits_D \left[\left(\frac{\partial^2 f}{\partial x^2}\right)^2 + \left(\frac{\partial^2 g}{\partial y^2}\right)^2\right]\mathrm{d}x\mathrm{d}y,$$

其中 $M = \dfrac{3R^2 - 3kR^4 + k^2R^6}{12k^2}\pi$, 当且仅当 $k = \dfrac{2}{R^2}$ 时, M 取最佳常数值 $M_{\mathrm{opt}} = \dfrac{\pi}{48}R^6$. 特别地, 取 $f = g$, 则有

$$\left(\iint\limits_D \left(x\frac{\partial f}{\partial x} + y\frac{\partial f}{\partial y}\right)\mathrm{d}x\mathrm{d}y\right)^2 \leqslant M \iint\limits_D \left(\frac{\partial^2 f}{\partial x^2} + \frac{\partial^2 f}{\partial y^2}\right)^2 \mathrm{d}x\mathrm{d}y$$

$$\leqslant 2M \iint\limits_D \left[\left(\frac{\partial^2 f}{\partial x^2}\right)^2 + \left(\frac{\partial^2 f}{\partial y^2}\right)^2\right]\mathrm{d}x\mathrm{d}y.$$

命题 7.30 设函数 $f(x,y)$ 在区域 $D = \{(x,y)\,|\,x^2 + y^2 \leqslant R^2\}$ 上具有二阶连续的偏导数, $\dfrac{\partial^2 f}{\partial x^2} + \dfrac{\partial^2 f}{\partial y^2} = \varphi(x^2 + y^2)$, 则有

$$\iint\limits_D \left(x\frac{\partial f}{\partial x} + y\frac{\partial f}{\partial y}\right)\mathrm{d}x\mathrm{d}y = \pi \int_0^R (R^2 - \rho^2)\varphi(\rho^2)\cdot\rho\mathrm{d}\rho.$$

证明 由引理 7.8 及格林公式, 有

$$\iint\limits_D \left(x\frac{\partial f}{\partial x} + y\frac{\partial f}{\partial y}\right)\mathrm{d}x\mathrm{d}y = \iint\limits_D \left[\frac{\partial f}{\partial x}\frac{\partial}{\partial x}\left(\frac{x^2 + y^2}{2}\right) + \frac{\partial f}{\partial y}\frac{\partial}{\partial y}\left(\frac{x^2 + y^2}{2}\right)\right]\mathrm{d}x\mathrm{d}y$$

$$= \frac{1}{2}\oint_{\partial D}(x^2 + y^2)\frac{\partial f}{\partial x}\mathrm{d}y - (x^2 + y^2)\frac{\partial f}{\partial y}\mathrm{d}x - \frac{1}{2}\iint\limits_D (x^2 + y^2)\left(\frac{\partial^2 f}{\partial x^2} + \frac{\partial^2 f}{\partial y^2}\right)\mathrm{d}x\mathrm{d}y$$

$$= \frac{R^2}{2}\oint_{\partial D}\frac{\partial f}{\partial x}\mathrm{d}y - \frac{\partial f}{\partial y}\mathrm{d}x - \frac{1}{2}\iint\limits_D (x^2 + y^2)\left(\frac{\partial^2 f}{\partial x^2} + \frac{\partial^2 f}{\partial y^2}\right)\mathrm{d}x\mathrm{d}y$$

$$=\frac{R^2}{2}\iint\limits_{D}\left(\frac{\partial^2 f}{\partial x^2}+\frac{\partial^2 f}{\partial y^2}\right)\mathrm{d}x\mathrm{d}y-\frac{1}{2}\iint\limits_{D}(x^2+y^2)\left(\frac{\partial^2 f}{\partial x^2}+\frac{\partial^2 f}{\partial y^2}\right)\mathrm{d}x\mathrm{d}y$$

$$=\frac{1}{2}\iint\limits_{D}(R^2-x^2-y^2)\left(\frac{\partial^2 f}{\partial x^2}+\frac{\partial^2 f}{\partial y^2}\right)\mathrm{d}x\mathrm{d}y=\frac{1}{2}\int_0^{2\pi}\mathrm{d}\theta\int_0^R(R^2-\rho^2)\varphi(\rho^2)\rho\mathrm{d}\rho$$

$$=\pi\int_0^R(R^2-\rho^2)\varphi(\rho^2)\cdot\rho\mathrm{d}\rho.$$

[注记 11]　该命题可用于解决如下一类问题:

(I) 设函数 $f(x,y)$ 在区域 $D=\{(x,y)\,|\,x^2+y^2\leqslant 1\}$ 上存在二阶连续偏导数,

且 $\dfrac{\partial^2 f}{\partial x^2}+\dfrac{\partial^2 f}{\partial y^2}=1$, 证明 $\displaystyle\iint\limits_{D}\left(x\dfrac{\partial f}{\partial x}+y\dfrac{\partial f}{\partial y}\right)\mathrm{d}x\mathrm{d}y=\dfrac{\pi}{4}$.

(II) 设函数 $f(x,y)$ 在区域 $D=\{(x,y)\,|\,x^2+y^2\leqslant 1\}$ 上存在二阶连续偏导数,

且 $\dfrac{\partial^2 f}{\partial x^2}+\dfrac{\partial^2 f}{\partial y^2}=\mathrm{e}^{-(x^2+y^2)}$, 证明 $\displaystyle\iint\limits_{D}\left(x\dfrac{\partial f}{\partial x}+y\dfrac{\partial f}{\partial y}\right)\mathrm{d}x\mathrm{d}y=\dfrac{\pi}{2\mathrm{e}}$.

(III) 设 D 为单位圆盘 $x^2+y^2\leqslant 1$, $u(x,y)$ 在 D 上二阶连续可微, $\Delta u=\cos(\pi(x^2+y^2))$, 证明 $\displaystyle\iint\limits_{D}\left(x\dfrac{\partial u}{\partial x}+y\dfrac{\partial u}{\partial y}\right)\mathrm{d}x\mathrm{d}y=\dfrac{1}{\pi}$. (2011 年武汉大学研究生入学考试数学分析试题)

类似地, 该命题可推广到三重积分情形, 有如下命题.

命题 7.31　设函数 $f(x,y,z)$ 在区域 $\Omega=\{(x,y,z)\,|\,x^2+y^2+z^2\leqslant R^2\}$ 上具有二阶连续的偏导数, $\dfrac{\partial^2 f}{\partial x^2}+\dfrac{\partial^2 f}{\partial y^2}+\dfrac{\partial^2 f}{\partial z^2}=\varphi(x^2+y^2+z^2)$, 则有

$$\iiint\limits_{\Omega}\left(x\frac{\partial f}{\partial x}+y\frac{\partial f}{\partial y}+z\frac{\partial f}{\partial z}\right)\mathrm{d}x\mathrm{d}y\mathrm{d}z=2\pi\int_0^R(R^2-r^2)r^2\varphi(r^2)\mathrm{d}r.$$

证明　记 Σ 为 Ω 的边界曲面, 由高斯公式, 有

$$\iiint\limits_{\Omega}\left(x\frac{\partial f}{\partial x}+y\frac{\partial f}{\partial y}+z\frac{\partial f}{\partial z}\right)\mathrm{d}x\mathrm{d}y\mathrm{d}z$$

$$=\iiint\limits_{\Omega}\left[\left(\frac{x^2+y^2+z^2}{2}f_x\right)_x+\left(\frac{x^2+y^2+z^2}{2}f_y\right)_y+\left(\frac{x^2+y^2+z^2}{2}f_z\right)_z\right]\mathrm{d}x\mathrm{d}y\mathrm{d}z$$

$$-\iiint\limits_{\Omega}\frac{x^2+y^2+z^2}{2}(f_{xx}+f_{yy}+f_{zz})\mathrm{d}x\mathrm{d}y\mathrm{d}z$$

$$
\begin{aligned}
&=\frac{R^2}{2}\iint\limits_{\varSigma}f_x\mathrm{d}y\mathrm{d}z+f_y\mathrm{d}z\mathrm{d}x+f_z\mathrm{d}x\mathrm{d}y-\iiint\limits_{\varOmega}\frac{x^2+y^2+z^2}{2}(f_{xx}+f_{yy}+f_{zz})\mathrm{d}x\mathrm{d}y\mathrm{d}z\\
&=\frac{R^2}{2}\iiint\limits_{\varOmega}(f_{xx}+f_{yy}+f_{zz})\mathrm{d}x\mathrm{d}y\mathrm{d}z-\iiint\limits_{\varOmega}\frac{x^2+y^2+z^2}{2}(f_{xx}+f_{yy}+f_{zz})\mathrm{d}x\mathrm{d}y\mathrm{d}z\\
&=\frac{1}{2}\iiint\limits_{\varOmega}(R^2-x^2-y^2-z^2)(f_{xx}+f_{yy}+f_{zz})\mathrm{d}x\mathrm{d}y\mathrm{d}z\\
&=\frac{1}{2}\int_0^{2\pi}\mathrm{d}\theta\int_0^{\pi}\mathrm{d}\varphi\int_0^R(R^2-r^2)\varphi(r^2)r^2\sin\varphi\mathrm{d}r=2\pi\int_0^R(R^2-r^2)r^2\varphi(r^2)\mathrm{d}r.
\end{aligned}
$$

[注记 12]　　该命题也可用于解决如下一类问题.

设函数 $f(x,y,z)$ 在区域 $\varOmega=\{(x,y,z)\,|\,x^2+y^2+z^2\leqslant 1\}$ 上具有二阶连续的偏导数, $\dfrac{\partial^2 f}{\partial x^2}+\dfrac{\partial^2 f}{\partial y^2}+\dfrac{\partial^2 f}{\partial z^2}=\sqrt{x^2+y^2+z^2}$, 计算

$$
I=\iiint\limits_{\varOmega}\left(x\frac{\partial f}{\partial x}+y\frac{\partial f}{\partial y}+z\frac{\partial f}{\partial z}\right)\mathrm{d}x\mathrm{d}y\mathrm{d}z.
$$

(第八届全国大学生数学竞赛 (非数学类) 决赛试题)

命题 7.32　　设函数 $f(x,y)$ 在区域 $D=\{(x,y)\,|\,x^2+y^2\leqslant R^2\}$ 上具有一阶连续的偏导数, 且 $f\big|_{\partial D}=0$, 则

$$
\left|\iint\limits_D f(x,y)\mathrm{d}x\mathrm{d}y\right|\leqslant\frac{\pi}{3}R^3\cdot\max_{(x,y)\in D}\sqrt{\left(\frac{\partial f}{\partial x}\right)^2+\left(\frac{\partial f}{\partial y}\right)^2},
$$

$$
\iint\limits_D f^2(x,y)\mathrm{d}x\mathrm{d}y\leqslant\frac{\pi}{6}R^4\max_{(x,y)\in D}\left[\left(\frac{\partial f}{\partial x}\right)^2+\left(\frac{\partial f}{\partial y}\right)^2\right].
$$

证明　　记 $M=\max\limits_{(x,y)\in D}\sqrt{\left(\dfrac{\partial f}{\partial x}\right)^2+\left(\dfrac{\partial f}{\partial y}\right)^2}$, $\forall\,(x,y)\in D$, 由原点向 (x,y) 引射线, 对应地在圆周 $\partial D:\ x^2+y^2=R^2$ 上有一交点 (x_0,y_0). 由泰勒展开公式, 有

$$
f(x,y)=f(x_0,y_0)+\frac{\partial f}{\partial x}(P)\cdot(x-x_0)+\frac{\partial f}{\partial y}(P)\cdot(y-y_0),
$$

其中 P 为由 (x,y) 至 (x_0,y_0) 线段上的某一点. 于是由题设及离散情形的柯西–施瓦茨不等式, 有

$$
|f(x,y)|=\left|\frac{\partial f}{\partial x}(P)\cdot(x-x_0)+\frac{\partial f}{\partial y}(P)\cdot(y-y_0)\right|
$$

$$\leqslant \sqrt{\left(\frac{\partial f}{\partial x}(P)\right)^2 + \left(\frac{\partial f}{\partial y}(P)\right)^2} \cdot \sqrt{(x-x_0)^2 + (y-y_0)^2} \leqslant M(R-r),$$

其中 $r = \sqrt{x^2 + y^2}$. 从而

$$\left| \iint\limits_D f(x,y)\mathrm{d}x\mathrm{d}y \right| \leqslant \iint\limits_D |f(x,y)|\mathrm{d}x\mathrm{d}y \leqslant M \iint\limits_D (R-r)\mathrm{d}x\mathrm{d}y$$

$$= M \int_0^{2\pi} \mathrm{d}\theta \int_0^R (R-r)r\mathrm{d}r = \frac{\pi R^3}{3}M.$$

类似地, 有

$$f^2(x,y) \leqslant \left[\left(\frac{\partial f}{\partial x}(P)\right)^2 + \left(\frac{\partial f}{\partial y}(P)\right)^2\right] \cdot \left[(x-x_0)^2 + (y-y_0)^2\right] \leqslant M^2(R-r)^2,$$

故 $\displaystyle\iint\limits_D f^2(x,y)\mathrm{d}x\mathrm{d}y \leqslant M^2 \iint\limits_D (R-r)^2 r\mathrm{d}\theta\mathrm{d}r = \frac{\pi}{6}R^4 \max_{(x,y)\in D}\left[\left(\frac{\partial f}{\partial x}\right)^2 + \left(\frac{\partial f}{\partial y}\right)^2\right].$

类似地, 可证:

设函数 $f(x,y)$ 在区域 $D = \{(x,y)\,|\,x^2 + y^2 \leqslant a^2\}$ 上具有一阶连续的偏导数, 且满足 $f(x,y)|_{x^2+y^2=a^2} = a^2$ 及 $\displaystyle\max_{(x,y)\in D}\left[\left(\frac{\partial f}{\partial x}\right)^2 + \left(\frac{\partial f}{\partial y}\right)^2\right] = a^2$, 则

$$\left| \iint\limits_D f(x,y)\mathrm{d}x\mathrm{d}y \right| \leqslant \frac{4\pi}{3}a^4, \qquad \iint\limits_D f^2(x,y)\mathrm{d}x\mathrm{d}y \leqslant \frac{11}{6}\pi a^6.$$

(2018 年第九届大学生数学竞赛 (非数学类) 决赛试题)

进一步地, 有

命题 7.33　设函数 $f(x,y)$ 在区域 $D = \{(x,y)\,|\,x^2 + y^2 \leqslant R^2\}$ 上具有二阶连续的偏导数, 且 $f\big|_{\partial D} = 0$, $\dfrac{\partial f}{\partial x}\big|_{\partial D} = \dfrac{\partial f}{\partial y}\big|_{\partial D} = 0$, $\dfrac{\partial^2 f}{\partial x^2} + 2\dfrac{\partial^2 f}{\partial x\partial y} + \dfrac{\partial^2 f}{\partial y^2} \leqslant M$, 则

$$\left| \iint\limits_D f(x,y)\mathrm{d}x\mathrm{d}y \right| \leqslant \frac{\pi}{12}R^4\sqrt{M}, \qquad \iint\limits_D f^2(x,y)\mathrm{d}x\mathrm{d}y \leqslant \frac{\pi}{60}R^6 M.$$

证明　$\forall\,(x,y) \in D$, 由原点向 (x,y) 引射线, 对应地在圆周 ∂D: $x^2 + y^2 = R^2$ 上有一交点 (x_0,y_0). 由泰勒展开公式, 有

$$f(x,y) = f(x_0,y_0) + \frac{\partial f}{\partial x}(P) \cdot (x-x_0) + \frac{\partial f}{\partial y}(P) \cdot (y-y_0)$$

$$+\frac{1}{2}\left((x-x_0)\frac{\partial}{\partial x}+(y-y_0)\frac{\partial}{\partial y}\right)^2 f(P)$$

$$=\frac{1}{2}\left((x-x_0)\frac{\partial}{\partial x}+(y-y_0)\frac{\partial}{\partial y}\right)^2 f(P)$$

$$=\frac{1}{2}\left((x-x_0)^2\frac{\partial^2 f}{\partial x^2}(P)+2(x-x_0)(y-y_0)\frac{\partial^2 f}{\partial x\partial y}(P)+(y-y_0)^2\frac{\partial^2 f}{\partial y^2}(P)\right),$$

其中 P 为由 (x,y) 至 (x_0,y_0) 线段上的某一点. 于是由题设及离散情形的柯西–施瓦茨不等式, 有

$$|f(x,y)|\leqslant \frac{1}{2}\sqrt{\left(\frac{\partial^2 f}{\partial x^2}(P)\right)^2+\left(\sqrt{2}\frac{\partial^2 f}{\partial x\partial y}\right)^2+\left(\frac{\partial^2 f}{\partial y^2}(P)\right)^2}$$

$$\cdot\sqrt{(x-x_0)^4+(\sqrt{2}(x-x_0)(y-y_0))^2+(y-y_0)^4}$$

$$\leqslant\frac{1}{2}\sqrt{M}\left[(x-x_0)^2+(y-y_0)^2\right]\leqslant\frac{1}{2}\sqrt{M}\,(R-r)^2,$$

其中 $r=\sqrt{x^2+y^2}$. 从而

$$\left|\iint\limits_{D}f(x,y)\mathrm{d}x\mathrm{d}y\right|\leqslant\iint\limits_{D}|f(x,y)|\mathrm{d}x\mathrm{d}y\leqslant\frac{1}{2}\sqrt{M}\iint\limits_{D}(R-r)^2\mathrm{d}x\mathrm{d}y$$

$$=\frac{1}{2}\sqrt{M}\int_0^{2\pi}\mathrm{d}\theta\int_0^R(R-r)^2 r\mathrm{d}r=\frac{\pi R^4}{12}\sqrt{M}.$$

类似地, 有

$$f^2(x,y)\leqslant\frac{1}{4}M(R-r)^4,$$

故 $\displaystyle\iint\limits_{D}f^2(x,y)\mathrm{d}x\mathrm{d}y\leqslant\frac{1}{4}M\iint\limits_{D}(R-r)^4 r\mathrm{d}\theta\mathrm{d}r=\frac{\pi}{60}MR^6.$

　　类似地, 可证:

　　设函数 $f(x,y)$ 在区域 $D=\{(x,y)\,|\,x^2+y^2\leqslant 1\}$ 上具有二阶连续的偏导数, 且

$$f(0,0)=0,\quad \frac{\partial f}{\partial x}(0,0)=\frac{\partial f}{\partial y}(0,0)=0,\quad \frac{\partial^2 f}{\partial x^2}+2\frac{\partial^2 f}{\partial x\partial y}+\frac{\partial^2 f}{\partial y^2}\leqslant M,$$

则

$$\left|\iint\limits_{D}f(x,y)\mathrm{d}x\mathrm{d}y\right|\leqslant\frac{\pi}{4}\sqrt{M},\quad \iint\limits_{D}f^2(x,y)\mathrm{d}x\mathrm{d}y\leqslant\frac{\pi}{12}M.$$

7.7　小　　结

　　本章利用定积分的分部积分公式、柯西–施瓦茨积分不等式、赫尔德不等式、积分上限函数的性质及凹凸性等方法, 分别探讨了几种特定形式定积分不等式的构造方法, 得到了一些相关结论, 由此可以构造和编制一系列定积分不等式新题. 之后利用二重积分的柯西–施瓦茨积分不等式、二重积分的分部积分公式及二元函数的泰勒展开公式, 探究二重积分不等式的构造方法, 得到了一些结论, 由此可以构造和编制一些二重积分不等式新题. 其中的一些方法和结论可以推广到三重积分乃至 n 重积分.

第 8 章 有关和式问题的探究

CHAPTER C

本章主要探究与和式相关的几个问题. 首先得到关于和式的几个命题; 其次利用得到的几个命题, 编制出一系列关于和式的不等式、极限及界的估计等三类新题; 然后介绍和式的几个命题在求和数取整及和式不等式证明中的应用.

8.1 有关和式的几个主要结论

命题 8.1 设 m, n 为两个任意给定的正整数, $m < n$, 则有

(1) $2\sqrt{n+1} - 2\sqrt{m} < \displaystyle\sum_{k=m}^{n} \frac{1}{\sqrt{k}} < 2\sqrt{n} - 2\sqrt{m-1}$;

(2) $2\sqrt{n+1} - 2\sqrt{m} < \displaystyle\sum_{k=m}^{n} \frac{1}{\sqrt{k}} < \frac{1}{\sqrt{m}} + 2\sqrt{n} - 2\sqrt{m}$;

(3) $2\sqrt{n} - 2\sqrt{m} + \dfrac{1}{2\sqrt{n}} + \dfrac{1}{2\sqrt{m}} < \displaystyle\sum_{k=m}^{n} \frac{1}{\sqrt{k}} < 2\sqrt{n+1} - 2\sqrt{m} + \dfrac{1}{\sqrt{m}} - \dfrac{1}{\sqrt{n+1}}$.

证明 令 $f(x) = \dfrac{1}{\sqrt{x}} \ (x \geqslant 1)$, 则 $\forall x \geqslant 1$, 有 $f'(x) = -\dfrac{1}{2}x^{-\frac{3}{2}} < 0$, $f''(x) = \dfrac{3}{4}x^{-\frac{5}{2}} > 0$, 于是 $f(x)$ 在 $x \geqslant 1$ 为单调减少, 且为凹的, 从而由积分和与定积分的几何意义得

$$2\sqrt{n+1} - 2\sqrt{m} = \int_{m}^{n+1} \frac{\mathrm{d}x}{\sqrt{x}} < \sum_{k=m}^{n} \frac{1}{\sqrt{k}} < \int_{m-1}^{n} \frac{\mathrm{d}x}{\sqrt{x}} = 2\sqrt{n} - 2\sqrt{m-1};$$

或

$$2\sqrt{n+1} - 2\sqrt{m} = \int_{m}^{n+1} \frac{\mathrm{d}x}{\sqrt{x}} < \sum_{k=m}^{n} \frac{1}{\sqrt{k}} < \frac{1}{\sqrt{m}} + \int_{m}^{n} \frac{\mathrm{d}x}{\sqrt{x}} = \frac{1}{\sqrt{m}} + 2\sqrt{n} - 2\sqrt{m};$$

或

$$\sum_{k=m}^{n} \frac{1}{\sqrt{k}} < \frac{1}{\sqrt{m}} + \int_{m}^{n+1} \frac{\mathrm{d}x}{\sqrt{x}} - \frac{1}{\sqrt{n+1}} = 2\sqrt{n+1} - 2\sqrt{m} + \frac{1}{\sqrt{m}} - \frac{1}{\sqrt{n+1}},$$

$$\sum_{k=m}^{n} \frac{1}{\sqrt{k}} = \sum_{k=m+1}^{n} \frac{\dfrac{1}{\sqrt{k}} + \dfrac{1}{\sqrt{k-1}}}{2} + \frac{1}{2\sqrt{n}} + \frac{1}{2\sqrt{m}}$$

$$> \sum_{k=m+1}^{n} \int_{k-1}^{k} \frac{\mathrm{d}x}{\sqrt{x}} + \frac{1}{2\sqrt{n}} + \frac{1}{2\sqrt{m}} > \int_{m}^{n} \frac{\mathrm{d}x}{\sqrt{x}} + \frac{1}{2\sqrt{n}} + \frac{1}{2\sqrt{m}}$$

$$= 2\sqrt{n} - 2\sqrt{m} + \frac{1}{2\sqrt{n}} + \frac{1}{2\sqrt{m}}.$$

类似地, 分别取 $f(x) = \dfrac{1}{x^{\alpha}}$ 和 $f(x) = x^{\alpha}$, 其中 $x \geqslant 1$, $\alpha > 0$, $\alpha \in \mathbf{R}$, 则可进一步推广得到如下结论.

命题 8.2　设 m, n 为两个任意给定的正整数, $m < n$, α 为大于 0 的实常数, 则

(1) 当 $\alpha \neq 1$ 时, 有

$$\frac{1}{1-\alpha}\left((n+1)^{1-\alpha} - m^{1-\alpha}\right) < \sum_{k=m}^{n} \frac{1}{k^{\alpha}} < \frac{1}{1-\alpha}\left(n^{1-\alpha} - (m-1)^{1-\alpha}\right);$$

或

$$\frac{1}{1-\alpha}\left((n+1)^{1-\alpha} - m^{1-\alpha}\right) < \sum_{k=m}^{n} \frac{1}{k^{\alpha}} < \frac{1}{m^{\alpha}} + \frac{1}{1-\alpha}\left(n^{1-\alpha} - m^{1-\alpha}\right);$$

或

$$\frac{1}{2n^{\alpha}} + \frac{1}{2m^{\alpha}} + \frac{1}{1-\alpha}\left(n^{1-\alpha} - m^{1-\alpha}\right)$$

$$< \sum_{k=m}^{n} \frac{1}{k^{\alpha}} < \frac{1}{m^{\alpha}} - \frac{1}{(n+1)^{\alpha}} + \frac{1}{1-\alpha}\left((n+1)^{1-\alpha} - m^{1-\alpha}\right).$$

(2) 当 $\alpha = 1$ 时, 有

$$\frac{1}{n} + \ln\frac{n}{m} < \sum_{k=m}^{n} \frac{1}{k} < \ln\frac{n}{m-1} \quad (m > 1);$$

或

$$\frac{1}{n} + \ln\frac{n}{m} < \sum_{k=m}^{n} \frac{1}{k} < \frac{1}{m} + \ln\frac{n}{m};$$

或

$$\ln\frac{n+1}{m} < \sum_{k=m}^{n} \frac{1}{k} < \frac{1}{m} - \frac{1}{n+1} + \ln\frac{n+1}{m}.$$

命题 8.3　设 m, n 为两个任意给定的正整数, $m < n$, α 为大于 0 的实常数, 且 $\alpha \neq 1$, 则有

$$\frac{1}{\alpha+1}\left(n^{\alpha+1} - (m-1)^{\alpha+1}\right) < \sum_{k=m}^{n} k^{\alpha} < \frac{1}{\alpha+1}\left((n+1)^{\alpha+1} - m^{\alpha+1}\right),$$

或

$$m^\alpha + \frac{1}{\alpha+1}\left(n^{\alpha+1} - m^{\alpha+1}\right) < \sum_{k=m}^{n} k^\alpha < n^\alpha + \frac{1}{\alpha+1}\left(n^{\alpha+1} - m^{\alpha+1}\right).$$

更一般地, 有

命题 8.4　设 m, n 为两个任意给定的正整数, $m < n$, 则

(1) 当 $f(x)$ 在 $(0, +\infty)$ 上非负且严格单调减少时, 有

$$\int_m^{n+1} f(x)\mathrm{d}x < \sum_{k=m}^{n} f(k) < \int_{m-1}^{n} f(x)\mathrm{d}x,$$

或

$$f(n) + \int_m^n f(x)\mathrm{d}x < \sum_{k=m}^{n} f(k) < f(m) + \int_m^n f(x)\mathrm{d}x;$$

而当 $f(x)$ 在 $(0, +\infty)$ 上非负且严格单调增加时, 上述不等式反向成立.

(2) 当 $f(x)$ 为 $(0, +\infty)$ 上的凹弧时, 有

$$\sum_{k=m}^{n} f(k) > \int_m^n f(x)\mathrm{d}x + \frac{f(n)}{2} + \frac{f(m)}{2},$$

或

$$\sum_{k=m}^{n} f(k) > \int_{m-1}^{n} f(x)\mathrm{d}x + \frac{f(n)}{2} - \frac{f(m-1)}{2};$$

而当 $f(x)$ 为 $(0, +\infty)$ 上的凸弧时, 不等式反向成立.

证明　(1) 由积分和与定积分的几何意义易得证.

(2) 当 $f(x)$ 为 $(0, +\infty)$ 上的凹弧时,

$$\sum_{k=m}^{n} f(k) = \sum_{k=m+1}^{n} \frac{f(k)+f(k-1)}{2} + \frac{f(n)}{2} + \frac{f(m)}{2}$$
$$> \sum_{k=m+1}^{n} \int_{k-1}^{k} f(x)\mathrm{d}x + \frac{f(n)}{2} + \frac{f(m)}{2} = \int_m^n f(x)\mathrm{d}x + \frac{f(n)}{2} + \frac{f(m)}{2},$$

或

$$\sum_{k=m}^{n} f(k) = \sum_{k=m}^{n} \frac{f(k)+f(k-1)}{2} + \frac{f(n)}{2} - \frac{f(m-1)}{2}$$
$$> \sum_{k=m}^{n} \int_{k-1}^{k} f(x)\mathrm{d}x + \frac{f(n)}{2} - \frac{f(m-1)}{2}$$

$$= \int_{m-1}^{n} f(x)\mathrm{d}x + \frac{f(n)}{2} - \frac{f(m-1)}{2}.$$

当 $f(x)$ 为 $(0, +\infty)$ 上的凸弧时, 可得上述两个不等式反向成立.

[注记 1]　命题 8.4(2) 中之所以给出两个不等式形式, 主要是考虑到 $f(m-1)$ 可能无意义, 如取 $f(x) = \dfrac{1}{\sqrt{x}}$, $m = 1$, 则 $f(m-1) = f(0)$ 无意义.

取 $m = 1$, $g(k) = f\left(\dfrac{k}{n}\right)$, 则对 $g(x)$ 用命题 8.4 中的第 (2) 个不等式, 可得

推论 8.1　设函数 $f(x)$ 在 $[0, 1]$ 上连续, 则

(1) 当 $f''(x) > 0 (0 < x < 1)$ 时, 有 $\displaystyle\sum_{k=1}^{n} f\left(\frac{k}{n}\right) > n\int_{0}^{1} f(x)\mathrm{d}x + \frac{f(1) - f(0)}{2}$;

(2) 当 $f''(x) < 0 (0 < x < 1)$ 时, 有 $\displaystyle\sum_{k=1}^{n} f\left(\frac{k}{n}\right) < n\int_{0}^{1} f(x)\mathrm{d}x + \frac{f(1) - f(0)}{2}$.

命题 8.5　设 $f(x) > 0$, $x \in (0, +\infty)$, 级数 $\displaystyle\sum_{n=1}^{\infty} f(n)$ 收敛于 S, 记 $S_n = \displaystyle\sum_{k=1}^{n} f(k)$, 余项 $r_n = S - S_n = \displaystyle\sum_{k=n+1}^{\infty} f(k)$, 则当 $f(x)$ 严格单调减少时, 有

$$\int_{n+1}^{+\infty} f(x)\mathrm{d}x < r_n < f(n+1) + \int_{n+1}^{+\infty} f(x)\mathrm{d}x \text{ 或 } \int_{n}^{+\infty} f(x)\mathrm{d}x;$$

而当 $f(x)$ 严格单调增加时, 不等式反向成立.

证明　不妨设 $f(x)$ 严格单调减少, 则由命题 8.4, $\forall l > n+1$, 有

$$\int_{n+1}^{l+1} f(x)\mathrm{d}x < \sum_{k=n+1}^{l} f(k) < f(n+1) + \int_{n+1}^{l} f(x)\mathrm{d}x \text{ 或 } \int_{n}^{l} f(x)\mathrm{d}x,$$

令 $l \to +\infty$, 于是得

$$\int_{n+1}^{+\infty} f(x)\mathrm{d}x < r_n = \sum_{k=n+1}^{+\infty} f(k) < f(n+1) + \int_{n+1}^{+\infty} f(x)\mathrm{d}x \text{ 或 } \int_{n}^{+\infty} f(x)\mathrm{d}x.$$

类似地, 证明 $f(x)$ 严格单调增加情形.

8.2　有关和式极限与不等式新题的编制

利用以上命题, 我们可编制一些有关和式极限的新题. 以下如无特别说明, 均假设 m, n 为两个任意给定的正整数, $m < n$, $\alpha > 0$ 且 $\alpha \neq 1$.

(1) 由命题 8.2 及夹逼准则, 可得 $\lim\limits_{n\to\infty} \dfrac{\sum\limits_{k=m}^{n}\frac{1}{k^\alpha}}{n^{1-\alpha}} = \dfrac{1}{1-\alpha}$. 特别地, 由命题 8.2, 有

$$2\sqrt{n} + \frac{1}{2\sqrt{n}} - \frac{3}{2} < \sum_{k=1}^{n}\frac{1}{\sqrt{k}} < 2\sqrt{n} - 1,$$

于是得 $\lim\limits_{n\to\infty} \dfrac{\sum\limits_{k=m}^{n}\frac{1}{\sqrt{k}}}{\sqrt{n}} = 2$, $\lim\limits_{n\to\infty} \dfrac{\sum\limits_{k=1}^{n}\frac{1}{\sqrt{k}} - 2\sqrt{n}}{n^\gamma} = 0$, 其中 $\gamma > 0$.

由此可编制极限新题: $\lim\limits_{n\to\infty} \dfrac{\sum\limits_{k=m}^{n}\frac{1}{k^\alpha}}{n^{1-\alpha}}$, $\lim\limits_{n\to\infty} \dfrac{\sum\limits_{k=m}^{n}\frac{1}{\sqrt{k}}}{\sqrt{n}}$ 及 $\lim\limits_{n\to\infty} \dfrac{\sum\limits_{k=1}^{n}\frac{1}{\sqrt{k}} - 2\sqrt{n}}{n^\gamma}$ $(\gamma > 0)$.

(2) 由命题 8.2, 有

$$\ln n + \frac{1}{n} < \sum_{k=1}^{n}\frac{1}{k} < \ln n + 1,$$

于是得 $\lim\limits_{n\to\infty} \dfrac{\sum\limits_{k=m}^{n}\frac{1}{k}}{n} = 0$, $\lim\limits_{n\to\infty} \dfrac{\sum\limits_{k=m}^{n}\frac{1}{k}}{\ln n} = 1$, $\lim\limits_{n\to\infty} \dfrac{\sum\limits_{k=1}^{n}\frac{1}{k} - \ln n}{n^\gamma} = 0 (\gamma > 0)$.

由此可编制极限新题: $\lim\limits_{n\to\infty} \dfrac{\sum\limits_{k=m}^{n}\frac{1}{k}}{n}$, $\lim\limits_{n\to\infty} \dfrac{\sum\limits_{k=m}^{n}\frac{1}{k}}{\ln n}$, $\lim\limits_{n\to\infty} \dfrac{\sum\limits_{k=1}^{n}\frac{1}{k} - \ln n}{n^\gamma} (\gamma > 0)$.

(3) 由命题 8.3 及夹逼准则, 可得 $\lim\limits_{n\to\infty} \dfrac{\sum\limits_{k=m}^{n} k^\alpha}{n^{1+\alpha}} = \dfrac{1}{1+\alpha} (\alpha \neq -1)$.

特别地, 有 $\lim\limits_{n\to\infty} \dfrac{\sum\limits_{k=1}^{n}\sqrt{k}}{n\sqrt{n}} = \dfrac{2}{3}$.

(4) 取 $f(x) = \dfrac{1}{x\ln x}$ $(x \geqslant 2)$, 则 $f(x)$ 在 $[2, +\infty)$ 上单调减少, 由命题 8.4, 得

$$\frac{1}{n\ln n} + \int_{2}^{n}\frac{\mathrm{d}x}{x\ln x} < \sum_{k=2}^{n}\frac{1}{k\ln k} < \frac{1}{2\ln 2} + \int_{2}^{n}\frac{\mathrm{d}x}{x\ln x},$$

即

$$\frac{1}{n\ln n} + \ln\ln n - \ln\ln 2 < \sum_{k=2}^{n}\frac{1}{k\ln k} < \frac{1}{2\ln 2} + \ln\ln n - \ln\ln 2,$$

于是得

$$\frac{1}{n\ln n} - \ln\ln 2 < \sum_{k=2}^{n} \frac{1}{k\ln k} - \ln\ln n < \frac{1}{2\ln 2} - \ln\ln 2,$$

从而可以构造一类求极限问题

$$\lim_{n\to\infty} \frac{\displaystyle\sum_{k=m}^{n} \frac{1}{k\ln k} - \ln\ln n}{n^{\alpha}\ln^{\beta} n} = 0,$$

其中常数 $\alpha \geqslant 0$, $\beta > 0$ 或 $\alpha > 0$, $\beta \geqslant 0$.

不妨记 $a_n = \displaystyle\sum_{k=2}^{n} \frac{1}{k\ln k} - \ln\ln n$, 则

$$a_{n+1} - a_n = \frac{1}{(n+1)\ln(n+1)} - \ln\ln(n+1) + \ln\ln n$$

$$< \int_n^{n+1} \frac{\mathrm{d}x}{x\ln x} - \ln\ln(n+1) + \ln\ln n = 0,$$

于是数列 $\{a_n\}$ 单调减少且有界, 故又可构作问题:

设 $a_n = \displaystyle\sum_{k=2}^{n} \frac{1}{k\ln k} - \ln\ln n$, 证明数列 $\{a_n\}$ 的极限存在.

另取 $f(x) = \dfrac{1}{x(\ln x)^{\gamma}}(x \geqslant 2, \gamma > 1)$, 同理, 由命题 8.4, 可得

$$\frac{1}{n(\ln n)^{\gamma}} - \frac{1}{1-\gamma}(\ln 2)^{1-\gamma} < \sum_{k=2}^{n} \frac{1}{k(\ln k)^{\gamma}} - \frac{1}{1-\gamma}(\ln n)^{1-\gamma}$$

$$< \frac{1}{2(\ln 2)^{\gamma}} - \frac{1}{1-\gamma}(\ln 2)^{1-\gamma},$$

类似地, 可编制如下新题:

(i) 求极限 $\displaystyle\lim_{n\to\infty} \frac{\displaystyle\sum_{k=2}^{n} \frac{1}{k(\ln k)^{\gamma}} - \frac{1}{1-\gamma}(\ln n)^{1-\gamma}}{n^{\alpha}(\ln n)^{\beta}}$, 其中 $\gamma > 1$, $\alpha \geqslant 0$, $\beta > 0$ 或 $\alpha > 0$, $\beta \geqslant 0$;

(ii) 证明极限 $\displaystyle\lim_{n\to\infty} \left(\sum_{k=2}^{n} \frac{1}{k(\ln k)^{\gamma}} - \frac{1}{1-\gamma}(\ln n)^{1-\gamma} \right)$ 存在, 其中 $\gamma > 1$.

进一步地, 取 $f(x) = \dfrac{1}{x^{\lambda}(\ln x)^{\gamma}}$ $(x \geqslant 1, \lambda, \gamma > 1)$, 则由命题 8.5, 有

$$\int_n^{+\infty} \frac{\mathrm{d}x}{x^{\lambda}(\ln x)^{\gamma}} < \sum_{k=n}^{\infty} \frac{1}{k^{\lambda}(\ln k)^{\gamma}} < \frac{1}{n^{\lambda}(\ln n)^{\gamma}} + \int_n^{+\infty} \frac{\mathrm{d}x}{x^{\lambda}(\ln x)^{\gamma}}.$$

又

$$\int \frac{\mathrm{d}x}{x^\lambda (\ln x)^\gamma} = \frac{1}{1-\lambda} \int \frac{\mathrm{d}(x^{1-\lambda})}{(\ln x)^\gamma} = \frac{1}{1-\lambda} \left[\frac{x^{1-\lambda}}{(\ln x)^\gamma} + \gamma \int \frac{\mathrm{d}x}{x^\lambda (\ln x)^{\gamma+1}} \right],$$

$$\int \frac{\mathrm{d}x}{x^\lambda (\ln x)^{\gamma+1}} = \frac{1}{1-\lambda} \int \frac{\mathrm{d}(x^{1-\lambda})}{(\ln x)^{\gamma+1}}$$
$$= \frac{1}{1-\lambda} \left[\frac{x^{1-\lambda}}{(\ln x)^{\gamma+1}} + (\gamma+1) \int \frac{\mathrm{d}x}{x^\lambda (\ln x)^{\gamma+2}} \right],$$

所以

$$\int \frac{\mathrm{d}x}{x^\lambda (\ln x)^\gamma} = \frac{1}{1-\lambda} \frac{x^{1-\lambda}}{(\ln x)^\gamma} + \frac{\gamma}{(1-\lambda)^2} \frac{x^{1-\lambda}}{(\ln x)^{\gamma+1}} + \frac{\gamma(\gamma+1)}{(1-\lambda)^2} \int \frac{\mathrm{d}x}{x^\lambda (\ln x)^{\gamma+2}},$$

于是

$$\int_n^{+\infty} \frac{\mathrm{d}x}{x^\lambda (\ln x)^\gamma} = \frac{1}{\lambda-1} \frac{1}{n^{\lambda-1}(\ln x)^\gamma} - \frac{\gamma}{(1-\lambda)^2} \frac{1}{n^{\lambda-1}(\ln x)^{\gamma+1}}$$
$$+ \frac{\gamma(\gamma+1)\theta_n}{(\lambda-1)^3} \frac{1}{n^{\lambda-1}(\ln x)^{\gamma+2}},$$

其中

$$0 \leqslant \int_n^{+\infty} \frac{\mathrm{d}x}{x^\lambda (\ln x)^{\gamma+2}} \leqslant \frac{1}{(\ln n)^{\gamma+2}} \int_n^{+\infty} \frac{\mathrm{d}x}{x^\lambda} = \frac{1}{\lambda-1} \cdot \frac{1}{n^{\alpha-1}(\ln n)^{\gamma+2}}, 0 < \theta_n < 1.$$

从而得

$$\lim_{n\to\infty} \left(\sum_{k=n}^\infty \frac{1}{k^\lambda (\ln k)^\gamma} - \frac{1}{\lambda-1} \frac{1}{n^{\lambda-1}(\ln n)^\gamma} + \frac{\gamma}{(\lambda-1)^2} \cdot \frac{1}{n^{\lambda-1}(\ln n)^{\gamma+1}} \right) = 0,$$

$$\lim_{n\to\infty} \frac{\displaystyle\sum_{k=n}^\infty \frac{1}{k^\lambda (\ln k)^\gamma} - \frac{1}{\lambda-1} \frac{1}{n^{\lambda-1}(\ln n)^\gamma}}{-\dfrac{\gamma}{(\lambda-1)^2} \cdot \dfrac{1}{n^{\lambda-1}(\ln n)^{\gamma+1}}} = 1.$$

故可编制极限新题: 求下列极限

(i) $\displaystyle\lim_{n\to\infty} \frac{\displaystyle\sum_{k=n}^\infty \frac{1}{k^\lambda (\ln k)^\gamma} - \frac{1}{\lambda-1} \frac{1}{n^{\lambda-1}(\ln n)^\gamma} + \frac{\gamma}{(\lambda-1)^2} \cdot \frac{1}{n^{\lambda-1}(\ln n)^{\gamma+1}}}{n^\alpha (\ln n)^\beta}$;

(ii) $\displaystyle\lim_{n\to\infty} n^{\lambda-1}(\ln n)^{\gamma+1} \left(\sum_{k=n}^\infty \frac{1}{k^\lambda (\ln k)^\gamma} - \frac{1}{\lambda-1} \frac{1}{n^{\lambda-1}(\ln n)^\gamma} \right)$,

其中 α, β 为非负的实常数, $\lambda, \gamma > 1$.

此外, 由命题 8.4, 选取不同的 $f(x)$, 即可编制出一系列的和式极限新题.

利用以上命题 8.2, 我们也可编制一些有关和式不等式的新题. 如

取 $\alpha = 2, m = 1$, 则由命题 8.2, 有

$$1 - \frac{1}{n+1} = -\left(\frac{1}{n+1} - 1\right) < \sum_{k=1}^{n} \frac{1}{k^2} < 1 - \left(\frac{1}{n} - 1\right) = 2 - \frac{1}{n},$$

或

$$\frac{3}{2} - \frac{1}{n} + \frac{1}{2n^2} = \frac{1}{2n^2} + \frac{1}{2} - \left(\frac{1}{n} - 1\right) < \sum_{k=1}^{n} \frac{1}{k^2} < 1 - \frac{1}{(n+1)^2} - \left(\frac{1}{n+1} - 1\right)$$
$$= 2 - \frac{1}{n+1} - \frac{1}{(n+1)^2}.$$

取 $\alpha = 2, m = 2$, 则由命题 8.2, 有

$$-\left(\frac{1}{n+1} - \frac{1}{2}\right) < \sum_{k=2}^{n} \frac{1}{k^2} < \frac{1}{2^2} - \left(\frac{1}{n} - \frac{1}{2}\right),$$

或

$$-\left(\frac{1}{n} - \frac{1}{2}\right) + \frac{1}{2n^2} + \frac{1}{2 \times 2^2} < \sum_{k=2}^{n} \frac{1}{k^2} < \frac{1}{2^2} - \frac{1}{(n+1)^2} - \left(\frac{1}{n+1} - \frac{1}{2}\right),$$

从而

$$\frac{3}{2} - \frac{1}{n+1} < \sum_{k=1}^{n} \frac{1}{k^2} = 1 + \sum_{k=2}^{n} \frac{1}{k^2} < \frac{7}{4} - \frac{1}{n},$$

或

$$\frac{13}{8} + \frac{1}{2n^2} - \frac{1}{n} < \sum_{k=1}^{n} \frac{1}{k^2} = 1 + \sum_{k=2}^{n} \frac{1}{k^2} < \frac{7}{4} - \frac{1}{(n+1)^2} - \frac{1}{n+1}.$$

类似地, 取 $\alpha = 2, m = 3$, 则由命题 8.2, 有

$$\frac{19}{12} - \frac{1}{n+1} < \sum_{k=1}^{n} \frac{1}{k^2} = 1 + \frac{1}{4} + \sum_{k=3}^{n} \frac{1}{k^2} < \frac{61}{36} - \frac{1}{n},$$

或

$$\frac{59}{36} - \frac{1}{n} + \frac{1}{2n^2} < \sum_{k=1}^{n} \frac{1}{k^2} = 1 + \frac{1}{4} + \sum_{k=3}^{n} \frac{1}{k^2} < \frac{61}{36} - \frac{1}{n+1} - \frac{1}{(n+1)^2}.$$

类似于上面的讨论, 通过选取不同的 α 和 m, 可由命题 8.2 和命题 8.3 构造得到一系列的关于 $\sum\limits_{k=1}^{n} \frac{1}{k^\alpha}$ 及 $\sum\limits_{k=1}^{n} k^\alpha$ 的不等式.

而由命题 8.4 也可构造得到关于 $\sum\limits_{k=m}^{n} f(k)$ 的不等式新题. 如

取 $f(x) = \dfrac{1}{2x-1}$ $(x \geqslant 1)$, 则 $f'(x) = -\dfrac{2}{(2x-1)^2} < 0$, $f''(x) = \dfrac{8}{(2x-1)^3} > 0$, 于是 $f(x)$ 在 $[1, +\infty)$ 上单调减少且为凹的, 故由命题 8.4, 有

$$\int_m^{n+1} f(x)\mathrm{d}x < \sum_{k=m}^{n} f(k) < f(m) + \int_m^n f(x)\mathrm{d}x,$$

即得不等式

$$\frac{1}{2}\ln\frac{2n+1}{2m-1} = \int_m^{n+1} \frac{1}{2x-1}\mathrm{d}x < \sum_{k=m}^{n} \frac{1}{2k-1} < \frac{1}{2m-1} + \int_m^n \frac{1}{2x-1}\mathrm{d}x$$
$$= \frac{1}{2m-1} + \frac{1}{2}\ln\frac{2n-1}{2m-1},$$

特别地, 当 $m = 1$ 时, 有

$$\frac{1}{2}\ln(2n+1) < \sum_{k=1}^{n} \frac{1}{2k-1} < 1 + \frac{1}{2}\ln(2n-1),$$

其中 m, n 都是正整数, 且 $n > m \geqslant 1$.

又取 $f(x) = \dfrac{1}{(2x-1)^\alpha}$ $(x \geqslant 1,\ \alpha \neq 1)$, 同理可得不等式

$$\frac{1}{2(1-\alpha)}[(2n+1)^{1-\alpha} - (2m-1)^{1-\alpha}] < \sum_{k=m}^{n} \frac{1}{(2k-1)^\alpha}$$
$$< \frac{1}{(2m-1)^\alpha} + \frac{1}{2(1-\alpha)}[(2n-1)^{1-\alpha} - (2m-1)^{1-\alpha}]$$

特别地, 当 $m = 1$ 时, 有

$$\frac{1}{2(1-\alpha)}[(2n+1)^{1-\alpha} - 1] < \sum_{k=1}^{n} \frac{1}{(2k-1)^\alpha} < 1 + \frac{1}{2(1-\alpha)}[(2n-1)^{1-\alpha} - 1].$$

类似地, 选取不同的具有单调性和凹凸性的函数 $f(x)$, 由命题 8.4, 即可编制出一系列的和式不等式新题.

此外, 由一些已知数项级数的和也可编制得到一系列有关和式的不等式与极限新题.

利用 $\sum\limits_{k=1}^{\infty} \dfrac{1}{k^2} = \dfrac{\pi^2}{6}$, 可以构造得到

(i) $\dfrac{\pi^2}{6} - \dfrac{1}{n} < \displaystyle\sum_{k=1}^{n} \dfrac{1}{k^2} < \dfrac{\pi^2}{6} - \dfrac{1}{n+1}$;　　(ii) $\displaystyle\lim_{n\to\infty} n\left(\dfrac{\pi^2}{6} - \sum_{k=1}^{n} \dfrac{1}{k^2}\right) = 1.$

证明

$$\dfrac{\pi^2}{6} - \sum_{k=1}^{n} \dfrac{1}{k^2} = \sum_{k=n+1}^{+\infty} \dfrac{1}{k^2} = \lim_{l\to+\infty} \sum_{k=n+1}^{l} \dfrac{1}{k^2}.$$

取 $f(x) = \dfrac{1}{x^2}$ $(x \geqslant 1)$, 则由定积分的几何意义, 有

$$-\left(\dfrac{1}{l+1} - \dfrac{1}{n+1}\right) = \int_{n+1}^{l+1} \dfrac{\mathrm{d}x}{x^2} < \sum_{k=n+1}^{l} \dfrac{1}{k^2} < \int_{n}^{l} \dfrac{\mathrm{d}x}{x^2} = -\left(\dfrac{1}{l} - \dfrac{1}{n}\right),$$

令 $l \to +\infty$, 得 $\dfrac{1}{n+1} < \displaystyle\sum_{k=n+1}^{+\infty} \dfrac{1}{k^2} < \dfrac{1}{n}$, 即得 $\dfrac{\pi^2}{6} - \dfrac{1}{n} < \displaystyle\sum_{k=1}^{n} \dfrac{1}{k^2} < \dfrac{\pi^2}{6} - \dfrac{1}{n+1}$,

同时也可得 $\displaystyle\lim_{n\to\infty} n\left(\dfrac{\pi^2}{6} - \sum_{k=1}^{n} \dfrac{1}{k^2}\right) = 1.$

同理, 利用 $\displaystyle\sum_{k=1}^{\infty} \dfrac{1}{(2k-1)^2} = \dfrac{\pi^2}{8}$, 可以构造得到

(i) $\dfrac{\pi^2}{8} - \dfrac{1}{4n-2} < \displaystyle\sum_{k=1}^{n} \dfrac{1}{(2k-1)^2} < \dfrac{\pi^2}{8} - \dfrac{1}{4n+2}$;

(ii) $\displaystyle\lim_{n\to\infty} n\left(\dfrac{\pi^2}{8} - \sum_{k=1}^{n} \dfrac{1}{(2k-1)^2}\right) = \dfrac{1}{4}.$

利用 $\displaystyle\sum_{k=1}^{\infty} \dfrac{1}{k^4} = \dfrac{\pi^4}{90}$, 可以构造得到

(i) $\dfrac{\pi^4}{90} - \dfrac{1}{3n^3} < \displaystyle\sum_{k=1}^{n} \dfrac{1}{k^4} < \dfrac{\pi^4}{90} - \dfrac{1}{3(n+1)^3}$;　　(ii) $\displaystyle\lim_{n\to\infty} n^3\left(\dfrac{\pi^4}{90} - \sum_{k=1}^{n} \dfrac{1}{k^4}\right) = \dfrac{1}{3}.$

利用 $\displaystyle\sum_{k=1}^{\infty} \dfrac{1}{(2k+1)^4} = \dfrac{\pi^4}{96}$, 可以构造得到

(i) $\dfrac{\pi^4}{96} - \dfrac{1}{6(2n+1)^3} < \displaystyle\sum_{k=1}^{n} \dfrac{1}{(2k+1)^4} < \dfrac{\pi^4}{96} - \dfrac{1}{6(2n+3)^3}$;

(ii) $\displaystyle\lim_{n\to\infty} n^3\left(\dfrac{\pi^4}{96} - \sum_{k=1}^{n} \dfrac{1}{(2k+1)^4}\right) = \dfrac{1}{48}.$

利用 $\displaystyle\sum_{k=1}^{\infty} \dfrac{1}{k^6} - \dfrac{\pi^6}{945}$, 可以构造得到

(i) $\dfrac{\pi^6}{945} - \dfrac{1}{5n^5} < \displaystyle\sum_{k=1}^{n} \dfrac{1}{k^6} < \dfrac{\pi^6}{945} - \dfrac{1}{5(n+1)^5}$;　(ii) $\displaystyle\lim_{n\to\infty} n^5\left(\dfrac{\pi^6}{945} - \sum_{k=1}^{n} \dfrac{1}{k^6}\right) = \dfrac{1}{5}.$

一般地, 设级数 $\sum\limits_{k=1}^{\infty} \dfrac{1}{k^{\alpha}}$ 收敛于 S, 取 $f(x) = \dfrac{1}{x^{\alpha}}(\alpha > 1)$, 可以构造得到

$$S - \frac{1}{\alpha - 1} \cdot \frac{1}{n^{\alpha-1}} < \sum_{k=1}^{n} \frac{1}{k^{\alpha}} < S - \frac{1}{\alpha - 1} \cdot \frac{1}{(n+1)^{\alpha-1}},$$

且

$$\lim_{n \to \infty} n^{\alpha-1} \left(S - \sum_{k=1}^{n} \frac{1}{k^{\alpha}} \right) = \frac{1}{\alpha - 1}, \quad \text{其中 } \alpha > 1.$$

8.3 有关和式界的估计

此外, 由上述命题, 我们还可以编制如下关于和式界的一些新题.

(1) 求 A, B, 使 $A \leqslant \sum\limits_{k=10}^{100} \dfrac{1}{\sqrt{k}} \leqslant B$, 要求 $B - A < 0.22$.

取 $m = 10$, $n = 100$, 则由命题 8.1, 可如下选取 A 和 B:

(i) 取 $A = 2\sqrt{n+1} - 2\sqrt{m} = 13.77519592$, $B = 2\sqrt{n} - 2\sqrt{m-1} = 14$, 则

$$B - A = 2\sqrt{n} - 2\sqrt{m-1} - 2\sqrt{n+1} + 2\sqrt{m} < 0.22480408;$$

(ii) 取

$$A = 2\sqrt{n+1} - 2\sqrt{m} = 13.77519592, \quad B = \frac{1}{\sqrt{m}} + 2\sqrt{n} - 2\sqrt{m} = 13.99167245,$$

则 $B - A = \dfrac{1}{\sqrt{m}} + 2\sqrt{n} - 2\sqrt{n+1} < 0.21647652;$

(iii) 取

$$A = 2\sqrt{n} - 2\sqrt{m} + \frac{1}{2\sqrt{n}} + \frac{1}{2\sqrt{m}} = 13.88355856,$$

$$B = 2\sqrt{n+1} - 2\sqrt{m} + \frac{1}{\sqrt{m}} - \frac{1}{\sqrt{n+1}} = 13.99191997,$$

则 $B - A = 2\sqrt{n+1} - 2\sqrt{n} + \dfrac{1}{\sqrt{m}} - \dfrac{1}{\sqrt{n+1}} - \dfrac{1}{2\sqrt{n}} = 0.108361407 < 0.2.$

由上可知, 按照 (ii) 和 (iii) 选取 A, B, 可满足要求, 其中 A, B 的选取不唯一.

[注记 2]　若要求 $B - A < 0.23$, 则上述三种选取方法皆可; 若要求 $B - A < 0.2$, 则按照 (iii) 选取 A, B, 可满足要求.

(2) 求 A, B, 使 $A \leqslant \sum\limits_{k=1}^{100} \dfrac{1}{k^2} \leqslant B$, 要求 $B - A < 10^{-4}$.

取 $\alpha = 2$, $m = 1$, $n = 100$, 则由命题 8.2 及上节所构造得到的不等式, 如下选取 A 和 B:

(i) 取 $A = -\left(\dfrac{1}{n+1} - 1\right) = 1 - \dfrac{1}{n+1} = 0.99009901$,

$$B = 1 - \left(\dfrac{1}{n} - 1\right) = 2 - \dfrac{1}{n} = 1.99,$$

$$B - A = 0.99990099;$$

(ii) 取 $A = \dfrac{1}{2n^2} + \dfrac{1}{2m^2} - \left(\dfrac{1}{n} - \dfrac{1}{m}\right) = 1.49005$,

$$B = \dfrac{1}{m^2} - \dfrac{1}{(n+1)^2} - \left(\dfrac{1}{n+1} - \dfrac{1}{m}\right) = 1.99000098$$

$$B - A = 0.49995098;$$

(iii) 取 $A = \dfrac{\pi^2}{6} - \dfrac{1}{n} = 1.63493401$, $B = \dfrac{\pi^2}{6} - \dfrac{1}{n+1} = 1.63503302$,

$$B - A = 0.9901 \times 10^{-4}.$$

由上可知, 按照 (i) 和 (ii) 选取 A, B, 不满足要求, 而按照 (iii) 选取 A, B, 可满足要求.

(3) 求 A, B, 使 $A \leqslant \displaystyle\sum_{k=1}^{5} \dfrac{1}{k^6} \leqslant B$, 要求 $B - A < \dfrac{1}{2} \times 10^{-4}$.

取 $\alpha = 6$, $m = 1$, $n = 5$, 则由命题 8.2 及上节所构造得到的不等式, 如下选取 A 和 B:

(i) 取 $A = -\dfrac{1}{5}\left(\dfrac{1}{(n+1)^5} - 1\right) = \dfrac{1}{5} - \dfrac{1}{5(n+1)^5} = 0.039994856$,

$$B = 1 - \dfrac{1}{5}\left(\dfrac{1}{n^5} - 1\right) = \dfrac{6}{5} - \dfrac{1}{5n^5} = 1.199936,$$

$$B - A = 1 - \dfrac{1}{5n^5} + \dfrac{1}{5(n+1)^5} = 1.15994114;$$

(ii) 取 $A = \dfrac{1}{2n^6} + \dfrac{1}{2} - \dfrac{1}{5}\left(\dfrac{1}{n^5} - 1\right) = \dfrac{7}{10} + \dfrac{1}{2n^6} - \dfrac{1}{5n^5} = 0.699968$,

$$B = 1 - \dfrac{1}{(n+1)^6} - \dfrac{1}{5}\left(\dfrac{1}{(n+1)^5} - 1\right)$$

$$= \dfrac{6}{5} - \dfrac{1}{(n+1)^6} - \dfrac{1}{5(n+1)^5} = 1.199952846,$$

$$B - A = \frac{1}{2} - \frac{1}{(n+1)^6} - \frac{1}{5(n+1)^5} - \frac{1}{2n^6} + \frac{1}{5n^5} = 0.49998485;$$

(iii) 取 $A = \dfrac{\pi^6}{945} - \dfrac{1}{5n^5} = 1.017278958,$

$$B = \frac{\pi^6}{945} - \frac{1}{5(n+1)^5} = 1.017317756,$$

$$B - A = \frac{1}{5n^5} - \frac{1}{5(n+1)^5} = \frac{(n+1)^5 - n^5}{5n^5(n+1)^5} = 0.38279835 \times 10^{-4}.$$

由上可知, 按照 (i) 和 (ii) 选取 A, B, 不满足要求, 而按照 (iii) 选取 A, B, 可满足要求.

(4) 求 A, B, 使 $A \leqslant \displaystyle\sum_{k=1}^{100} \frac{1}{(2k+1)^4} \leqslant B$, 要求 $B - A < 10^{-9}$.

取 $n = 100$, 由上节所构造得到的不等式

$$\frac{\pi^4}{96} - \frac{1}{6(2n+1)^3} < \sum_{k=1}^{n} \frac{1}{(2k+1)^4} < \frac{\pi^4}{96} - \frac{1}{6(2n+3)^3},$$

取

$$A = \frac{\pi^4}{96} - \frac{1}{6(2n+1)^3} = 1.014677941,$$

$$B = \frac{\pi^4}{96} - \frac{1}{6(2n+3)^3} = 1.014677942,$$

$$B - A = 0.60066178 \times 10^{-9};$$

如此选取的 A, B, 可满足要求.

一般地, 给定 n, m 及 α 的值, 总可选取到 A, B, 使 $A \leqslant \displaystyle\sum_{k=m}^{n} \frac{1}{k^{\alpha}} \leqslant B$, 且满足要求 $B - A < \varepsilon$, 其中 ε 是一个充分小的预测值.

8.4 和式命题的其他应用

本节主要介绍和式命题在求和数的整数部分、和式的极限及不等式证明中的应用.

(1) 求和数的整数部分.

$\displaystyle\sum_{n=1}^{100} n^{-\frac{1}{2}}$ 的整数部分为 _____. (2017 年第八届全国大学生数学竞赛

(非数学类) 决赛试题)

记 $S_n = \displaystyle\sum_{k=1}^{n} \frac{1}{\sqrt{k}}$, 则由命题 8.1, 取 $m = 1, n = 100$, 可得

$$18 < 2\sqrt{101} - 2 < S_{100} = \sum_{k=1}^{100} \frac{1}{\sqrt{k}} < 1 + 2\sqrt{100} - 2 = 19.$$

而 $S_{100} - 1 < [S_{100}] \leqslant S_{100}$, 于是 $17 < [S_{100}] < 19$, 故 $[S_{100}] = 18$, 即所求的整数部分为 18.

类似地, 可求如下和数 x 的整数部分 $[x]$:

(i) $x - \displaystyle\sum_{n=1}^{10^6} n^{-\frac{1}{2}};$　　　(ii) $x = \displaystyle\sum_{n=1}^{10^9} n^{-\frac{2}{3}};$　　　(iii) $x = \displaystyle\sum_{n=10^3}^{10^6} n^{-\frac{1}{3}}.$

(2) 求和式的极限.

例 8.1　求极限 $\displaystyle\lim_{n\to\infty} \sum_{k=n^2}^{(n+1)^2} \frac{1}{\sqrt{k}}.$

解　由命题 8.1(2), 得

$$2\sqrt{(n+1)^2 + 1} - 2n < \sum_{k=n^2}^{(n+1)^2} \frac{1}{\sqrt{k}} < \frac{1}{n} + 2(n+1) - 2n = 2 + \frac{1}{n}.$$

又 $\displaystyle\lim_{n\to\infty}\left(\sqrt{(n+1)^2 + 1} - n\right) = \lim_{n\to\infty} \frac{2n + 2}{\displaystyle\lim_{n\to\infty}\sqrt{(n+1)^2 + 1} + n} = 1$, 故由夹逼准则, 得

$$\lim_{n\to\infty} \sum_{k=n^2}^{(n+1)^2} \frac{1}{\sqrt{k}} = 2.$$

例 8.2　求极限 $\displaystyle\lim_{N\to+\infty} \frac{\displaystyle\sum_{n=1}^{N} \frac{n}{1^\alpha + 2^\alpha + \cdots + n^\alpha}}{\displaystyle\sum_{n=1}^{N} \frac{1}{n^\alpha}}$, 其中实常数 $\alpha > 1$.

解　由命题 8.3, 得

$$\frac{1}{\alpha + 1}(n^{\alpha+1} - 0) < \sum_{k=1}^{n} k^\alpha < \frac{1}{\alpha + 1}((n+1)^{\alpha+1} - 1),$$

所以 $\dfrac{(\alpha + 1)n}{((n+1)^{\alpha+1} - 1)} < \dfrac{n}{\displaystyle\sum_{k=1}^{n} k^\alpha} < \dfrac{\alpha + 1}{n^\alpha}.$

而由命题 8.2, 有

$$\frac{1}{1-\alpha}((N+1)^{1-\alpha}-1) < \sum_{n=1}^{N}\frac{1}{n^{\alpha}} < 1 + \frac{1}{1-\alpha}(N^{1-\alpha}-1),$$

且 $\dfrac{n}{(n+1)^{\alpha+1}-1} > \dfrac{n}{(n+1)^{\alpha+1}}$, 所以

$$\frac{(\alpha+1)\displaystyle\sum_{n=1}^{N}\frac{n}{(n+1)^{\alpha+1}}}{1+\dfrac{1}{1-\alpha}(N^{1-\alpha}-1)} < \frac{\displaystyle\sum_{n=1}^{N}\frac{n}{\displaystyle\sum_{k=1}^{n}k^{\alpha}}}{\displaystyle\sum_{n=1}^{N}\frac{1}{n^{\alpha}}} < \alpha+1.$$

令 $f(x)=\dfrac{x}{(x+1)^{\alpha+1}}(x\geqslant 1)$, 则 $f'(x)=\dfrac{1-\alpha x}{(x+1)^{\alpha+2}} < 0\ (x\geqslant 1)$, 于是由命题 8.4, 有

$$\frac{N}{(N+1)^{\alpha+1}} + \int_{1}^{N}\frac{x}{(x+1)^{\alpha+1}}\mathrm{d}x < \sum_{n=1}^{N}\frac{n}{(n+1)^{\alpha+1}} < \frac{1}{2^{\alpha+1}} + \int_{1}^{N}\frac{x}{(x+1)^{\alpha+1}}\mathrm{d}x,$$

而

$$\int_{1}^{N}\frac{x}{(x+1)^{\alpha+1}}\mathrm{d}x = \int_{1}^{N}\frac{1}{(x+1)^{\alpha}}\mathrm{d}x - \int_{1}^{N}\frac{1}{(x+1)^{\alpha+1}}\mathrm{d}x$$
$$= \frac{1}{1-\alpha}(N^{1-\alpha}-1) + \frac{1}{\alpha}((N+1)^{-\alpha}-2^{-\alpha}),$$

且

$$\lim_{N\to+\infty}\frac{\displaystyle\int_{1}^{N}\frac{x}{(x+1)^{\alpha+1}}\mathrm{d}x}{1+\dfrac{1}{1-\alpha}(N^{1-\alpha}-1)}$$
$$= \lim_{N\to+\infty}\frac{\dfrac{1}{1-\alpha}(N^{1-\alpha}-1) + \dfrac{1}{\alpha}((N+1)^{-\alpha}-2^{-\alpha})}{1+\dfrac{1}{1-\alpha}(N^{1-\alpha}-1)} = 1,$$

所以 $\displaystyle\lim_{N\to+\infty}\frac{\displaystyle\sum_{n=1}^{N}\frac{n}{(n+1)^{\alpha+1}}}{1+\dfrac{1}{1-\alpha}(N^{1-\alpha}-1)} = 1$, 故由夹逼准则, 得

$$\lim_{N \to +\infty} \frac{\displaystyle\sum_{n=1}^{N} \frac{n}{\displaystyle\sum_{k=1}^{n} k^{\alpha}}}{\displaystyle\sum_{n=1}^{N} \frac{1}{n^{\alpha}}} = \alpha + 1.$$

例 8.3　判别级数 $\displaystyle\sum_{n=2}^{\infty} \frac{1}{n \ln n}$ 的敛散性.

解　令 $f(x) = \dfrac{1}{x \ln x}$ $(x \geqslant 2)$, 则 $f(x)$ 在 $[2, +\infty)$ 上单调减少, 由命题 8.4(1),
可得

$$\frac{1}{n \ln n} + \int_2^n \frac{\mathrm{d}x}{x \ln x} < \sum_{k=2}^{n} \frac{1}{k \ln k} < \frac{1}{2 \ln 2} + \int_2^n \frac{\mathrm{d}x}{x \ln x},$$

即

$$\frac{1}{n \ln n} + \ln \ln n - \ln \ln 2 < \sum_{k=2}^{n} \frac{1}{k \ln k} < \frac{1}{2 \ln 2} + \ln \ln n - \ln \ln 2.$$

记级数的部分和 $S_n = \displaystyle\sum_{k=2}^{n} \frac{1}{k \ln k}$, 则

$$S_n = \sum_{k=2}^{n} \frac{1}{k \ln k} > \frac{1}{n \ln n} + \ln \ln n - \ln \ln 2 \to +\infty \quad (n \to \infty),$$

故原级数 $\displaystyle\sum_{n=2}^{\infty} \frac{1}{n \ln n}$ 发散.

又令 $g(x) = \ln x$ $(x \geqslant 1)$, 则 $g'(x) = \dfrac{1}{x} > 0$, $g''(x) = -\dfrac{1}{x^2} < 0$ $(x \geqslant 1)$, 于是
函数 $g(x)$ 在 $[1, +\infty)$ 上单调增加且为凸的, 故由命题 8.4(1), 得

$$n \ln n - n + 1 = \int_1^n \ln x \, \mathrm{d}x < \sum_{k=1}^{n} g(k) = \sum_{k=1}^{n} \ln k < \ln n + \int_1^n \ln x \, \mathrm{d}x$$

$$= (n+1) \ln n - n + 1,$$

从而得

$$\frac{1}{\ln n!} = \frac{1}{\displaystyle\sum_{k=1}^{n} \ln k} > \frac{1}{(n+1) \ln n - n + 1} > \frac{1}{(n+1) \ln n}$$

$$> \frac{1}{(n+1) \ln(n+1)} \quad (n \geqslant 2).$$

而由上知级数 $\displaystyle\sum_{n=2}^{\infty} \frac{1}{(n+1)\ln(n+1)}$ 发散, 故由正项级数的比较判别法知, 级数 $\displaystyle\sum_{n=2}^{\infty} \frac{1}{\ln n!}$ 发散.

(3) 证明一些有关和式的不等式.

例 8.4 证明 $\displaystyle\frac{7}{10} < \sum_{n=1}^{\infty} \frac{2n}{(1+n^2)^2} < 1$.

证明 令 $f(x) = \dfrac{2x}{(1+x^2)^2}$ $(x \geqslant 1)$, 则 $f'(x) = \dfrac{2(1-3x^2)}{(1+x^2)^3} < 0$ $(x \geqslant 1)$, 于是由命题 8.4, 有

$$\frac{1}{2} + f(l) + \int_2^l f(x)\mathrm{d}x < \frac{1}{2} + \sum_{n=2}^{l} \frac{2n}{(1+n^2)^2} = \sum_{n=1}^{l} \frac{2n}{(1+n^2)^2}$$
$$< f(1) + \int_1^l f(x)\mathrm{d}x,$$

即

$$\frac{7}{10} + \frac{2l}{(1+l^2)^2} - \frac{1}{1+l^2} < \sum_{n=1}^{l} \frac{2n}{(1+n^2)^2} < 1 - \frac{1}{1+l^2}.$$

令 $l \to +\infty$, 即得 $\displaystyle\frac{7}{10} < \sum_{n=1}^{\infty} \frac{2n}{(1+n^2)^2} < 1$.

一般地, 设 c 为任意正数, 则有 $\dfrac{1}{4+c^2} + \dfrac{2}{(1+c^2)^2} < \displaystyle\sum_{n=1}^{\infty} \frac{2n}{(c^2+n^2)^2} < \frac{1}{c^2}$.

例 8.5 证明 $\mathrm{e}\left(\dfrac{n}{\mathrm{e}}\right)^n < n! < \mathrm{e}\sqrt{n}\left(\dfrac{n}{\mathrm{e}}\right)^n$ $(n > 1)$.

证明 要证结论成立, 即要证 $n\ln n - n + 1 < \displaystyle\sum_{k=1}^{n} \ln k < \left(n + \frac{1}{2}\right)\ln n - n + 1$.

为此, 令 $f(x) = \ln x$ $(x > 0)$, 则 $f'(x) = \dfrac{1}{x} > 0$, $f''(x) = -\dfrac{1}{x^2} < 0$, 于是 $f(x)$ 在 $(0, +\infty)$ 内单调增加, 且为凸弧, 故由命题 8.4, 得

$$n\ln n - n + 1 = \ln 1 + \int_1^n \ln x\mathrm{d}x < \sum_{k=1}^{n} \ln k < \int_1^n \ln x\mathrm{d}x + \frac{\ln n}{2} + \frac{\ln 1}{2}$$
$$= \left(n + \frac{1}{2}\right)\ln n - n + 1,$$

再由不等式两边取 e 为底的指数, 即得证.

例 8.6 证明对于任何大于 1 的自然数 n, 有

(1) $\dfrac{2}{3}n\sqrt{n} < \displaystyle\sum_{k=1}^{n} \sqrt{k} < \dfrac{4n+3}{6}\sqrt{n}$;   (2) $\dfrac{3n+1}{2n+2} < \displaystyle\sum_{k=1}^{n} \left(\dfrac{k}{n}\right)^n < \dfrac{2n+1}{n+1}$.

证明   (1) 令 $f(x) = \sqrt{x}\ (x \geqslant 1)$, 则 $f'(x) = \dfrac{1}{2\sqrt{x}} > 0$, $f''(x) = -\dfrac{1}{4}x^{-\frac{3}{2}} < 0$, 于是由命题 8.3, 取 $m = 1, \alpha = \dfrac{1}{2}$, 即得

$$\frac{2}{3}n^{\frac{3}{2}} < \sum_{k=1}^{n} \sqrt{k} < \frac{1}{2}n^{\frac{1}{2}} + \frac{2}{3}n^{\frac{3}{2}} = \frac{4n+3}{6}\sqrt{n}.$$

(2) 令 $f(x) = \left(\dfrac{x}{n}\right)^n\ (n > 1, 0 \leqslant x \leqslant n)$, 则 $\forall 0 \leqslant x \leqslant n$, 有 $f'(x) = \dfrac{1}{n^{n-1}}x^{n-1} > 0$, $f''(x) = \dfrac{n-1}{n^{n-1}}x^{n-2} > 0$, $f(x)$ 为凹弧, 于是由命题 8.4, 取 $m = 1$, 并令 $t = \dfrac{x}{n}$, 即得

$$\frac{3n+1}{2n+2} = n\int_0^1 t^n \mathrm{d}t + \frac{1}{2} = \int_0^n \left(\frac{x}{n}\right)^n \mathrm{d}x + \frac{1}{2} < \sum_{k=1}^{n} \left(\frac{k}{n}\right)^n < 1 + \int_1^n \left(\frac{x}{n}\right)^n \mathrm{d}x$$

$$= 1 + n\int_{\frac{1}{n}}^1 t^n \mathrm{d}t < \frac{2n+1}{n+1}.$$

8.5 小   结

本章得到了和式的几个命题, 然后探讨了如何利用命题构造关于和式的不等式、极限及界的估计等新题, 并介绍了命题在求和数取整及和式不等式证明中的应用. 在此基础上, 读者也可以类似地构造出一些其他相关新题.

第 9 章　高阶常系数线性微分方程的逆特征算子分解法

CHAPTER

9.1　问题的提出

目前, 各类文献中介绍的求解 $n(n \geqslant 2)$ 阶常系数齐次线性微分方程的一般方法主要是: 根据其特征方程的根的情况写出其通解形式. 求解 $n(n \geqslant 2)$ 阶常系数非齐次线性微分方程通解的一般方法主要是: 常数变易法[18-19,23]、降阶方法[24], 或先由待定系数法、算子法、拉普拉斯 (Laplace) 变换法及分部积分法等[18,25-27]方法求出常系数非齐次线性微分方程的一个特解, 再加上对应齐次线性微分方程的通解, 由通解的结构而得到非齐次线性微分方程的通解.

对于常数变易法, 需要求解一个 n 元方程组, 当 n 较大 $(n > 3)$ 时, 不易求得; 对于降阶方法, 当 n 较大 $(n > 3)$ 时, 不易降阶分解; 对于待定系数法, 相关文献中只介绍了非齐次项为多项式与指数函数的乘积或指数函数、多项式与正弦和余弦函数的乘积两种特殊形式情况的求解, 而对于其他非齐次项情况不适用; 对于算子法, 需记住一些相关性质; 等等.

基于此, 我们拟寻找一种求解高阶常系数齐次和非齐次线性微分方程通解的普适性的新方法.

本章, 讨论高阶常系数齐次和非齐次线性微分方程的新的求解方法.

注意到 $n\ (n \geqslant 2)$ 重积分可以化为累次积分, 即化为 n 个定积分而计算得到, 类比于此, 我们提出如下问题: 能否将任意 n 阶 $(n \geqslant 2)$ 常系数齐次和非齐次线性微分方程化为 n 个一阶线性微分方程而求得其对应的解? 那么, 又采用什么方法能实现上述想法?

考虑到引入微分算子可以简化运算, 为了解决上述提出的问题, 我们以算子理论作为工具, 提出一种求解任意 n 阶 $(n \geqslant 2)$ 常系数线性 (齐次和非齐次) 微分方程通解的逆特征算子分解新方法

9.2　二阶常系数线性微分方程的逆特征算子分解法

考虑二阶常系数线性微分方程

$$y'' + py' + qy = f(x), \tag{9.1}$$

其中 p, q 为常数.

若 $f(x) = 0$, 则方程 (9.1) 称为二阶常系数齐次线性微分方程; 若 $f(x) \neq 0$, 则方程 (9.1) 称为二阶常系数非齐次线性微分方程.

不妨记微分算子 $D = \dfrac{\mathrm{d}}{\mathrm{d}x}$, 恒同算子 $If(x) = f(x)$, 特征方程 $L(r) = r^2 + pr + q = 0$, 特征算子 $L(D) = D^2 + pD + qI$, 则 $y' = \dfrac{\mathrm{d}y}{\mathrm{d}x} = Dy$, $y'' = \dfrac{\mathrm{d}^2 y}{\mathrm{d}x^2} = D^2 y$, $\cdots$, $y^{(n)} = \dfrac{\mathrm{d}^n y}{\mathrm{d}x^n} = D^n y$, 于是方程 (9.1) 可记为: $L(D)y = f(x)$, 它的解可表示为

$$y = L^{-1}(D)f(x) = \frac{1}{L(D)} f(x),$$

其中 $L^{-1}(D)$ 及 $\dfrac{1}{L(D)}$ 都表示 $L(D)$ 的逆算子, 称为逆特征算子.

设方程 (9.1) 的特征方程 $L(r) = r^2 + pr + q = 0$ 的根为 r_1, r_2, 则

(i) 当 $r_1 \neq r_2 \in \mathbf{R}$ 时, 有 $L(r) = (r - r_1)(r - r_2)$, $L(D) = (D - r_1 I)(D - r_2 I)$, 其中算子 $D - r_1 I$ 与 $D - r_2 I$ 是可交换的, 于是 $L^{-1}(D) = (D - r_2 I)^{-1}(D - r_1 I)^{-1} = (D - r_1 I)^{-1}(D - r_2 I)^{-1}$.

由有理函数真分式的因式分解方法, 不妨设 $\dfrac{1}{L(r)} = \dfrac{A}{r - r_1} + \dfrac{B}{r - r_2}$, 则右边通分后比较等式两边同次幂的系数得

$$A = \frac{1}{r_1 - r_2}, \quad B = -\frac{1}{r_1 - r_2},$$

于是

$$\frac{1}{L(r)} = \frac{1}{r_1 - r_2} \cdot \left(\frac{1}{r - r_1} - \frac{1}{r - r_2} \right), \quad I = \frac{1}{r_1 - r_2} \cdot [(D - r_2 I) - (D - r_1 I)].$$

将方程 (9.1) 改写为形式

$$L(D)y = f(x) = If(x) = \frac{1}{r_1 - r_2} \cdot [(D - r_2 I) - (D - r_1 I)]f(x),$$

且对方程两边分别作用 $L^{-1}(D)$, 即得方程 (9.1) 的解为

$$y = \frac{1}{L(D)} f(x) = \frac{1}{r_1 - r_2} \left[(D - r_1 I)^{-1} - (D - r_2 I)^{-1} \right] f(x)$$

$$= \frac{1}{r_1 - r_2} \left[\frac{1}{D - r_1 I} - \frac{1}{D - r_2 I} \right] f(x),$$

其中 $\dfrac{1}{L(D)} = \dfrac{1}{r_1 - r_2} \cdot \left[\dfrac{1}{D - r_1 I} - \dfrac{1}{D - r_2 I} \right]$.

令 $(D - r_iI)^{-1}f(x) = Z_i(x)(i = 1, 2)$, 则有 $(D - r_iI)Z_i(x) = f(x)$, 即

$$Z_i'(x) - r_iZ_i(x) = f(x),$$

由一阶线性微分方程的求解公式, 解得

$$Z_i(x) = \mathrm{e}^{r_ix} \cdot \left[\int f(x)\mathrm{e}^{-r_ix}\mathrm{d}x + \tilde{C}_i \right] \quad (i = 1, 2),$$

其中 $\tilde{C}_1, \tilde{C}_2$ 为任意常数. 故方程 (9.1) 的通解为

$$
\begin{aligned}
y &= \frac{1}{L(D)}f(x) = \frac{1}{r_1 - r_2}[(D - r_1I)^{-1}f(x) - (D - r_2I)^{-1}f(x)] \\
&= \frac{1}{r_1 - r_2}[Z_1(x) - Z_2(x)] \\
&= C_1\mathrm{e}^{r_1x} + C_2\mathrm{e}^{r_2x} + \frac{1}{r_1 - r_2}\mathrm{e}^{r_1x} \cdot \int f(x)\mathrm{e}^{-r_1x}\mathrm{d}x \\
&\quad + \frac{1}{r_2 - r_1}\mathrm{e}^{r_2x} \cdot \int f(x)\mathrm{e}^{-r_2x}\mathrm{d}x,
\end{aligned}
$$

其中 $C_1 = \dfrac{\tilde{C}_1}{r_1 - r_2}, C_2 = \dfrac{\tilde{C}_2}{r_2 - r_1}$.

(ii) 当 $r_1 = r_2 \in \mathbf{R}$ 时, 有 $L(r) = (r - r_1)^2$, $L(D) = (D - r_1I)^2$, 于是

$$\frac{1}{L(r)} = \frac{1}{(r - r_1)^2}, \quad L^{-1}(D) = (D - r_1I)^{-1}(D - r_1I)^{-1}.$$

再由方程 $L(D)y = f(x)$ 两边分别作用 $L^{-1}(D)$, 即得方程 (9.1) 的解为

$$y = \frac{1}{L(D)}f(x) = (D - r_1I)^{-1}(D - r_1I)^{-1}f(x) = \frac{1}{D - r_1I}\left(\frac{1}{D - r_1I} \right)f(x),$$

其中 $\dfrac{1}{L(D)} = \dfrac{1}{D - r_1I}\left(\dfrac{1}{D - r_1I} \right)$.

令 $(D - r_1I)^{-1}f(x) = Z_1(x)$, 则有 $(D - r_1I)Z_1(x) = f(x)$, 即

$$Z_1'(x) - r_1Z_1(x) = f(x),$$

解得 $Z_1(x) = \mathrm{e}^{r_1x} \cdot \left[\int f(x)\mathrm{e}^{-r_1x}\mathrm{d}x + C_1 \right]$.

又令 $(D - r_1I)^{-1}Z_1(x) = Z_2(x)$, 则有 $(D - r_1I)Z_2(x) = Z_1(x)$, 即

$$Z_2'(x) - r_1Z_2(x) = Z_1(x),$$

故得方程 (9.1) 的通解为

$$y = Z_2(x) = \mathrm{e}^{r_1 x} \cdot \left[\int Z_1(x) \mathrm{e}^{-r_1 x} \mathrm{d}x + C_2 \right]$$

$$= \mathrm{e}^{r_1 x} \cdot \left[\int \left(\int f(x) \mathrm{e}^{-r_1 x} \mathrm{d}x + C_1 \right) \mathrm{d}x + C_2 \right]$$

$$= (C_1 x + C_2) \mathrm{e}^{r_1 x} + \mathrm{e}^{r_1 x} \cdot \int \left(\int f(x) \mathrm{e}^{-r_1 x} \mathrm{d}x \right) \mathrm{d}x,$$

其中 C_1, C_2 为任意常数.

(iii) 当 $r_{1,2} = \alpha \pm \mathrm{i}\beta$ 时, 有 $L(r) = (r - r_1)(r - r_2)$, $L(D) = (D - r_1 I)(D - r_2 I)$, 于是由情形 (i) 得方程 (9.1) 的解为

$$y = \frac{1}{L(D)} f(x) = \frac{1}{r_1 - r_2} \left[(D - r_1 I)^{-1} - (D - r_2 I)^{-1} \right] f(x)$$

$$= \frac{1}{2\mathrm{i}\beta} \left[(D - r_1 I)^{-1} - (D - r_2 I)^{-1} \right] f(x),$$

其中 $\dfrac{1}{L(D)} = \dfrac{1}{2\mathrm{i}\beta} \left[(D - r_1 I)^{-1} - (D - r_2 I)^{-1} \right]$. 故由情形 (i) 可得方程 (9.1) 的通解为

$$y = \tilde{C}_1 \mathrm{e}^{(\alpha + \mathrm{i}\beta)x} + \tilde{C}_2 \mathrm{e}^{(\alpha - \mathrm{i}\beta)x}$$

$$+ \frac{1}{2\mathrm{i}\beta} \left[\mathrm{e}^{(\alpha + \mathrm{i}\beta)x} \cdot \int f(x) \mathrm{e}^{-(\alpha + \mathrm{i}\beta)x} \mathrm{d}x - \mathrm{e}^{(\alpha - \mathrm{i}\beta)x} \cdot \int f(x) \mathrm{e}^{-(\alpha - \mathrm{i}\beta)x} \mathrm{d}x \right]$$

$$= \mathrm{e}^{\alpha x} (C_1 \cdot \cos \beta x + C_2 \cdot \sin \beta x) + \frac{1}{\beta} \mathrm{e}^{\alpha x} \cdot \left[\sin \beta x \cdot \int f(x) \mathrm{e}^{-\alpha x} \cdot \cos \beta x \mathrm{d}x \right.$$

$$\left. - \cos \beta x \cdot \int f(x) \mathrm{e}^{-\alpha x} \cdot \sin \beta x \mathrm{d}x \right],$$

其中 $C_1 = \tilde{C}_1 + \tilde{C}_2$, $C_2 = \mathrm{i}(\tilde{C}_1 - \tilde{C}_2)$, $\tilde{C}_1, \tilde{C}_2$ 为任意常数.

于是由上可得

定理 9.1　设方程 (9.1) 的特征方程 $L(r) = r^2 + pr + q = 0$ 的根为 r_1, r_2, 则

(1) 当 $r_1 \neq r_2 \in \mathbf{R}$ 时, 方程 (9.1) 的通解为

$$y = C_1 \mathrm{e}^{r_1 x} + C_2 \mathrm{e}^{r_2 x} + \frac{1}{r_1 - r_2} \mathrm{e}^{r_1 x} \cdot \int f(x) \mathrm{e}^{-r_1 x} \mathrm{d}x$$

$$+ \frac{1}{r_2 - r_1} \mathrm{e}^{r_2 x} \cdot \int f(x) \mathrm{e}^{-r_2 x} \mathrm{d}x;$$

(2) 当 $r_1 = r_2 \in \mathbf{R}$ 时, 方程 (9.1) 的通解为

$$y = \mathrm{e}^{r_1 x} \cdot \left[\int \left(\int f(x) \mathrm{e}^{-r_1 x} \mathrm{d}x + C_1 \right) \mathrm{d}x + C_2 \right]$$

$$= (C_1 x + C_2) \mathrm{e}^{r_1 x} + \mathrm{e}^{r_1 x} \cdot \int \left(\int f(x) \mathrm{e}^{-r_1 x} \mathrm{d}x \right) \mathrm{d}x;$$

(3) 当 r_1 与 r_2 为共轭复根时, 记 $r_{1,2} = \alpha \pm \mathrm{i}\beta(\alpha, \beta \in \mathbf{R}$, 且 $\beta \neq 0)$, 方程 (9.1) 的通解为

$$y = \mathrm{e}^{\alpha x}(C_1 \cdot \cos \beta x + C_2 \cdot \sin \beta x) + \frac{1}{\beta} \mathrm{e}^{\alpha x} \cdot \left[\sin \beta x \cdot \int f(x) \mathrm{e}^{-\alpha x} \cdot \cos \beta x \mathrm{d}x \right.$$

$$\left. - \cos \beta x \cdot \int f(x) \mathrm{e}^{-\alpha x} \cdot \sin \beta x \mathrm{d}x \right],$$

其中 $\alpha = -\dfrac{p}{2}$, $\beta = \dfrac{\sqrt{4q - p^2}}{2}$, C_1, C_2 为任意常数, 通解表达式中的不定积分不含任意常数.

[注记 1]　由上讨论可知, 实际求解时可不必强记定理 9.1 中的公式, 只需根据特征方程根的情况, 用有理函数真分式的因式分解方法对 $\dfrac{1}{L(r)}$ 进行因式分解, 即可得到逆特征算子 $\dfrac{1}{L(D)}$ 的分解式, 它形式上表示为两个一次算子因式逆的和 (差) 与积的形式, 再由 $y = \dfrac{1}{L(D)} f(x)$ 把二阶常系数线性微分方程的求解问题转化为求两个一阶线性微分方程的通解, 从而求得原方程 (9.1) 的通解. 我们把该方法称为逆特征算子分解法.

进一步地, 我们很自然地提出如下问题:

上述方法是否可以推广用于求解三阶及三阶以上高阶常系数齐次和非齐次线性微分方程?

9.3　三阶及 n 阶常系数线性微分方程的逆特征算子分解法

考虑三阶常系数线性微分方程

$$y''' + p_1 y'' + p_2 y' + p_3 y = f(x), \tag{9.2}$$

其中 p_i $(i = 1, 2, 3)$ 为常数.

设方程 (9.2) 的特征方程 $L(r) = r^3 + p_1 r^2 + p_2 r + p_3 = 0$ 的根分别为 r_1, r_2, r_3, 则

(i) 当 $r_1, r_2, r_3 \in \mathbf{R}$ 且互异时, 有 $L(r) = (r - r_1)(r - r_2)(r - r_3)$, 于是

$$L(D) = (D - r_1 I)(D - r_2 I)(D - r_3 I), \quad L^{-1}(D) = (D - r_3 I)^{-1}(D - r_2 I)^{-1}(D - r_1 I)^{-1},$$

其中各算子因式是可交换的.

不妨设 $\dfrac{1}{L(r)} = \dfrac{A}{r - r_1} + \dfrac{B}{r - r_2} + \dfrac{C}{r - r_3}$, 则右边通分再比较等式两边同次幂的系数得

$$A = \frac{1}{(r_1 - r_2)(r_1 - r_3)}, \quad B = \frac{1}{(r_2 - r_1)(r_2 - r_3)}, \quad C = \frac{1}{(r_3 - r_1)(r_3 - r_2)},$$

于是

$$
\begin{aligned}
\frac{1}{L(r)} &= \frac{1}{(r_1 - r_2)(r_1 - r_3)(r_2 - r_3)} \cdot \left(\frac{r_2 - r_3}{r - r_1} + \frac{r_3 - r_1}{r - r_2} + \frac{r_1 - r_2}{r - r_3} \right) \\
&= \sum_{i=1}^{3} \frac{1}{\prod\limits_{\substack{j=1 \\ j \neq i}}^{3} (r_i - r_j)} \cdot \frac{1}{r - r_i},
\end{aligned}
$$

$$I = A\,(D - r_2 I)(D - r_3 I) + B\,(D - r_1 I)(D - r_3 I) + C\,(D - r_1 I)(D - r_2 I).$$

下面用两种方法推导当 $r_1, r_2, r_3 \in \mathbf{R}$ 且互异时, 方程 (9.2) 的通解形式.

方法 1　将方程 (9.2) 改写为形式

$$
\begin{aligned}
L(D)y = f(x) = If(x) &= A\,(D - r_2 I)(D - r_3 I) \\
&+ B\,(D - r_1 I)(D - r_3 I) + C\,(D - r_1 I)(D - r_2 I),
\end{aligned}
$$

且对方程两边分别作用 $L^{-1}(D)$, 即得方程 (9.2) 的解为

$$
\begin{aligned}
y &= \frac{1}{L(D)} f(x) = \left[A\,(D - r_1 I)^{-1} + B\,(D - r_2 I)^{-1} + C\,(D - r_3 I)^{-1} \right] f(x) \\
&= \left[\frac{A}{D - r_1 I} + \frac{B}{D - r_2 I} + \frac{C}{D - r_3 I} \right] f(x) = \sum_{i=1}^{3} \frac{1}{\prod\limits_{\substack{j=1 \\ j \neq i}}^{3} (r_i - r_j)} \cdot \frac{1}{D - r_i I} f(x),
\end{aligned}
$$

其中 $\dfrac{1}{L(D)} = \sum\limits_{i=1}^{3} \dfrac{1}{\prod\limits_{\substack{j=1 \\ j \neq i}}^{3} (r_i - r_j)} \cdot \dfrac{1}{D - r_i I}$.

令 $(D - r_i I)^{-1} f(x) = Z_i(x)\,(i = 1, 2, 3)$, 则有 $(D - r_i I)Z_i(x) = f(x)$, 即

$$Z_i'(x) - r_i Z_i(x) = f(x),$$

由一阶线性微分方程的求解公式, 解得

$$Z_i(x) = \mathrm{e}^{r_i x} \cdot \left[\int f(x) \mathrm{e}^{-r_i x} \mathrm{d}x + \tilde{C}_i \right] \quad (i = 1, 2, 3),$$

故方程 (9.2) 的通解为

$$y = \frac{1}{L(D)} f(x) = \sum_{i=1}^{3} \frac{1}{\displaystyle\prod_{\substack{j=1 \\ j \neq i}}^{3} (r_i - r_j)} \cdot (D - r_i I)^{-1} f(x) = \sum_{i=1}^{3} \frac{1}{\displaystyle\prod_{\substack{j=1 \\ j \neq i}}^{3} (r_i - r_j)} \cdot Z_i(x)$$

$$= \sum_{i=1}^{3} C_i \mathrm{e}^{r_i x} + \sum_{i=1}^{3} \left[\frac{1}{\displaystyle\prod_{\substack{j=1 \\ j \neq i}}^{3} (r_i - r_j)} \mathrm{e}^{r_i x} \cdot \int f(x) \mathrm{e}^{-r_i x} \mathrm{d}x \right],$$

其中 $C_i = \dfrac{\tilde{C}_i}{\displaystyle\prod_{\substack{j=1 \\ j \neq i}}^{3} (r_i - r_j)}$ $(i = 1, 2, 3)$, $\tilde{C}_1, \tilde{C}_2, \tilde{C}_3$ 为任意常数.

方法 2 将方程 (9.2) 写为

$$(D - r_1 I)(D - r_2 I)[(D - r_3 I)y] = f(x),$$

于是由定理 9.1(1) 的推导得

$$(D - r_3 I)y = \frac{1}{r_1 - r_2} \left[(D - r_1 I)^{-1} - (D - r_2 I)^{-1} \right] f(x),$$

因此方程 (9.2) 的解为

$$y = \frac{1}{r_1 - r_2} [(D - r_3 I)^{-1}(D - r_1 I)^{-1} - (D - r_3 I)^{-1}(D - r_2 I)^{-1}] f(x)$$

$$= \frac{1}{r_1 - r_2} \left\{ [(D - r_3 I)(D - r_1 I)]^{-1} - [(D - r_3 I)(D - r_2 I)]^{-1} \right\} f(x)$$

$$= \frac{1}{r_1 - r_2} \left\{ \frac{1}{r_3 - r_1} [(D - r_3 I)^{-1} - (D - r_1 I)^{-1}] \right.$$

$$\left. - \frac{1}{r_3 - r_2} [(D - r_3 I)^{-1} - (D - r_2 I)^{-1}] \right\} f(x),$$

整理即可得方程 (9.2) 的通解为

$$y = \sum_{i=1}^{3} C_i \mathrm{e}^{r_i x} + \sum_{i=1}^{3} \left[\frac{1}{\prod_{\substack{j=1 \\ j \neq i}}^{3} (r_i - r_j)} \mathrm{e}^{r_i x} \cdot \int f(x) \mathrm{e}^{-r_i x} \mathrm{d}x \right].$$

(ii) 当 $r_1 = r_2 = r_3 \in \mathbf{R}$ 时, 有 $L(r) = (r - r_1)^3$, $L(D) = (D - r_1 I)^3$,
$\dfrac{1}{L(r)} = \dfrac{1}{(r - r_1)^3}$,

方程 (9.2) 两边分别作用 $L^{-1}(D)$, 即得方程 (9.2) 的解为

$$y = \frac{1}{L(D)} f(x) = (D - r_1 I)^{-1} \{ (D - r_1 I)^{-1} [(D - r_1 I)^{-1} f(x)] \},$$

其中 $\dfrac{1}{L(D)} = \dfrac{1}{(D - r_1 I)^3} = (D - r_1 I)^{-1} (D - r_1 I)^{-1} (D - r_1 I)^{-1}$.

令 $(D - r_1 I)^{-1} f(x) = Z_1(x)$, 则有 $(D - r_1 I) Z_1(x) = f(x)$, 即

$$Z_1'(x) - r_1 Z_1(x) = f(x),$$

解得 $Z_1(x) = \mathrm{e}^{r_1 x} \cdot \left[\int f(x) \mathrm{e}^{-r_1 x} \mathrm{d}x + \tilde{C}_1 \right]$.

又令 $(D - r_1 I)^{-1} Z_1(x) = Z_2(x)$, 则有 $(D - r_1 I) Z_2(x) = Z_1(x)$, 即

$$Z_2'(x) - r_1 Z_2(x) = Z_1(x),$$

于是得

$$Z_2(x) = \mathrm{e}^{r_1 x} \cdot \left[\int Z_1(x) \mathrm{e}^{-r_1 x} \mathrm{d}x + \tilde{C}_2 \right]$$

$$= \mathrm{e}^{r_1 x} \cdot \left[\int \left(\int f(x) \mathrm{e}^{-r_1 x} \mathrm{d}x + \tilde{C}_1 \right) \mathrm{d}x + \tilde{C}_2 \right]$$

$$= (\tilde{C}_1 x + \tilde{C}_2) \mathrm{e}^{r_1 x} + \mathrm{e}^{r_1 x} \cdot \int \left(\int f(x) \mathrm{e}^{-r_1 x} \mathrm{d}x \right) \mathrm{d}x.$$

再令 $(D - r_1 I)^{-1} Z_2(x) = Z_3(x)$, 则有 $(D - r_1 I) Z_3(x) = Z_2(x)$, 即

$$Z_3'(x) - r_1 Z_3(x) = Z_2(x),$$

故得方程 (9.2) 的通解为

$$y = Z_3(x) = \mathrm{e}^{r_1 x} \cdot \left[\int Z_2(x) \mathrm{e}^{-r_1 x} \mathrm{d}x + \tilde{C}_3 \right]$$

$$= (C_1 x^2 + C_2 x + C_3)\mathrm{e}^{r_1 x} + \mathrm{e}^{r_1 x} \cdot \int \left[\int \left(\int f(x)\mathrm{e}^{-r_1 x}\mathrm{d}x \right) \mathrm{d}x \right] \mathrm{d}x,$$

其中 $C_1 = \dfrac{\tilde{C}_1}{2}$, $C_2 = \tilde{C}_2$, $C_3 = \tilde{C}_3$.

(iii) 当 $r_1, r_2, r_3 \in \mathbf{R}$ 且 $r_1 = r_2 \neq r_3$ 时, 有 $L(r) = (r - r_1)^2 (r - r_3)$, 于是

$$L(D) = (D - r_1 I)^2 (D - r_3 I), \quad L^{-1}(D) = (D - r_3 I)^{-1}(D - r_1 I)^{-1}(D - r_1 I)^{-1}.$$

不妨设 $\dfrac{1}{L(r)} = \dfrac{A}{(r - r_1)^2} + \dfrac{B}{r - r_1} + \dfrac{C}{r - r_3}$, 则通分并比较等式两边分子同次幂的系数得

$$A = \frac{1}{r_1 - r_3}, \quad B = -\frac{1}{(r_1 - r_3)^2}, \quad C = \frac{1}{(r_3 - r_1)^2},$$

于是

$$\frac{1}{L(r)} = \frac{1}{(r_1 - r_3)^2} \cdot \left[\frac{r_1 - r_3}{(r - r_1)^2} - \frac{1}{r - r_1} + \frac{1}{r - r_3} \right],$$

$$I = A\,(D - r_3 I) + B\,(D - r_1 I)(D - r_3 I) + C\,(D - r_1 I)^2.$$

将方程 (9.2) 改写为形式

$$L(D)y = f(x) = If(x) = A\,(D - r_3 I) + B\,(D - r_1 I)(D - r_3 I) + C\,(D - r_1 I)^2,$$

且对方程两边分别作用 $L^{-1}(D)$, 得方程 (9.2) 的解为

$$
\begin{aligned}
y &= \frac{1}{L(D)} f(x) = \big[A\,(D - r_1 I)^{-1}(D - r_1 I)^{-1} \\
&\quad + B\,(D - r_1 I)^{-1} + C\,(D - r_3 I)^{-1} \big] f(x) \\
&= \frac{1}{(r_1 - r_3)^2} \cdot \big[(r_1 - r_3)(D - r_1 I)^{-1}(D - r_1 I)^{-1} - (D - r_1 I)^{-1} \\
&\quad + (D - r_3 I)^{-1} \big] f(x) \\
&= \frac{1}{(r_1 - r_3)^2} \cdot \left[\frac{r_1 - r_3}{(D - r_1 I)^2} - \frac{1}{D - r_1 I} + \frac{1}{D - r_3 I} \right] f(x),
\end{aligned}
$$

其中 $\dfrac{1}{L(D)} = \dfrac{1}{(r_1 - r_3)^2} \cdot \left[\dfrac{r_1 - r_3}{(D - r_1 I)^2} - \dfrac{1}{D - r_1 I} + \dfrac{1}{D - r_3 I} \right]$.

令 $(D - r_i I)^{-1} f(x) = Z_i(x)$ $(i = 1, 3)$, 则有 $(D - r_i I)Z_i(x) = f(x)$, 即

$$Z_i'(x) - r_i Z_i(x) = f(x),$$

由一阶线性微分方程的求解公式, 解得

$$Z_i(x) = \mathrm{e}^{r_i x} \cdot \left[\int f(x)\mathrm{e}^{-r_i x}\mathrm{d}x + \tilde{C}_i \right] \quad (i = 1, 3).$$

又令 $(D - r_1 I)^{-1} Z_1(x) = Z_2(x)$, 则有 $(D - r_1 I) Z_2(x) = Z_1(x)$, 即

$$Z_2'(x) - r_1 Z_2(x) = Z_1(x),$$

于是得

$$\begin{aligned}
Z_2(x) &= \mathrm{e}^{r_1 x} \cdot \left[\int Z_1(x)\mathrm{e}^{-r_1 x}\mathrm{d}x + \tilde{C}_2 \right] \\
&= \mathrm{e}^{r_1 x} \cdot \left[\int \left(\int f(x)\mathrm{e}^{-r_1 x}\mathrm{d}x + \tilde{C}_1 \right)\mathrm{d}x + \tilde{C}_2 \right] \\
&= (\tilde{C}_1 x + \tilde{C}_2)\mathrm{e}^{r_1 x} + \mathrm{e}^{r_1 x} \cdot \int \left(\int f(x)\mathrm{e}^{-r_1 x}\mathrm{d}x \right)\mathrm{d}x,
\end{aligned}$$

故得方程 (9.2) 的通解为

$$\begin{aligned}
y =& \frac{1}{(r_1 - r_3)^2} \cdot [(r_1 - r_3) \cdot Z_2(x) - Z_1(x) + Z_3(x)] \\
=& (C_1 x + C_2)\mathrm{e}^{r_1 x} + C_3 \mathrm{e}^{r_3 x} + \frac{1}{r_1 - r_3}\mathrm{e}^{r_1 x} \cdot \int \left(\int f(x)\mathrm{e}^{-r_1 x}\mathrm{d}x \right)\mathrm{d}x \\
& - \frac{1}{(r_1 - r_3)^2}\mathrm{e}^{r_1 x} \cdot \int f(x)\mathrm{e}^{-r_1 x}\mathrm{d}x + \frac{1}{(r_3 - r_1)^2}\mathrm{e}^{r_3 x} \cdot \int f(x)\mathrm{e}^{-r_3 x}\mathrm{d}x,
\end{aligned}$$

其中 $C_1 = \dfrac{\tilde{C}_1}{r_1 - r_3}$, $C_2 = \dfrac{\tilde{C}_2}{r_1 - r_3} - \dfrac{\tilde{C}_1}{(r_1 - r_3)^2}$, $C_3 = \dfrac{\tilde{C}_3}{(r_1 - r_3)^2}$, $\tilde{C}_1, \tilde{C}_2, \tilde{C}_3$ 为任意常数.

（iv）当 $r_1 \in \mathbf{R}$, $r_2 = \bar{r}_3$ 时, 记 $r_{2,3} = \alpha \pm \mathrm{i}\beta (\alpha, \beta \in \mathbf{R}$, 且 $\beta \neq 0)$, 有

$$L(r) = (r - r_1)(r - r_2)(r - r_3), \quad L(D) = (D - r_1 I)(D - r_2 I)(D - r_3 I),$$

于是由情形 (i) 得方程 (9.2) 的通解为

$$y = \sum_{i=1}^{3} \tilde{C}_i \mathrm{e}^{r_i x} + \sum_{i=1}^{3} \left[\frac{1}{\displaystyle\prod_{\substack{j=1 \\ j \neq i}}^{3} (r_i - r_j)} \mathrm{e}^{r_i x} \cdot \int f(x)\mathrm{e}^{-r_i x}\mathrm{d}x \right].$$

代入 $r_{2,3} = \alpha \pm \mathrm{i}\beta(\alpha, \beta \in \mathbf{R}$, 且 $\beta \neq 0)$, 整理后即得方程 (9.2) 的通解为

$$
\begin{aligned}
y =& C_1 \mathrm{e}^{r_1 x} + \mathrm{e}^{\alpha x}(C_2 \cdot \cos \beta x + C_3 \cdot \sin \beta x) + \frac{\mathrm{e}^{r_1 x}}{(r_1 - \alpha)^2 + \beta^2} \cdot \int f(x) \mathrm{e}^{-r_1 x} \mathrm{d}x \\
& + \frac{(\alpha - r_1)\mathrm{e}^{\alpha x} \cdot \sin \beta x - \beta \mathrm{e}^{\alpha x} \cdot \cos \beta x}{\beta \cdot [(r_1 - \alpha)^2 + \beta^2]} \cdot \int f(x) \mathrm{e}^{-\alpha x} \cdot \cos \beta x \mathrm{d}x \\
& - \frac{(\alpha - r_1)\mathrm{e}^{\alpha x} \cdot \cos \beta x + \beta \mathrm{e}^{\alpha x} \cdot \sin \beta x}{\beta \cdot [(r_1 - \alpha)^2 + \beta^2]} \cdot \int f(x) \mathrm{e}^{-\alpha x} \cdot \sin \beta x \mathrm{d}x,
\end{aligned}
$$

其中 $C_1 = \tilde{C}_1$, $C_2 = \tilde{C}_2 + \tilde{C}_3$, $C_3 = \mathrm{i}(\tilde{C}_2 - \tilde{C}_3)$, $\tilde{C}_1, \tilde{C}_2, \tilde{C}_3$ 为任意常数.

综上所述, 可得

定理 9.2 设方程 (9.2) 的特征方程 $L(r) = r^3 + p_1 r^2 + p_2 r + p_3 = 0$ 的根分别为 r_1, r_2, r_3, 则

(i) 当 $r_1, r_2, r_3 \in \mathbf{R}$ 且互异时, 方程 (9.2) 的通解为

$$
y = \sum_{i=1}^{3} C_i \mathrm{e}^{r_i x} + \sum_{i=1}^{3} \left[\frac{1}{\prod\limits_{\substack{j=1 \\ j \neq i}}^{3} (r_i - r_j)} \mathrm{e}^{r_i x} \cdot \int f(x) \mathrm{e}^{-r_i x} \mathrm{d}x \right];
$$

(ii) 当 $r_1 = r_2 = r_3 \in \mathbf{R}$ 时, 方程 (9.2) 的通解为

$$
y = (C_1 x^2 + C_2 x + C_3) \mathrm{e}^{r_1 x} + \mathrm{e}^{r_1 x} \cdot \int \left[\int \left(\int f(x) \mathrm{e}^{-r_1 x} \mathrm{d}x \right) \mathrm{d}x \right] \mathrm{d}x;
$$

(iii) 当 $r_1, r_2, r_3 \in \mathbf{R}$ 且 $r_1 = r_2 \neq r_3$ 时, 方程 (9.2) 的通解为

$$
\begin{aligned}
y =& (C_1 x + C_2)\mathrm{e}^{r_1 x} + C_3 \mathrm{e}^{r_3 x} + \frac{1}{r_1 - r_3} \mathrm{e}^{r_1 x} \cdot \int \left(\int f(x) \mathrm{e}^{-r_1 x} \mathrm{d}x \right) \mathrm{d}x \\
& - \frac{1}{(r_1 - r_3)^2} \mathrm{e}^{r_1 x} \cdot \int f(x) \mathrm{e}^{-r_1 x} \mathrm{d}x + \frac{1}{(r_3 - r_1)^2} \mathrm{e}^{r_3 x} \cdot \int f(x) \mathrm{e}^{-r_3 x} \mathrm{d}x;
\end{aligned}
$$

(iv) 当 $r_1 \in \mathbf{R}$, $r_2 = \bar{r}_3$ 时, 记 $r_{2,3} = \alpha \pm \mathrm{i}\beta(\alpha, \beta \in \mathbf{R}$, 且 $\beta \neq 0)$, 方程 (9.2) 的通解为

$$
\begin{aligned}
y =& C_1 \mathrm{e}^{r_1 x} + \mathrm{e}^{\alpha x}(C_2 \cdot \cos \beta x + C_3 \cdot \sin \beta x) + \frac{\mathrm{e}^{r_1 x}}{(r_1 - \alpha)^2 + \beta^2} \cdot \int f(x) \mathrm{e}^{-r_1 x} \mathrm{d}x \\
& + \frac{(\alpha - r_1)\mathrm{e}^{\alpha x} \cdot \sin \beta x - \beta \mathrm{e}^{\alpha x} \cdot \cos \beta x}{\beta \cdot [(r_1 - \alpha)^2 + \beta^2]} \cdot \int f(x) \mathrm{e}^{-\alpha x} \cdot \cos \beta x \mathrm{d}x \\
& - \frac{(\alpha - r_1)\mathrm{e}^{\alpha x} \cdot \cos \beta x + \beta \mathrm{e}^{\alpha x} \cdot \sin \beta x}{\beta \cdot [(r_1 - \alpha)^2 + \beta^2]} \cdot \int f(x) \mathrm{e}^{-\alpha x} \cdot \sin \beta x \mathrm{d}x,
\end{aligned}
$$

其中 $C_i\ (i = 1, 2, 3)$ 为任意常数, 且通解表达式中的不定积分均不含任意常数.

一般地, 上述方法可推广到 n 阶常系数非齐次线性微分方程上去, 对此我们不再详细讨论, 只简单地叙述如下.

设有 n 阶常系数非齐次线性微分方程

$$y^{(n)} + p_1 y^{(n-1)} + p_2 y^{(n-2)} + \cdots + p_{n-1} y' + p_n y = f(x), \tag{9.3}$$

它的特征方程 $L(r) = r^n + p_1 r^{n-1} + p_2 r^{n-2} + \cdots + p_{n-1} r + p_n = 0$, 其中 $p_i\ (i = 1, 2, \cdots, n)$ 为常数.

因为 $L(r)$ 为 n 次多项式, 它在复数范围内总可以分解为 n 个一次因式 (重根按重数计算) 的乘积, 所以按照有理函数的因式分解方法, $\dfrac{1}{L(r)}$ 总可以分解为部分分式之和.

不妨设 $L(r) = (r - r_1)^{\lambda_1} (r - r_2)^{\lambda_2} \cdots (r - r_s)^{\lambda_s}$, 其中 $r_i \in \mathbf{R}\ (i = 1, 2, \cdots, s)$ 互异且 $\lambda_1 + \lambda_2 + \cdots + \lambda_s = n,\ \lambda_i \in \mathbf{N}_+\ (i = 1, 2, \cdots, s)$, 则可设

$$\frac{1}{L(r)} = \frac{A_{11}}{r - r_1} + \frac{A_{12}}{(r - r_1)^2} + \cdots + \frac{A_{1\lambda_1}}{(r - r_1)^{\lambda_1}} + \frac{A_{21}}{r - r_2} + \frac{A_{22}}{(r - r_2)^2} + \cdots$$
$$+ \frac{A_{2\lambda_2}}{(r - r_2)^{\lambda_2}} + \cdots + \frac{A_{s1}}{r - r_s} + \frac{A_{s2}}{(r - r_s)^2} + \cdots + \frac{A_{s\lambda_s}}{(r - r_s)^{\lambda_s}},$$

其中 $A_{ij}\ (i = 1, 2, \cdots, s; j = 1, 2, \cdots, \lambda_s)$ 为待定常数, 可通分后比较等式两边分子的同次幂的系数得到.

类似于定理 9.1 与定理 9.2, 可得逆特征算子 $\dfrac{1}{L(D)}$ 的分解式

$$\frac{1}{L(D)} = \frac{A_{11}}{D - r_1 I} + \frac{A_{12}}{(D - r_1 I)^2} + \cdots + \frac{A_{1\lambda_1}}{(D - r_1 I)^{\lambda_1}} + \frac{A_{21}}{D - r_2 I}$$
$$+ \frac{A_{22}}{(D - r_2 I)^2} + \cdots + \frac{A_{2\lambda_2}}{(D - r_2 I)^{\lambda_2}}$$
$$+ \cdots + \frac{A_{s1}}{D - r_s I} + \frac{A_{s2}}{(D - r_s I)^2} + \cdots + \frac{A_{s\lambda_s}}{(D - r_s I)^{\lambda_s}},$$

于是由 $y = L^{-1}(D) f(x) = \dfrac{1}{L(D)} f(x)$, 求方程 (9.3) 的通解问题转化为求多个一阶常系数线性微分方程的通解即可.

特别地, 有

定理 9.3　设方程 (9.3) 的特征方程 $L(r) = r^n + p_1 r^{n-1} + p_2 r^{n-2} + \cdots + p_{n-1} r + p_n = 0$ 的根为 $r_i\ (i = 1, 2, \cdots, n)$, 则

(i) 当 $r_i \in \mathbf{R} \ (i = 1, 2, \cdots, n)$ 且互异时, 方程 (9.3) 的通解为

$$
y = \sum_{i=1}^{n} C_i \mathrm{e}^{r_i x} + \sum_{i=1}^{n} \left[\frac{1}{\displaystyle\prod_{\substack{j=1 \\ j \neq i}}^{n} (r_i - r_j)} \mathrm{e}^{r_i x} \cdot \int f(x) \mathrm{e}^{-r_i x} \mathrm{d}x \right] ;
$$

(ii) 当 $r_1 = r_2 = r_3 = \cdots = r_n \in \mathbf{R}$ 时, 方程 (9.3) 的通解为

$$
y = (C_1 x^{n-1} + C_2 x^{n-2} + \cdots + C_{n-1} x + C_n) \mathrm{e}^{r_1 x} + \mathrm{e}^{r_1 x} \cdot \underbrace{\int \int \cdots \int}_{n} f(x) \mathrm{e}^{-r_1 x} \underbrace{\mathrm{d}x \cdots \mathrm{d}x}_{n}.
$$

[注记 2]　　定理 9.1~ 定理 9.3 给出了求任意高阶常系数齐次和非齐次线性微分方程通解的一种普适性的新方法, 对非齐次方程的非齐次项函数类型没有任何限制.

实际求解时, 既可以直接利用定理中的公式, 也可不必记忆公式而由 $\dfrac{1}{L(r)}$ 的因式分解形式得到逆特征算子 $\dfrac{1}{L(D)}$ 的算子因式分解式, 然后化为一阶线性微分方程求解.

此外, 定理 9.1~ 定理 9.3 的通解表达式中含有任意常数的部分为对应齐次方程的通解, 其余部分为非齐次方程的一个特解. 因而利用上述方法也可以求高阶常系数非齐次线性微分方程的特解.

9.4　应用实例

下面通过一些具体实例来验证定理 9.1~ 定理 9.3 的有效性.

例 9.1　　求微分方程 $y'' + y' - 2y = 0$ 的通解.

解　　由特征方程 $L(r) = r^2 + r - 2 = (r-1)(r+2) = 0$, 得 $r_1 = -2, r_2 = 1$, 于是

$$
L(D) = D^2 + D - 2I = (D - I)(D + 2I),
$$

$$
\frac{1}{L(r)} = \frac{1}{(r-1)(r+2)} = -\frac{1}{3} \left(\frac{1}{r+2} - \frac{1}{r-1} \right),
$$

从而

$$
\frac{1}{L(D)} = \frac{1}{(D-I)(D+2I)} = -\frac{1}{3} \left[\frac{1}{D+2I} - \frac{1}{D-I} \right] = -\frac{1}{3} [(D+2I)^{-1} - (D-I)^{-1}],
$$

因此原方程的解为

$$y = \frac{1}{L(D)}(0) = -\frac{1}{3}[(D+2I)^{-1} - (D-I)^{-1}](0).$$

设 $(D+2I)^{-1}(0) = Z_1(x)$, 则有 $(D+2I)Z_1(x) = 0$, 即 $Z_1'(x) + 2Z_1(x) = 0$, 解得 $Z_1(x) = C_1 e^{-\int 2\mathrm{d}x} = C_1 e^{-2x}$, 其中 C_1 为任意常数.

又设 $(D-I)^{-1}(0) = Z_2(x)$, 则有 $(D-I)Z_2(x) = 0$, 即 $Z_2'(x) - Z_2(x) = 0$, 解得 $Z_2(x) = C_2 e^{-\int (-1)\mathrm{d}x} = C_2 e^x$, 其中 C_2 为任意常数.

故原方程的通解为

$$y = -\frac{1}{3}(Z_1(x) - Z_2(x)) = -\frac{1}{3}C_1 e^{-2x} + \frac{1}{3}C_2 e^x = \tilde{C}_1 e^{-2x} + \tilde{C}_2 e^x,$$

其中 $\tilde{C}_1 = -\frac{1}{3}C_1$, $\tilde{C}_2 = \frac{1}{3}C_2$ 为任意常数.

例 9.2 求微分方程 $y'' - 6y' + 9y = 0$ 的通解.

解 由特征方程 $L(r) = r^2 - 6r + 9 = (r-3)^2 = 0$, 得 $r_1 = r_2 = 3$, 于是

$$\frac{1}{L(r)} = \frac{1}{(r-3)^2} = (r-3)^{-1}(r-3)^{-1}, \quad \frac{1}{L(D)} = \frac{1}{(D-3I)^2} = (D-3I)^{-1}(D-3I)^{-1},$$

因此原方程的解为

$$y = \frac{1}{L(D)}(0) = [(D-3I)^{-1}(D-3I)^{-1}](0).$$

设 $(D-3I)^{-1}(0) = Z_1(x)$, 则有 $(D-3I)Z_1(x) = 0$, 即 $Z_1'(x) - 3Z_1(x) = 0$, 解得 $Z_1(x) = C_1 e^{-\int (-3)\mathrm{d}x} = C_1 e^{3x}$, 其中 C_1 为任意常数.

又设 $(D-3I)^{-1}(Z_1(x)) = Z_2(x)$, 则有 $(D-3I)Z_2(x) = Z_1(x)$, 即

$$Z_2'(x) - 3Z_2(x) = Z_1(x),$$

解得

$$Z_2(x) = e^{-\int (-3)\mathrm{d}x}\left[\int Z_1(x) \cdot e^{\int (-3)\mathrm{d}x}\mathrm{d}x + C_2\right] = e^{3x}(C_1 x + C_2),$$

其中 C_2 为任意常数.

故原方程的通解为

$$y = Z_2(x) = e^{3x}(C_1 x + C_2).$$

例 9.3 求微分方程 $y'' - 2y' + 5y = 0$ 的通解.

解 由特征方程 $L(r) = r^2 - 2r + 5 = 0$, 得 $r_{1,2} = 1 \pm 2\mathrm{i}$, 于是由定理 9.1 中的公式 (其中 $\alpha = 1, \beta = 2, f(x) = 0$) 得原方程的通解为

$$y = \mathrm{e}^x (C_1 \cos 2x + C_2 \sin 2x),$$

其中 C_1, C_2 为任意常数.

例 9.4 求微分方程 $y'' - 2y' - 3y = 3x + 1$ 的通解.

解 由特征方程 $L(r) = r^2 - 2r - 3 = (r+1)(r-3) = 0$, 得 $r_1 = -1, r_2 = 3$, 于是

$$\frac{1}{L(r)} = \frac{1}{(r+1)(r-3)} = -\frac{1}{4}\left(\frac{1}{r+1} - \frac{1}{r-3}\right),$$

$$L(D) = D^2 - 2D - 3I = (D+I)(D-3I),$$

从而

$$\frac{1}{L(D)} = \frac{1}{(D+I)(D-3I)} = -\frac{1}{4}\left(\frac{1}{D+I} - \frac{1}{D-3I}\right)$$

$$= -\frac{1}{4}[(D+I)^{-1} - (D-3I)^{-1}],$$

因此原方程的解为

$$y = \frac{1}{L(D)}(3x+1) = -\frac{1}{4}\left(\frac{1}{D+I} - \frac{1}{D-3I}\right) \cdot (3x+1)$$

$$= -\frac{1}{4}[(D+I)^{-1} - (D-3I)^{-1}] \cdot (3x+1).$$

设 $(D+I)^{-1}(3x+1) = Z_1(x)$, 则有 $(D+I)Z_1(x) = 3x+1$, 即 $Z_1'(x) + Z_1(x) = 3x + 1$, 于是解得 $Z_1(x) = \mathrm{e}^{-x}\left[\int (3x+1)\mathrm{e}^x \mathrm{d}x + C_1\right] = (3x-2) + C_1 \mathrm{e}^{-x}$, 其中 C_1 为任意常数.

又令 $(D-3I)^{-1}(3x+1) = Z_2(x)$, 即得 $Z_2'(x) - 3Z_2(x) = 3x+1$, 解得

$$Z_2(x) = \mathrm{e}^{3x}\left[\int (3x+1)\mathrm{e}^{-3x}\mathrm{d}x + C_2\right] = -\frac{3x+2}{3} + C_2 \mathrm{e}^{3x},$$

其中 C_2 为任意常数. 故原方程的通解为

$$y = -\frac{1}{4}(Z_1(x) - Z_2(x)) = -\frac{1}{4}C_1 \mathrm{e}^{-x} + \frac{1}{4}\mathrm{e}^{3x} - x + \frac{1}{3} = \tilde{C}_1 \mathrm{e}^{-x} + \tilde{C}_2 \mathrm{e}^{3x} - x + \frac{1}{3},$$

其中 $\tilde{C}_1 = -\frac{1}{4}C_1, \tilde{C}_2 = \frac{1}{4}C_2$ 为任意常数.

例 9.5 求微分方程 $y'' - 5y' + 6y = x\mathrm{e}^{2x}$ 的通解.

解 由特征方程 $L(r) = r^2 - 5r + 6 = (r-2)(r-3) = 0$, 得 $r_1 = 2$, $r_2 = 3$, 于是

$$\frac{1}{L(r)} = \frac{1}{(r-2)(r-3)} = \frac{1}{r-3} - \frac{1}{r-2},$$

$$\frac{1}{L(D)} = \frac{1}{(D-2I)(D-3I)} = \frac{1}{D-3I} - \frac{1}{D-2I} = (D-3I)^{-1} - (D-2I)^{-1},$$

因此原方程的解为

$$y = \frac{1}{L(D)} f(x) = [(D-3I)^{-1} - (D-2I)^{-1}] \cdot (xe^{2x}).$$

设 $(D-3I)^{-1}(xe^{2x}) = Z_1(x)$, 则 $(D-3I)Z_1(x) = xe^{2x}$, 即 $Z_1'(x) - 3Z_1(x) = xe^{2x}$, 解得 $Z_1(x) = e^{3x}\left[\int (xe^{2x}) \cdot e^{-3x}dx + C_1\right] = -(1+x)e^{2x} + C_1e^{3x}$, 其中 C_1 为任意常数.

又令 $(D-2I)^{-1}(xe^{2x}) = Z_2(x)$, 即得 $Z_2'(x) - 2Z_2(x) = xe^{2x}$, 解得

$$Z_2(x) = e^{2x}\left[\int (xe^{2x}) \cdot e^{-2x}dx + C_2\right] = \left(\frac{x^2}{2} + C_2\right)e^{2x},$$

其中 C_2 为任意常数.

故原方程的通解为

$$y = Z_1(x) - Z_2(x) = C_1e^{3x} - C_2e^{2x} - e^{2x}\left(\frac{x^2}{2} + x + 1\right),$$

其中 C_1, C_2 为任意常数.

例 9.6 求微分方程 $y'' - 4y' + 4y = 2x + e^{2x}$ 的通解.

解 由特征方程 $L(r) = r^2 - 4r + 4 = (r-2)^2 = 0$, 得 $r_1 = r_2 = 2$, 于是

$$\frac{1}{L(r)} = \frac{1}{(r-2)^2} = (r-2)^{-1}(r-2)^{-1}, \quad \frac{1}{L(D)} = \frac{1}{(D-2I)^2} = (D-2I)^{-1}(D-2I)^{-1},$$

因此原方程的解为

$$y = \frac{1}{L(D)} f(x) = [(D-2I)^{-1}(D-2I)^{-1}] \cdot (2x + e^{2x}).$$

设 $(D-2I)^{-1}(2x + e^{2x}) = Z_1(x)$, 则有 $(D-2I)Z_1(x) = 2x + e^{2x}$, 即

$$Z_1'(x) - 2Z_1(x) = 2x + e^{2x},$$

解得

$$Z_1(x) = e^{2x}\left[\int (2x + e^{2x}) \cdot e^{-2x}dx + C_1\right] = e^{2x}\left[-\left(x + \frac{1}{2}\right)e^{-2x} + x + C_1\right].$$

又设 $(D - 2I)^{-1}(Z_1(x)) = Z_2(x)$, 则有 $(D - 2I)Z_2(x) = Z_1(x)$, 即

$$Z_2'(x) - 2Z_2(x) = Z_1(x),$$

解得

$$Z_2(x) = \mathrm{e}^{2x}\left[\int Z_1(x) \cdot \mathrm{e}^{-2x}\mathrm{d}x + C_2\right] = (C_1 x + C_2)\mathrm{e}^{2x} + \frac{1}{2}(x^2\mathrm{e}^{2x} + x + 1),$$

故原方程的通解为

$$y = Z_2(x) = (C_1 x + C_2)\mathrm{e}^{2x} + \frac{1}{2}(x^2\mathrm{e}^{2x} + x + 1),$$

其中 C_1, C_2 为任意常数.

[注记 3] 此例的一般解法是: 先求齐次线性方程 $y'' - 4y' + 4y = 0$ 的通解, 其次分别求 $y'' - 4y' + 4y = 2x$ 和 $y'' - 4y' + 4y = \mathrm{e}^{2x}$ 的一个特解, 然后由通解结构求原方程的通解. 而上述方法可以直接由定理 9.1 用公式求原方程的通解, 且通解表达式中含有任意常数的部分 $Y = (C_1 x + C_2)\mathrm{e}^{2x}$ 为对应齐次方程的通解, 其余部分 $y^* = \frac{1}{2}(x^2\mathrm{e}^{2x} + x + 1)$ 为非齐次方程的一个特解.

例 9.7 求微分方程 $y'' + y = x\cos 2x$ 的通解.

解 由特征方程 $L(r) = r^2 + 1 = 0$, 得 $r_{1,2} = \pm\mathrm{i}$, 于是由定理 9.1 中的公式 (其中 $\alpha = 0, \beta = 1$) 得原方程的通解为

$$
\begin{aligned}
y &= C_1\cos x + C_2\sin x + \sin x \int x\cos 2x\cos x\,\mathrm{d}x - \cos x \int x\cos 2x\sin x\,\mathrm{d}x \\
&= C_1\cos x + C_2\sin x + \sin x \int x \cdot \frac{\cos 3x + \cos x}{2}\mathrm{d}x - \cos x \int x \cdot \frac{\sin 3x - \sin x}{2}\mathrm{d}x \\
&= C_1\cos x + C_2\sin x - \frac{1}{3}x\cos 2x + \frac{4}{9}\sin 2x,
\end{aligned}
$$

其中 C_1, C_2 为任意常数.

例 9.8 求微分方程 $y'' - 2y' + y = \dfrac{\mathrm{e}^x}{x}$ 的通解.

解 由特征方程 $L(r) = r^2 - 2r + 1 = (r - 1)^2 = 0$, 得 $r_1 = r_2 = 1$, 于是

$$\frac{1}{L(r)} = \frac{1}{(r-1)^2}, \quad \frac{1}{L(D)} = \frac{1}{(D-I)^2} = (D-I)^{-1}(D-I)^{-1},$$

因此原方程的解为

$$y = \frac{1}{L(D)}f(x) = [(D-I)^{-1}(D-I)^{-1}] \cdot \left(\frac{\mathrm{e}^x}{x}\right).$$

设 $(D-I)^{-1}\left(\dfrac{\mathrm{e}^x}{x}\right)=Z_1(x)$, 则有 $(D-I)Z_1(x)=\dfrac{\mathrm{e}^x}{x}$, 即 $Z_1'(x)-Z_1(x)=\dfrac{\mathrm{e}^x}{x}$, 解得 $Z_1(x)=\mathrm{e}^x(\ln x+C_1)$.

又设 $(D-I)^{-1}(Z_1(x))=Z_2(x)$, 则有 $(D-I)Z_2(x)=Z_1(x)$, 即

$$Z_2'(x)-Z_2(x)=Z_1(x),$$

解得

$$Z_2(x)=\mathrm{e}^x[(x-1)\ln x+C_1x+C_2],$$

故原方程的通解为

$$y=Z_2(x)=\mathrm{e}^x[(x-1)\ln x+C_1x+C_2],$$

其中 C_1,C_2 为任意常数.

例 9.9　求微分方程 $y''-3y'+2y=\sin\mathrm{e}^{-x}$ 的通解. (南京大学研究生入学试题)

解　特征多项式 $L(r)=r^2-3r+2=(r-1)(r-2)$, 于是

$$\frac{1}{L(r)}=\frac{1}{(r-1)(r-2)}=\frac{1}{r-2}-\frac{1}{r-1},$$

$$\frac{1}{L(D)}=\frac{1}{D-2I}-\frac{1}{D-I}=(D-2I)^{-1}-(D-I)^{-1},$$

因此原方程的解为

$$y=\frac{1}{L(D)}f(x)=[(D-2I)^{-1}-(D-I)^{-1}]\cdot(\sin\mathrm{e}^{-x}).$$

设 $(D-2I)^{-1}(\sin\mathrm{e}^{-x})=Z_1(x)$, 则 $(D-2I)Z_1(x)=\sin\mathrm{e}^{-x}$, 即 $Z_1'(x)-2Z_1(x)=\sin\mathrm{e}^{-x}$, 于是解得

$$Z_1(x)=\mathrm{e}^{2x}\left[\int(\sin\mathrm{e}^{-x})\cdot\mathrm{e}^{-2x}\mathrm{d}x+C_1\right]=\mathrm{e}^x\cos\mathrm{e}^{-x}-\mathrm{e}^{2x}\sin\mathrm{e}^{-x}+C_1\mathrm{e}^{2x},$$

其中 C_1 为任意常数.

又令 $(D-I)^{-1}(\sin\mathrm{e}^{-x})=Z_2(x)$, 即得 $Z_2'(x)-2Z_2(x)=x\mathrm{e}^{2x}$, 解得

$$Z_2(x)=\mathrm{e}^x\left[\int(\sin\mathrm{e}^{-x})\cdot\mathrm{e}^{-x}\mathrm{d}x+C_2\right]=\mathrm{e}^x\cos\mathrm{e}^{-x}+C_2\mathrm{e}^x,$$

故原方程的通解为

$$y=Z_1(x)-Z_2(x)=C_1\mathrm{e}^{2x}-C_2\mathrm{e}^x-\mathrm{e}^{2x}\sin\mathrm{e}^{-x},$$

其中 C_1, C_2 为任意常数.

[注记 4]　例 9.8 和例 9.9 都不能用待定系数法求解.

例 9.10　求微分方程 $y''' - 6y'' + 11y' - 6y = 3x$ 的通解.

解　由特征方程 $L(r) = r^3 - 6r^2 + 11r - 6 = (r-1)(r-2)(r-3) = 0$, 得特征根 $r_1 = 1, r_2 = 2, r_3 = 3$, 于是由定理 9.2 得原方程的通解为

$$y = C_1\mathrm{e}^x + C_2\mathrm{e}^{2x} + C_3\mathrm{e}^{3x} + \frac{1}{2}\mathrm{e}^x \int 3x\mathrm{e}^{-x}\mathrm{d}x - \mathrm{e}^{2x}\int 3x\mathrm{e}^{-2x}\mathrm{d}x$$

$$+ \frac{1}{2}\mathrm{e}^{3x}\int 3x\mathrm{e}^{-3x}\mathrm{d}x$$

$$= C_1\mathrm{e}^x + C_2\mathrm{e}^{2x} + C_3\mathrm{e}^{3x} - \frac{x}{2} - \frac{11}{12},$$

其中 C_1, C_2, C_3 为任意常数.

例 9.11　求微分方程 $y''' - 3y'' + 3y' - y = \cos x$ 的通解.

解　由特征方程 $L(r) = r^3 - 3r^2 + 3r - 1 = (r-1)^3 = 0$, 得特征根 $r_1 = r_2 = r_3 = 1$, 于是由定理 9.2 得原方程的通解为

$$y = (C_1 x^2 + C_2 x + C_3)\mathrm{e}^x + \mathrm{e}^x \int \left[\int \left(\int \cos x \cdot \mathrm{e}^{-x}\mathrm{d}x \right) \mathrm{d}x \right] \mathrm{d}x$$

$$= (C_1 x^2 + C_2 x + C_3)\,\mathrm{e}^x + \frac{1}{4}(\sin x + \cos x),$$

其中 C_1, C_2, C_3 为任意常数.

例 9.12[24]　求微分方程 $y^{(4)} - 4y''' + 6y'' - 4y' + y = (x+1)\mathrm{e}^x$ 的一个特解.

解　由特征方程 $L(r) = r^4 - 4r^3 + 6r^2 - 4r + 1 = (r-1)^4 = 0$, 得特征根 $r_1 = r_2 = r_3 = r_4 = 1$, 于是由定理 9.3 得原方程的一个特解为

$$y = \mathrm{e}^x \iiiint (x+1)\,\mathrm{e}^x \cdot \mathrm{e}^{-x}\mathrm{d}x\mathrm{d}x\mathrm{d}x\mathrm{d}x = \mathrm{e}^x\left(\frac{x^5}{120} + \frac{x^4}{24} \right).$$

例 9.13[24]　求微分方程 $y^{(4)} + y'' = \mathrm{e}^{\mathrm{i}x}$ 的通解.

解　$L(r) = r^4 + r^2 = r^2(r-\mathrm{i})(r+\mathrm{i})$, $L(D) = D^4 + D^2 = D^2(D-\mathrm{i}I)(D+\mathrm{i}I)$. 设 $\dfrac{1}{L(r)} = \dfrac{1}{r^2(r-\mathrm{i})(r+\mathrm{i})} = \dfrac{a}{r} + \dfrac{b}{r^2} + \dfrac{c}{r-\mathrm{i}} + \dfrac{e}{r+\mathrm{i}}$, 则等式右边通分, 然后比较两边分子同类项的系数, 解得 $a = 0, b = 1, c = \dfrac{\mathrm{i}}{2}, e = -\dfrac{\mathrm{i}}{2}$. 于是

$$\frac{1}{L(r)} = \frac{1}{r^2(r-\mathrm{i})(r+\mathrm{i})} = \frac{1}{r^2} + \frac{\mathrm{i}}{2}\cdot\frac{1}{r-\mathrm{i}} - \frac{\mathrm{i}}{2}\cdot\frac{1}{r+\mathrm{i}},$$

从而

$$\frac{1}{L(D)} = \frac{1}{D^2(D-\mathrm{i}I)(D+\mathrm{i}I)} = \frac{1}{D^2} + \frac{\mathrm{i}}{2}\cdot\frac{1}{D-\mathrm{i}I} - \frac{\mathrm{i}}{2}\cdot\frac{1}{D+\mathrm{i}I},$$

因此原方程的解为

$$y = \frac{1}{L(D)} \cdot e^{ix} = \left[D^{-1}(D^{-1}) + \frac{i}{2}(D - iI)^{-1} - \frac{i}{2}(D + iI)^{-1} \right] \cdot e^{ix}.$$

令 $D^{-1} \cdot e^{ix} = Z_1(x)$, 则 $Z_1'(x) = e^{ix}$, 解得 $Z_1(x) = -ie^{ix} + C_1$.

又令 $D^{-1} \cdot Z_1(x) = Z_2(x)$, 则 $Z_2'(x) = Z_1(x) = -ie^{ix} + C_1$, 解得 $Z_2(x) = -e^{ix} + C_1 x + C_2$.

再令 $(D - iI)^{-1} \cdot e^{ix} = Z_3(x)$, 则 $Z_3'(x) - iZ_3(x) = e^{ix}$, 解得

$$Z_3(x) = e^{ix} \left[\int e^{ix} \cdot e^{-ix} dx + C_3 \right] = (x + C_3)e^{ix}.$$

又令 $(D + iI)^{-1} \cdot e^{ix} = Z_4(x)$, 则 $Z_4'(x) + iZ_4(x) = e^{ix}$, 解得

$$Z_4(x) = e^{-ix} \left[\int e^{ix} \cdot e^{ix} dx + C_4 \right] = -\frac{i}{2}e^{ix} + C_4 e^{-ix}.$$

故原方程的通解为

$$y = Z_2(x) + \frac{i}{2}Z_3(x) - \frac{i}{2}Z_4(x) = C_1 x + C_2 + \frac{i}{2}C_3 e^{ix} - \frac{i}{2}C_4 e^{-ix} + \left(\frac{x}{2}i - \frac{5}{4} \right) e^{ix},$$

其中 $C_i\ (i = 1, 2, 3, 4)$ 为任意常数.

[注记 5]　此例说明上述方法也适用于求解高阶常系数复变函数的线性微分方程. 若右边非齐次项 $f(x)$ 取为 $\cos x$ 或 $\sin x$, 则只需在例 9.12 中取特解部分的实部或虚部, 齐次方程的通解部分不变, 即可得非齐次方程的通解 (文献 [24] 例 9.4 中 $\left(\frac{x}{2}i - \frac{1}{2} \right) e^{ix}$ 是一个特解, 这里 $\left(\frac{x}{2}i - \frac{5}{4} \right) e^{ix}$ 也是一个特解).

9.5　小　结

以上我们提出了一种求任意高阶常系数齐次和非齐次线性微分方程通解的普适性的新方法, 称之为逆特征算子分解方法, 得到了二阶和三阶常系数线性微分方程通解的一般公式及任意 n 阶 $(n > 3)$ 常系数线性微分方程通解的求解新方法.

该方法思路简单、实用, 其优点主要有:

(1) 适合于求任何高阶常系数齐次和非齐次线性微分方程的通解或特解. 只需记住一阶常系数线性微分方程的通解公式且熟悉有理函数真分式的因式分解方法 (而这在前面有理函数的不定积分部分, 对有理函数真分式的因式分解已作详细介绍), 易于理解、掌握和推广使用.

　　(2) 具有很好的普适性, 既可以求高阶常系数非齐次线性微分方程的通解或特解, 也可以求高阶常系数齐次线性微分方程的通解 (虽然求解过程稍烦, 但思路简单、易于求解).

　　(3) 无须像文献中所介绍的待定系数法仅能求非齐次项为两种特殊类型函数, 该方法对于非齐次项为任意函数时高阶常系数非齐次微分方程的求解都很适用.

第 10 章　二阶变系数线性微分方程的解法探究

CHAPTER

10.1　引　　言

工程中的许多实际问题都归结为求解任意变系数微分方程, 二阶变系数线性微分方程在固体力学、电学、弹性振动理论和工程等科学与工程领域都有着广泛的应用. 虽然二阶变系数线性微分方程的解具有较好的结构, 但一般的二阶变系数线性微分方程却没有解析解, 只有对于满足一定条件的特殊类型变系数微分方程才能得到它的用初等函数表示的解析解 [18-19,28-31].

现行各类常微分方程、数学分析和高等数学文献中, 仅在可降阶微分方程、欧拉方程及高阶线性微分方程的通解结构与常数变易法等部分内容少量涉及变系数微分方程的求解问题. 而通解结构和常数变易法求解的关键是如何求出二阶变系数齐次线性微分方程的特解. 一般情况下都是由观察法寻找到其简单形式的特解, 但是对于稍微复杂一点的变系数微分方程用观察法找特解形式就不易实现了.

本章首先讨论二阶变系数齐次线性微分方程的几类特解形式的确定方法, 其次对二阶变系数齐次与非齐次线性微分方程的解法进行归类, 归纳其多种解法及其实施步骤, 之后结合一些具体实例进行说明.

10.2　二阶变系数齐次线性微分方程的特解形式

引理 10.1[18] (刘维尔公式, Liouville)　设函数 $y_1(x)$ 为二阶变系数齐次线性微分方程 $y'' + p(x)y' + q(x)y = 0$ 的一个非零解, 则该方程的与 $y_1(x)$ 线性无关的另一个特解为

$$y_2(x) = y_1(x) \cdot \int \frac{\mathrm{e}^{-\int p(x)\mathrm{d}x}}{y_1^2(x)} \mathrm{d}x.$$

下面给出系数满足几种特定条件时, 关于二阶变系数齐次线性微分方程特解形式的相关结论.

命题 10.1　设有二阶变系数齐次线性微分方程 $p_1(x)y'' + p_2(x)y' + p_3(x)y = 0$, 则

(1) 当关于 r 的一元二次方程 $r^2 p_1(x) + r p_2(x) + p_3(x) = 0$ 的两个根

$$r_{1,2} = \frac{-p_2(x) \pm \sqrt{p_2^2(x) - 4p_1(x)p_3(x)}}{2p_1(x)}$$

中至少有一个 r 是非零常数时, $y^* = \mathrm{e}^{rx}$ 是该方程的一个特解.

特别地, 当 $p_1(x) + p_2(x) + p_3(x) = 0$ 时, $y^* = \mathrm{e}^x$ 是原方程的一个特解; 当 $p_1(x) - p_2(x) + p_3(x) = 0$ 时, $y^* = \mathrm{e}^{-x}$ 是原方程的一个特解.

(2) 当 $\dfrac{p_2(x) + x p_3(x)}{p_3(x)} = a$(其中 a 为常数) 时, $y^* = x - a$ 是该方程的一个特解.

(3) 当 $\alpha(\alpha-1)p_1(x) + \alpha x p_2(x) + x^2 p_3(x) = 0$(其中 α 为非零常数) 时, $y^* = x^\alpha$ 是该方程的一个特解.

(4) 当 $\dfrac{p_1(x) - x p_2(x) - x^2 \ln x p_3(x)}{x^2 p_3(x)} = b$ (其中 b 为常数) 时, $y^* = \ln x + b$ 是该方程的一个特解.

特别地, 当 $\dfrac{p_2(x) + x \ln x p_3(x)}{p_1(x)} = \dfrac{1}{x}$ 时, $y^* = \ln x$ 是该方程的一个特解.

(5) 当 $\dfrac{p_3(x) - p_1(x)}{p_2(x)} = -\cot x$ 时, $y^* = \sin x$ 是该方程的一个特解.

(6) 当 $\dfrac{p_3(x) - p_1(x)}{p_2(x)} = \tan x$ 时, $y^* = \cos x$ 是该方程的一个特解.

(7) 当 $\dfrac{(2x)^2 p_1(x) + 2x p_2(x) + p_3(x)}{2p_1(x)} = -1$ 时, $y^* = \mathrm{e}^{x^2}$ 是该方程的一个特解.

当 $\dfrac{(2x)^2 p_1(x) - 2x p_2(x) + p_3(x)}{2p_1(x)} = 1$ 时, $y^* = \mathrm{e}^{-x^2}$ 是该方程的一个特解.

证明 (1) 当方程 $r^2 p_1(x) + r p_2(x) + p_3(x) = 0$ 的两个根

$$r_{1,2} = \frac{-p_2(x) \pm \sqrt{p_2^2(x) - 4p_1(x)p_3(x)}}{2p_1(x)}$$

中至少有一个是非零常数 r 时, 此时即有 $r^2 p_1(x) + r p_2(x) + p_3(x) = 0 (r \neq 0)$. 于是可知满足 $\dfrac{y''}{r^2} = \dfrac{y'}{r} = \dfrac{y}{1}$ 的解应该是原方程的一个特解. 而由 $\dfrac{y''}{r^2} = \dfrac{y'}{r}$ 可得通解为 $y = \dfrac{c_1}{r}\mathrm{e}^{rx} + c_2$, 且由 $\dfrac{y'}{r} = \dfrac{y}{1}$ 可得通解为 $y = c\mathrm{e}^{rx}$, 故 $y^* = \mathrm{e}^{rx}$ 是它们的一个公共解, 即为原方程的一个特解.

特别地, 当 $p_1(x) + p_2(x) + p_3(x) = 0$ 时, 则 r_1 和 r_2 中至少有一个等于 1, 从而 $y^* = \mathrm{e}^x$ 是原方程的一个特解; 当 $p_1(x) - p_2(x) + p_3(x) = 0$ 时, r_1 和 r_2 中至少有一个等于 -1, 从而 $y^* = \mathrm{e}^{-x}$ 是原方程的一个特解.

(2) 当 $\dfrac{p_2(x) + xp_3(x)}{p_3(x)} = a$ 时, 即有 $p_2(x) + p_3(x)(x-a) = 0$, 可知满足

$$\frac{y''}{0} = \frac{y'}{1} = \frac{y}{x-a}, \quad \text{即} \quad \begin{cases} y'' = 0, \\[2mm] y' = \dfrac{y}{x-a} \end{cases}$$

的解应该是原方程的一个特解. 而求解这两个方程, 易知 $y^* = x - a$ 是它们的一个公共解, 即为原方程的一个特解.

(3) 当 $\alpha(\alpha-1)p_1(x) + \alpha xp_2(x) + x^2p_3(x) = 0$ 时, 满足 $\dfrac{y''}{\alpha(\alpha-1)} = \dfrac{y'}{\alpha x} = \dfrac{y}{x^2}$ 的解应该是原方程的一个特解. 而由求解两个方程 $\dfrac{y''}{\alpha(\alpha-1)} = \dfrac{y'}{\alpha x}$ 和 $\dfrac{y'}{\alpha x} = \dfrac{y}{x^2}$, 易知 $y^* = x^\alpha$ 是它们的一个公共解, 即为原方程的一个特解.

(4) 当 $\dfrac{p_1(x) - xp_2(x) - x^2 \ln xp_3(x)}{x^2p_3(x)} = b$ 时, 即有 $p_1(x) - xp_2(x) - x^2(\ln x + b)p_3(x) = 0$, 可知满足 $\dfrac{y''}{1} = \dfrac{y'}{-x} = \dfrac{y}{-x^2(\ln x + b)}$ 的解应该是原方程的一个特解. 而由求解两个方程 $\dfrac{y''}{1} = \dfrac{y'}{-x}$ 和 $\dfrac{y'}{-x} = \dfrac{y}{-x^2(\ln x + b)}$, 易知 $y^* = \ln x + b$ 是它们的一个公共解, 即为原方程的一个特解.

(5) 当 $\dfrac{p_3(x) - p_1(x)}{p_2(x)} = -\cot x$ 时, 即有 $p_1(x) - p_2(x)\cot x - p_3(x) = 0$, 满足 $\dfrac{y''}{1} = \dfrac{y'}{-\cot x} = \dfrac{y}{-1}$ 的解应该是原方程的一个特解. 而由方程 $y'' = -y$ 可得通解为 $y = c_1\cos x + c_2\sin x$, 由 $\dfrac{y'}{-\cot x} = \dfrac{y}{-1}$ 可得通解为 $y = c\sin x$. 故 $y^* = \sin x$ 是它们的一个公共解, 即为原方程的一个特解.

(6) 当 $\dfrac{p_3(x) - p_1(x)}{p_2(x)} = \tan x$ 时, 即有 $p_1(x) + p_2(x)\tan x - p_3(x) = 0$, 满足 $\dfrac{y''}{1} = \dfrac{y'}{\tan x} = \dfrac{y}{-1}$ 的解应该是原方程的一个特解. 而由解方程 $y'' = -y$ 可得通解为 $y = c_1\cos x + c_2\sin x$, 由 $\dfrac{y'}{\tan x} = \dfrac{y}{-1}$ 可得通解为 $y = c\cos x$. 故 $y^* = \cos x$ 是它们的一个公共解, 即为原方程的一个特解.

(7) 当 $\dfrac{(2x)^2p_1(x) + 2xp_2(x) + p_3(x)}{2p_1(x)} = -1$ 时, 即 $(4x^2 + 2)p_1(x) + 2xp_2(x) + p_3(x) = 0$, 满足 $\dfrac{y''}{4x^2 + 2} = \dfrac{y'}{2x} = \dfrac{y}{1}$ 的解应该是原方程的一个特解. 而由方程 $\dfrac{y''}{4x^2 + 2} = \dfrac{y'}{2x}$ 化为 $\dfrac{y''}{y'} = \dfrac{4x^2 + 2}{2x} = 2x + \dfrac{1}{x}$, 可得通解为 $y = c_1\mathrm{e}^{x^2} + c_2$; 又由方程 $\dfrac{y'}{2x} = \dfrac{y}{1}$ 可得通解为 $y = c\mathrm{e}^{x^2}$. 故 $y^* = \mathrm{e}^{x^2}$ 是它们的一个公共解, 即为原方程

的一个特解.

同理可证: 当 $\dfrac{(2x)^2 p_1(x) - 2xp_2(x) + p_3(x)}{2p_1(x)} = 1$ 时, $y^* = \mathrm{e}^{-x^2}$ 是该方程的一个特解.

[注记 1]　　命题 10.1 中仅给出了二阶变系数齐次线性微分方程的几类常见函数特解形式的特定判别条件, 其形式简单, 易于记忆. 类似地可考虑二阶变系数齐次线性微分方程的更多特解形式的判别条件.

10.3　二阶变系数线性微分方程的解法归类

引理 10.2[18,32]　　如果二阶齐次线性微分方程 $y'' + p(x)y' + q(x)y = 0$ 中的系数 $p(x)$ 与 $q(x)$ 可在 $|x - x_0| < R$ 内展开为 $x - x_0$ 的幂级数, 则在 $|x - x_0| < R$ 内该方程必有形如 $y = \displaystyle\sum_{n=0}^{\infty} a_n(x - x_0)^n$ 的解.

引理 10.3[18,32]　　如果二阶非齐次线性微分方程 $y'' + p(x)y' + q(x)y = f(x)$ 中的系数 $p(x), q(x)$ 及非齐次项 $f(x)$ 都可在 $|x - x_0| < R$ 内展开为 $x - x_0$ 的幂级数, 则该方程必存在 $|x - x_0| < R$ 内收敛的幂级数解.

虽然对于一般的二阶变系数线性微分方程不一定有初等解析解, 但在可解的情况下, 其常用解法可以主要归纳为以下几种.

对于二阶变系数非齐次线性微分方程

$$p_1(x)y'' + p_2(x)y' + p_3(x)y = f_1(x) \tag{10.1}$$

及对应的二阶变系数齐次线性微分方程

$$p_1(x)y'' + p_2(x)y' + p_3(x)y = 0. \tag{10.2}$$

常数变易法 I　　如果由命题 10.1 或观察法可确定二阶变系数齐次线性微分方程 (10.2) 的一个非零特解 $y_1(x)$, 则可设 $y = y_1(x)u(x)$ 为方程 (10.1)(或 (10.2)) 的解, 然后代入方程 (10.1)(或 (10.2)) 中, 解得 $u(x)$, 即可得到方程 (10.1)(或 (10.2)) 的通解.

常数变易法 II　　如果由命题 10.1 或观察法可确定二阶变系数齐次线性微分方程 (10.2) 的一个非零特解 $y_1(x)$, 且由刘维尔公式 (引理 10.1) 可得与 $y_1(x)$ 线性无关的另一个特解 $y_2(x)$, 或由命题 10.1 可确定二阶变系数齐次线性微分方程 (10.2) 的两个线性无关的特解 $y_1(x)$ 和 $y_2(x)$, 则由二阶线性微分方程的通解的结构可得对应齐次方程 (10.2) 的通解为 $Y = c_1 y_1(x) + c_2 y_2(x)$. 然后设

$y = c_1(x)\, y_1(x) + c_2(x)\, y_2(x)$ 为方程 (10.1) 的解, 代入方程 (10.1), 再由

$$\begin{cases} y_1(x)c_1'(x) + y_2(x)c_2'(x) = 0, \\[2mm] y_1'(x)c_1'(x) + y_2'(x)c_2'(x) = \dfrac{f_1(x)}{p_1(x)}. \end{cases}$$

解得 $c_1(x)$, $c_2(x)$, 由此即得二阶非齐次方程 (10.1) 的通解.

幂级数法　　如果由命题 10.1 得不到二阶变系数齐次线性微分方程 (10.2) 的特解, 但方程 (10.1) 的系数及非齐次项函数满足引理 (10.2) 或 (10.3) 的条件, 则可以设 $y = \displaystyle\sum_{n=0}^{\infty} a_n(x - x_0)^n$ 为方程 (10.1) 或 (10.2) 的解, 代入方程, 求得系数 a_n ($n = 0, 1, 2, \cdots$), 即得对应的二阶变系数非齐次或齐次线性微分方程 (10.1) 或 (10.2) 的通解或特解 (当有初值条件时).

换元变换法　　通过作适当的变量代换, 将原方程化为简单且易于求解的形式, 然后求出其解并返代, 即可得到原方程的解. 特别地, 对于欧拉方程, 令 $\ln x = t$ ($x > 0$).

凑微分降阶法　　某些方程可通过熟练凑微分以降低原方程的阶, 使之化为两个一阶线性微分方程求解, 或由凑微分化为常用的两类可降阶的微分方程, 再由对应方程的处理方法求解.

10.4　应　用　举　例

下面给出一些范例, 从多个角度用多种方法求解二阶变系数齐次和非齐次线性微分方程.

例 10.1　　求微分方程 $(x - 1)y'' - xy' + y = 0$ 满足初值条件 $y(0) = 1$, $y'(0) = 2$ 的特解.

解法 1　　利用命题 10.1 及通解的结构.

记 $p_1(x) = x - 1$, $p_2(x) = -x$, $p_3(x) = 1$, 则有 $p_2(x) + xp_3(x) = 0$, 且 $p_1(x) + p_2(x) + p_3(x) = 0$, 于是由命题 10.1(1) (2) 知原方程有两个特解 $y_1(x) = x$, $y_2(x) = \mathrm{e}^x$, 且它们线性无关, 从而由通解的结构知原方程通解为 $y = c_1 y_1(x) + c_2 y_2(x) = c_1 x + c_2 \mathrm{e}^x$.

又由初值条件 $y(0) = 1$, $y'(0) = 2$ 代入上式, 解得 $c_1 = 1$, $c_2 = 1$. 故所求特解为 $y = x + \mathrm{e}^x$.

解法 2　　利用刘维尔公式及通解结构.

如解法 1, 因为 $p_2(x) + xp_3(x) = 0$, 所以由命题 10.1(2) 或由观察易知原方程有一个特解 $y_1(x) = x$. 再由引理 10.1(刘维尔公式) 得与 $y_1(x) = x$ 线性无关的

另一个特解为

$$y_2 = y_1(x) \int \frac{\mathrm{e}^{-\int \frac{p_2(x)}{p_1(x)}\mathrm{d}x}}{y_1(x)} \mathrm{d}x = x \int \frac{\mathrm{e}^{-\int \frac{-x}{x-1}\mathrm{d}x}}{x^2} \mathrm{d}x$$

$$= x \int \frac{\mathrm{e}^{x+\ln(x-1)}}{x^2} \mathrm{d}x = x \int \frac{\mathrm{e}^x(x-1)}{x^2} \mathrm{d}x = x \left[\int \frac{\mathrm{e}^x}{x} \mathrm{d}x + \int \mathrm{e}^x \mathrm{d}\left(\frac{1}{x}\right) \right] = \mathrm{e}^x.$$

故由通解的结构知原方程通解为 $y = c_1 y_1(x) + c_2 y_2(x) = c_1 x + c_2 \mathrm{e}^x$. 又由初值条件 $y(0) = 1$, $y'(0) = 2$ 代入上式, 解得 $c_1 = 1, c_2 = 1$. 故所求特解为 $y = x + \mathrm{e}^x$.

解法 3 利用常数变易法 I.

由命题 10.1 或经观察易知 $y_1(x) = x$ 为原方程的一个非零特解. 令 $y = y_1(x)u(x) = xu(x)$ 为原方程的解, 则

$$y' = u(x) + xu'(x), \quad y'' = 2u'(x) + xu''(x).$$

代入原方程, 整理为 $x(x-1)\, u''(x) - (x^2 - 2x + 2)u'(x) = 0$, 化简为

$$\frac{u''(x)}{u'(x)} = \frac{x^2 - 2x + 2}{x(x-1)} = 1 + \frac{-x+2}{x(x-1)} = 1 - \frac{2}{x} + \frac{1}{x-1}.$$

两边积分, 得

$$\ln|u'(x)| = x - 2\ln|x| + \ln|x-1| + \ln|\tilde{c}_1|,$$

即得 $u'(x) = c_1 \mathrm{e}^x \dfrac{x-1}{x^2}$, 其中 $c_1 = \pm\tilde{c}_1$. 再两边积分, 得

$$u(x) = c_1 \int \mathrm{e}^x \frac{x-1}{x^2}\mathrm{d}x = c_1 \left[\int \frac{\mathrm{e}^x}{x}\mathrm{d}x - \int \frac{\mathrm{e}^x}{x^2}\mathrm{d}x \right]$$

$$= c_1 \left[\int \frac{\mathrm{e}^x}{x}\mathrm{d}x + \int \mathrm{e}^x \mathrm{d}\left(\frac{1}{x}\right) \right] = c_1 \left(\frac{\mathrm{e}^x}{x} + \tilde{c}_2 \right).$$

故通解为

$$y = c_1 x \left(\frac{\mathrm{e}^x}{x} + \tilde{c}_2 \right) = c_1 \mathrm{e}^x + c_2 x \quad (\text{其中 } c_2 = c_1\tilde{c}_2).$$

又 $y(0) = 1$, $y'(0) = 2$, 代入上式, 解得 $c_1 = 1, c_2 = 1$. 故所求特解为 $y = x + \mathrm{e}^x$.

解法 4 利用凑微分降阶法.

方程 $(x-1)y'' - xy' + y = 0$ 化简为 $(x-1)y'' - y' - (x-1)y' + y = 0$, 进一步地化为

$$\frac{(x-1)y'' - y'}{(x-1)^2} - \frac{(x-1)y' - y}{(x-1)^2} = 0,$$

即 $\left(\dfrac{y'}{x-1}\right)' - \left(\dfrac{y}{x-1}\right)' = 0$, 于是 $\left(\dfrac{y'-y}{x-1}\right)' = 0$, 从而得 $\dfrac{y'-y}{x-1} = c_1$, 即 $y' - y = c_1(x-1)$. 其通解为

$$y = e^{\int dx}\left[\int c_1(x-1)e^{-\int dx}dx + c_2\right] = e^x(-c_1 x e^{-x} + c_2) = -c_1 x + c_2 e^x.$$

又 $y(0) = 1, y'(0) = 2$, 代入上式, 解得 $c_1 = -1, c_2 = 1$. 故所求特解为 $y = x + e^x$.

解法 5　利用换元变换法.

令 $x - 1 = t$, 则 $x = t + 1$, $y' = \dfrac{dy}{dt} \cdot \dfrac{dt}{dx} = \dfrac{dy}{dt}$, $y'' = \dfrac{d^2 y}{dt^2}$, 代入原方程, 得

$$t\dfrac{d^2 y}{dt^2} - (t+1)\dfrac{dy}{dt} + y = 0,$$

改写为

$$t\left(\dfrac{d^2 y}{dt^2} - \dfrac{dy}{dt}\right) - \left(\dfrac{dy}{dt} - y\right) = 0.$$

再令 $u = \dfrac{dy}{dt} - y$, 则上述方程化为 $t\dfrac{du}{dt} - u = 0$, 解得 $u = c_1 t$, 即 $\dfrac{dy}{dt} - y = c_1 t$. 故其通解为

$$y = e^{\int dt}\left[\int c_1 t e^{-\int dt}dt + c_2\right]$$
$$= -c_1(t+1) + c_2 e^t = -c_1 x + c_2 e^{x-1} \quad \text{(其中 } c_1, c_2 \text{ 为任意常数)}.$$

又 $y(0) = 1, y'(0) = 2$, 代入上式, 解得 $c_1 = -1, c_2 = e$. 故所求特解为 $y = x + e^x$.

解法 6　利用幂级数法.

原方程 $(x-1)y'' - xy' + y = 0$ 改写为 $y'' - \dfrac{x}{x-1}y' + \dfrac{1}{x-1}y = 0$.

因为 $p(x) = -\dfrac{x}{x-1}$, $q(x) = \dfrac{1}{x-1}$ 都可在 $|x| < 1$ 内展开为 x 的幂级数, 所以由引理 10.2 知原方程有幂级数解. 设微分方程的解为 $y = \sum\limits_{n=0}^{\infty} a_n x^n = 1 + \sum\limits_{n=1}^{\infty} a_n x^n \ (a_0 = 1)$, 则

$$y' = \sum_{n=1}^{\infty} n a_n x^{n-1}, \quad y'' = \sum_{n=2}^{\infty} n(n-1)a_n x^{n-2}.$$

代入原方程, 得

$$(x-1)\sum_{n=2}^{\infty} n(n-1)a_n x^{n-2} - x\sum_{n=1}^{\infty} n a_n x^{n-1} + \left(1 + \sum_{n=1}^{\infty} a_n x^n\right) = 0,$$

整理得

$$\sum_{n=2}^{\infty} n(n-1)a_n x^{n-1} - \sum_{n=2}^{\infty} n(n-1)a_n x^{n-2} - \sum_{n=1}^{\infty} na_n x^n + \sum_{n=1}^{\infty} a_n x^n + 1 = 0.$$

记 $n-1=m$, 则 $n=m+1$, 上式化简为

$$\sum_{m=1}^{\infty} [m(m+1)a_{m+1} - (m+1)(m+2)a_{m+2} - (m-1)a_m] x^m - 2a_2 + 1 = 0,$$

于是得

$$-2a_2 + 1 = 0, \quad n(n+1)a_{n+1} - (n+1)(n+2)a_{n+2} - (n-1)a_n = 0 \quad (n \geqslant 1),$$

从而有

$$a_2 = \frac{1}{2}, \quad a_{n+2} = \frac{n}{n+2}a_{n+1} - \frac{n-1}{(n+1)(n+2)}a_n \quad (n \geqslant 1).$$

又 $y' = \sum_{m=0}^{\infty} (m+1)a_{m+1}x^m = a_1 + \sum_{m=1}^{\infty} (m+1)a_{m+1}x^m$. 由 $y'(0)=2$, 得 $a_1 = 2$, 且

$$a_{k+2} = \frac{k}{k+2}a_{k+1} - \frac{k-1}{(k+1)(k+2)}a_k, \quad a_{k+3} = \frac{k+1}{k+3}a_{k+2} - \frac{k}{(k+2)(k+3)}a_{k+1}.$$

于是由上述递推关系式, 有

$$a_3 = \frac{1}{3}a_2 = \frac{1}{6} = \frac{1}{3!}, \quad a_4 = \frac{1}{4!}, \quad \cdots, \quad a_k = \frac{1}{k!}.$$

故所求特解为

$$y = 1 + 2x + \sum_{n=2}^{\infty} \frac{1}{n!}x^n = x + \left(1 + x + \sum_{n=2}^{\infty} \frac{x^n}{n!}\right) = x + e^x.$$

例 10.2　求微分方程 $(2x-1)y'' - (2x+1)y' + 2y = 0$ 满足初值条件 $y(0)=0$, $y'(0)=1$ 的特解.

解法 1　利用命题 10.1 及通解结构.

记 $p_1(x) = 2x-1, p_2(x) = -(2x+1), p_3(x) = 2$, 则 $p_1(x) + p_2(x) + p_3(x) = 0$, 且 $\frac{p_2(x) + xp_3(x)}{p_3(x)} = -\frac{1}{2}$, 于是由命题 10.1(1) 和 (2) 知 $y_1(x) = e^x$, $y_2(x) = x + \frac{1}{2}$ 为原方程的两个特解, 且它们线性无关, 从而由通解的结构知原方程通解为 $y = c_1 y_1(x) + c_2 y_2(x) = c_1 e^x + c_2 \left(x + \frac{1}{2}\right).$

又由初值条件 $y(0) = 0$, $y'(0) = 1$ 代入上式, 得 $\begin{cases} c_1 + \dfrac{1}{2}c_2 = 0, \\ c_1 + c_2 = 1. \end{cases}$ 解得

$c_1 = -1$, $c_2 = 2$. 故所求特解为 $y = 2x + 1 - \mathrm{e}^x$.

解法 2　　利用凑微分降阶法.

原方程化为 $\dfrac{(2x-1)y'' - 2y'}{(2x-1)^2} \ \dfrac{(2x-1)y' - 2y}{(2x-1)^2} = 0$, 即 $\left(\dfrac{y'}{2x-1}\right)' - \left(\dfrac{y}{2x-1}\right)'$

$= 0$, 亦即 $\left(\dfrac{y'-y}{2x-1}\right)' = 0$, 于是得 $\dfrac{y'-y}{2x-1} = c_1$, 即 $y' - y = c_1(2x-1)$, 解得其通

解为

$$y = \mathrm{e}^{\int \mathrm{d}x}\left[\int c_1(2x-1)\mathrm{e}^{-\int \mathrm{d}x}\mathrm{d}x + c_2\right] = \mathrm{e}^x[-c_1(2x-1)\mathrm{e}^{-x} + 2\mathrm{e}^{-x} + c_2]$$

$$= -2c_1 x + c_1 + 2 + c_2\mathrm{e}^x.$$

又由初值条件 $y(0) = 0$, $y'(0) = 1$, 代入上式, 得 $c_1 = -1$, $c_2 = -1$. 故所求特解

为 $y = 2x + 1 - \mathrm{e}^x$.

[注记 2]　　(I) 类似于例 10.1, 该题也有其他解法: ① 由命题 10.1(1) 或由观察法知 $y_1(x) = \mathrm{e}^x$ 为原方程的一个非零特解, 然后由刘维尔公式 (引理 10.1) 求得与 $y_1(x)$ 线性无关的另一个解 $y_2(x)$, 再由通解的结构得原方程的通解, 代入初值条件即得所求特解. ② 如上知原方程有一个非零特解 $y_1(x) = \mathrm{e}^x$, 再由常数变易法, 令 $y(x) = \mathrm{e}^x u(x)$ 为原方程的解, 代入原方程, 解得 $u(x)$, 从而得通解, 再代入初值条件即得所求特解. ③ 作换元变换, 令 $2x - 1 = t$, 化为以 t 为自变量, y 为函数的方程. ④ 幂级数解法.

(II) 该题是 2016 年全国硕士研究生统一招生考试数学二试卷第 (19) 题的改编. 原题是

已知 $y_1(x) = \mathrm{e}^x$, $y_2(x) = u(x)\mathrm{e}^x$ 是二阶微分方程 $(2x-1)y'' - (2x+1)y' + 2y = 0$ 的两个解. 若 $u(-1) = \mathrm{e}$, $u(0) = -1$, 求 $u(x)$, 并写出微分方程的通解.

本题直接求解有些难度, 但该考研真题预先给出了两个特解形式, 求解就要简单得多.

例 10.3　　求微分方程 $(x^2 \ln x)y'' - xy' + y = 0$ 的通解.

解法 1　　利用命题 10.1、刘维尔公式及通解结构.

记 $p_1(x) = x^2 \ln x$, $p_2(x) = -x$, $p_3(x) = 1$, 则 $p_2(x) + xp_3(x) = 0$. 于是由命题 10.1(2) 知 $y_1(x) = x$ 是原方程的一个非零特解.

再由引理 10.1 知, 与 $y_1(x)$ 线性无关的另一特解为

$$y_2(x) = y_1(x)\int \frac{\mathrm{e}^{-\int \frac{p_2(x)}{p_1(x)}\mathrm{d}x}}{y_1^2(x)}\mathrm{d}x = x\int \frac{\mathrm{e}^{-\int \frac{-x}{x^2 \ln x}\mathrm{d}x}}{x^2}\mathrm{d}x$$

$$= x \int \frac{\ln x}{x^2} \mathrm{d}x = -x \int \ln x \mathrm{d}\left(\frac{1}{x}\right) = -(\ln x + 1).$$

故由通解的结构知原方程的通解为

$$y = c_1 x + c_2(\ln x + 1) \quad \text{(其中 } c_1, c_2 \text{ 为任意常数)}.$$

解法 2 利用命题 10.1 及通解结构.

记 $p_1(x) = x^2 \ln x$, $p_2(x) = -x$, $p_3(x) = 1$, 则 $p_2(x) + x p_3(x) = 0$,

$$\frac{p_1(x) - x\, p_2(x) - x^2 \ln x \cdot p_3(x)}{x^2 p_3(x)} = 1.$$

于是由命题 10.1(2) (4) 知 $y_1(x) = x$ 和 $y_2(x) = \ln x + 1$ 是原方程的两个线性无关的特解. 故原方程的通解为 $y = c_1 x + c_2(\ln x + 1)$ (其中 c_1, c_2 为任意常数).

解法 3 利用命题 10.1 及常数变易法 I.

类似于解法 1 或由观察法易知 $y_1(x) = x$ 是原方程的一个非零特解, 下面利用常数变易法求解.

令 $y = y_1(x)u(x) = xu(x)$ 为原方程的解, 则 $y' = u(x) + xu'(x)$, $y'' = 2u'(x) + x\,u''(x)$, 代入原方程, 整理得 $x\ln x\, u''(x) + (2\ln x - 1)u'(x) = 0$, 化为 $x\ln x\, \dfrac{u''(x)}{u'(x)} = \dfrac{1 - 2\ln x}{x \ln x} = \dfrac{1}{x \ln x} - \dfrac{2}{x}$. 两边积分, 得 $\ln|u'(x)| = \ln|\ln x| - 2\ln|x| + \ln|c_1|$, 即得 $u'(x) = \dfrac{c_1 \ln x}{x^2}$. 于是

$$u(x) = \int \frac{c_1 \ln x}{x^2}\mathrm{d}x = -c_1 \int \ln x \mathrm{d}\left(\frac{1}{x}\right) = -c_1\left(\frac{\ln x}{x} + \frac{1}{x} + c_2\right),$$

从而得通解为 $y = xu(x) = x\left(\tilde{c}_1 \dfrac{\ln x + 1}{x} + \tilde{c}_2\right) = \tilde{c}_1(\ln x + 1) + \tilde{c}_2 x$, 其中 $\tilde{c}_1 = -c_1$, $\tilde{c}_2 = -c_1 c_2$, c_1, c_2 为任意常数.

解法 4 利用换元变换法.

令 $\ln x = t$, 则 $x = \mathrm{e}^t$, $y' = \dfrac{\mathrm{d}y}{\mathrm{d}t} \cdot \dfrac{\mathrm{d}t}{\mathrm{d}x} = \dfrac{1}{x}\dfrac{\mathrm{d}y}{\mathrm{d}t}$, $y'' = -\dfrac{1}{x^2}\dfrac{\mathrm{d}y}{\mathrm{d}t} + \dfrac{1}{x^2}\dfrac{\mathrm{d}^2y}{\mathrm{d}t^2}$, 于是得 $xy' = \dfrac{\mathrm{d}y}{\mathrm{d}t}$, $x^2 y'' = -\dfrac{\mathrm{d}y}{\mathrm{d}t} + \dfrac{\mathrm{d}^2y}{\mathrm{d}t^2}$. 代入原方程, 得 $t\dfrac{\mathrm{d}^2y}{\mathrm{d}t^2} - (t+1)\dfrac{\mathrm{d}y}{\mathrm{d}t} + y = 0$.

再令 $u = \dfrac{\mathrm{d}y}{\mathrm{d}t} - y$, 则上述方程化为 $t\dfrac{\mathrm{d}u}{\mathrm{d}t} - u = 0$, 解得 $u = c_1 t$, 即 $\dfrac{\mathrm{d}y}{\mathrm{d}t} - y = c_1 t$. 故其通解为 $y = \mathrm{e}^{\int \mathrm{d}t}\left[\int c_1 t \mathrm{e}^{-\int \mathrm{d}t}\mathrm{d}t + c_2\right] = -c_1(t+1) + c_2 \mathrm{e}^t = -c_1(\ln x + 1) + c_2 x$ (其中 c_1, c_2 为任意常数).

例 10.4 求微分方程 $xy'' + (x - 2)y' - (2x + 4)y = 0$ 的通解.

解　记 $p_1(x) = x$, $p_2(x) = x-2$, $p_3(x) = -(2x+4)$, 则由关于 r 的一元二次方程

$$r^2 p_1(x) + r p_2(x) + p_3(x) = 0$$

解得

$$r_{1,2} = \frac{-p_2(x) \pm \sqrt{p_2^2(x) - 4p_1(x)p_3(x)}}{2p_1(x)} = \frac{-(x-2) \pm \sqrt{(x-2)^2 + 4x(2x+4)}}{2x}$$

$$= \frac{-(x-2) \pm |3x+2|}{2x} = 1 + \frac{2}{x} \ \text{或} - 2.$$

于是由命题 10.1 (1) 知 $y_1(x) = \mathrm{e}^{-2x}$ 是原方程的一个非零特解. 再由引理 10.1 得与 $y_1(x)$ 线性无关的另一特解为

$$y_2(x) = y_1(x) \int \frac{\mathrm{e}^{-\int \frac{p_2(x)}{p_1(x)}\mathrm{d}x}}{y_1^2(x)} \mathrm{d}x = \mathrm{e}^{-2x} \int \frac{\mathrm{e}^{-\int \frac{x-2}{x}\mathrm{d}x}}{\mathrm{e}^{-4x}} \mathrm{d}x$$

$$= \mathrm{e}^{-2x} \int x^2 \mathrm{e}^{3x} \mathrm{d}x = \mathrm{e}^x \left(\frac{1}{3}x^2 - \frac{2}{9}x + \frac{2}{27}\right).$$

故由通解的结构知原方程的通解为

$$y = c_1 \mathrm{e}^{-2x} + c_2 \mathrm{e}^x \left(\frac{1}{3}x^2 - \frac{2}{9}x + \frac{2}{27}\right).$$

其中 c_1, c_2 为任意常数.

[**注记 3**]　该题也可由命题 1(1) 知 $y_1(x) = \mathrm{e}^{-2x}$ 为原方程的一个非零特解, 再由常数变易法, 令 $y(x) = \mathrm{e}^{-2x}u(x)$ 为原方程的解, 代入原方程, 解得 $u(x)$, 从而得通解.

类似地, 求微分方程 $(3x-1)y'' - 9xy' + 9y = 0$ 的通解.

例 10.5　求微分方程 $(1-x^2)y'' - xy' + y = 0$ 满足初值条件 $y(0) = 1$, $y'(0) = 2$ 的特解.

解法 1　利用命题 10.1 及常数变易法 I.

记 $p_1(x) = 1-x^2$, $p_2(x) = -x$, $p_3(x) = 1$, 则 $p_2(x) + xp_3(x) = 0$. 于是由命题 10.1(2) 或由观察法知 $y_1(x) = x$ 是原方程的一个非零特解. 下面再利用常数变易法求解.

令 $y = y_1(x)u(x) = xu(x)$ 为原方程的解, 则 $y' = u(x) + xu'(x)$, $y'' = 2u'(x) + xu''(x)$, 代入原方程, 整理得

$$x(1-x^2)u''(x) + (2-3x^2)u'(x) = 0.$$

令 $u'(x) = p(x)$, 则上述方程化为 $p'(x) + \dfrac{2-3x^2}{x(1-x^2)}p(x) = 0$, 其通解为

$$p(x) = c_1 e^{-\int \frac{2-3x^2}{x(1-x^2)}dx} = c_1 e^{\int \frac{3(x^2-1)+1}{x(1-x^2)}dx}$$

$$= c_1 e^{-\int \frac{3}{x}dx + \int \frac{1}{x(1-x^2)}dx} = c_1 \dfrac{1}{x^2\sqrt{1-x^2}}.$$

于是令 $x = \sin t \left(-\dfrac{\pi}{2} < t < \dfrac{\pi}{2}\right)$, 则有

$$u(x) = \int p(x)dx = c_1 \int \dfrac{1}{x^2\sqrt{1-x^2}}dx = c_1 \int \dfrac{1}{\sin^2 t}dt$$

$$= -c_1 \cot t + c_2 = -c_1 \dfrac{\sqrt{1-x^2}}{x} + c_2.$$

故通解为 $y = xu(x) = -c_1\sqrt{1-x^2} + c_2 x$. 代入初值条件 $y(0) = 1, y'(0) = 2$, 得 $c_1 = -1, c_2 = 2$.

因而所求特解为 $y = \sqrt{1-x^2} + 2x$.

解法 2 利用命题 10.1、刘维尔公式及通解结构.

同解法 1, 由命题 10.1(2) 或观察法知 $y_1(x) = x$ 是原方程的一个非零特解.

再由引理 10.1 知与 $y_1(x)$ 线性无关的另一特解为

$$y_2(x) = y_1(x) \int \dfrac{e^{-\int \frac{p_2(x)}{p_1(x)}dx}}{y_1^2(x)}dx$$

$$= x \int \dfrac{e^{-\int \frac{-x}{1-x^2}dx}}{x^2}dx = x \int \dfrac{1}{x^2\sqrt{1-x^2}}dx = \sqrt{1-x^2}.$$

故由通解的结构知原方程的通解为 $y = c_1 x + c_2\sqrt{1-x^2}$ (其中 c_1, c_2 为任意常数). 再代入初值条件 $y(0) = 1, y'(0) = 2$, 得 $c_1 = 2, c_2 = 1$. 因而所求特解为 $y = 2x + \sqrt{1-x^2}$.

解法 3 利用换元变换法.

作变量代换, 令 $x = \cos t$ $(0 < t < \pi)$, 则

$$y' = \dfrac{dy}{dt} \cdot \dfrac{dt}{dx} = -\dfrac{1}{\sqrt{1-x^2}}\dfrac{dy}{dt}, \quad y'' = -\dfrac{x}{(1-x^2)\sqrt{1-x^2}}\dfrac{dy}{dt} + \dfrac{1}{1-x^2}\dfrac{d^2y}{dt^2},$$

代入原方程, 得 $\dfrac{d^2y}{dt^2} + y = 0$. 其特征方程为 $r^2 + 1 = 0$, 特征根为 $r_{1,2} = \pm i$, 通解为

$$y = c_1 \cos t + c_2 \sin t = c_1 x + c_2\sqrt{1-x^2}.$$

再代入初值条件 $y(0) = 1, y'(0) = 2$, 得 $c_1 = 2, c_2 = 1$. 因而所求特解为

$$y = 2x + \sqrt{1 - x^2}.$$

例 10.6　求微分方程 $y'' \cos x - 2y' \sin x + 3y \cos x = 0$ 的通解.

解法 1　利用命题 10.1、刘维尔公式及通解结构.

记 $p_1(x) = \cos x$, $p_2(x) = -2 \sin x$, $p_3(x) = 3 \cos x$, 则 $\dfrac{p_3(x) - p_1(x)}{p_2(x)} = -\cot x$. 于是由命题 10.1(5) 知 $y_1(x) = \sin x$ 是原方程的一个非零特解.

再由引理 10.1 得与 $y_1(x) = \sin x$ 线性无关的另一特解为

$$y_2(x) = y_1(x) \int \frac{e^{-\int \frac{p_2(x)}{p_1(x)} dx}}{y_1^2(x)} dx = \sin x \int \frac{e^{-\int \frac{-2\sin x}{\cos x} dx}}{\sin^2 x} dx = \sin x \int \frac{1}{\sin^2 x \cos^2 x} dx$$

$$= \sin x \int \frac{\sin^2 x + \cos^2 x}{\sin^2 x \cos^2 x} dx = \sin x (\tan x - \cot x).$$

故由通解的结构知原方程的通解为

$$y = c_1 \sin x + c_2 \sin x (\tan x - \cot x) \quad (\text{其中 } c_1, c_2 \text{ 为任意常数}).$$

解法 2　利用换元变换法.

令 $y \cos x = u(x)$, 则两边对 x 求两次导数, 分别得

$$y' \cos x - y \sin x = u'(x), \quad y'' \cos x - 2y' \sin x - y \cos x = u''(x),$$

代入原方程, 得 $u''(x) + 4u(x) = 0$. 其特征方程为 $r^2 + 4 = 0$, 特征根为 $r_{1,2} = \pm 2i$, 于是通解为 $u(x) = c_1 \cos 2x + c_2 \sin 2x$. 故原方程的通解为

$$y = \frac{u(x)}{\cos x} = \frac{c_1 \cos 2x + c_2 \sin 2x}{\cos x}$$

$$= c_1 (\cos x - \sin x \tan x) + c_2 \sin x \quad (\text{其中 } c_1, c_2 \text{ 为任意常数}).$$

例 10.7　求微分方程 $y'' - 4xy' + (4x^2 - 2)y = 0$ 的通解.

解法 1　利用命题 10.1、刘维尔公式及通解结构.

记 $p_1(x) = 1, p_2(x) = -4x, p_3(x) = 4x^2 - 2$, 则 $\dfrac{(2x)^2 p_1(x) + 2x p_2(x) + p_3(x)}{2p_1(x)} = -1$. 于是由命题 10.1(7) 知 $y_1(x) = e^{x^2}$ 是原方程的一个非零特解.

再由引理 10.1 知, 与 $y_1(x)$ 线性无关的另一特解为

$$y_2(x) = y_1(x) \int \frac{e^{-\int \frac{p_2(x)}{p_1(x)} dx}}{y_1^2(x)} dx = e^{x^2} \int \frac{e^{-\int (-4x) dx}}{e^{2x^2}} dx = e^{x^2} \int \frac{e^{2x^2}}{e^{2x^2}} dx = x e^{x^2}.$$

故由通解的结构知, 原方程的通解为 $y = c_1 \mathrm{e}^{x^2} + c_2 x \mathrm{e}^{x^2}$ (其中 c_1, c_2 为任意常数).

解法 2　利用命题 10.1 及常数变易法 I.

类似于解法 1, 由命题 10.1(7) 知, $y_1(x) = \mathrm{e}^{x^2}$ 是原方程的一个非零特解, 下面利用常数变易法求解.

令 $y(x) = y_1(x)u(x) = \mathrm{e}^{x^2}u(x)$ 为原方程的解, 则

$$y' = u'(x)\mathrm{e}^{x^2} + 2x\mathrm{e}^{x^2}u(x), \quad y'' = u''(x)\mathrm{e}^{x^2} + 4x\,u'(x) + 2(2x^2+1)\mathrm{e}^{x^2}u(x),$$

代入原方程, 整理得 $u''(x) = 0$, 解得 $u(x) = c_1 x + c_2$ (其中 c_1, c_2 为任意常数), 故得通解为 $y = u(x)\mathrm{e}^{x^2} = (c_1 x + c_2)\mathrm{e}^{x^2}$.

[注记 4]　该题也可以利用幂级数法求解. 利用解法 2, 也可求 $y'' - 4xy' + (4x^2 - 2)y = x\mathrm{e}^{x^2}\ln x$ 的通解.

类似地, 可求微分方程 $y'' + 4xy' + (4x^2 + 2)y = 0$ 的通解.

例 10.8　求微分方程 $x^2 y'' - 2xy' + 2y = 2x^3$ 的通解.

解法 1　利用命题 10.1、通解结构及常数变易法 II.

记 $p_1(x) = x^2$, $p_2(x) = -2x$, $p_3(x) = 2$, 则 $p_2(x) + xp_3(x) = 0$, 且

$$\alpha(\alpha-1)p_1(x) + \alpha x p_2(x) + x^2 p_3(x) = (\alpha^2 - 3\alpha + 2)x^2.$$

令 $\alpha^2 - 3\alpha + 2 = 0$, 解得 $\alpha = 1$ 和 $\alpha = 2$. 于是由命题 10.1(2) 和 (3) 知 $y_1(x) = x$ 和 $y_2(x) = x^2$ 是对应齐次方程 $x^2 y'' - 2xy' + 2y = 0$ 的两个线性无关的特解. 从而由通解结构知齐次方程的通解为 $Y = c_1 y_1(x) + c_2 y_2(x) = c_1 x + c_2 x^2$.

下面利用常数变易法求原方程的通解.

将原方程化为 $y'' - \dfrac{2}{x}y' + \dfrac{2}{x^2}y = 2x$. 令 $y = c_1(x)x + c_2(x)x^2$ 为原方程的解, 则代入原方程, 且由 $\begin{cases} c_1'(x)x + c_2'(x)\,x^2 = 0, \\ c_1'(x) + 2c_2'(x)x = 2x \end{cases}$ 联立求解得 $c_1'(x) = -2x$, $c_2'(x) = 2$, 解得 $c_1(x) = -x^2 + c_1$, $c_2(x) = 2x + c_2$. 故所求通解为

$$y = (-x^2 + c_1)x + (2x + c_2)x^2 = x^3 + c_2 x^2 + c_1 x \quad \text{(其中 } c_1, c_2 \text{ 为任意常数)}.$$

解法 2　利用命题 10.1 及常数变易法 I.

如解法 1 由命题 10.1(2) 或观察法易知 $y_1(x) = x$ 为对应齐次方程的一个非零解. 下面由常数变易法求原方程的通解.

设 $y(x) = y_1(x)u(x) = xu(x)$ 为原方程的解, 则 $y' = u(x) + xu'(x)$, $y'' = 2u'(x) + xu''(x)$, 代入原方程, 得 $u''(x) = 2$, 解得 $u(x) = x^2 + c_1 x + c_2$, 故所求通解为

$$y = xu(x) = x(x^2 + c_1 x + c_2) = x^3 + c_1 x^2 + c_2 x,$$

其中 c_1, c_2 为任意常数.

解法 3　利用凑微分降阶法.

原方程化为 $y'' - \dfrac{2(xy' - y)}{x^2} = 2x$, 即 $\left(y' - \dfrac{2y}{x}\right)' = 2x = (x^2)'$, 于是得
$y' - \dfrac{2}{x}y = x^2 + c_1$. 故得通解为

$$y = \mathrm{e}^{\int \frac{2}{x}\mathrm{d}x}\left[\int (x^2 + c_1)\mathrm{e}^{-\int \frac{2}{x}\mathrm{d}x}\mathrm{d}x + c_2\right] = x^2\left(x - \frac{c_1}{x} + c_2\right) = x^3 - c_1 x + c_2 x^2,$$

其中 c_1, c_2 为任意常数.

[注记 5]　该题还有其他解法: ① 该方程是欧拉方程, 常规解法可作变换
$x = \mathrm{e}^t$ 化为以 t 为自变量的常系数线性微分方程求解. ② 幂级数解法.

例 10.9　设 $x > 1$, 求微分方程 $(x - 1)^2 y'' + 2(x - 1)y' - 2y = 9x - 7$ 的
通解.

解　记 $p_1(x) = (x-1)^2$, $p_2(x) = 2(x-1)$, $p_3(x) = -2$, 则 $\dfrac{p_2(x) + xp_3(x)}{p_3(x)} =$
1, 于是由命题 10.1(2) 知 $y_1(x) = x - 1$ 是对应齐次方程的一个非零特解. 下面利
用常数变易法求原方程的通解.

令 $y = y_1(x)u(x) = (x-1)u(x)$ 为原方程的解, 则

$$y' = u(x) + (x-1)u'(x), \quad y'' = 2u'(x) + (x-1)u''(x),$$

代入原方程, 得

$$(x-1)^3 u''(x) + 4(x-1)^2 u'(x) = 9x - 7.$$

令 $u'(x) = p(x)$, 则上式化为

$$p'(x) + \frac{4}{x-1}p(x) = \frac{9x - 7}{(x-1)^3} = \frac{9}{(x-1)^2} + \frac{2}{(x-1)^3}.$$

于是得其通解为

$$p(x) = \mathrm{e}^{-\int \frac{4}{x-1}\mathrm{d}x}\left[\int \left[\frac{9}{(x-1)^2} + \frac{2}{(x-1)^3}\right] \cdot \mathrm{e}^{\int \frac{4}{x-1}\mathrm{d}x}\mathrm{d}x + c_1\right]$$

$$= \frac{1}{(x-1)^4}[3(x-1)^3 + (x-1)^2 + c_1] = \frac{3}{x-1} + \frac{1}{(x-1)^2} + \frac{c_1}{(x-1)^4}.$$

两边积分, 得

$$u(x) = \int p(x)\mathrm{d}x = \int \left(\frac{3}{x-1} + \frac{1}{(x-1)^2} + \frac{c_1}{(x-1)^4}\right)\mathrm{d}x$$

$$= 3\ln(x-1) - \frac{1}{x-1} - \frac{c_1}{3(x-1)^3} + c_2.$$

故通解为

$$y = (x-1)u(x) = 3\ln(x-1) - \frac{1}{x-1} - \frac{c_1}{3(x-1)^3} + c_2 \ (\text{其中 } c_1, c_2 \text{ 为任意常数}).$$

[注记 6]   该题也可令 $u = x - 1$ 将原方程化为以 u 为自变量, y 为因变量的欧拉方程, 然后再用欧拉方程的求解方法求解或直接作换元变换 $x - 1 = \mathrm{e}^t$.

类似地, 可求微分方程 $(1+x)^2 y'' - (1+x)y' + y = \dfrac{1}{1+x}$ 满足初值条件 $y(0) = y'(0) = 0$ 的特解.

例 10.10   求微分方程 $y'' + \left(\dfrac{2}{x} - 1\right)y' - \dfrac{1}{x}y = \dfrac{\mathrm{e}^x}{x}$ 的通解.

解   利用命题 10.1 及常数变易法 I.

记 $p_1(x) = 1$, $p_2(x) = \dfrac{2}{x} - 1$, $p_3(x) = -\dfrac{1}{x}$, 注意到

$$\alpha(\alpha-1)p_1(x) + \alpha x p_2(x) + x^2 p_3(x) = \alpha(\alpha-1) + \alpha x\left(\frac{2}{x} - 1\right) + x^2\left(-\frac{1}{x}\right)$$
$$= (\alpha+1)(\alpha-x).$$

所以当 $\alpha = -1$ 时, 上式右边为零, 于是由命题 10.1(3) 知 $y_1(x) = \dfrac{1}{x}$ 是对应齐次方程的一个非零特解. 下面利用常数变易法求原方程的通解.

令 $y = y_1(x)u(x) = \dfrac{1}{x}u(x)$ 为原方程的解, 则 $y' = \dfrac{xu'(x) - u(x)}{x^2}$, $y'' = \dfrac{x^2 u''(x) - 2(xu'(x) - u(x))}{x^3}$, 代入原方程, 整理得 $u''(x) - u'(x) = \mathrm{e}^x$, 即 $(u'(x) - u(x))' = \mathrm{e}^x$, 于是有 $u'(x) - u(x) = \mathrm{e}^x + c_1$. 解得

$$u(x) = \mathrm{e}^{-\int(-1)\mathrm{d}x}\left[\int(\mathrm{e}^x + c_1) \cdot \mathrm{e}^{\int(-1)\mathrm{d}x}\mathrm{d}x + c_2\right] = \mathrm{e}^x(x - c_1\mathrm{e}^{-x} + c_2).$$

故原方程的通解为

$$y = \frac{\mathrm{e}^x}{x}(x - c_1\mathrm{e}^{-x} + c_2) = \frac{x\mathrm{e}^x - c_1 + c_2\mathrm{e}^x}{x},$$

其中 c_1, c_2 为任意常数.

[注记 7]   该题也可以利用幂级数法求解.

例 10.11   求微分方程 $y'' - (\tan x + \cot x)y' - y\tan^2 x = \sin^2 x$ 的通解.

解法 1   利用命题 10.1 及常数变易法 I.

记 $p_1(x) = 1$, $p_2(x) = -(\tan x + \cot x)$, $p_3(x) = -\tan^2 x$, 则 $\dfrac{p_3(x) - p_1(x)}{p_2(x)} = \tan x$, 于是由命题 10.1(6) 知 $y_1(x) = \cos x$ 是对应齐次方程的一个非零特解. 下面利用常数变易法求原方程的通解.

令 $y = y_1(x)u(x) = u(x)\cos x$ 是原方程的解, 则

$$y' = u'(x)\cos x - u(x)\sin x, \quad y'' = u''(x)\cos x - 2u'(x)\sin x - u(x)\cos x,$$

代入原方程, 整理得

$$u''(x)\sin x \cos x - (2\sin^2 x + 1)u'(x) = \sin^3 x.$$

令 $u'(x) = p(x)$, 则上式化为

$$p'(x) - \frac{2\sin^2 x + 1}{\sin x \cos x}p(x) = \frac{\sin^2 x}{\cos x}.$$

解得

$$
\begin{aligned}
p(x) &= \mathrm{e}^{\int \frac{2\sin^2 x + 1}{\sin x \cos x}\mathrm{d}x}\left[\int \frac{\sin^2 x}{\cos x}\mathrm{e}^{-\int \frac{2\sin^2 x + 1}{\sin x \cos x}\mathrm{d}x}\mathrm{d}x + c_1\right]\\
&= \frac{\sin x}{\cos^3 x}\left[\int \cos^2 x \sin x \mathrm{d}x + c_1\right] = -\frac{\sin x}{3} + c_1 \frac{\sin x}{\cos^3 x}.
\end{aligned}
$$

于是

$$u(x) = \int p(x)\mathrm{d}x = \int \left(-\frac{\sin x}{3} + c_1 \frac{\sin x}{\cos^3 x}\right)\mathrm{d}x = \frac{\cos x}{3} + \frac{c_1}{2}\frac{1}{\cos^2 x} + c_2,$$

故原方程的通解为

$$y = u(x)\cos x = \frac{\cos^2 x}{3} + \frac{c_1}{2}\frac{1}{\cos x} + c_2 \cos x,$$

其中 c_1, c_2 为任意常数.

解法 2　利用命题 10.1、刘维尔公式及常数变易法 II.

同解法 1, 知 $y_1(x) = \cos x$ 是对应齐次方程的一个非零特解. 另由刘维尔公式 (引理 10.1) 求一个与 $y_1(x) = \cos x$ 线性无关的特解

$$y_2(x) = \cos x \int \frac{\mathrm{e}^{\int (\tan x + \cot x)\mathrm{d}x}}{\cos^2 x}\mathrm{d}x = \cos x \int \frac{\sin x}{\cos^3 x}\mathrm{d}x = \frac{1}{2\cos x}.$$

再用常数变易法求原方程的通解.

令 $y = c_1(x)y_1(x) + c_2(x)y_2(x) = c_1(x)\cos x + c_2(x)\dfrac{1}{2\cos x}$ 为原方程的通解,
则由

$$
\begin{cases}
c_1'(x)\cos x + c_2'(x)\dfrac{1}{2\cos x} = 0, \\[3mm]
c_1'(x)(-\sin x) + c_2'(x)\dfrac{\sin x}{2\cos^2 x} = \sin^2 x.
\end{cases}
$$

联立求解, 得 $c_1'(x) = -\dfrac{1}{2}\sin x$, $c_2'(x) = \sin x\cos^2 x$, 解得 $c_1(x) = \dfrac{1}{2}\cos x + c_1$,
$c_2(x) = -\dfrac{1}{3}\cos^3 x + c_2$. 故原方程的通解为

$$
y = \left(\frac{1}{2}\cos x + c_1\right)\cos x + \left(-\frac{1}{3}\cos^3 x + c_2\right)\frac{1}{2\cos x} = \frac{1}{3}\cos^2 x + c_1\cos x + \frac{c_2}{2\cos x},
$$

其中 c_1, c_2 为任意常数.

解法 3　利用凑微分降阶法.

原方程可化为

$$
(y' - y\tan x)' - \cot x\,(y' - y\tan x) = \sin^2 x.
$$

令 $u'(x) = y' - y\tan x$, 则上述方程化为 $u'(x) - \cot x\cdot u(x) = \sin^2 x$, 由一阶
线性微分方程的通解公式, 解得其通解为

$$
u(x) = e^{\int \cot x\mathrm{d}x}\left[\int \sin^2 x\cdot e^{-\int \cot x\mathrm{d}x}\mathrm{d}x + c_1\right] = \sin x\,(-\cos x + c_1),
$$

即 $y' - y\tan x = \sin x\,(-\cos x + c_1)$. 再由一阶线性微分方程的通解公式, 解得原
方程的通解为

$$
\begin{aligned}
y &= e^{\int \tan x\mathrm{d}x}\left[\int (-\sin x\cos x + c_1\sin x)\cdot e^{-\int \tan x\mathrm{d}x}\mathrm{d}x + c_2\right] \\[2mm]
&= \frac{1}{\cos x}\left[\int (-\sin x\cos x + c_1\sin x)\cos x\mathrm{d}x + c_2\right] \\[2mm]
&= \frac{\cos^2 x}{3} + \frac{c_1}{2}\cos x + \frac{c_2}{\cos x},
\end{aligned}
$$

其中 c_1, c_2 为任意常数.

例 10.12　求微分方程 $x^2 y'' - (x+2)(xy' - y) = x^4$ 的通解.

解法 1　利用命题 10.1 及常数变易法 I.

记 $p_1(x) = x^2$, $p_2(x) = -x(x+2)$, $p_3(x) = x+2$, 则 $p_2(x) + xp_3(x) = 0$. 于
是由命题 10.1(2) 或由观察法知 $y_1(x) = x$ 是原方程的一个非零特解. 下面再利
用常数变易法求解.

令 $y = y_1(x)u(x) = xu(x)$ 为原方程的解, 则 $y' = u(x) + xu'(x)$, $y'' = 2u'(x) + xu''(x)$, 代入原方程, 整理得 $u''(x) - u'(x) = x$.

令 $u'(x) = p(x)$, 则上述方程化为 $p'(x) - p(x) = x$, 其通解为

$$p(x) = \mathrm{e}^{-\int (-1)\mathrm{d}x} \left[\int x\mathrm{e}^{-\int \mathrm{d}x}\mathrm{d}x + c_1 \right] = -(x+1) + c_1\mathrm{e}^x.$$

从而

$$u(x) = \int p(x)\mathrm{d}x = \int [-(x+1) + c_1\mathrm{e}^x]\mathrm{d}x = -\frac{(x+1)^2}{2} + c_1\mathrm{e}^x + c_2.$$

故原方程的通解为 $y = -\dfrac{x(x+1)^2}{2} + c_1 x\mathrm{e}^x + c_2 x$, 其中 c_1, c_2 为任意常数.

解法 2　利用凑微分降阶法.

$$\left(\frac{y}{x}\right)' = \frac{xy' - y}{x^2}, \quad \left(\frac{y}{x}\right)'' = \frac{x^2 y'' - 2(xy' - y)}{x^3},$$

代入原方程, 简化为

$$\left(\frac{y}{x}\right)'' - \left(\frac{y}{x}\right)' = x, \quad 亦即 \quad \left[\left(\frac{y}{x}\right)' - \left(\frac{y}{x}\right)\right]' = x = \left(\frac{x^2}{2}\right)'.$$

于是有 $\left(\dfrac{y}{x}\right)' - \left(\dfrac{y}{x}\right) = \dfrac{x^2}{2} + c_1$. 令 $\dfrac{y}{x} = u$, 则方程化简为 $u' - u = \dfrac{x^2}{2} + c_1$, 其通解为

$$u = \mathrm{e}^{\int \mathrm{d}x} \left[\int \left(\frac{x^2}{2} + c_1\right) \mathrm{e}^{-\int \mathrm{d}x}\mathrm{d}x + c_2 \right] = \mathrm{e}^x \left[\int \left(\frac{x^2}{2} + c_1\right) \mathrm{e}^{-x}\mathrm{d}x + c_2 \right]$$

$$= \mathrm{e}^x \left[-\frac{1}{2}x^2\mathrm{e}^{-x} - (x+1)\mathrm{e}^{-x} - c_1\mathrm{e}^{-x} + c_2 \right] = -\frac{1}{2}x^2 - x - 1 - c_1 + c_2\mathrm{e}^x,$$

故原方程的通解为 $y = -\dfrac{1}{2}x^3 - x^2 - x - c_1 x + c_2 x\mathrm{e}^x$, 其中 c_1, c_2 为任意常数.

[注记 8]　该题也可以利用幂级数法求解, 或由刘维尔公式求对应齐次方程的与 $y_1(x)$ 线性无关的另一特解 $y_2(x)$, 则齐次方程的通解为 $Y = c_1 y_1(x) + c_2 y_2(x)$, 再由常数变易法求解.

例 10.13　求微分方程 $x^2 y'' - 3xy' - 5y = x^2 \ln x$ 的通解.

解法 1　利用命题 10.1、通解结构及常数变易法 II.

记 $p_1(x) = x^2$, $p_2(x) = -3x$, $p_3(x) = -5$, 注意到

$$\alpha(\alpha-1)p_1(x) + \alpha x p_2(x) + x^2 p_3(x) = \alpha(\alpha-1)x^2 - 3\alpha x^2 - 5x^2 = (\alpha^2 - 4\alpha - 5)x^2.$$

令 $\alpha^2 - 4\alpha - 5 = 0$, 解得 $\alpha = -1$ 或 $\alpha = 5$. 所以由命题 10.1(3) 知 $y_1(x) = x^5$ 和 $y_2(x) = \dfrac{1}{x}$ 是对应齐次方程 $x^2 y'' - 3xy' - 5y = 0$ 的两个特解, 且它们线性无关. 于是对应齐次方程的通解为

$$Y = c_1 y_1(x) + c_2 y_2(x) = c_1 x^5 + c_2 \frac{1}{x}.$$

下面再利用常数变易法求原方程的通解. 原方程化简为 $y'' - \dfrac{3}{x} y' - \dfrac{5}{x^2} y = \ln x$.

设 $y = c_1(x) \, x^5 + c_2(x) \dfrac{1}{x}$ 为原方程的解, 代入原方程, 由

$$\begin{cases} c_1'(x) \, x^5 + c_2'(x) \, \dfrac{1}{x} = 0, \\[2mm] c_1'(x) \, 5x^4 + c_2'(x) \left(-\dfrac{1}{x^2} \right) = \ln x. \end{cases}$$

解得 $c_1'(x) = \dfrac{\ln x}{6x^4}$, $c_2'(x) = -\dfrac{x^2 \ln x}{6}$. 于是得

$$c_1(x) = \int \frac{\ln x}{6x^4} \mathrm{d}x = -\frac{1}{18} \int \ln x \mathrm{d} \left(\frac{1}{x^3} \right) = -\frac{1}{18} \left(\frac{\ln x}{x^3} + \frac{1}{3x^3} + c_1 \right),$$

$$c_2(x) = -\int \frac{x^2 \ln x}{6} \mathrm{d}x = -\frac{1}{18} \int \ln x \mathrm{d}(x^3) = -\frac{1}{18} \left(x^3 \ln x - \frac{1}{3} x^3 + c_2 \right).$$

故原方程的通解为

$$y = -\frac{1}{18} \left(\frac{\ln x}{x^3} + \frac{1}{3x^3} + c_1 \right) x^5 - \frac{1}{18} \left(x^3 \ln x - \frac{1}{3} x^3 + c_2 \right) \frac{1}{x}$$

$$= \tilde{c}_1 x^5 + \tilde{c}_2 \frac{1}{x} - \frac{1}{9} x^2 \ln x,$$

其中 $\tilde{c}_1 = -\dfrac{c_1}{18}$, $\tilde{c}_2 = -\dfrac{c_2}{18}$, c_1, c_2 为任意常数.

解法 2 利用命题 10.1 及常数变易法 I.

同解法 1 知, $y_2(x) = \dfrac{1}{x}$ 是对应齐次方程 $x^2 y'' - 3xy' - 5y = 0$ 的一个非零特解. 下面利用常数变易法求原方程的通解.

设 $y(x) = \dfrac{1}{x} u(x)$ 为原方程的解, 则

$$y'(x) = -\frac{1}{x^2} u(x) + \frac{1}{x} u'(x), \quad y''(x) = \frac{2}{x^3} u(x) - \frac{2}{x^2} u'(x) + \frac{1}{x} u''(x),$$

代入原方程, 整理得

$$u''(x) - \frac{5}{x} u'(x) = x \ln x.$$

令 $u'(x) = p(x)$, 则上述方程化简为 $p'(x) - \dfrac{5}{x}p(x) = x\ln x$, 其通解为

$$
\begin{aligned}
p(x) &= \mathrm{e}^{\int \frac{5}{x}\mathrm{d}x}\left[\int x\ln x \cdot \mathrm{e}^{-\int \frac{5}{x}\mathrm{d}x}\mathrm{d}x + c_1\right] \\
&= x^5\left[\int \frac{\ln x}{x^4}\mathrm{d}x + c_1\right] = x^5\left[-\frac{1}{3}\int \ln x\,\mathrm{d}\left(\frac{1}{x^3}\right) + c_1\right] \\
&= -\frac{1}{3}x^2\ln x - \frac{1}{9}x^2 + c_1 x^5.
\end{aligned}
$$

于是

$$
u(x) = \int p(x)\mathrm{d}x = \int\left(\frac{1}{3}x^2\ln x - \frac{1}{9}x^2 + c_1 x^5\right)\mathrm{d}x = -\frac{1}{9}x^3\ln x + \frac{c_1}{6}x^6 + c_2.
$$

故原方程的通解为

$$
y = \frac{1}{x}u(x) = \frac{c_1}{6}x^5 + \frac{c_2}{x} - \frac{1}{9}x^2\ln x.
$$

解法 3　利用欧拉方程的求解方法.

令 $\ln x = t$, 则 $x = \mathrm{e}^t$, $y' = \dfrac{\mathrm{d}y}{\mathrm{d}t}\dfrac{\mathrm{d}t}{\mathrm{d}x} = \dfrac{1}{x}\dfrac{\mathrm{d}y}{\mathrm{d}t}$, $y'' = -\dfrac{1}{x^2}\dfrac{\mathrm{d}y}{\mathrm{d}t} + \dfrac{1}{x^2}\dfrac{\mathrm{d}^2y}{\mathrm{d}t^2}$, 代入原方程, 整理得

$$
\frac{\mathrm{d}^2y}{\mathrm{d}t^2} - 4\frac{\mathrm{d}y}{\mathrm{d}t} - 5y = t\mathrm{e}^{2t}.
$$

下面求该二阶常系数非齐次线性微分方程的通解.

它对应的二阶常系数齐次线性微分方程的特征方程是 $r^2 - 4r - 5 = 0$, 解得特征根为 $r_1 = -1$, $r_2 = 5$, 故对应齐次方程的通解为 $Y = c_1\mathrm{e}^{-t} + c_2\mathrm{e}^{5t}$.

设 $y = (at + b)\mathrm{e}^{2t}$ 为二阶常系数非齐次线性微分方程 $\dfrac{\mathrm{d}^2y}{\mathrm{d}t^2} - 4\dfrac{\mathrm{d}y}{\mathrm{d}t} - 5y = t\mathrm{e}^{2t}$ 的解, 代入方程得 $-9at - 9b = t$, 比较两边同次幂的系数, 得 $a = -\dfrac{1}{9}$, $b = 0$. 故由通解的结构知上述二阶常系数非齐次线性微分方程的通解为 $y = c_1\mathrm{e}^{-t} + c_2\mathrm{e}^{5t} - \dfrac{1}{9}t\mathrm{e}^{2t}$, 从而得原方程的通解为 $y = \dfrac{c_1}{x} + c_2 x^5 - \dfrac{1}{9}x^2\ln x$, 其中 c_1, c_2 为任意常数.

[注记 9]　解法 1 和解法 3 中, 原方程对应的齐次方程的通解也可如下方法求得. 设 $y = x^k$ 是对应齐次方程的解, 则代入齐次方程得 $k^2 - 4k - 5 = 0$, 解得 $k_1 = -1$, $k_2 = 5$, 即得齐次欧拉方程的通解为 $Y = c_1\dfrac{1}{x} + c_2 x^5$. 其他同解法 1 和解法 3.

10.5　小　　结

本章介绍了几种特定条件下, 确定二阶变系数齐次线性微分方程的特解形式的方法. 如果能得到两个线性无关的特解, 则直接由通解结构得到对应二阶变系

数齐次线性微分方程的通解; 如果能得到一个非零特解, 则由刘维尔公式得另一个与之线性无关的特解, 再由通解结构得到对应二阶变系数齐次线性微分方程的通解. 与之相对应, 分别由两种情形对应的常数变易法可以求解二阶变系数线性非齐次微分方程的通解. 此外, 也可用作换元变换、凑微分降阶、幂级数等方法求解.

类似地, 可考虑其他更多特定条件下, 二阶变系数线性齐次微分方程的特解形式. 有了本章作基础, 对于如何确定二阶变系数线性微分方程的一些类型的特解形式, 给出其特定的判别条件, 并求解二阶变系数线性微分方程就不至于束手无策了.

该思想也可以推广到三阶及以上更高阶变系数线性微分方程的求解, 这有待今后进一步深入探讨.

P 参考文献
REFERENCES

[1] 李庆扬, 王能超, 易大义. 数值分析 [M]. 5 版. 北京: 清华大学出版社, 2008.

[2] 裴礼文. 数学分析中的典型问题与方法 [M]. 2 版. 北京: 高等教育出版社, 2006.

[3] 舒阳春. 高等数学中的若干问题解析 [M]. 北京: 科学出版社, 2005.

[4] 杨传富. 由高等数学习题教学谈创新能力的培养 [J]. 高等数学研究, 2010, 13(1): 119-120.

[5] 张平文, 李铁军. 数值分析 [M]. 北京: 北京大学出版社, 2007.

[6] 郑华盛, 喻德生. 求解数值微分公式及其余项的一种新方法 [J]. 科技通报, 2004, 20(2): 147-150.

[7] 程正兴, 李水根. 数值逼近与常微分方程数值解 [M]. 西安: 西安交通大学出版社, 2000.

[8] 李岳生, 黄友谦. 数值逼近 [M]. 北京: 人民教育出版社, 1978.

[9] 戴嘉尊, 邱建贤. 微分方程数值解法 [M]. 南京: 东南大学出版社, 2002.

[10] 郑华盛. 数值分析的若干问题与方法 [M]. 武汉: 华中科技大学出版社, 2016.

[11] 张筑生. 数学分析新讲: 第一册 [M]. 北京: 北京大学出版社, 1990.

[12] 常庚哲, 史济怀. 数学分析教程: 上册 [M]. 北京: 高等教育出版社, 2006.

[13] 林源渠, 方企勤. 数学分析解题指南 [M]. 北京: 北京大学出版社, 2003.

[14] 华东师范大学数学系. 数学分析 [M]. 2 版. 北京: 高等教育出版社, 2000.

[15] 谢惠民, 恽自求, 易法槐, 钱定边. 数学分析习题课讲义: 上册 [M]. 北京: 高等教育出版社, 2003.

[16] 钱昌本. 解题之道: 高等数学范例剖析 240 题 [M]. 西安: 西安交通大学出版社, 2004.

[17] 徐斌. 高等数学证明题 500 例解析 [M]. 北京: 高等教育出版社, 2007.

[18] 王高雄, 周之铭, 朱思铭, 王寿松. 常微分方程 [M]. 3 版. 北京: 高等教育出版社, 2006.

[19] 李瑞遐. 应用微分方程 [M]. 上海: 华东理工大学出版社, 2005.

[20] 徐利治, 王兴华. 数学分析的方法及例题选讲 [M]. 2 版. 北京: 高等教育出版社, 1985.

[21] 匡继昌. 常用不等式 [M]. 4 版. 济南: 山东科学技术出版社, 2010.

[22] Hardy G, Littlewood J E, Pólya G. Inequalties[M]. 2nd ed. Cambridge: Cambridge University Press, 1952.

[23] 阮炯. 差分方程和常微分方程 [M]. 上海: 复旦大学出版社, 2002.

[24] 刘林, 苏农. n 阶常系数非齐次线性微分方程的降阶解法 [J]. 大学数学, 2012, 28(6): 91-95.

[25] 卢绍莹. 简化待定系数法: 求 n 阶常系数非齐次线性微分方程的一个特解 [J]. 数学的实践与认识, 1982, 3: 11-13.

[26] 王隽. 常系数线性非齐次微分方程的算子解法 [J]. 工科数学, 1993, 9(4): 204-206.

[27] 常庚哲, 蒋继发. 用分布积分法求解常系数高阶非齐次线性常微分方程 [J]. 大学数学, 2003, 19(1): 76-79.

[28] 李鸿祥. 两类二阶变系数线性微分方程求解 [J]. 高等数学研究, 2002, 5(2): 10-13.

[29] 何基好, 秦勇飞. 一类二阶线性变系数微分方程通解的解法 [J]. 高等数学研究, 2010, 13(3): 35-36.

[30] 冯伟杰, 魏光美. 二阶变系数线性微分方程的通解 [J]. 高等数学研究, 2012, 15(3): 28-30.

[31] 邓治. 二阶变系数线性微分方程求解问题的新探索 [J]. 大学数学, 2017, 33(6): 122-126.

[32] 同济大学应用数学系. 高等数学: 下册 [M]. 5 版. 北京: 高等教育出版社, 2002.